Josef Biehounek
Dirk Schmidt

Mathematik für Bauingenieure

Josef Biehounek
Dirk Schmidt

Mathematik für Bauingenieure

Eine rechnergestützte Einführung

Mit 134 Abbildungen und 24 Tabellen

Die Deutsche Bibliothek – CIP-Einheitsaufnahme
Ein Titeldatensatz für diese Publikation ist bei
Der Deutschen Bibliothek erhältlich.

1. Auflage Januar 2002

Der Verlag Vieweg ist ein Unternehmen der Fachverlagsgruppe BertelsmannSpringer.
www.vieweg.de

Konzeption und Layout des Umschlags: Ulrike Weigel, www.CorporateDesignGroup.de

Gedruckt auf säurefreiem und chlorfrei gebleichtem Papier

ISBN-13: 978-3-528-02564-9   e-ISBN-13: 978-3-322-84900-7
DOI: 10.1007/978-3-322-84900-7

Vorwort

„Ich hatte in meinen Universitätsjahren viel zuviel Freiheit und leider etwas überspannte Begriffe von meinen Fähigkeiten und schob daher immer auf, und das war mein Verderben. In den Jahren 1763 bis 1765 hätte ich müssen angehalten werden, täglich wenigsten sechs Stunden die schwersten und ernsthaftesten Dinge zu betreiben (höhere Geometrie, Mechanik und Integralrechnung), so hätte ich es weit bringen können".

GEORG CHRISTOPH LICHTENBERG (1742 – 1799).

Dass diese Einsicht LICHTENBERGS, die er um das Jahr 1780 in eines seiner Notizbücher eingetragen hat, bis heute nicht nur nicht vergessen, sondern immer noch bedenkenswert ist, spricht für die Treffsicherheit des Urteils, die man ihm als Wegbereiter der Elektrizitätslehre und Schriftsteller allgemein nachrühmt. Auch der von ihm gesetzte Akzent auf die Verbindung von Mathematik und Mechanik ist aktuell geblieben und insbesondere für das Bauingenieurwesen, das eine seiner Grundlagen in der Mechanik besitzt, kennzeichnend. Aus heutiger Sicht fällt allerdings die Liste mathematischer Disziplinen, die für Bauingenieure von Interesse sind, umfangreicher aus. Dementsprechend ist das Buch, welches aus einer langjährigen Beschäftigung der Autoren mit der mathematischen Ausbildung angehender Bauingenieure hervorgegangen ist, breiter angelegt: Es geht um die einheitliche und prägnante Darstellung mathematischer Kenntnisse, die zum Verständnis moderner Methoden der Tragwerksstatik, der Festigkeitslehre, der Baubetriebslehre, der Tragwerkssicherheit sowie der Verkehrsplanung beitragen und gewöhnlich im Mathematik-Grundstudium, zum Teil aber auch in weiterführenden Lehrveranstaltungen, an Fachhochschulen und Technischen Hochschulen vermittelt werden.

Im Vordergrund steht eine verständliche und durch ihre Anwendungsnähe motivierende Darstellung des Stoffs. Mathematische Strenge wird nur so weit angestrebt, wie das bei sorgfältigen wissenschaftlichen Erläuterungen in den Technikwissenschaften üblich ist. Dadurch wird einerseits den Bedürfnissen des Praktikers Rechnung getragen, der mathematische Methoden als Werkzeug nutzt, mit dem er im Normalfall, d.h. ohne sich in diffizile formale Feinheiten zu verlieren, eine technische Fragestellung lösen kann. Andererseits birgt akribische Gründlichkeit beim Vorstellen der Anfangsgründe erfahrungsgemäß die Gefahr in sich, dass der Blick auf größere Zusammenhänge verstellt wird und der Lernende früh das Interesse verliert. In diesem Sinn haben die Autoren nicht ein im Satz-Beweis-Stil geschriebenes Buch, sondern einen durch die Belange des Bauwesens geprägten Mathematikkurs vorgelegt, dessen Focus vor allem auf die praktische Anwendung mathematischer Grundbegriffe gerichtet ist. Dementprechend vermittelt jedes Kapitel nicht nur systematisch ein gewisses notwendiges Minimum an grundlegenden Ideen, theoretischen Fakten sondern weist auf Anwendungen hin. Als fixer Bestandteil werden darüber hinaus Anleitungen zum Gebrauch des Computeralgebrasystems Maple gegeben. Aus Raumersparnisgründen musste eine Auswahl des Stoffs getroffen werden. Dies spiegelt zum einen die Meinung der Verfasser über die Wichtigkeit einzelner Fragenkomplexe wider, zum anderen beruht sie aber auch auf der Beratung durch mathematikorientierte Fachkollegen.

Zahlreiche vollständig durchgerechnete Beispiele und viele Übungsaufgaben unterstützen die Erarbeitung des Stoffs. Sie versetzen den Leser in den Stand, sich Aufschluss darüber zu geben, ob wirkliches Verständnis erreicht ist. Da zudem über das Internet Hinweise zur Lösung der Übungsaufgaben gegeben werden, eignet sich das Buch nicht nur als ergänzende Lektüre zur Vorlesung sondern auch zum Selbststudium. Zu dieser Ausrichtung trägt auch das erste Kapitel bei, welches in der Absicht aufgenommen wurde, gewisse Schwierigkeiten beim Übergang Schule-Hochschule zu glätten.

Bei der Auswahl des Stoffs, der Zusammenstellung der Beispiele und ihrer Ausrichtung auf die Belanges des Bauingenieurwesens sowie bei der Durchsicht des Manuskripts haben die Autoren von vielen Seiten Unterstützung und substantielle Hilfe erhalten. Ihr Dank gilt insbesondere Herrn Prof. S. Rinderknecht, Herrn Prof. A. Paul, Herrn Dr. H. Grolik und Frau S. Herz, die zahlreiche Abbildungen gezeichnet hat. Frau J. Ehl danken die Autoren für die Mühe und Sorgfalt, die sie als Lektorin bei Herstellung und Ausstattung des Buches aufgewandt hat.

Dessau/Erfurt, Januar 2002   *J. Biehounek und D. Schmidt*

Inhaltsverzeichnis

1 Allgemeine Grundlagen

Ein Bürogebäude entsteht an einer verkehrsreichen Straße. An die verwendeten Fassaden-Fertigteile (Fläche A_G), die jeweils ein Fenster enthalten (Fläche A_F), sind daher besondere schalltechnische Forderungen zu stellen. Das Schalldämm-Maß R_G des gesamten Fassadenelementes setzt sich nach der Gleichung

$$R_G = R_W - 10\lg\left[1 - \frac{A_F}{A_G}\left(10^{\frac{R_W - R_F}{10}} - 1\right)\right] \qquad (1.1)$$

aus den Schalldämm-Maßen R_F bzw. R_W von Fenster bzw. Wand zusammen. Um den Wert von R_F feststellen zu können, der bei gegebenem R_W das vorgeschriebene Schalldämm-Maß R_G sichert, muss Gl. (1.1) nach R_F aufgelöst werden.

1.1 Arithmetik

1.1.1 Einführung

Wie das überlieferte mathematische Wissen zeigt, hat sich das Wesen der Algebra seit dem griechischen Altertum gewandelt. Weil die Griechen in erster Linie mit Längen, Flächeninhalten und Volumina und nicht mit Zahlen operierten, also z.B. eine quadratische Gleichung durch eine geometrische Konstruktion und nicht durch eine Zahlenrechnung lösten, besaßen sie eine geometrische Ausprägung der Algebra. Dieses logische System hat theoretische Aussagen hervorgebracht, die bis heute jedem Zweifel entrückt sind. Für praktische Berechnungen war es dagegen weniger geeignet. Daher wurde das geometrische Vorgehen im Laufe der Zeit durch Verfahren ergänzt, die mit Zahlen statt mit geometrischen Größen arbeiten. Mit der Entwicklung einer einheitlichen Symbolsprache entstand die *Arithmetik* als eine mathematische Disziplin, die sich mit den verschiedenen Zahlenarten und ihren Rechengesetzen befasst. Dies wurde in Europa nachweislich auch durch die Bedürfnisse des Bauwesens gefördert. Ein früher Gebrauch der arabischen Zahlen im Bauwesen der Gotik ist seit Anfang des 13. Jhds. aus Bauordnungen, Bauverträgen, Kostenanschlägen und Abrechnungen sicher belegt. Von den besonders wichtigen Operationen der niederen Arithmetik sollen nachfolgend das *Potenzieren* und seine beiden *Umkehrungen* in unterschiedlicher Wichtung angesprochen werden: Während an die Potenzgesetze nur erinnert wird, gilt dem Logarithmieren größere Aufmerksamkeit. Auch die Arithmetik *komplexer Zahlen* wird in ihren Grundzügen entwickelt. Eine umfassende Darstellung der mathematischen Grundlagen findet sich in [1].

1.1.2 Potenzen

Potenzen mit ganzzahligen Exponenten

Potenzen mit ganzzahligen Exponenten: Im engeren Sinn ist eine Potenz $p = a^n$ die kürzere Schreibweise des Produkts $p = a \cdot a \cdots a$ aus n gleichen Faktoren a. Dabei ist der *Exponent n* eine natürliche und die *Basis a* eine beliebige reelle Zahl. Definiert man noch $a^1 = a$ und

$a^0 = 1$, $a \neq 0$, dann ist die Potenz für alle natürlichen Exponenten erklärt. Um den Potenzbegriff auf beliebige ganzzahlige Exponenten zu erweitern, wird festgelegt

$$a^{-l} = \frac{1}{a^l}, \ a \neq 0.$$

Maßgebend für das Rechnen mit Potenzen dieser Art (Basis beliebige reelle Zahl, Exponent ganze Zahl) sind die

Formeln 1.1: *Rechengesetze für Potenzen*

$$(1) \ a^k \cdot a^l = a^{k+l}, \ (2) \ \frac{a^k}{a^l} = a^{k-l}, \ a \neq 0, \ (3) \ \left(a^k\right)^l = a^{k \cdot l}, \ (4) \ a^l \cdot b^l = \left(a \cdot b\right)^l,$$

$$(5) \ \frac{a^l}{b^l} = \left(\frac{a}{b}\right)^l, \ b \neq 0. \ \text{Ist ferner } l > 0 \text{ so gilt: } a^l > b^l \text{ für } a > b. \ \blacklozenge$$

Potenzen mit rationalen Exponenten und Wurzeln

Sollen diese Gesetze auf Potenzen mit rationalen Exponenten ausgedehnt werden, ergeben sich neue Gesichtspunkte. In der Tat lassen sich Potenzen mit rationalen Exponenten nur erklären, wenn zuvor der Wurzelbegriff eingeführt worden ist.

Definition 1.1: *n-te Wurzel*

Die n-te Wurzel aus einer Zahl $a \geq 0$ ist diejenige *nicht negative* Zahl b, die der Gleichung $b^n = a$ genügt. Sie wird mit $b = \sqrt[n]{a}$ bezeichnet. Dabei heißt a *Radikand* und die ganze positive Zahl n *Wurzelexponent*. $\blacklozenge$

Mit den Einschränkungen $a \geq 0$ und $b \geq 0$ gibt es immer eine aber auch *nur* eine Wurzel aus a. Potenzen mit rationalen Exponenten lassen sich nun durch Wurzeln erklären. Sind $a > 0$ eine sonst beliebige reelle Zahl und k, l zwei ganze Zahlen mit $l \geq 2$, so ist die Potenz $a^{k/l}$ durch

$$a^{\frac{k}{l}} = \sqrt[l]{a^k}, \ a > 0, l \geq 2$$

definiert. Damit gelten die Potenzgesetze in der angegebenen Form. Es erübrigt sich, besondere Gesetze für das Rechnen mit Wurzeln anzugeben.

Beispiel 1.1: *Zum Begriff der Wurzel*

Nach der Definition gilt z. B. $\sqrt{25} = 5$ weil $5^2 = 25$ ist. Wegen $3^3 = 27$ ist $\sqrt[3]{27} = 3$. Hingegen ist $\sqrt{25} \neq -5$ obwohl $\left(-5\right)^2 = 25$ ist. $\blacklozenge$

Potenzen mit reellen Exponenten

Der Potenzbegriff lässt sich schließlich auch auf beliebige reelle Exponenten erweitern. Dieser Umstand, der hier nur skizziert werden kann, beruht darauf, dass sich jede reelle Zahl als Grenzwert einer geeignet gewählten Folge rationaler Zahlen darstellen lässt. In der Konsequenz lassen sich die zunächst nur für rationale Exponenten erklärten Gesetze auf Potenzen mit reellen Exponenten übertragen. Damit führt die fortschreitende Verallgemeinerung der Exponenten zu einer gewissen Spezialisierung der Basis. Während bei natürlichen Exponenten jede reelle Zahl a als Basis zugelassen ist, muss schon bei rationalen Exponenten $a > 0$ gefordert werden. Eine einheitliche Darstellung der Potenzen, die auch negative Basen einschließt, ergibt sich erst im Bereich der komplexen Zahlen.

Beispiel 1.2: *Rechnen mit Potenzen*

a) $10\dfrac{kN}{m^2}=10\dfrac{10^3\,N}{10^4\,cm^2}=1\dfrac{N}{cm^2}$, b) $\left(-2ab\right)^3=\left(-2\right)^3 a^3 b^3=-8a^3 b^3$, c) $\left(-2xy\right)^2=4x^2 y^2$,

d) $\dfrac{(a-b)^2(x-1)^3}{\left(a^2-b^2\right)\!\left(1-x\right)^2}=\dfrac{(a-b)^2(x-1)^3}{(a+b)(a-b)((-1)(x-1))^2}=\dfrac{(a-b)(x-1)^3}{(a+b)(x-1)^2(-1)^2}=\dfrac{(a-b)(x-1)}{a+b}$,

e) $\left(a^{3x}+3a^{2x}b^n+3a^x b^{2n}+b^{3n}\right):ab^x=a^{3x}+3a^{2x}b^n+3a^x b^{2n}+b^{3n}=\left(a^x+b^n\right)^3$. $\blacklozenge$

1.1.3 Logarithmen

Zum Begriff des Logarithmus

Beim Rechnen mit Potenzen spielen drei Größen eine Rolle: Die Basis a, der Exponent r und der Potenzwert p. Demgemäß lassen sich aus der Gleichung $p=a^r$ drei Fragestellungen ableiten. Beim *Potenzieren* geht es darum, aus den vorgegebenen Größen a und r den Potenzwert p zu berechnen. *Radizieren* bedeutet zu p und r die Basis a zu ermitteln. Als dritte Möglichkeit kann der zu a und p gehörende Exponent r bestimmt werden. Das führt zum *Logarithmieren*.

Definition 1.2: *Logarithmus*
Unter dem *Logarithmus* r einer reellen Zahl $p > 0$ zur reellen Basis $a > 1$, versteht man diejenige Zahl, mit der man a potenzieren muss um p zu erhalten. Die Zahl p heißt *Numerus*. Als Symbol dient $r=\log_a p$. $\blacklozenge$

Demnach sind Logarithmen geeignet gewählte Exponenten. Man darf erwarten, dass sie sich den Potenzgesetzen unterordnen. Beim Rechnen mit Logarithmen gelten die folgenden

Formeln 1.2: *Rechengesetze für Logarithmen*

$(1)\ \log p_1\cdot p_2=\log p_1\cdot\log p_2$, $(2)\ \log\dfrac{p_1}{p_2}=\log p_1-\log p_2$,

$(3)\ \log p^r=r\log p$, $r\in R$, $(4)\ \log\sqrt[n]{p}=\dfrac{1}{n}\log p$, $n\in N$,

$\log_a 1=0$, $\log_a a=1$, $\log_a p<0$ für $p<1$, $\log_a p>0$ für $p>1$, $\log p_1<\log p_2$ für $p_1<p_2$ $\blacklozenge$

Beispiel 1.3: *Zum Logarithmus eines Produkts*
Gegeben seien die reellen Zahlen $p_1>0$, $p_2>0$. Gesucht ist der Logarithmus des Produkts $p_1\cdot p_2$ zur Basis a.
Wird zur Vereinfachung vorübergehend die Basis im Logarithmus nicht angegeben, so gilt nach der Definition einerseits $p_1\cdot p_2=a^{\log p_1\cdot p_2}$. Andrerseits hat man aber auch $p_1=a^{\log p_1}$ und $p_2=a^{\log p_2}$. Daher ergibt sich auf der linken Seite $a^{\log p_1}\cdot a^{\log p_2}$. Wird nun das entsprechende Potenzgesetz angewandt, so folgt $a^{\log p_1+\log p_2}=a^{\log p_1\cdot p_2}$. Da beide Potenzen in ihrer Basis übereinstimmen, können sie nur dann identisch sein, wenn auch die Exponenten gleich sind. Als ein erstes Logarithmengesetz ergibt sich damit $\log_a p_1\cdot p_2=\log_a p_1+\log_a p_2$. Auf ähnliche Weise lassen sich die anderen Logarithmengesetze herleiten. $\blacklozenge$

Beispiel 1.4: *Eine Anwendung der Logarithmengesetze in der Akustik*
Beim einleitenden Beispiel ist die Gl. (1.1) nach dem Schalldämm-Maß R_F des Fenster umzustellen. Eine erste Umformung führt auf

$$\lg\left[1-\frac{A_F}{A_G}\left(10^{\frac{R_W-R_F}{10}}-1\right)\right]=\frac{R_W-R_G}{10}.$$

Der Übergang zur Umkehroperationen entfernt den Logarithmus und liefert

$$1-\frac{A_F}{A_G}\left(10^{\frac{R_W-R_F}{10}}\right)=10^{\frac{R_W-R_G}{10}}.$$

Daraus geht

$$10^{\frac{R_W-R_F}{10}}=\frac{A_G}{A_F}\left(1-10^{\frac{R_W-R_G}{10}}\right)+1$$

hervor. Logarithmieren ermöglicht schließlich gemäß

$$R_F=R_W-10\lg\left[1+\frac{A_G}{A_F}\left(10^{\frac{R_W-R_G}{10}}-1\right)\right]$$

die Auflösung nach R_F. ◆

Beispiel 1.5: *Stützenweite eines Seils*
Ein Seil, das an zwei gleich hohen Punkten $P_1(-b;h)$, $P_2(b;h)$ befestigt ist, nimmt die Gestalt der *Hyperbelkosinus*-Funktion (auch *Cosinus hyperbolicus* oder *Kettenlinie*)

$$y(x)=a\cosh\frac{x}{a}=\frac{a}{2}\left(e^{\frac{x}{a}}+e^{-\frac{x}{a}}\right)$$

an. Welchen Abstand $2b$ müssen P_1, P_2 für $h=30m$ erhalten, wenn das Seil seinen tiefsten Punkt $20m$ über der Erdoberfläche annehmen soll?
Die Kettenlinie besitzt ein absolutes Minimum an der Stelle $x=0$. Dort gilt

$$y(0)=\frac{1}{2}a\left(e^0+e^0\right)=a=20.$$

Damit steht der Wert des Parameters a fest. Die größte Entfernung von der Erdoberfläche erreicht das Seil an den Befestigungspunkten. Daraus folgt

$$y(b)=10\left(e^{\frac{b}{20}}+e^{-\frac{b}{20}}\right)=30.$$

Wird zur Abkürzung $b/20=z$ gesetzt, so folgt nach Multiplikation mit e^z

$$e^{2z}-3e^z+1=0.$$

Dies ist eine quadratische Gleichung für $v=e^z$ mit der Lösung $v_1=2.61803$, $v_2=0.38197$. Aus v_1 ergibt sich $2b=38.5m$. Die zweite Lösung besitzt keine baupraktische Bedeutung. ◆

1.1.4 Über komplexe Zahlen

Einführung

Bei der Anwendung mathematischer Methoden auf technische Probleme müssen gelegentlich Gleichungen behandelt werden, die im Bereich der reellen Zahlen nicht lösbar sind. Eine erste Vorstellung kann die von G. CARDANO (1501- 1576) formulierte Aufgabe vermitteln, die Zahl 10 so in Summanden x, y zu zerlegen, dass ihr Produkt 40 ergibt. Die formale Anwendung der Lösungsformel auf die entsprechende quadratische Gleichung $x^2 - 10x + 40 = 0$ führt auf $x = 5 + \sqrt{-15}$, $y = 5 - \sqrt{-15}$. Obwohl hier mit $\sqrt{-15}$ Zahlen auftreten, die der damalige Zahlenvorrat nicht enthielt, fügen sich x, y den üblichen Regeln und stellen, wie bereits CAR-DANO bemerkte, mit $\left(5 + \sqrt{-15}\right) + \left(5 - \sqrt{-15}\right) = 10$, $\left(5 + \sqrt{-15}\right)\left(5 + \sqrt{-15}\right) = 25 - (-15) = 40$ eine Lösung dar. Wie das Beispiel zeigt, bieten algebraische Gleichungen den Anlass, das Zahlensystem zu erweitern. In der Tat entstand das *System der komplexen Zahlen* historisch im Anschluss an derartige Überlegungen. Nach der von C.F. GAUSS (1777-1855) gegebenen theoretischen Begründung sind die komplexen Zahlen heute uneingeschränkt anerkannt und haben in vielen Anwendungen die gleiche Bedeutung wie die reellen Zahlen erlangt.

Imaginäre Einheit und rein imaginäre Zahlen

Da jede negative reelle Zahl das Produkt einer positiven reellen Zahl mit dem Faktor (-1) ist, muss zur Behandlung der Quadratwurzel aus einer negativen Zahl nur für $\sqrt{-1}$ eine neue Zahl eingeführt werden. Dies geschieht durch die

Definition 1.3: *Imaginäre Einheit*

Als *imaginäre Einheit i* wird eine Zahl bezeichnet, die durch $i^2 = -1$ erklärt ist. ♦

Die imaginäre Einheit wird gelegentlich auch mit j bezeichnet. Rein imaginäre Zahlen gehorchen den bekannten arithmetischen Gesetzen. Demnach entsteht mit $b_1 i + b_2 i = (b_1 + b_2) \cdot i$ durch Addition (oder Subtraktion) zweier rein imaginärer Zahlen wieder eine rein imaginäre Zahl. Multiplikation und Division können jedoch aus dem Bereich der rein imaginären Zahlen herausführen. Beispielsweise sind $b_1 i \cdot b_2 i = (b_1 \cdot b_2) \cdot i^2 = -b_1 \cdot b_2$ und $b_1 i / b_2 i = b_1 / b_2$, $b_2 \neq 0$ reelle Zahlen. Aus $i/i = 1$ folgt durch Multiplikation mit i $1/i = -i$. Außerdem gilt $b_1 i < b_2 i$ für $b_1 < b_2$. Daher lassen sich die rein imaginären Zahlen auf einer Skala anordnen, die *imaginäre Achse* genannt wird.

Komplexe Zahlen

Wie bereits die Lösungen der CARDANOschen Aufgaben zeigen, treten die rein imaginären Zahlen gewöhnlich in Kombination mit reellen Zahlen auf. Dies führt zur

Definition 1.4: *komplexe Zahlen*
Zahlenpaare, die sich aus einer reellen Zahl a und einer rein imaginären Zahl ib zusammensetzen, heißen *komplexe* Zahlen. Sie werden in der *algebraischen Form* durch $z = a + ib$ bezeichnet. Dabei heißen a *Realteil* und b *Imaginärteil*. Die komplexe Zahl $\bar{z} = a - ib$ ist die zu z *konjugiert komplexe* Zahl. ♦

Sind komplexe Zahlen in dieser Form gegeben, so spricht man von der *algebraischen Darstellung*. Die Lösungen des CARDANOschen Beispiels besitzen z.B. die Darstellung $x = 5 + i\sqrt{15}$ und $y = 5 - i\sqrt{15}$. Bei komplexen Zahlen spielt das (+)-Zeichen, welches ihre beiden Bestandteile verbindet, eine andere Rolle als in der Summe $a + b$ zweier reeller Zahlen. Im Komplexen ist es nur als symbolischer Hinweis auf die Zusammengehörigkeit von Real- und Imaginärteil zu verstehen. Eine Addition im herkömmlichen Sinn ist dagegen nicht gemeint. Sie lässt sich auch nicht ausführen, weil die beiden Größen von unterschiedlicher Art sind. Dies wird bei der Gleichheit komplexer Zahlen deutlich sichtbar.

Definition 1.5: *Gleichheit komplexer Zahlen*
Zwei komplexe Zahlen sind genau dann gleich, wenn ihre Real- und ihre Imaginärteile übereinstimmen. ♦

Aus $a_1 + ib_1 = a_2 + ib_2$ folgt also $a_1 = a_2$, $b_1 = b_2$ und umgekehrt. Dagegen kann bei reellen Zahlen aus $a_1 + b_1 = a_2 + b_2$ nicht $a_1 = a_2$, $b_1 = b_2$ gefolgert werden.

Zum Rechnen mit komplexen Zahlen in der algebraischer Form

Da sich mit komplexen Zahlen auch Aufgaben behandeln lassen, die im Reellen nicht lösbar sind, erweitern die komplexen Zahlen das System der reellen Zahlen. Letztere sind als Spezialfall in der Menge der komplexen Zahlen enthalten. Für das Rechnen mit komplexen Zahlen können die bekannten arithmetischen Gesetze im Wesentlichen übernommen werden. So gilt für zwei komplexe Zahlen $z_1 = a_1 + ib_1$, $z_2 = a_2 + ib_2$

$$z_1 + z_2 = a_1 + ib_1 + a_2 + ib_2 = a_1 + a_2 + i(b_1 + b_2), \tag{1.2}$$

$$z_1 \cdot z_2 = (a_1 + ib_1)(a_2 + ib_2) = a_1 a_2 - b_1 b_2 + i(a_1 b_2 + a_2 b_1) \tag{1.3}$$

Die Multiplikation konjugiert komplexer Zahlen liefert

$$z \cdot \bar{z} = (a + ib)(a - ib) = a^2 - iab + iab - i^2 b^2 = a^2 + b^2.$$

Die Größe $|z| = \sqrt{z \cdot \bar{z}}$ heißt *absoluter Betrag* der komplexen Zahl. Die Division wird durch Erweitern mit der konjugiert komplexen Zahl des Nenners ausgeführt

$$\frac{z_1}{z_2} = \frac{a_1 + ib_1}{a_2 + ib_2} = \frac{(a_1 + ib_1)(a_2 - ib_2)}{(a_2 + ib_2)(a_2 - ib_2)} = \frac{a_1 a_2 + b_1 b_2}{a_2^2 + b_2^2} + i \frac{a_2 b_1 - a_1 b_2}{a_2^2 + b_2^2}. \tag{1.4}$$

Das Potenzieren und Radizieren komplexer Zahlen ist ebenfalls erklärt. Diese Operationen sollen hier allerdings nicht angesprochen werden.

Beispiel 1.6: *Rechnen mit komplexen Zahlen in algebraischer Darstellung*

a) $\sqrt{-45} - \sqrt{-125} + \sqrt{80} = i\sqrt{45} - i\sqrt{125} + \sqrt{16 \cdot 5} = 2\sqrt{5}(2 - i)$, b) $(3 - 5i) - (3 + 2i) =$

$-3i$, c) $(3 + 5i)(-2 + i) = -6 + 3i - 10i + i^2 = -7 - 7i = -7(1 + i)$, d) $(3 + 5i)(3 - 5i) =$

$9 + 25 = 34$, e) $\dfrac{14 + 5i}{4 - i} = \dfrac{(14 + 5i)(4 + i)}{(4 - i)(4 + i)} = \dfrac{56 + 14i + 20i - 5}{17} = 3 + 2i$. ♦

Die Veranschaulichung komplexer Zahlen in der GAUSSschen Zahlenebene

Nach einer von C.F. GAUSS allgemein bekannt gemachten Vorstellung lassen sich komplexe Zahlen durch ein kartesisches Koordinatensystem veranschaulichen, auf dessen Abszisse der Realteil und auf dessen Ordinate der Imaginärteil der jeweiligen Zahl abgetragen werden. Dann entspricht jeder Zahl $z = a + ib$ eindeutig ein Punkt $P(a,b)$ der Ebene und es wird deutlich, dass komplexe Zahlen mit geordneten Paaren reeller Zahlen wesensverwandt sind. Sie lassen sich daher auch als Vektoren interpretieren, die vom Koordinatenursprung zu gewissen Punkten z zeigen. Dies bietet die Möglichkeit, die

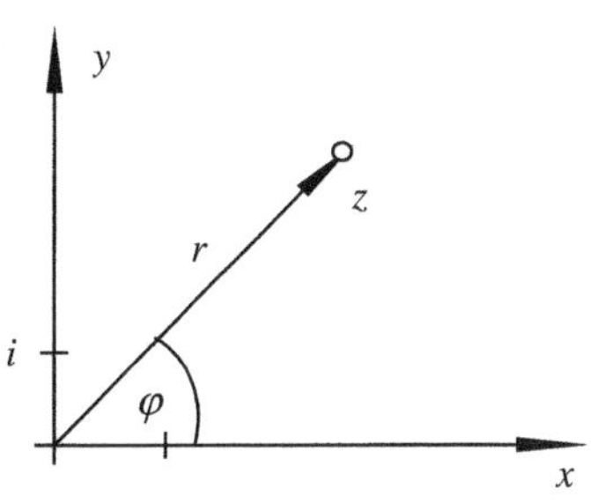

Bild 1.1 Gaußsche Zahlenebene

beim Rechnen mit komplexen Zahlen maßgebenden Größen geometrisch zu deuten. So handelt es sich beim absoluten Betrag um den Abstand des z zugeordneten Punktes vom Ursprung. Schließlich lässt sich noch der als *Argument* bezeichnete Winkel φ erklären, den der Vektor gegen die Abszisse bildet. Das Argument ist nicht eindeutig festgelegt. Neben φ_0 liefern auch $\varphi = \varphi_0 + 2k\pi$, $k = 0, \pm 1, \pm 2, \cdots$ die gleiche Zahl. Mit Betrag r und Argument φ lassen sich Real- und Imaginärteil einer komplexen Zahl gemäß

$$a = r \cdot \cos\varphi, \quad b = r \cdot \sin\varphi \tag{1.5}$$

ausdrücken.

Zwischen reellen oder rein imaginären Zahlen, die man auf einer Geraden anordnen kann, muss immer eine der drei Beziehungen kleiner (<), gleich (=) oder größer (>) bestehen. Für komplexe Zahlen dagegen, die sich als Punkte einer Ebene auffassen lassen, kann nur eine der beiden Beziehungen gleich oder ungleich bestehen. Die Ungleichungsrelation lässt sich nicht erklären.

1.1.5 Zum Einsatz eines Computeralgebra-Systems

Einführung

Der Rechenstab – vor wenigen Jahrzehnten galt er noch als *das* Attribut des Ingenieurs – ist modernen Ingenieuren nur noch vom Hörensagen bekannt. Er wurde durch leistungsfähigere elektronische Rechner verdrängt. Aber auch sie werden ständig weiterentwickelt. So treten gegenwärtig *Computeralgebra-Systeme* neben den herkömmlichen Programmiersprachen hervor. Während Rechnungen mit solchen Sprachen wie *Basic*, *Pascal* und *Fortran* nur möglich sind, wenn alle benötigten Größen einen Zahlenwert besitzen, können Computeralgebra-Systeme mit allgemeinen Zahlen umgehen. Man kann mit ihnen Formeln umstellen, Gleichungen lösen, in denen nicht alle Koeffizienten durch Zahlenwerte belegt sind, die Ableitung von Funktionen bilden, Integrale auswerten und vieles andere mehr. Besonders wichtig ist, dass alle diese Operationen vom Nutzer nicht selbst programmiert werden müssen. Vielmehr können selbst so komplexe Aufgaben wie das Lösen eines linearen Gleichungssystems durch ein einziges Befehlswort veranlasst werden. Man darf sich also ein Computeralgebra-System als eine Rechnersprache vorstellen, die mit mathematischen Inhalten in einem Maß angereichert ist, welches das bei gewöhnlichen Programmiersprachen übliche beträchtlich übertrifft. Der Nutzer kann so auf einen umfassenden Fundus mathematischer Methoden zugreifen, der von Fachleuten erarbeitet wurde und von ihnen erprobt und weiterentwickelt wird. In diesem Sinne sind Computeralgebra-Systeme auch *Expertensysteme.*

Mit den Computeralgebra-Systemen verfügen heutige Ingenieure über Hilfsmittel, deren Leistungsfähigkeit weit über das hinausgeht, was früheren Generationen zu Gebote stand. Dennoch machen sie ein Studium der Mathematik nicht überflüssig. Dies hängt vor allem damit zusammen, dass die quantitative Beschreibung technischer Systeme eine vielschichtige Aufgabe ist, an deren Anfang immer die zu Gleichungen führende mathematische Aufbereitung eines physikalisch-technischen Sachverhalts steht. Die dazu erforderliche Verknüpfung von Ergebnissen unterschiedlicher wissenschaftlicher Disziplinen überfordert in ihrer Komplexität den Rechner. Hinzu kommt, dass die seit langem erkennbare Tendenz zur vertieften mathematischen Fundierung der Technikwissenschaften durch das Aufkommen elektronischer Rechner auch im Bauwesen neuen Schwung erhalten hat. So bleibt es dabei: Erst dann, wenn mathematisch versierte Fachleute das Problem durchdacht und bis zu den mathematischen Gleichungen vorgedrungen sind, kommen Rechner zu ihrem Recht. Nachfolgend sollen Hinweise zum Computeralgebra-System *Maple* gegeben werden. Eine systematische Einführung ist nicht beabsichtigt. Vielmehr werden die sich in allen Kapiteln bietenden Gelegenheiten genutzt, um schrittweise die wichtigsten Maple-Elemente einzuführen.

Erste Anwendungen in der Arithmetik komplexer Zahlen

Nach dem Anmelden bei Maple, gibt der Rechner ein Arbeitsblatt vor, in dessen linken oberen Ecke der Maple-*promt* (>) zu sehen ist. Darüber befindet sich ein Menü-Balken, darunter ein Status-Balken, der System-Informationen enthält. Beim *promt* wird die komplexe Zahl `z1 = 3 + a*I` eingegeben und mit : abgeschlossen. Wird nun die *enter*-Taste betätigt, erscheint der nächst *prompt* und die Zahl `z2` kann eingegeben werden. Die imaginäre Einheit wird dabei mit `I` bezeichnet. Die nächsten Zeilen liefern Summe `zs`, Produkt `zp` und Quotient `zq` von `z1, z2`.

Beispiel 1.7: *Arithmetische Grundoperationen mit komplexen Zahlen*

```
> z1:=3+a*I:
```

```
> z2:=b-2*I:
```

```
> zs:=evalc(z1+z2);
```

$$zs := 3 + b + I(a-2)$$

```
> zp:=evalc(z1*z2);
```

$$zp := 3b + 2a + I(-6 + ab)$$

```
> zq:=evalc(z1/z2);
```

$$zq := 3\frac{b}{b^2+4} - 2\frac{a}{b^2+4} + I\left(\frac{ab}{b^2+4} + 6\frac{1}{b^2+4}\right) \quad \blacklozenge$$

Zur Abrundung soll auf das Radizieren komplexer Zahlen hingewiesen werden. Am Beispiel der vierten Wurzel aus $z1 = -119-120i$ wird gezeigt, wie die n-ten Wurzeln z_k, $k = 1, \cdots, n$ aus einer komplexen Zahl $z1$ durch Lösen der Gleichung $z^n = z1$ gewonnen werden. Zu beachten ist dabei, dass im Unterschied zu den reellen Zahlen die Wurzel im Komplexen nicht eindeutig bestimmt ist. Eine n-te Wurzel besitzt n Werte.

Beispiel 1.8: *Radizieren komplexer Zahlen*

```
> z1:=-119-120*I:
> Gl:= z^4=z1:
> evalf(solve(Gl,z));
```

$$-2-3I,\ 3-2I,\ -3+2I,\ 2+3I \blacklozenge$$

1.1.6 Übungsaufgaben

1.1: Soll ein Kredit mit der Schuldsumme K_0 in n Jahren getilgt werden, so ergeben sich die jährlichen Zahlungen A des Kreditnehmers (die sog. *Annuität*) beim Zinssatz r nach der Formel

$$A = K_0 q^n \frac{q-1}{q^n-1}, \qquad q = 1+r .$$

a) Welche Annuität ergibt sich für $K_0 = 100.000 DM$, $n = 16$ Jahre und $r = 8,5\%$ pro Jahr?
b) Auf wie viele Jahre verlängert sich die Laufzeit des Kredits, wenn eine Annuität von $A = 10.037 DM$ vereinbart wird?

1.2: Die Gleichung

$$K_n = K_0 q^n, \qquad q = 1+r$$

gibt an, auf welchen Wert K_n das Anfangskapital K_0 bei Verzinsung mit Zinseszinsen (Zinssatz r) im Laufe von n Zinsperioden (z.B. Jahre) anwächst.
a) Wie groß ist r, wenn ein Kapital von $K_0 = 5000 DM$ nach 10-jähriger Anlage auf $K_n = 10.000 DM$ angewachsen ist?
b) Welche Laufzeit ergibt sich, wenn K_0 bei $r = 4,5\%$ pro Jahr auf $K_n = 10.115 DM$ anwachsen soll?

1.3: Ein Waldbestand wird auf $K_0 = 150000\ m^3$ Holz mit einem jährlichen Zuwachs von $r = 4\%$ geschätzt. Welche Holzmenge könnte man dem Wald bei nachhaltiger Nutzung, d.h. ohne die Substanz anzugreifen, entnehmen?

1.4: Bei der experimentellen Untersuchung des Zusammenhangs zwischen zwei Größen x, y konnten zunächst nur die Beziehungen
a) $\lg y = 4x + 2$ bzw.
b) $\lg y = 2\lg x + 1$ ermittelt werden. Welche Abhängigkeit besteht jeweils zwischen x und y?
Lösung: a) $y = 100^{2x+1}$, b) $y = 10x^2$.

1.5: In den Anwendungen treten gelegentlich die Funktionen $\sinh x = \frac{1}{2}(e^x - e^{-x})$ (*Sinus hyperbolicus*) und $\cosh x = \frac{1}{2}(e^x + e^{-x})$ (*Cosinus hyperbolicus* oder *Kettenlinie*) auf. Man weise nach, dass sie für alle reellen x der Gleichung $\cosh^2 x - \sinh^2 x = 1$ genügen.

1.6: Alle Logarithmen zur gleichen Basis bilden ein *Logarithmensystem*. Man zeige, dass sich die Logarithmen verschiedener Systeme (Basis a_1 bzw. a_2) mit der Gleichung

$$\log_{a_2} p = \frac{1}{\log_{a_1} a_2}\log_{a_1} p$$

ineinander umrechnen lassen.

1.2 Flächenberechnung

Als Teilgebiet der EUKLIDischen Geometrie befasst sich die *Planimetrie* mit solchen in einer Ebene gelegenen Objekten wie Geraden, n-Ecken und Kegelschnitten. Untersucht werden neben Form und gegenseitiger Lage auch die Maßverhältnisse. Die große Breite des Stoffs schließt eine vollständige Übersicht aus. Vielmehr soll in knapper Form an grundlegende Begriffe und wichtige Bezeichnungen erinnert werden. Mit Rücksicht auf die Anwendungen stehen dabei Größe und sonstige Maßverhältnisse *ebener* Dreiecke und Vierecke im Vordergrund.

1.2.1 Dreiecke

Grundlegende Aussagen der Planimetrie

(1) In einem Dreieck ist die *Summe der Innenwinkel* $\alpha + \beta + \gamma = 180°$ (bzw. 200 gon). Ein *Außenwinkel* ist gleich der Summe der nicht anliegenden Innenwinkel (z. B. $\alpha' = \beta + \gamma$).

(2) Im Dreieck ist die Summe der Längen zweier Seiten stets größer als die Länge der dritten Seite $(a + b > c)$.

(3) Der Schnittpunkt der Seitenhalbierenden ist der *Schwerpunkt* des Dreiecks.

(4) Zwei Dreiecke, die sich durch eine Verschiebung und (oder) eine Drehung zur Deckung bringen lassen, heißen *kongruent*. Da solche Transformationen Längen und Winkel unverändert lassen, liegt Kongruenz vor, wenn in zwei Dreiecken a) drei Seiten, b) zwei Seiten und der eingeschlossene Winkel c) eine Seite mit den beiden anliegenden Winkeln übereinstimmen.

(5) Als *Ähnlichkeitstransformation* bezeichnet man eine Abbildung der Ebene auf sich selbst, bei der Geraden in Geraden übergehen und die Winkel zwischen entsprechenden Geraden unverändert bleiben. Zwei Dreiecke sind ähnlich, wenn a) ihre Seiten zueinander proportional sind $\left(a/a' = b/b' = c/c'\right)$, b) zwei Seiten zueinander proportional sind und der eingeschlossene Winkel gleich ist oder c) die Dreiecke in zwei Winkeln übereinstimmen.

Formeln 1.3: *Berechnung von Dreiecken*

allgemeine Dreiecke: Fläche $A = \frac{1}{2} g \cdot h$, z.B.

$A = \frac{1}{2} c \cdot h_c$, $A = \sqrt{s(s - a)(s - b)(s - c)}$ (HERON-ische Formel), Umfang $U = a + b + c$, $s = \frac{1}{2} U$

rechtwinklige Dreiecke: Fläche $A = \frac{1}{2} a \cdot b = \frac{1}{2} c \cdot h_c$, wichtige Sätze $a^2 = c \cdot p$ (Satz des EU-KLID oder Kathetensatz), $c^2 = a^2 + b^2$ (Satz des PYTHAGORAS).

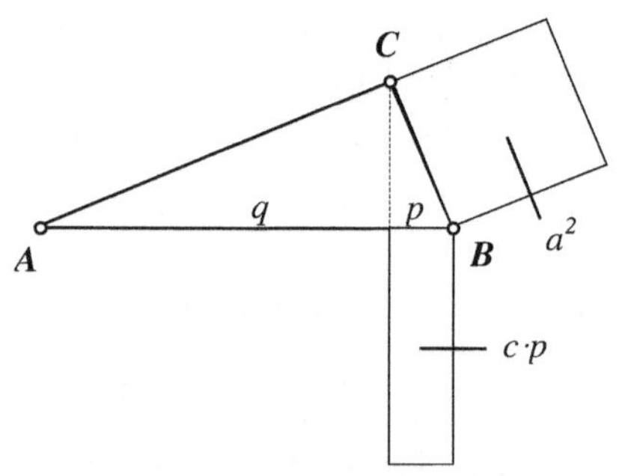

Bild 1.2 Zum Satz des EUKLID

Beispiel 1.9: *Aus einem alten Lehrbuch für Baumeister*
In dem Fialen-Buch von H. SCHMUTTERMAYER (Nürnberg, um 1490) wird beschrieben, wie der Grundriss eines gotischen Ziertürmchens (Fiale) zu konstruieren ist. Dabei kommt es u.a. darauf an, in ein Quadrat der Seitenlänge a_0 weitere Quadrate mit den Seitenlängen a_1, a_2,$\cdots$ einzubeschreiben (Bild 1.3). SCHMUTTERMAYER berücksichtigt 8 Quadrate. Deren Seiten sind zu berechnen.

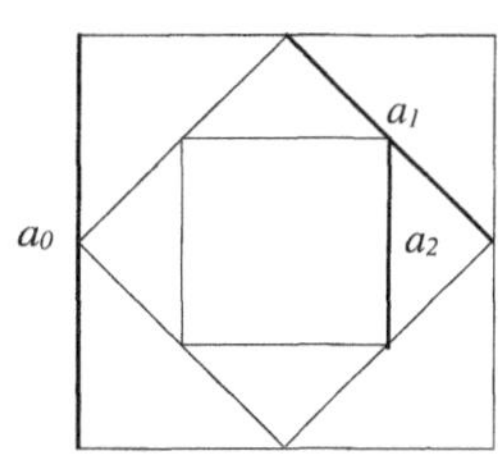

Bild 1.3 Zur Konstruktion einer Fiale

a) Berechnung von a_1: Nach dem Pythagoras gilt

$$a_1^2 = \tfrac{1}{4}a_0^2 + \tfrac{1}{4}a_0^2 = \tfrac{1}{2}a_0^2 \text{. Das liefert } a_1 = \frac{\sqrt{2}}{2}a_0 .$$

b) Wie man sich überzeugen kann, führt die Fortsetzung des Verfahrens auf $a_2 = \tfrac{1}{2}a_0$,

$$a_3 = \frac{\sqrt{2}}{4}a_0 \ , \ a_4 = \tfrac{1}{4}a_0 , \ a_5 = \frac{\sqrt{2}}{8}a_0 , \ a_6 = \tfrac{1}{8}a_0 \text{ und } a_7 = \frac{\sqrt{2}}{8}a_0 .$$

c) Im Vergleich mit den Angaben SCHMUTTERMAYERS ($a_2 = \dfrac{a_0}{2}$, $a_3 = \dfrac{a_0}{3}$, $a_4 = \dfrac{a_0}{4}$,

$a_5 = \dfrac{a_0}{6}$, $a_6 = \dfrac{a_0}{8}$, $a_7 = \dfrac{a_0}{12}$), ergeben sich in einigen Fällen Unterschiede. Welche Ursache könnten diese Diskrepanzen haben? ♦

Beispiel 1.10: *Längenänderung der Stäbe eines Fachwerks bei Belastung*
Die drei Stäbe eines Fachwerks bilden im unbelasteten Zustand ein gleichschenkliges Dreieck (Bild 1.4). Greift im Punkt C eine horizontal wirkende Kraft F an, so verschiebt sich C um die kleine Strecke Δs. Welche Längenänderung der Stäbe S_1, S_2 ist damit verbunden?

Ist s_{10} die Länge von S_1 im unverformten Zustand, so ergibt sich für die Höhe h die Gleichung $h^2 = s_{10}^2 - \tfrac{1}{4}s_3^2$, s_3 Länge des Stabes S_3. Unter der Voraussetzung, dass die Verschiebung von C in horizontaler Richtung erfolgt, besitzt S_1 nach der Deformation die Länge

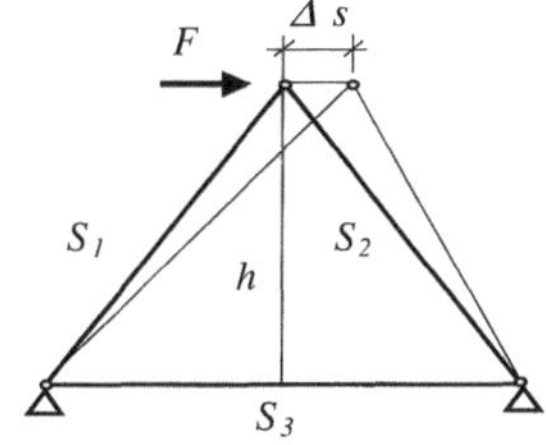

Bild 1.4 Fachwerk

$$s_1^2 = h^2 + \left(\tfrac{1}{2}s_3 + \Delta s\right)^2 = s_{10}^2 + s_3\Delta s + \Delta s^2 .$$

Daraus folgt $s_1^2 - s_{10}^2 = (s_1 - s_{10})(s_s + s_{10}) = s_3\Delta s + \Delta s^2$. Hier ist $\Delta s_1 = s_1 - s_{10}$ die gesuchte Längenänderung von S_1. Da Δs_1 klein ist, darf man näherungsweise $s_1 + s_{10}$ durch $2s_{10}$ ersetzen. Weil auch Δs klein ist, darf darüber hinaus Δs^2 neben $s_3\Delta s$ unberücksichtigt bleiben. Im Zuge dieser Näherungen ergibt sich

$$\Delta s_1 = \frac{s_3}{2s_{10}}\Delta s .$$

Eine analoge Rechnung liefert für S_2 die Längenänderung $\Delta s_2 = -\dfrac{s_3}{2s_{20}}\Delta s .$ ♦

1.2.2 Vierecke

Grundlegende Aussagen und Begriffe

(**1**) Zwei Seiten eines Vierecks, die keinen Eckpunkt gemeinsam haben, heißen *Gegenseiten*. Vierecke werden im Hinblick auf die relative Lage der Gegenseiten eingeteilt in: a) *Trapezoide* (keine parallelen Gegenseiten), b) *Trapeze* (zwei parallele Gegenseiten, die sog. *Basen* des Trapezes) und c) *Parallelogramme* (zwei Paare paralleler Seiten).

(**2**) Beim Parallelogramm sind zu unterscheiden: *Rhombus* (vier gleich lange Seiten), *Rechteck* (vier gleiche Winkel), *Quadrat* (Rechteck und Rhombus zugleich).

(**3**) In jedem Viereck beträgt die Summe der Innenwinkel 360° (bzw. 400 gon).

(**4**) In einem Parallelogramm sind die Gegenwinkel gleich groß und die Summe zweier aufeinander folgender Winkel ist 180° (bzw. 200 gon). Die Diagonalen halbieren einander.

Formeln 1.4: *Berechnung von Vierecken*

Trapez: Fläche $A = \frac{1}{2}(a+c)h$, Höhe $h = d \cdot \sin\alpha = b \cdot \sin\beta$,

Parallelogramm: Fläche $A = a \cdot h = a \cdot b \cdot \sin\alpha$, Parallelogrammgesetz $d_1^2 + d_2^2 = 2\left(a^2 + b^2\right)$, d_1, d_2 Diagonalen des Parallelogramms,

Rechteck: $A = a \cdot b$, $d^2 = a^2 + b^2$, d Diagonale. ♦

Beispiel 1.11: *Flächeninhalt eines Trapezoides nach der Dreieckmethode*

Ein durch Geraden begrenztes Grundstück besitzt die Eckpunkte $P_1(0,0)$, $P_2(54.25,152.3)$, $P_3(217,183.56)$, $P_4(231.23,-54.26)$. Zu berechnen ist der Flächeninhalt.

Bei der Dreieckmethode wird das Grundstück in zwei Dreiecke zerlegt, deren Flächen die HERONische Formel liefert. Dazu müssen die Seitenlängen bekannt sein. Sie werden mit der Formel $a^2 = (x_B - x_A)^2 + (y_B - y_A)^2$ für den Abstand a zweier Punkte A, B ermittelt. Da dies mit einem erheblichen numerischen Aufwand verbunden ist, empfiehlt sich die Verwendung der folgenden Maple-Anweisungen:

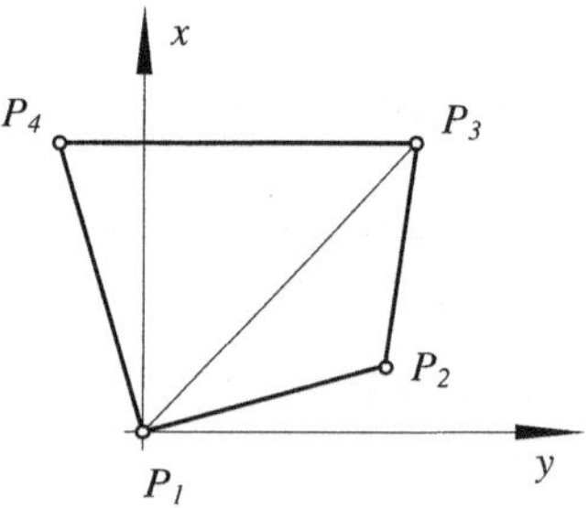

Bild 1.5 Trapezoid

Eingabe der Koordinaten

```
> x1:=0:y1:=0:x2:=54.25:y2:=152.3:x3:=217:y3:=183.56:x4:=231.23:y4
  :=-54.26:
```

Berechnung der Seiten

```
> a1:=sqrt((x2-x1)^2+(y2-y1)^2):
> a2:=sqrt((x3-x1)^2+(y3-y1)^2):
> a3:=sqrt((x4-x3)^2+(y4-y3)^2):
> a4:=sqrt((x1-x4)^2+(y1-y4)^2):
> d1:=sqrt((x3-x1)^2+(y3-y1)^2):
```

Berechnung des Flächeninhalts

```
> s1:=(a1+a2+d1)/2: s2:=(a3+a4+d1)/2:
```

```
> A1:=sqrt(s1*(s1-a1)*(s1-a2)*(s1-d1)):
> A2:=sqrt(s2*(s2-a3)*(s2-a4)*(s2-d1)):
> Ages:=A1+A2;                              Ages:=38654.98445
```

Sind die Koordinaten in der Maßeinheit m gegeben, so beträgt der Flächeninhalt des Grundstücks $A_{ges} = 38655m^2 = 3,8655ha$. In der Aufgabe wird das im Vermessungswesen übliche Koordinatensystem benutzt. ♦

1.2.3 Kreise

Grundlegende Aussagen und Begriffe

(**1**) Als ebene Kurve ist ein *Kreis* die Menge aller Punkte einer Ebene, die von einem Punkt M der Ebene gleich weit entfernt sind. Diese Entfernung heißt *Radius r*. M ist der *Mittelpunkt* des Kreises. Ein Kreis teilt die Ebene in zwei Gebiete. Das innere Gebiet ist die *Kreisfläche*.

(**2**) Eine Sekante zerlegt die Kreisfläche in zwei *Kreissegmente* und den Kreis in zwei *Kreisbögen*.

(**3**) *Tangente* an einen Kreis ist eine Gerade, die mit ihm genau einen Punkt gemeinsam hat. Sie ist orthogonal zum Berührungsradius.

(**4**) Zwei Radien durch die Punkte A, B eines Kreises zerlegen die Kreisfläche in zwei *Kreissektoren*.

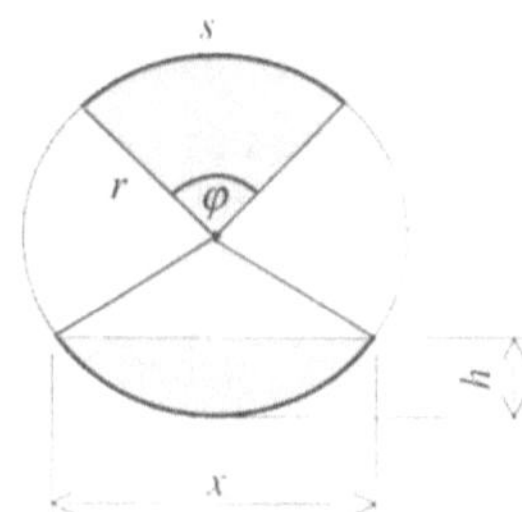

Bild 1.6 Größen am Kreis

(**5**) Einen Winkel φ, dessen Schenkel zwei Radien bilden und dessen Scheitel in M liegt, nennt man *Zentriwinkel*. Jedem Kreisektor bzw. jedem Kreisbogen $\overset{\frown}{AB}$ entspricht ein bestimmter Zentriwinkel.

(**6**) Wählt man neben den Punkten A,B noch einen dritten Punkt C, der außerhalb des Bogens $\overset{\frown}{AB}$ auf dem Kreis liegt, so entsteht ein Winkel γ mit dem Scheitel C. Dieser Winkel heißt *Peripheriewinkel*. Jeder Peripheriewinkel ist halb so groß wie der Zentriwinkel. Außerdem gilt: Alle Peripheriewinkel über dem gleichen Bogen sind gleich groß.

(**7**) Nach dem *Satz des THALES* sind alle Peripheriewinkel über dem Halbkreis rechte Winkel.

Formeln 1.5: *Berechnung von Kreisen*

Kreis: Umfang $U = 2\pi \cdot r$, Fläche $A = \pi \cdot r^2$;

Sektor: Bogenlänge $s = r \cdot \varphi$, Fläche $A = \dfrac{1}{2}r^2 \cdot \varphi$;

Segment: Länge der Sehne $x = 2r \cdot \sin\dfrac{\varphi}{2}$, Höhe $h = r\left(1 - \cos\dfrac{\varphi}{2}\right)$,

Fläche $A = \dfrac{1}{2}r^2(\varphi - \sin\varphi)$. ♦

Beispiel 1.12: *Berechnungen an einem Spitzbogen*

In einem aus zwei Kreisbögen vom Radius r (Mittelpunkte in A bzw. B) gebildeten Spitzbogen sollen nach Bild 1.7 ein Kreis (Radius r_2) und zwei Halbkreise (Radius r_1) als Fenster untergebracht werden. Man berechne a) die Radien der Kreise, b) den Inhalt der Fensterfläche und c) den Inhalt der Restfläche aus vorgegebenen Werten für r und $a = \overline{AB}$.

Zu a) Aus dem vorgegebenen Abstand a der Punkte A,B folgt $r_1 = \frac{1}{4}a$. Außerdem gilt $\overline{BM} = r - r_2$ und $\overline{MM_1} = \overline{MM_2} = r_1 + r_2$. Mit der Abkürzung $\overline{MD} = s$ ergibt sich im ΔMDB $s^2 + 4r_1^2 = (r - r_2)^2$ und im ΔMDM_2 $s^2 + r_1^2 = (r_1 + r_2)^2$.

Auflösen nach s^2 und Gleichsetzen liefert $r_2 = \frac{r}{2}\frac{4-\beta^2}{4+\beta}$, $\beta = \frac{a}{r}$. Zu b) Setzt man die Resultate aus a) in die

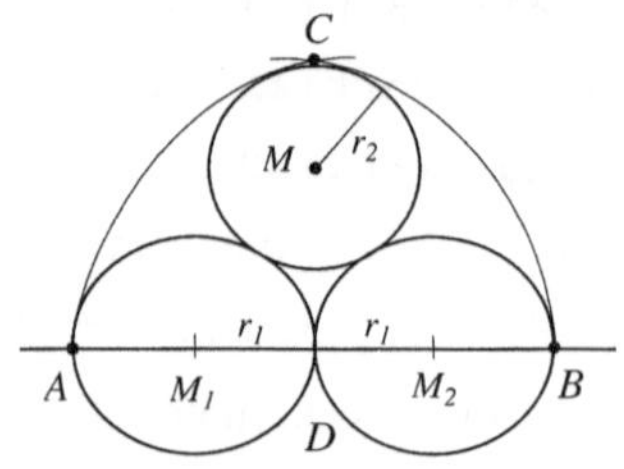

Bild 1.7 Spitzbogen

Gesamtfensterfläche $A_F = \pi r_1^2 + \pi r_2^2$ ein, so ergibt sich

$$A_F = \frac{\pi r^2}{16}\frac{5\beta^4 + 8\beta^3 - 16\beta^2 + 64}{(4+\beta)^2}.$$ Zu c) Aus Symmetriegründen

ist die Fläche des Spitzbogens gleich der Fläche eines Kreissegments mit der Höhe $h = \frac{1}{2}a$.

Zieht man die entsprechende Formel heran, so folgt $\cos\frac{\varphi}{2} = 1 - \frac{\beta}{2}$. Als Zentriwinkel

ergibt sich daher $\varphi = 2\arccos(1 - \frac{\beta}{2})$ und für die Fläche des Spitzbogens folgt

$$A_B = r^2\left(\arccos\gamma - \gamma\sqrt{1 - \gamma^2}\right),\quad \gamma = 1 - \frac{\beta}{2}. \blacklozenge$$

1.2.4 Übungsaufgaben

1.7: In einem altbabylonischen Text aus Larsa wird folgende Aufgabe gestellt: Ein rechtwinkliges Dreieck mit gegebener Basis $b = 30$ wird von einer zur Basis parallelen Geraden in ein Trapez (Fläche A_T, Basis b) und ein Dreieck (Fläche A_D, Basis x) zerlegt. Die Höhen sind h_T und h_D. Gegeben sind $A_T - A_D = \Delta = 7$, $h_D - h_T = \delta = 20$. Zu berechnen sind h_T, h_D und x. *Lösung:* $h_D = 34,54$, $h_T = 14,54$, $x = 21,11$.

1.8: Ein Walmdach erhebt sich über einer rechteckigen Grundfläche mit den Eckpunkten A, B, C, D. Sein First ist ein Geradenstück mit den Endpunkten E, F. Aus der vorliegenden Bauzeichnung ergeben sich als Koordinaten der Punkte: $A(0;0;0)$, $B(12;0;0)$, $C(12;5;0)$ und $D(0;5;0)$ sowie $E(2,5;2,5;4)$, $F(9,5;2,5;4)$. Man berechne die Fläche des Daches. *Lösung:* $A = 113,2 m^2$.

1.9: Der Querschnitt einer Säule ist ein regelmäßiges Achteck mit der Seite $s = 30 cm$. Es ist vorgesehen, sie auf einen zylindrischen Sockel zu stellen. Dieser Sockel soll so gefertigt werden, dass der kreisförmige Umfang der Standfläche jeweils 5cm Abstand von den vertikalen Kanten der Säule besitzt. Man berechne den Durchmesser des Zylinders. *Lösung:* $d = 88,4 cm$.

1.10: Die Koordinaten der Eckpunkte eines geradlinig begrenzten Grundstücks sind, aufgenommen in dem im Vermessungswesen üblichen Koordinatensystem (y-Achse horizontal, x-Achse vertikal): die Koordinaten: $P_1(4.98, -35.35)$, $P_2(59.02, -55.15)$, $P_3(76.55, 14.35)$, $P_4(44.92, 25.95)$, $P_5(4.98, 28.05)$. Zu berechnen ist die Fläche des Grundstücks. *Lösung:* $A = 4518\ m^2$.

1.3 Berechnung von Körpern

Die *Stereometrie* befasst sich mit der Untersuchung der Lage und der Maßverhältnisse geometrischer Objekte, deren Beschreibung drei Dimensionen erfordert. Es kann sich dabei um Körper oder um Geraden und Ebenen im Raum handeln. Im engeren Sinn geht es um die Berechnung des Rauminhaltes und der Oberfläche von Körpern. Dieser Aspekt der Stereometrie soll hier im Vordergrund stehen. Mit Rücksicht auf die vorherrschenden Gestaltungsprinzipien im Bauwesen werden dabei vor allem *Prismen, Pyramiden, Zylinder* und *Kugeln* berücksichtigt.

1.3.1 Prisma und Pyramide

Das Prisma: Grundlegende Aussagen und Begriffe

(**1**) Ein *Prisma* ist eine beschränkte Punktmenge des dreidimensionalen Raums, die begrenzt wird von a) zwei kongruenten, in zwei parallelen Ebenen gelegenen n-Ecken (*Grund-* und *Deckfläche*) und b) n Parallelogrammen, die von den entsprechenden Eckpunkten der beiden n-Ecke gebildet werden.
(**2**) Die einzelnen Parallelogramme heißen *Seitenflächen*, die Vereinigung der Seitenflächen *Mantel*. Der Abstand zwischen Grund- und Deckfläche ist die *Höhe* des Prisma.
(**3**) Je zwei der Seitenflächen stoßen zusammen und erzeugen so eine *Seitenkante* des Prisma. Drei Kanten treffen in einer *Ecke* zusammen.
(**4**) Stehen die Seitenkanten senkrecht auf der Grundfläche, so handelt es sich um ein *gerades* Prisma. Andernfalls ist das Prisma *schief*.
(**5**) Ein Prisma, dessen Grundfläche ein Parallelogramm ist, heißt *Parallelepiped* (*Spat*).
(**6**) Ein *Quader* ist ein gerades Parallelepiped mit einem Rechteck als Grundfläche.

Das Prinzip des CAVALIERI

Nach einem von *B. CAVALIERI* (um 1598-1647) erzielten Resultat besitzen zwei Körper das gleiche Volumen, wenn man sie zwischen zwei parallelen Ebenen (Entfernung h) legen kann und ihre Schnitte mit einer beliebigen zur Grundfläche parallelen Ebene den gleichen Flächeninhalt F besitzen. Speziell besitzen ein gerades und ein schiefes Prisma die in F und h übereinstimmen das gleiche Volumen. Die Bedeutung

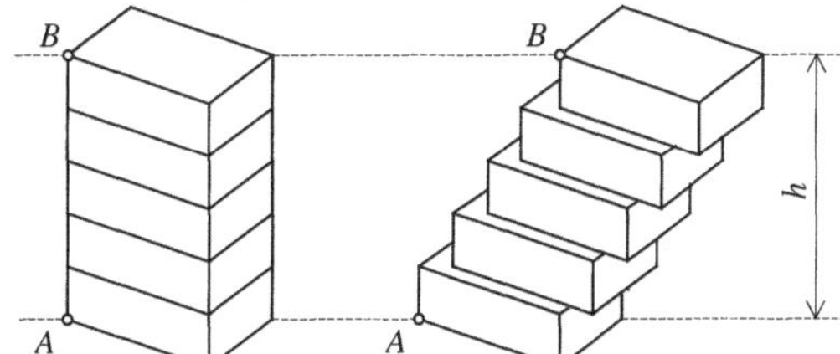

Bild 1.8 Zum Prinzip des CAVALIERI

dieses Satzes geht aber darüber hinaus. Und zwar nicht nur deshalb, weil er auch auf andere Körper angewandt werden kann. Vielmehr besitzt er auch einen wichtigen *geistesgeschichtlichen Aspekt*: CAVALIERI nahm Vorstellungen der Infinitesimalrechnung vorweg, die auch heute noch uneingeschränkt gültig sind und im Abschnitt 6 aufgegriffen werden. Um dies am Prisma zu erläutern, wird es durch viele zur Grundfläche parallele Schnitte in Elemente zerlegt, die selber wieder Prismen sind. Danach werden diese Elemente geringfügig gegeneinander verschoben (Bild 1.8). So entsteht ein neuer Körper bei dem Höhe und Volumen ihre ursprünglichen Werte behalten. Obwohl er nur aus Prismen besteht, ist er doch selbst kein Prisma. Allerdings kommt man dieser Gestalt durch eine feinere Zerlegung näher. Wird die Höhe der Elemente immer weiter verkleinert (und dabei ihre Zahl n vergrößert), so werden die Stufen entlang einer Kante ebenfalls kleiner und verschwinden schließlich für $n \to \infty$ ganz. Man hat es dann wieder mit einem schiefen Prisma zu tun. Es liegt auf der Hand, dass sein Volumen mit dem ursprünglichen Wert übereinstimmt.

Pyramide und Pyramidenstumpf: Grundlegende Aussagen und Begriffe

(1) Eine *Pyramide* ist eine beschränkte Punktmenge des dreidimensionalen Raums, deren eine Begrenzungsfläche ein *n*-Eck ist und deren restliche Begrenzungsflächen *n* Dreiecke mit einem gemeinsamen Eckpunkt *S* sind.

(2) Das *n*-Eck heißt *Grundfläche*, die Dreiecke *Seitenflächen* und *S Spitze* der Pyramide. Die Vereinigung der Seitenflächen ist der *Mantel* der Pyramide.

(3) Bei einer *regelmäßigen* Pyramide ist die Grundfläche ein regelmäßiges *n*-Eck. Die Seitenflächen sind gleichschenklige Dreiecke.

(4) Um eine *gerade* Pyramide handelt es sich, wenn a) die Grundfläche einen Mittelpunkt *M* besitzt und b) der Fußpunkt des von *S* auf die Ebene der Grundfläche gefällten Lotes mit *M* übereinstimmt (dabei ist *M* der Mittelpunkt des Umkreises). Andernfalls ist die Pyramide *schief.*

(5) Eine zur Grundfläche parallele Ebene *E* zerlegt die Pyramide in den (unterhalb gelegenen) *Pyramidenstumpf* und in die *Ergänzungspyramide.*

Formeln 1.6: *Berechnungen an Prisma, Pyramide und Pyramidenstumpf*

Quader: Volumen $V = a \cdot b \cdot c$,   Oberfläche $O = 2(a \cdot b + a \cdot c + b \cdot c)$,   Diagonale

$d = \sqrt{a^2 + b^2 + c^2}$;

Prisma: Volumen $V = A \cdot h$;

Pyramide: Volumen $V = \frac{1}{3} A \cdot h$;

Pyramidenstumpf: Volumen $V = \frac{1}{3} h(A + \sqrt{A \cdot A_1} + A_1)$, A Grundfläche, A_1 Deckfläche. ◆

Beispiel 1.13: *Berechnungen an einer Pyramide*

Eine Pyramide mit dem Dreieck D_0 als Grundfläche (Eckpunkte A_0, B_0, C_0, Seiten a_0, b_0, c_0, Höhe des Dreiecks h_0, Fläche F_0) wird durch eine Ebene geschnitten, die im Abstand h zur Spitze *S* der Pyramide parallel zur Grundfläche verläuft. Als Schnittfigur entsteht das Dreieck *D* mit den Eckpunkten *A*, *B*, *C* und den Seiten *a*, *b*, *c*. In welchem Verhältnis stehen a) die Seiten, b) die Umfänge und c) die Flächen der Dreiecke?
Sind h_0' bzw. h' die Höhen der Dreiecke $A_0 B_0 S$ bzw. *ABS*, dann folgt aus den Strahlensätzen für die Seite *c*

$$\frac{c}{c_0} = \frac{h'}{h_0'} = \frac{h}{h_0} = \lambda \,.$$

Da dies auch für die anderen Seiten der Dreiecke gilt, ist das Verhältnis entsprechender Seiten der Dreiecke *D*, D_0 durch λ gegeben. b) Dieses Resultat überträgt sich auf die Umfänge. Es gilt $U = U_0 \lambda$. c) Aufschluss über die Verhältnisse der Flächeninhalte kann man sich mit Hilfe der Heronischen Formel verschaffen. Nach b) gilt für die dafür maßgebende Größe $s = 0.5 \cdot U = s_0 \lambda$. Daher gilt

$$F = \sqrt{s_0 \lambda (s_0 \lambda - a_0 \lambda)(s_0 \lambda - b_0 \lambda)(s_0 \lambda - c_0 \lambda)} = \sqrt{\lambda^4 s_0 (s_0 - a_0)(s_0 - b_0)(s_0 - c_0)} = \lambda^2 F_0 \; ◆$$

1.3.2 Kegel, Kugel und Zylinder

Zylinder: Grundlegende Begriffe und Definitionen

(**1**) Gegeben sei eine beliebige ebene Kurve k (*Leitkurve*) und eine Gerade g (*Erzeugende*), die weder in der Ebene von k noch in einer dazu parallelen Ebene liegt und k in einem Punkt schneidet. Wird nun g entlang von k so bewegt, dass sie immer zur Ausgangslage parallel bleibt, entsteht die *Zylinderfläche*.

(**2**) Gewöhnlich ist k eine ganz im Endlichen liegende geschlossene Kurve. Um die Zylinder von Prismen abzugrenzen, darf k kein aus Geradenstücken zusammengesetzter Polygonzug sein.

(**3**) Zylinderflächen werden nach den Kurven eingeteilt, die sich beim ebenen Schnitt senkrecht zu den Erzeugenden ergeben: z.B. Kreiszylinder, elliptische Zylinder.

(**4**) Wird eine Zylinderfläche, die einer geschlossenen Leitkurve entspricht, von zwei im Abstand $h > 0$ parallel verlaufenden Ebenen geschnitten, entsteht ein *Zylinderkörper* der Höhe h. Er wird begrenzt vom *Zylindermantel* als einem Teil der Zylinderfläche und den (ebenen) *Grund-* und *Deckflächen*. (5) Verlaufen die Schnittebenen senkrecht zur Erzeugenden, ist der Zylinder gerade.

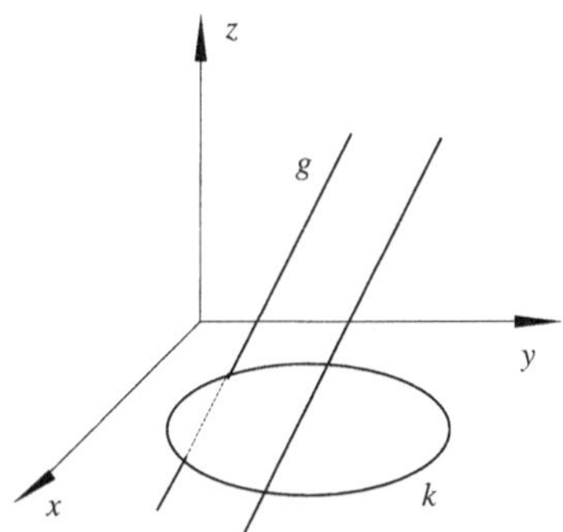

Bild 1.9 Zylinderfläche

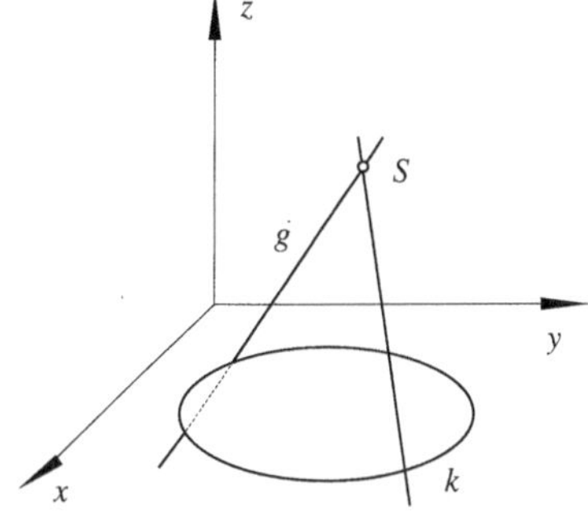

Bild 1.10 Kegelfläche

Kegel: Grundlegende Begriffe und Definitionen

(**1**) Ist eine ebene Kurve k (*Leitkurve*) und ein Punkt S gegeben, der nicht in der Ebene von k liegt, so entsteht eine *Kegelfläche*, wenn eine durch S verlaufende Gerade g (*Erzeugende*) entlang k gleitet.

(**2**) Ein Kreis als Leitkurve liefert einen *Kreiskegel*. In einem *geraden* Kreiskegel ist der Fußpunkt des Lotes von der Spitze S auf die Kreisfläche der Mittelpunkt des Kreises.

(**3**) Wird die einer geschlossenen Leitkurve entsprechende Kegelfläche durch eine Ebene geschnitten, so heißt der ganz im Endlichen liegende Körper *Kegelkörper*.

(**4**) Im Sprachgebrauch werden Kegelfläche und Kegelkörper nicht unterschieden. Man spricht in beiden Fällen vom Kegel.

(**5**) Eine Ebene die einen Kreiskegel parallel zur Grundfläche schneidet, zerlegt ihn in einen kleineren Kegel und einen Kegelstumpf.

(**6**) Die Kegelschnitte (Kreis, Ellipse, Parabel, Hyperbel) entstehen, wenn ein gerader Kreiskegel (bzw. Doppelkegel) von einer Ebene geschnitten wird.

Kugel: Grundlegende Begriffe und Definitionen

(1) Als Fläche im Raum ist eine *Kugel* die Menge aller Punkte, die von einem gegebenen Punkt M (*Mittelpunkt*) den gleichen Abstand r (*Radius*) haben.

(2) Weil die gleiche Fläche auch durch Drehung eines Kreises vom Radius r um einen Kreisdurchmesser als Drehachse entsteht, ist die Kugel eine *Rotationsfläche*.

(3) Eine Kugel zerlegt den Raum in zwei Bereiche. Die innere Punktmenge heißt *Kugelkörper*.

(4) Jede Gerade, die mit der Kugel einen Punkt gemeinsam hat, heißt *Tangente*. Die Tangente ist zum Berührungsradius orthogonal.

(5) In jedem Punkt gibt es beliebig viele Tangenten. Sie liegen alle in einer Ebene, die *Tangentialebene* heißt.

(6) Beim Schnitt von Ebene und Kugel wird diese sie in zwei *Kugelkappen* (*Kalotten*) zerlegt. Entsprechend zerfällt dabei der Kugelkörper in zwei *Kugelabschnitte* (*Segmente*).

Formeln 1.7: *Berechnungen an Kegel, Kugel und Zylinder*

gerader Kreiszylinder: $A_M = 2\pi r h$, $A_O = 2\pi r(r + h)$, $V = \pi r^2 h$

gerader Kreiskegel: $A_M = \pi r s$, $A_O = \pi r(r + s)$, $V = \frac{1}{3}\pi r^2 h$, $s^2 = h^2 + r^2$

gerader Kreiskegelstumpf: $A_M = \pi s(r_1 + r_2)$, $A_O = \pi\left[r_1^2 + r_2^2 + s(r_1 + r_2)\right]$

$V = \frac{1}{3}\pi h\left(r_1^2 + r_1 r_2 + r_2^2\right)$, $s^2 = h^2 + (r_1 - r_2)^2$

Kugel : $A_O = 4\pi r^2$, $V = \frac{4}{3}\pi r^3$;

Kugelabschnitt: $a = r\cdot\sin\alpha$, $h = r(1 - \cos\alpha)$, $A_O = 2\pi r h$, $V = \frac{\pi}{3}h^2(3r - h)$;

Bezeichnungen: A_M Mantelfläche, A_O Oberfläche. ◆

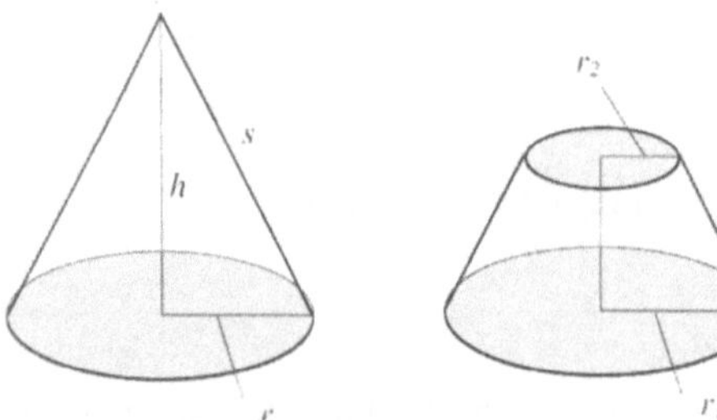

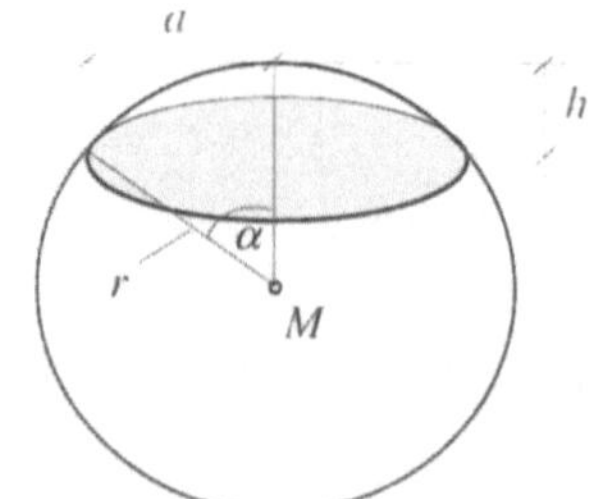

Bild 1.11 gerader Kegel und Kegelsstumpf   **Bild 1.12** Kugel

1.3.3 Übungsaufgaben

1.11: In seinem 1558 veröffentlichten „Buch der geometrischen Messung" geht G. RIVIUS auf die Anwendung mathematischer Methoden im Bauwesen ein. Im Zusammenhang mit dem Verdingungswesen, das einen besonderen Akzent bildet, findet man eine Aufgabe, die im heutigen Sprachgebrauch so lautet: Auf einen kreiszylindrischen Turm vom Umfang $U = 6$ *Klafter* soll ein spitzer Helm von der Höhe $h = 14\frac{7}{22}$ *Schuh* gesetzt werden. Zu berechnen ist die Oberfläche des Bauwerks. Da Formeln damals noch nicht gebräuchlich waren, beschreibt RIVIUS die Lösung in Worten: Rechne die 6 Klafter in Schuh um. Das gibt 45 *Schuh*. Multipliziere sie mit $14\frac{7}{22}$ *Schuh* und nehme das Halbteil. Dividiere durch $56\frac{1}{4}$ *Schuh*, das ist das Quadrat eines Klafters. Das liefert $5\frac{8}{11}$ *Klafter*. Dafür soll der Maurer bezahlt werden.

a) Welche geometrische Vorstellung liegt dieser Vorschrift zugrunde? Wie lautet die entsprechende Formel?

b) Welche Gleichung gilt exakt, wenn man annimmt, dass es sich bei dem Helm um einen Kreiskegel handelt? Wie groß ist der Unterschied der Ergebnisse?

Hinweis: Zwischen Längen- und Flächeneinheiten wurde damals nicht unterschieden.

1.12: Aus einem geraden Kreiszylinder (Radius r, Höhe $h = r$) wird ein gerader Kreiskegel (Radius r, Höhe $h = r$) entfernt. Der verbleibende Restkörper R und eine Halbkugel H (Radius r) werden von einer jeweils zur Grundfläche parallelen Ebene in der gleichen Höhe h ($0 \le h \le r$) geschnitten.

a) Man berechnen die Fläche A_R des beim Schnitt mit R entstehenden Kreisringes.

b) Man weise nach, dass der beim Schnitt mit H entstehende Kreis die gleiche Fläche besitzt.

c) Mit dem Prinzip von CAVALIERI ist zu zeigen, dass die Volumen von R und H übereinstimmen.

1.13: Ein zylindrischer Langertank ($r = 0.55\ m$, Länge $l = 1.5\ m$) wird an beiden Enden durch Kugelabschnitte der Höhe $h = 0.1\ m$ abgeschlossen. Man berechne Oberfläche und Volumen des Tanks.

1.14: Ein liegender zylindrischer Vorratsbehälter (Radius r, Länge l) hat ein Fassungsvermögen $V_0 = 1500\ l$. Er wird mit $V = 900\ l$ bis zur Höhe h gefüllt. Diese Höhe soll berechnet werden. Dazu ist zunächst zu zeigen, dass der von der Flüssigkeit benetzte Teil des Kreisumfanges in Abhängigkeit vom Zentriwinkel φ die Fläche $A = 0.5 \cdot r^2 (\sin \varphi - \varphi + 2\pi)$ besitzt.

1.4 Ebene Trigonometrie

1.4.1 Winkel und ihre Maßeinheiten

Winkel: Grundlegende Aussagen

(**1**) Ein ebener Winkel ist gegeben durch einen Punkt S und zwei von ihm ausgehende Strahlen s_1, s_2. Man nennt S den *Scheitel* und s_1, s_2 die *Schenkel* des Winkels.

(**2**) Eine orientierter Winkel entsteht, wenn die Reihenfolge der Schenkel festgelegt wird.

(**3**) Es handelt sich um einen *rechten Winkel*, wenn s_1, s_2 zueinander orthogonal sind. Ein *gestreckter Winkel* liegt vor, wenn s_1, s_2 auf einer Geraden liegen, aber entgegengesetzte Richtungen besitzen.

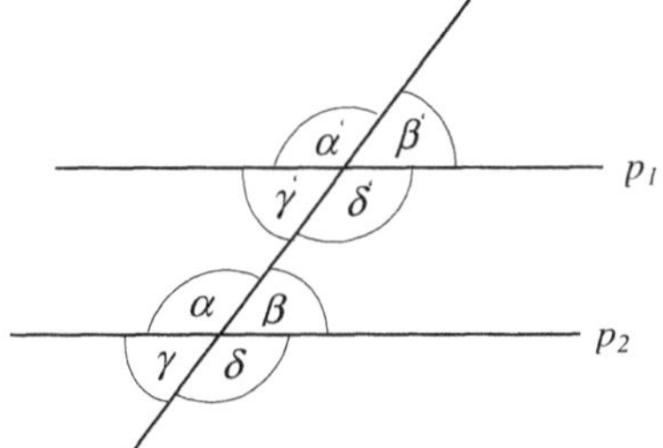

Bild 1.13 Winkel an geschnittenen Parallelen

(**4**) Geht vom Scheitel eines gestreckten Winkels ein weiterer Strahl aus, so wird jener in zwei Teilwinkel zerlegt. Diese heißen *Nebenwinkel (Supplementwinkel)*.

(**5**) Beim rechten Winkel entstehen auf diese Weise die beiden *Komplementwinkel.*

(**6**) Werden zwei parallele Geraden g_1, g_2 von einer dritten Geraden g_3 geschnitten, so entstehen insgesamt acht Winkel. Sie heißen *Winkel an geschnittenen Parallelen.*

(**7**) Die Winkelpaare α, α', β, β', γ, γ' und δ, δ' heißen *gleichliegende Winkel.* Es gilt der Satz: *Alle gleichliegenden Winkel sind gleich groß.*

(**8**) von Bedeutung sind auch die *Wechselwinkel* α, δ', β, γ' (*äußere* Wechselwinkel) sowie α', δ und β, γ' (*innere* Wechselwinkel). Auch *Wechselwinkel sind gleich groß.*

(**9**) Winkel, deren Schenkel aufeinander senkrecht stehen, sind gleich groß.

Winkeleinheiten

(**1**) Bei der aus dem Altertum überlieferten Winkeleinheit *Altgrad* wird der Vollwinkel in $360°$ unterteilt. Ein Grad zerfällt in 60 Minuten ($1° = 60'$) und eine Minute in 60 Sekunden ($1' = 60''$). Da es sich um eine Zerlegung mit der Grundzahl 60 handelt, liegt eine *sexagesimale* Teilung vor.

(**2**) Bei der *dezimalen* Winkeleinheit *Neugrad* (Maßeinheit *gon*) entspricht der Vollwinkel 400 *gon*. Die Einheit *gon* wird dezimal unterteilt. D.h. Minuten oder Sekunden sind nicht gebräuchlich.

(**3**) Um die Größe eines Winkels φ im *Bogenmaß* anzugeben, wird er als Mittelpunktswinkel eines Kreises vom Radius r aufgefasst, der aus dem Kreisumfang den Bogen s ausschneidet. Nach Definition gilt dann

$$b = r \cdot \varphi.$$

Die Einheit eines Winkels im Bogenmaß ist der *Radiant* (abgekürzt *rad*). Ihm entspricht bei einem Kreis vom Radius $r = 1$ ein Bogen der Länge $s = 1$. Der Vollwinkel hat die Größe 2π *rad*.

(**4**) Beim *Umrechnen* zwischen den Maßeinheiten geht man vom Vollwinkel aus. Er hat die Größe von $360°$, 400 *gon* oder 2π *rad*. Das liefert: 1 *gon* $= 0{,}9° = \frac{\pi}{200}$ *rad*.

Tabelle 1.1 Winkelmaße

Art	Anwendungsgebiet	Einheit	Vollwinkel	Rechner
Altgrad	Geometrie	*Grad*	$360°$	*deg*
Neugrad	Vermessungskunde	*Gon*	400 *gon*	*grad*
Bogenmaß	Differential- und Integralrechnung	*Radiant*	2π *rad*	*rad*

Steigungsmaße

(**1**) Im Bauingenieur- und Vermessungswesen sind verschiedene Verfahren gebräuchlich, um die *Steigung* (Neigung, Gefälle) einer Strecke oder einer Ebene anzugeben.

(**2**) Die Steigung eines Hanges im natürlichen Gelände wird durch den Tanges des Winkels α ausgedrückt.

(**3**) Bei einer Böschung oder einem Damm wird stattdessen als Steigung das Böschungsverhältnis h/e angegeben.

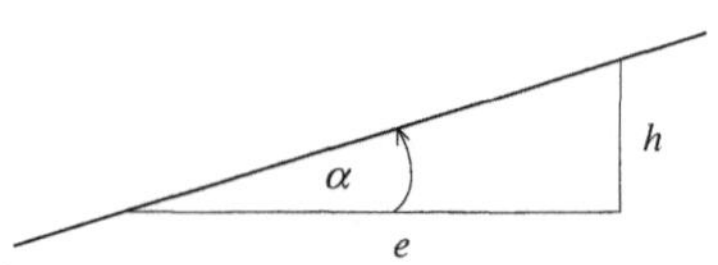

Bild 1.14 Steigungsmaße

(**4**) Bei Straßen oder Eisenbahnstrecken wird die Steigung wie unter (**3**) erklärt, allerdings hat *e* einen vorgegebenen Wert (100 *m* bzw. 1000 *m*). Die Steigung wird dann in Prozent bzw. Promille ausgedrückt.

Beispiel 1.14: *Umrechnung der Winkeleinheiten*

$$\text{a) } 15°10'33'' = 15 + \frac{10}{60} + \frac{33}{3600} = 15{,}17583\overline{3}° \text{ , b) } 1° = \frac{10}{9} gon \text{ c) } 15°10'33'' = \frac{10}{9}15 + \frac{10}{9}\frac{10}{60} +$$

$$+ \frac{10}{9}\frac{33}{3600} = 16{,}95463 gon \text{ d) } 1° = \frac{\pi}{180} rad \text{ , e) } 15°10'33'' = \frac{\pi}{180}\left(15 + \frac{10}{60} + \frac{33}{3600}\right) =$$

$$= 0{,}264868 rad \text{ , f) } 1 gon = \frac{\pi}{200} rad \text{ , e) } 17{,}3285 gon = \frac{\pi}{200}17{,}3285 = 0{,}272195 rad \text{ .} ◆$$

Beispiel 1.15: *Neigung eines Geländes*
Die Neigung eines Hanges beträgt $\alpha = 23.567 gon$. Welchen Höhenunterschied Δh besitzen die in der Falllinien gelegenen Punkte *A*, *B*, wenn ihr Abstand (gemessen entlang der Geländeoberfläche 33.25 m beträgt? *Lösung:* $\Delta h = 12.03 m$. ◆

1.4.2 Berechnungen am Dreieck

Definition der Winkelfunktionen im rechtwinkligen Dreieck

(**1**) Die *Trigonometrie* ist ein Teilgebiet der Geometrie, das sich mit der Berechnung von Dreiecken beschäftigt.
(**2**) Als wichtiges Hilfsmittel dienen dabei die *trigonometrischen Funktionen* (Winkelfunktionen). Für Winkel kleiner als 100 gon können diese im rechtwinkligen Dreieck definiert werden.
(**3**) Der *Sinus* eines Winkels ist das Verhältnis von Gegenkathete zu Hypotenuse.
(**4**) Das Verhältnis der Ankathete zur Hypotenuse heißt *Kosinus* des Winkels.
(**5**) Als *Tangens* des Winkels wird das Verhältnis von Gegenkathete zur Hypotenuse bezeichnet.
(**6**) Der *Kotangens* ist der Kehrwert des Tangens.
(**7**) Die Definition der Winkelfunktionen kann auf Winkel größer als 100 gon werden.

Hinweis auf einige goniometrische Formeln und die Additionstheoreme

Zwischen den trigonometrischen Funktionen bestehen zahlreiche Zusammenhänge, die beim praktischen Rechnen nützlich sein können. Stellvertretend für viele andere können hier nur einige wenige goniometrische Formeln hervorgehoben werden:

$$\cos^2 x + \sin^2 x = 1, \qquad \cos 2x = \cos^2 x - \sin^2 x, \qquad \sin 2x = 2\sin x \cdot \cos x,$$

$$\cos(x + 2\pi) = \cos x, \qquad \sin(x + 2\pi) = \sin x$$

Hingewiesen werden muss auch auf solche Additionstheoreme der trigonometrischen Funktionen wie

$$\sin(x + y) = \sin x \cdot \cos y + \cos x \cdot \sin y, \quad \cos(x + y) = \cos x \cdot \cos y - \sin x \cdot \sin y$$

Allgemeine Dreiecke

(1) Während für die Berechnung rechtwinkliger Dreiecke die angegebenen Winkelfunktionen gewöhnlich ausreichen, werden für allgemeine Dreiecke als weitere Hilfsmittel vor allem der *Sinus-* und der *Kosinussatz* benötigt (s. unten).

(2) Diese Sätze gelten auch in rechtwinkligen Dreiecken. Der Sinussatz reduziert sich dann auf die Definition der Sinusfunktion. Der Kosinussatz geht in den Satz des PYTHAGORAS über.

Formeln 1.8: *Zur Berechnung von Dreiecken mit trigonometrischen Methoden*

Rechtwinkliges Dreieck: $\sin\alpha = \frac{a}{c}$, $\cos\alpha = \frac{b}{c}$, $\tan\alpha = \frac{a}{b}$, $\cot\alpha = \frac{c}{a}$

Allgemeines Dreieck: Sinusssatz: $\frac{a}{\sin\alpha} = \frac{b}{\sin\beta} = \frac{c}{\sin\gamma} = 2R$, R: Umkreisradius

Kosinussatz: $c^2 = a^2 + b^2 - 2ab\cos\gamma$,

Tangenssatz: $\dfrac{a+b}{a-b} = \dfrac{\tan\frac{\alpha+\beta}{2}}{\tan\frac{\alpha-\beta}{2}}$, Fläche: $A = \frac{1}{2}b\cdot c\cdot\sin\alpha$. ◆

1.4.3 Übungsaufgaben

1.15: Um nach einem von N. CUSANUS (1401 – 1464) angegebenen Verfahren die Länge eines Kreisbogenstücks $\overset{\frown}{AB}$ zu konstruieren, muss entlang der von A über den Mittelpunkt M des Kreises führenden Geraden die Strecke $\overline{AP} = 3r$ abgetragen werden. Danach wird mit dem so gewonnenen Punkt P als Zentrum der Bogen $\overset{\frown}{AB}$ auf die Tangente an den Kreis im Punkt A projiziert. Das liefert den Punkt C. Die Länge s des Kreisbogens ist näherungsweise durch die Strecke $\overline{AC}$ gegeben.

a) Man leite die Gleichung der Strecke $\overline{AC}$ her.

b) Man vergleiche die unter a) für die Zentriwinkel $\varphi_1 = 15°$, $\varphi_2 = 30°$, $\varphi_3 = 60°$ gewonnenen Näherungswerte für s mit den exakten Werten.

1.16: Man leite das Additionstheorem für den Sinus $\sin(x + y)$ der Summe zweier Winkel her.

1.17: Ein Damm ist aufzuschütten. Bei einem Böschungswinkel von 30° soll die Kronenbreite 5 *m* betragen. Das Bauwerk wird auf ansteigendem Gelände (Neigungswinkel $\alpha = 5°$) errichtet. Seine Richtung verläuft parallel zu den Höhenlinien. Bergseitig soll die Aufschüttung die Höhe $h_2 = 0.5\ m$ erreichen.

Man berechne a) Die Höhe h_1, b) die Länge der Böschungsfalllinien, c) die Breite der Dammsohle, d) die Querschnittsfläche des Damms, e) die Masse des Baumaterials, die bei einer Dichte $\rho = 2000 kgm^{-3}$ pro Meter Dammlänge bewegt werden muss.

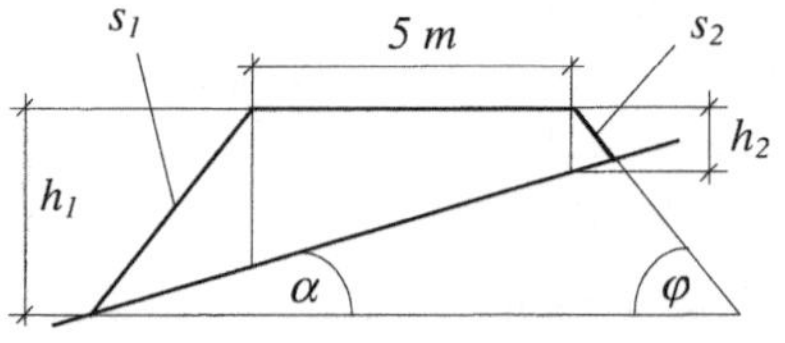

Bild 1.15 Damm

1.18: Über einen Dachsparren, der mit der Horizontalen einen Winkel von $\alpha = 36.25°$ einschließt, wird eine Kraft $F = 10\ kN$ in die vertikale Wand eines Gebäudes eingeleitet. Man berechne die (vertikal wirkende) Auflagerkraft und die horizontale Schubkraft.

1.5 Ausgewählte Anwendungen

1.5.1 Bestimmung von Gebäudehöhen

Einführung

Um die Höhe eines Gebäudes zu bestimmen, zielt man einen markanten Punkt P des Gebäudes vom Standpunkt A aus an und stellt den Zenitwinkel z_A fest. Ist die Entfernung $d = \overline{AP}$ bekannt, so kann der Höhenunterschied Δh zwischen A und P aus der Gleichung

$$\Delta h = d \cdot \cos z_A$$

ermittelt werden. Die Bestimmung von d mit Hilfe eines elektrooptischen Messgeräts ist an sich kein Problem. Sie setzt allerdings voraus, dass am Zielpunkt P ein Reflektor angebracht wird. Wenn das nicht möglich ist, muss auf ein anderes Verfahren ausgewichen werden.

Zur Höhenbestimmung mit vertikalem Hilfsdreieck

Von den im Vermessungswesen in solchen Fällen üblichen Verfahren zur Gebäudehöhe-Bestimmung soll hier dasjenige angesprochen werden, welches mit einem vertikalen Hilfsdreieck und zwei Standpunkten A, B auf der gleichen Seite des Gebäudes arbeitet. Es beruht auf der Annahme, dass die Höhe h_A von A über NN, die Zenitwinkel z_A, z_B und die horizontale Entfernung b der Punkte A, B bekannt sind. Im Weiteren seien h_A, h_B und h_P die Höhen der Punkte A, B, P über NN. Dann gilt

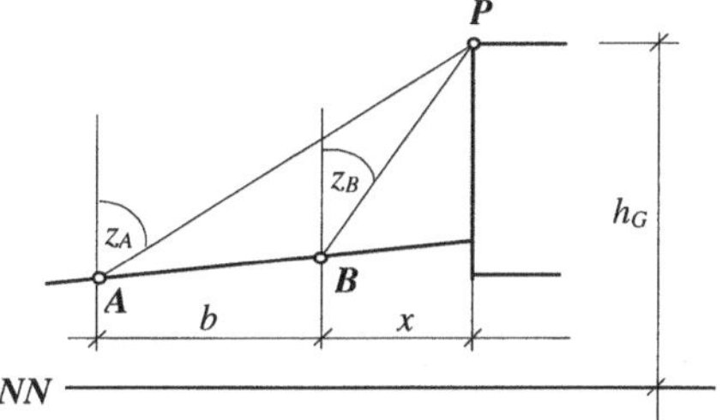

Bild 1.16 Höhenbestimmung mit vertikalem Hilfsdreieck

$$\tan z_A = \frac{x+b}{h_P - h_A}, \qquad \tan z_B = \frac{x}{h_P - h_B}.$$

Aus diesem nichtlinearen Gleichungssystem können die beiden Unbekannten x und h_G ermittelt werden. Wird x aus der zweiten Gleichung entnommen und in die erste Gleichung eingesetzt, so folgt insbesondere mit

$$h_G = \frac{b + h_A \tan z_A - h_B \tan z_B}{\tan z_A - \tan z_B} \tag{1.6}$$

die Höhe h_G des Gebäudes über NN.

Zur Auswertung der Formel wird noch h_B benötigt. Diese Größe muss separat bestimmt werden. Auch wenn die Höhe des Gebäudes relativ zum Straßenniveau interessiert, ist ein weiteres Nivelement erforderlich. Darauf soll jedoch hier nicht eingegangen werden.

1.5.2 Vorwärtsschnitt über Dreieckswinkel

Der *Vorwärtsschnitt* ist eine Standardverfahren des Vermessungswesen, das dazu dient, die Koordinaten eines neuen Punktes P zu ermitteln. Benötigt werden zwei im Gelände markierte *Basispunkte* A, B mit bekannten Koordinaten (y_A, x_A), (y_B, x_B). Sie müssen so beschaffen sein, dass man sich dort mit dem Theodolit aufstellen kann um die Winkel α bzw. β in Horizontalrichtung zum Neupunkt P und dem jeweils gegenüberliegenden Basispunkt zu messen.

Benutzt man das im Vermessungswesen übliche Koordinatensystem, so ergeben sich die Koordinaten von P in folgenden Schritten: a) Entfernung $\overline{AB}$ nach dem Satz des Pythagoras: $p^2 = \overline{AB}^2 = \left(y_B - y_A\right)^2 + \left(x_B - x_A\right)^2$. b) Entfernung $\overline{AP}$ nach dem Sinussatz: $b = p\dfrac{\sin\beta}{\sin\gamma}$ mit $\gamma = 200 - (\alpha + \beta)$ (Maßeinheit *gon*). c) Entfernung $\overline{BP}$ (wird zur Kontrolle der Rechnung be nötigt) ebenfalls nach dem Sinussatz. d) Ermittlung des Winkels α'' aus

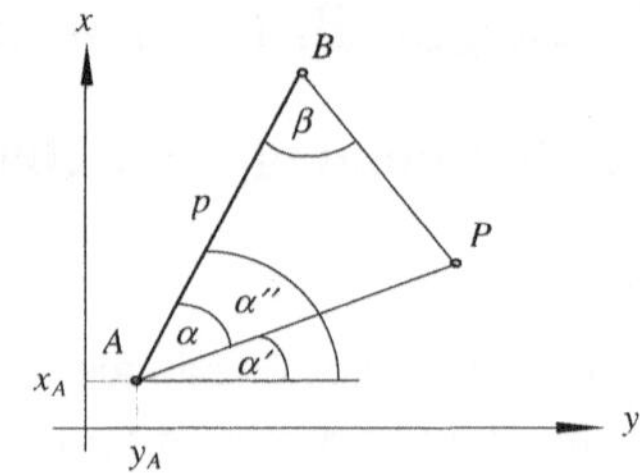

Bild 1.17 Vorwärtseinschneiden

$\tan\alpha'' = \dfrac{x_B - x_A}{y_B - y_A}$ und Berechnung des Winkels $\alpha' = \alpha'' - \alpha$. e) Berechnung der Koordinaten von P gemäß $y_P = y_A + \overline{AP}\cos\alpha'$, $x_P = x_A + \overline{AP}\sin\alpha'$. f) Kontrollrechnung mit dem Datensatz des Punktes B. Weiterführende Ausführungen über die Anwendung der Vermessungskunde im Bauwesen finden sich in [2], [3].

1.5.3 Übungsaufgaben

1.19: Von den Basispunkten $A(6585.73, 6406.67)$ bzw. $B(6725.29, 6730.15)$ (Angaben in m) sind zu einem Neupunkt P die Winkel $\alpha = 41.0361$ *gon* bzw. $\beta = 52.6827$ *gon* ermittelt worden.

a) Man berechne die Koordinaten von P,

b) Man bestimme den Flächeninhalt des Dreiecks APB. *Lösung:* $P(6812.074, 6535.934)$, $F = 2.7589$ *ha*.

1.20: Um die Höhe eines Gebäudepunktes P zu bestimmen, wurde in einer Straße eine horizontale Basis mit der Länge $b = 83.66\,m$ gelegt. Die Endpunkte A, B wurden einnivelliert. Ihre Höhen sind $h_A = 59.312\,m$ ü. NN und $h_B = 57.763\,m$ ü. NN. Die Zenitwinkel sind $z_A = 79.8913$ *gon*, $z_B = 51.1344$ *gon*. Man berechne die Höhe von P in Bezug auf NN. *Lösung*: $101.45\,m$

1.21: Ein offenes Gerinne soll einen trapezförmigen Querschnitt mit der Sohlbreite $s = 0.75\,m$ und der Tiefe $h = 1\,m$ erhalten. Vorgesehen ist das Böschungsverhältnis $v_B = h/e = 2$ (s. Bild 1.14).

a) Wie groß ist der Querschnitt des Kanals?

b) Welche Masse muss pro Längeneinheit ausgehoben werden, wenn das Erdreich eine Dichte $\rho = 1800\,kgm^{-3}$ besitzt?

1.22: Eine Eisenbahntrasse besitzt auf einer schrägen Streckenlänge $s = 725\,m$ eine Steigung von $m = 1.6\%$.

a) Man drücke den Sinus des Steigungswinkels α (s. Bild 1.14) durch den Tangens aus.

b) Man berechne den Höhenunterschied Δh zwischen dem Anfangs- und Endpunkt der Schräge. Hinweis: Zur Vereinfachung nutze man die für beliebiges $\varepsilon \ll 1$ gültige Näherung $\sqrt{1+\varepsilon} \approx 1 + \frac{1}{2}\varepsilon$.

2 Lineare Algebra

Eine wichtige Aufgabe konstruktiv tätiger Bauingenieure ist es, Tragwerke mit ausreichender Festigkeit zu entwerfen. Dazu müssen die im System auftretenden Kräfte und Deformationen vorausberechnet werden. Die bei statisch unbestimmten Tragwerken üblichen Methoden (Kraft- bzw. Weggrößenverfahren) liefern diese Größen über die Lösung eines linearen Gleichungssystem. Z.B. erfordert das Kraftgrößenverfahren bei dem durch eine Einzelkraft F belasteten Riegel auf zwei Stielen (Bild 2.1) u. a. die Lösung des *linearen Gleichungssystem*

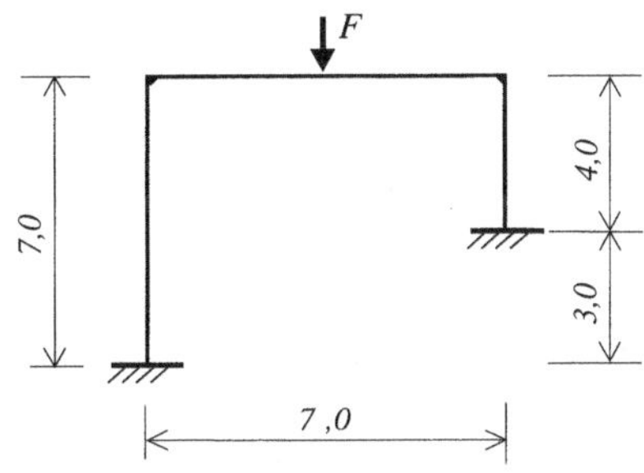

Bild 2.1 Riegel auf zwei Stielen

$$
\begin{aligned}
0{,}011891 X_1 &- 1{,}6924\cdot10^{-3} X_2 &- 8{,}1886\cdot10^{-4} X_3 &= 8{,}4207\cdot10^{-4} F \\
-1{,}6924\cdot10^{-3} X_1 &+ 3{,}9199\cdot10^{-4} X_2 &+ 2{,}9162\cdot10^{-5} X_3 &= -7{,}6552\cdot10^{-5} F\,, \\
-8{,}1886\cdot10^{-4} X_1 &+ 2{,}9162\cdot10^{-5} X_2 &+ 2{,}49\cdot10^{-5} X_3 &= -7{,}6552\cdot10^{-5} F
\end{aligned}
$$

dessen Koeffizienten von den geometrischen Abmessungen der Stäbe und ihren Stoffeigenschaften abhängen. Im Abschnitt 2.1 wird die Lösung derartiger Systeme behandelt.

2.1 Lineare Gleichungssysteme

2.1.1 Begriffe und Definitionen

Ein System linearer Gleichungen der einleitend gezeigten Art lässt sich allgemein in der Form

$$
\begin{aligned}
a_{11}x_1 &+ a_{12}x_2 &+ \cdots &+ a_{1n}x_n &= b_1 \\
a_{21}x_1 &+ a_{22}x_2 &+ \cdots &+ a_{2n}x_n &= b_2 \\
&\;\;\vdots \\
a_{m1}x_1 &+ a_{m2}x_2 &+ \cdots &+ a_{mn}x_n &= b_m
\end{aligned}
\tag{2.1}
$$

darstellen. Es enthält n *Unbekannte* (*Variable*) $x_1, x_2, \cdots, x_n$ und m Gleichungen und wird daher als (m,n)-System bezeichnet. Offensichtlich gliedern sich lineare Gleichungssysteme in Zeilen und Spalten. Dementsprechend besitzen die *Koeffizienten* a_{ij}, $i = 1,2,\cdots,m$, $j = 1,2,\cdots$, n zwei *Indices*. Grundsätzlich gibt der *erste* Index die *Zeile* und der *zweite* die *Spalte* an, in der der jeweilige Koeffizient zu finden ist. Die auf den *rechten Seiten* stehenden Zahlen b_i, $i = 1,2,\cdots,m$ sind die *Absolutglieder*. Gilt $b_i = 0$ für alle i, so heißt das System *homogen*. Ein *inhomogenes* System liegt vor, wenn mindestens ein $b_i \neq 0$ ist. Als *Lösung* eines Gleichungssystems bezeichnet man eine Zusammenstellung $(x_1, x_2, \cdots, x_n)$ von Zahlen (ein sog. n-Tupel), dessen Elemente, in der gegebenen Reihenfolge für die Variablen eingesetzt, jede der m Gleichungen erfüllen. Sehr häufig gilt $m = n$. Aber auch allgemeine (m,n)-Systeme mit $m \neq n$ können Lösungen besitzen. Im Abschnitt 2.1.2 wird die Frage nach einem Lösungsverfahren aufgegriffen.

2.1.2 Der GAUSSsche Algorithmus

Einführung: Äquivalente Umformungen

Die auf lineare Gleichungssysteme angewandte Methode unterscheidet sich nicht grundsätzlich von der, die bei einer Gleichung G mit einer Unbekannten üblich ist. Diese wird bekanntlich so lange umgeformt, bis eine Gleichung G_1 vorliegt, deren Lösung offensichtlich ist. Selbstverständlich müssen die Lösungen von G_1 und G übereinstimmen. Gefordert wird also die *Äquivalenz* der Gleichungen. z.B. sind die Gleichungen $G : 5x + 4 = 3(x + 2)$ und $G_1 : x = 1$ äquivalent. Eine Umformung, die von G zur äquivalenten Gleichung führt, heißt *äquivalente Umformung*. Bei linearen Gleichungssystems handelt es sich dabei um:

a) Das *Vertauschen* zweier Gleichungen miteinander,

b) das *Multiplizieren* einer Gleichung mit einer reellen Zahl $c \neq 0$ und

c) das *Addieren* eines beliebigen Vielfachen einer anderen Gleichung.

Insofern ist also das Lösen eines linearen Gleichungssystems nicht anspruchsvoller als das einer linearen Gleichung. Weil aber viel mehr Zwischenergebnisse aufgeschrieben werden müssen, interessiert ein rationelles Vorgehen, welches die Lösung mit vertretbarem Aufwand liefert. Der *GAUSSsche Algorithmus* ist ein universell anwendbares Verfahren, das dieser Forderung genügt.

Das Rechenverfahren

Beim GAUSSschen Algorithmus, dessen Grundgedanken zunächst für ein (n,n)-System er läutert werden soll, entsteht in mehreren Schritten mit Hilfe der äquivalenten Umformungen ein System, bei dem nur noch die erste Gleichung die volle Zahl n der Unbekannten enthält. In der zweiten Gleichung finden sich die $n-1$ Unbekannten $x_2, x_3, \cdots, x_n$, in der dritten die $n-2$ Unbekannten $x_3, \cdots, x_n$ usw. Schließlich enthält die letzte Gleichung nur noch die Unbekannte x_n. Auf diese Weise gelangt man zu dem gestaffelten Gleichungssystem

$$
\begin{array}{ccccccccc}
b_{11}x_1 & + & b_{12}x_2 & + & b_{13}x_3 & + & \cdots & + & b_{1n}x_n & = & r_1 \\
& & b_{22}x_2 & + & b_{23}x_3 & + & \cdots & + & b_{2n}x_n & = & r_2 \\
& & & & b_{33}x_3 & + & \cdots & + & b_{3n}x_n & = & r_3 \, , \\
& & & & & & \vdots & & & & \vdots \\
& & & & & & & & b_{nn}x_n & = & r_n
\end{array}
\tag{2.2}
$$

das leicht lösbar ist. Aus der letzten Gleichung folgt der Wert von x_n. Damit kann aus der vorletzten Gleichung x_{n-1} bestimmt werden usw. Zum Schluss ergibt sich x_1 aus der ersten Gleichung. Für den GAUSSschen Algorithmus ist also die Abfolge *Vorwärtselimination* und *Rückwärtseinsetzen* kennzeichnend. Dabei erfolgt die Herstellung der Dreiecksgestalt in mehreren Rechenschritten.

Beispiel 2.1: *Eine Anwendung des GAUSSschen Algorithmus*
Um bei dem Gleichungssystem

$$\begin{array}{rcrcrcl} x_1 & + & 2x_2 & - & x_3 & = & 2 \\ 2x_1 & - & x_2 & + & 3x_3 & = & 9 \\ 4x_1 & + & x_2 & + & 2x_3 & = & 12 \end{array}$$

die Vorwärtselimination in der beschriebenen Weise durchzuführen, wird im *ersten GAUSS-Schritt* eine der Gleichungen, sie wird im Weiteren *Pivotgleichung* genannt, der Reihe nach mit solchen Faktoren multipliziert, dass nach der *Addition* zu den anderen Gleichungen (äquivalente Umformung c) aus diesen x_1 herausfällt. Benutzt man z.B. die erste Gleichung als *Pivotgleichung* P_1, so führt die Multiplikation mit (-2) bzw. (-4) zur Elimination von x_1 aus der zweiten bzw. dritten Gleichung.

$$\begin{array}{rcrcrcll} x_1 & + & 2x_2 & - & x_3 & = & 2 & \big| P_1 \\ & & - & 5x_2 & + & 5x_3 & = 5 & \big| P_2 \;, \\ & & - & 7x_2 & + & 6x_3 & = 4 & \end{array}$$

Auf dieses Zwischenergebnis wird ein *zweiter* GAUSS-Schritt angewandt. Allerdings geht es jetzt nur noch darum, aus der dritten Gleichung x_2 zu eliminieren. Daher kann man sich auf die beiden letzten Gleichungen beschränken. Wird die zweite Gleichung als Pivotgleichung P_2 mit $-\frac{7}{5}$ multipliziert und zur dritten Gleichung addiert, folgt das gestaffelte System

$$\begin{array}{rcrcrcl} x_1 & + & 2x_2 & - & x_3 & = & 2 \\ & & - & 5x_2 & + & 5x_3 & = 5 \\ & & & & - & x_3 & = -3 \end{array}$$

mit einem dreieckförmigen Koeffizientenschema, bei dem nur die Gleichung P_1 die ursprüngliche Gestalt besitzt. Damit ist die Vorwärtselimination abgeschlossen. Das vorliegende System ist zum Ausgangssystem äquivalent, besitzt aber eine wesentlich einfachere Struktur. Die Lösung wird durch Rückwärtseinsetzen bestimmt. Zunächst kann aus der dritten Gleichung $x_3 = 3$ abgelesen werden. Mit diesem Ergebnis nimmt P_2 die Gestalt $-5x_2 + 15 = 5$ an, was $x_2 = 2$ bedeutet. Werden die Werte von x_3 und x_2 in P_1 eingesetzt, so folgt $x_1 = 1$.

Das Rechenschema

Wie sofort auffällt, wird die Umformung nur mit den Koeffizienten durchgeführt. Zur Vereinfachung der Rechenpraxis bietet sich daher an, das Gleichungssystem auf ein Schema zu reduzieren und auf alles zu verzichten, was zur Lösung der Aufgabe nicht unbedingt erforderlich ist. Dieses Schema besitzt im Beispiel die unten links angegebene Gestalt. Mit seiner Hilfe kann die Elimination inhaltlich vollgültig, jedoch mit reduziertem Aufwand so durchgeführt werden, wie das rechts gezeigt ist. Nach zwei GAUSS-Schritten gelangt man dabei wieder zum Endschema, welches in seiner letzten Zeile die Gleichung $-x_1 = -3$ in einer reduzierten Form enthält. Aus den beiden anderen Zeilen, die ebenfalls Gleichungen verkörpern und entsprechend zu lesen sind, folgen die Werte der restlichen Unbekannten durch Rückwärtseinsetzen.

$$\begin{aligned}
x_1 + 2x_2 - x_3 &= 2 \\
2x_1 - x_2 + 3x_3 &= 9 \\
4x_1 + x_2 + 2x_3 &= 12
\end{aligned}$$

x_1	x_2	x_3	1		
1	2	-1	2	$P_1\|(-2),(-4)$	
2	-1	3	9		*Anfangsschema*
4	1	2	12		
1	2	-1	2		
0	-5	5	5	$P_2\left\|\left(-\frac{7}{5}\right)\right.$	*1.Gauß – Schritt*
0	-7	6	4		
1	2	-1	2		
0	-5	5	5		*Endschema*
0	0	-1	-3		

Bemerkung zur Genauigkeit

Bisher wurden nur Gleichungssysteme mit ganzzahligen Koeffizienten betrachtet. Das ist bei Übungsaufgaben bequem, entspricht aber nicht den Gegebenheiten der Praxis. Dort hat man es gewöhnlich mit Systemen zu tun, deren Koeffizienten sich aus fehlerbehafteten Messwerten (Eingangsdaten) ergeben und nicht ganzzahlig sind. Da sich beim Rechnen nicht beliebig viele Kommastellen mitführen lassen, muss abgerundet werden. Bei den meisten Systemen bleiben kleine Unsicherheiten der Eingangsdaten und die Rundungsfehler ohne Folgen. Bei Anderen wirken sie sich jedoch so gravierend aus, dass der mit dem GAUSSschen Algorithmus ermittelte Satz von Zahlen nichts mit der eigentlichen Lösung des Systems zu tun haben muss. Man sagt dann, das System sei *schlecht konditioniert*. Auf diesen Umstand soll zum Schluss modellhaft an Hand der Rundungsfehler hingewiesen werden. Führt man beim System

$$\begin{aligned}
4x_1 - 2x_2 + 3x_3 &= 2 \\
-1.99x_1 + 12x_2 - 51.01x_3 &= -3 \\
x_1 - x_2 + 3x_3 &= 5
\end{aligned}$$

x_1	x_2	x_3	1	
4	-2	3	2	$P_1\|$
-1.99	12	-51.01	-3	
1	-1	3	5	
0	11.005	-49.5175	-2.005	P_2
0	-0.5	2.25	4.5	
0	0	0.0019	4.409	

vier Stellen nach dem Komma mit, liefert das Rechenschema $x_1 = 3480.65$, $x_2 = 10441.07$, $x_3 = 2320.51$. Sie weichen erheblich von der exakten Lösung $x_1 = 29108$, $x_2 = 87327$, $x_3 = 19408$ ab. Abhilfe lässt sich schaffen durch eine höhere Zahl von Stellen. Aber auch durch ein Umordnen des Gleichungssystems, das die Unbekannte mit dem betragsgrößten Koeffizienten in die erste Pivotzeile bringt und an die Spitze des Eliminationprozesses stellt. So entsteht das äquivalente Gleichungssystem

$$\begin{aligned}
-51.01x_3 - 1.99x_1 + 12x_2 &= -3 \\
3x_3 + 4x_1 - 2x_2 &= 2, \\
3x_3 + x_1 - x_2 &= 5
\end{aligned}$$

bei dem der ermittelte Zahlensatz der wahren Lösung näher kommt. Da sich die Kondition eines Gleichungssystems nicht ohne weiteres feststellen lässt, ist das Umordnen anzuraten.

2.1.3 Aussagen zum Lösungsverhalten linearer Gleichungssysteme

Zur geometrischen Interpretation einfacher Gleichungssysteme

Um zu ersten Vorstellungen über das Lösungsverhalten linearer Gleichungssysteme zu gelangen, sollen nun Systeme mit zwei Unbekannten geometrisch veranschaulicht werden. Dies ist möglich, weil einer Gerade in der Ebene eine lineare Gleichung mit zwei Variablen in der analytischen Geometrie entspricht (s. dazu 3.2.2). So ergibt sich die Lösung des ersten Systems

$$GS_1: \quad g_1: \quad 2x_1 \;+\; x_2 \;=\; 6 \qquad GS_2 \quad g_1: \quad 2x_1 \;+\; x_2 \;=\; 6$$
$$g_2: \quad x_1 \;-\; 2x_2 \;=\; -2 \;, \qquad g_2: \quad x_1 \;+\; \tfrac{1}{2}x_2 \;=\; 4$$

geometrisch nach Bild 2.2 als Schnittpunkt S der beiden Geraden g_1, g_2 zu $x_1 = 2$, $x_2 = 2$. Das System GS_2 entspricht dagegen den parallelen Geraden in Bild 2.3 und besitzt keine Lösung. Selbstverständlich ist es auch möglich, Systeme zu konstruieren, die auf zwei identischen Geraden führen und unendlich viele Lösungen besitzen. Auch Systeme mit mehr als zwei Gleichungen lassen sich behandeln. So besitzt das Gleichungssystem

$$g_1: \quad 2x_1 \;+\; x_2 \;=\; 6$$
$$g_2: \quad x_1 \;-\; 2x_2 \;=\; -2$$
$$g_3: \quad -5x_1 \;+\; 4x_2 \;=\; -2$$

als Schnittpunkt dreier Geraden die Lösung $x_1 = 2$, $x_2 = 2$.

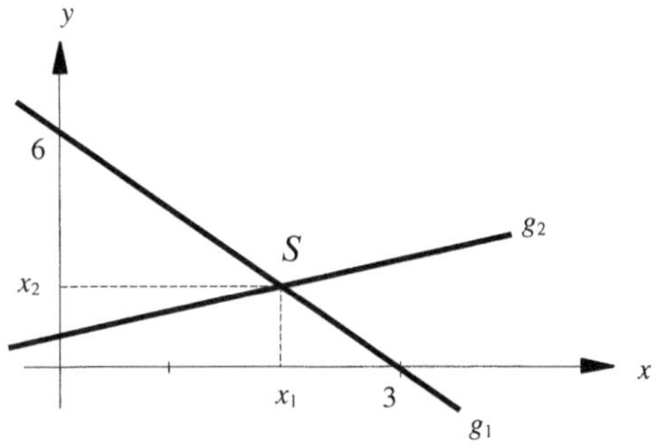

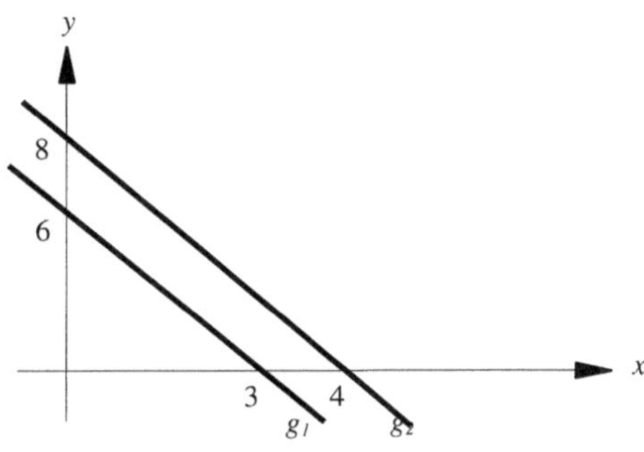

Bild 2.2 System eindeutig lösbar   **Bild 2.3** System nicht lösbar

Das Lösungsverhalten eines inhomogenen (m,n)-Gleichungssystems

Die an einfachen Beispielen gewonnenen Einsichten über das Lösungsverhalten linearer Gleichungssysteme sind allgemeingültig. Dies zeigt der

Satz 2.1: Ein *inhomogenes* lineares (m,n)-System besitzt entweder *genau eine* Lösung oder *unendlich viele* Lösungen oder *keine* Lösung. ♦

Als universelles Verfahren ist der GAUSSsche Algorithmus unabhängig vom Lösungsverhalten. Welcher Fall vorliegt, ist aus dem Endschema ersichtlich. Seine *Interpretation* soll an Beispielen für den Fall erläutert werden, dass keine bzw. unendlich viele Lösungen existieren.

Beispiel 2.2: *Das Gleichungssystem besitzt keine Lösung*
Als Erstes soll gezeigt werden, dass das inhomogene (3,3)-System

$$
\begin{array}{rcrcrcr}
2x_1 & - & x_2 & + & x_3 & = & 3 \\
x_1 & + & 4x_2 & - & x_3 & = & 6, \\
4x_1 & + & 7x_2 & - & x_3 & = & 14
\end{array}
\qquad
\begin{array}{cccc|l}
x_1 & x_2 & x_3 & 1 & \\
\hline
1 & 4 & -1 & 6 & P_1(-2),(-4) \\
2 & -1 & 1 & 3 & \\
4 & 7 & -1 & 14 & \\
\hline
0 & -9 & 3 & -9 & P_2(-1) \\
0 & -9 & 3 & -10 & \\
\hline
0 & 0 & 0 & -1 &
\end{array}
\tag{2.3}
$$

in sich widersprüchlich ist und keine Lösung besitzt. Um den Schreibaufwand weiter zu vermindern, werden in diesem und allen folgenden Beispielen die früheren Pivotgleichungen nicht in die nächste Stufe übernommen. Sind die beiden Schritte der Vorwärtselimination ausgeführt, wird das Lösungsverhalten im Endschema deutlich. Da die Pivotgleichungen dort nicht mehr erscheinen, ist das Endschema auf die allein maßgebende Gleichung $0 \cdot x_3 = -1$ reduziert. Es gibt keine Zahl, die dieser Gleichung genügt. Also ist das System unlösbar. ♦

Beispiel 2.3: *Das Gleichungssystem besitzt unendlich viele Lösungen*
Schließlich soll noch das System (2.4) mit unendlich vielen Lösungen folgen. Es besitzt das rechts angegebene Eliminationsschema

$$
\begin{array}{rcrcrcrcr}
2x_1 & - & x_2 & + & x_3 & + & x_4 & = & 7 \\
x_1 & + & 4x_2 & - & 2x_3 & + & 2x_4 & = & 11 \\
3x_1 & + & 3x_2 & - & x_3 & + & 3x_4 & = & 18, \\
-x_1 & + & 5x_2 & - & 3x_3 & + & x_4 & = & 4
\end{array}
\qquad
\begin{array}{ccccc|l}
x_1 & x_2 & x_3 & x_4 & 1 & \\
\hline
1 & 4 & -2 & 2 & 11 & P_1|(-2),(-3),1 \\
2 & -1 & 1 & 1 & 7 & \\
3 & 3 & -1 & 3 & 18 & \\
-1 & 5 & -3 & 1 & 4 & \\
\hline
0 & -9 & 5 & -3 & -15 & P_2|(-1),1 \\
0 & -9 & 5 & -3 & -15 & \\
0 & 9 & -5 & 3 & 15 & \\
\hline
0 & 0 & 0 & 0 & 0 & \\
0 & 0 & 0 & 0 & 0 &
\end{array}
\tag{2.4}
$$

welches zur Bestimmung der Größen x_3, x_4 nur die Aussage $0 \cdot x_3 + 0 \cdot x_4 = 0$ liefert. Weil diese für beliebige reelle Zahlen erfüllt ist, sind x_3, x_4 als Zahlenwerte nicht greifbar. Das unterscheidet sie von den übrigen Unbekannten. Während sich der Wert einer Unbekannten im Zuge der Rechnung ergibt, sind x_3, x_4 beliebig wählbar. Um diesen Unterschied auch durch die Bezeichnung hervorzuheben, spricht man derartige Größen als *Parameter* an und führt andere Symbole ein z.B. p_1 für x_3 und p_2 für x_4 .Von dieser Besonderheit abgesehen, werden die Werte der restlichen Unbekannten in der üblichen Weise durch Rückwärtseinsetzen bestimmt. Einsetzen in P_2 liefert $-9x_2 + 5p_1 - 3p_2 = -15$, also $x_2 = \frac{5}{3} + \frac{5}{9}p_1 - \frac{1}{3}p_2$. Aus P_1 folgt dann $x_1 = \frac{13}{3} - \frac{2}{9}p_1 - \frac{2}{3}p_2$. Weil die Werte der Unbekannten von zwei beliebig wählbaren Parametern abhängen, besitzt das Gleichungssystem *unendlich viele* Lösungen in der Form von *Darstellung 1*.

Darstellung 1   **Darstellung 2**

$$
\begin{array}{lll}
x_1 = \frac{13}{3} - \frac{2}{9}p_1 - \frac{2}{3}p_2 \qquad & x_1 = 1 - \frac{4}{3}t_1 + 2t_2 \\[4pt]
x_2 = \frac{5}{3} + \frac{5}{9}p_1 - \frac{1}{3}p_2 & x_2 = t_2 \\[4pt]
x_3 = p_1 & x_3 = t_1 \\[4pt]
x_4 = p_2 & x_4 = 5 + \frac{5}{3}t_1 - 3t_2 \\[4pt]
p_1 , \; p_2 \in R & t_1 , \; t_2 \in R
\end{array}
$$

Allerdings können auch andere Unbekannte als Parameter dienen. Soll z. B. statt $x_4 = p_2$ die Variable x_2 diese Rolle übernehmen, erhält man die *Darstellung 2* in der die Parameter zur Unterscheidung mit t_1, t_2 bezeichnet sind. ♦

Das Lösungsverhalten homogener (m,n)-Gleichungssysteme

Im Unterschied zu den inhomogenen Systemen ist das homogene (m,n)-System (2.5) stets lösbar. Eine Lösung ist nämlich immer $x_1 = x_2 = \cdots = x_n = 0$. Sie liegt auf der Hand und heißt deshalb *triviale* Lösung. Manche homogene Gleichungssysteme besitzen aber darüber hinaus auch *nichttriviale* Lösungen, bei denen nicht alle $x_i = 0$ sind.

$$
\begin{array}{rcl}
a_{11}x_1 + a_{12}x_2 + \cdots + a_{1n}x_n &=& 0 \\
a_{21}x_1 + a_{22}x_2 + \cdots + a_{2n}x_n &=& 0 \\
\vdots & & \\
a_{m1}x_1 + a_{m2}x_2 + \cdots + a_{mn}x_n &=& 0
\end{array}
\tag{2.5}
$$

Allgemein wird das Lösungsverhalten homogener Systeme gekennzeichnet durch den

Satz 2.2: Ein homogenes (m,n)-System besitzt nur die *triviale* Lösung oder *unendlich* viele Lösungen. ♦

Beispiel 2.4: *Homogenes System mit nichttrivialen Lösungen*
Ein homogenes System mit nichttrivialen Lösungen ist das System (2.6). Ordnet man zur Bequemlichkeit der Rechnung die Gleichungen um und setzt die dritte Gleichung im Rechenschema an die erste Stelle, ergibt sich im Zuge der Vorwärtselimination das daneben angegebene Rechenschema. Das Endschema enthält zwei übereinstimmende Aussagen über x_3, nämlich $0 \cdot x_3 = 0$. Da dies für beliebige Werte erfüllt ist, tritt diese Größe als Parameter p in die Rechnung ein. Das Rückwärtseinsetzen liefert die Lösung

$$x_1 = 11p , \; x_2 = 9p , \; x_3 = p , \; p \in R$$

Die Ursache für dieses merkwürdigen Verhalten des Systems ist darin zu suchen, dass die Gleichungen nicht unabhängig voneinander sind. Offensichtlich ergibt sich die dritte Gleichung als Summe der beiden ersten ($G_1 + G_2 = G_3$) und außerdem gilt $G_4 = G_1 + G_3$. Wie sich im Abschnitt 2.3 herausstellen wird, hängt das Lösungsverhalten eines linearen Gleichungssystems von der Zahl derjenigen Gleichungen ab, die sich nicht durch andere ausdrücken lassen und daher *unabhängig* sind. Diese Zahl heißt *Rang* des Systems.

$$
\begin{array}{cccc|l}
x_1 & x_2 & x_3 & 1 & \\
\hline
1 & -2 & 7 & 0 & P_1\,|(-2),1,(-3) \\
2 & -3 & 5 & 0 & \\
-1 & 1 & 2 & 0 & \\
3 & -5 & 12 & 0 & \\
\hline
0 & 1 & -9 & 0 & P_2\,|1,(-1) \\
0 & -1 & 9 & 0 & \\
0 & 1 & -9 & 0 & \\
\hline
0 & 0 & 0 & 0 & \\
0 & 0 & 0 & 0 & \\
\end{array}
$$

$$
\begin{aligned}
G_1 &: 2x_1 - 3x_2 + 5x_3 = 0 \\
G_2 &: -x_1 + x_2 + 2x_3 = 0 \\
G_3 &: +x_1 - 2x_2 + 7x_3 = 0 \\
G_4 &: 3x_1 - 5x_2 + 12x_3 = 0
\end{aligned}
\tag{2.6}
$$

2.1.4 Übungsaufgaben

2.1: Zu lösen sind die Gleichungssysteme

$$
\text{a)} \quad
\begin{aligned}
3{,}82x_1 + 2{,}55x_2 - 1{,}43x_3 + 1{,}08x_4 &= 8{,}95 \\
2{,}71x_1 + 4{,}95x_2 + 2{,}60x_3 - 0{,}65x_4 &= 17{,}81 \\
-1{,}08x_1 + 2{,}44x_2 + 5{,}15x_3 + 1{,}76x_4 &= 26{,}29 \\
1{,}36x_1 - 0{,}84x_2 + 2{,}36x_3 + 3{,}90x_4 &= 22{,}36
\end{aligned}
\,,
$$

$$
\text{b)} \quad
\begin{aligned}
x_1 + x_2 + 2x_3 &= 9 \\
-x_1 + 2x_2 + x_3 &= 6 \\
2x_1 - x_2 + x_3 &= 3
\end{aligned}
\,,
$$

$$
\text{c)} \quad
\begin{aligned}
x_1 + x_2 + 2x_3 &= 9 \\
-x_1 + 2x_2 + x_3 &= 6 \\
2x_1 - x_2 + \alpha x_3 &= 3
\end{aligned}
$$

Für welchen Werte von α besitzt c) unendlich viele Lösungen bzw. ist eindeutig lösbar?

2.2: Zu berechnen ist die Lösung des Systems

$$
\begin{aligned}
3{,}82226x_1 + 2{,}55014x_2 - 1{,}43785x_3 &= 4{,}60899 \\
1{,}08897x_1 + 2{,}70158x_2 + 4{,}95093x_3 &= 21{,}34492 \\
2{,}65394x_1 + 1{,}73845x_2 - 1{,}08563x_3 &= 2{,}87395
\end{aligned}
\,.
$$

Die Rechnung ist zu wiederholen nachdem alle Koeffizienten auf drei Dezimalstellen gerundet worden sind.

2.3: Zu untersuchen ist das Schnittverhalten der Ebenen

$$
\text{a)} \quad
\begin{aligned}
E_1 &: \quad -2y + z = 0 \\
E_2 &: 2x \qquad + z = 16
\end{aligned}
\,,
\qquad
\text{b)} \quad
\begin{aligned}
E_1 &: \quad -2y + z = 0 \\
E_2 &: 2x \qquad + z = 16 \\
E_3 &: -2x \qquad + z = 0
\end{aligned}
\,.
$$

2.4: Für welche positiven ganzzahlige Werte der Parameter besitzen die homogenen linearen Gleichungssysteme nichttriviale Lösungen?

a)
$$\begin{aligned}
x_1 + 2x_2 + x_3 - 2x_4 &= 0 \\
-x_1 + x_2 + x_3 - x_4 &= 0 \\
3x_1 - x_2 + x_3 - x_4 &= 0 \\
-3x_1 - 2x_2 + x_3 + \lambda x_4 &= 0
\end{aligned}$$
,
b)
$$\begin{aligned}
x_1 + 2x_2 - x_3 &= 0 \\
2x_1 - 3x_2 + \alpha x_3 &= 0 \\
-2x_1 + \lambda x_2 - x_3 &= 0
\end{aligned}$$
.

2.2 Matrizen

2.2.1 Begriffe und Definitionen

Einführung

Wie beim GAUSSschen Algorithmus deutlich wurde, lässt sich ein lineares Gleichungssystem durch ein rechteckiges Zahlenschema repräsentieren. Dies ist ein erster Hinweis darauf, dass derartige zweidimensionale Systeme eine *eigenständige* mathematische Bedeutung besitzen und als *einheitliche*, allerdings aus vielen Elementen zusammengesetzte *mathematische Größen* angesehen werden können. Sie sind seit den Arbeiten der englischen Mathematiker A. CAYLEY (1821-1895) und J.J. SYLVESTER (1814-1897) für die Mathematik und ihre Anwendungen von Interesse. Auch in der *Tragwerksstatik* dienen die rechteckigen, in Zeilen und Spalten gegliederten Zahlenschemata zur Formalisierung und übersichtlichen Darstellung der Theorie. Die Vielzahl der Anwendungen rechtfertigt eine besondere Bezeichnung. Man nennt die Größen *Matrizen* (Singular *Matrix*) und weist mit dieser Wortwahl darauf hin, dass ihr Wesen in einer Anordnung bzw. einem Verzeichnis und nicht in einem Zahlenwert besteht. Indem man für diese *neuartige* Größen Rechenregeln festlegt, werden sie zu einem mathematischen Gegenstand. Nachfolgend werden die Grundlagen der Matrizenalgebra in dem Umfang dargeboten, der für das Verständnis moderner Verfahren der Tragwerkstatik erforderlich ist.

Definition und Bezeichnungen

Definition 2.1: *Reelle Matrix*
Unter einer reellen Matrix A vom Typ (m,n) versteht man ein rechteckiges Schema, in dem $m \cdot n$ reelle Zahlen in m horizontalen Zeilen und n vertikalen Spalten angeordnet sind. ♦

Es ist üblich, Matrizen durch lateinische Großbuchstaben zu symbolisieren. Als Oberbegriff für Zeilen und Spalten wird die Bezeichnung *Reihe* benutzt. Für ein Matrixelement ist nicht nur sein Wert, sondern auch seine *Stellung* im Schema kennzeichnend. Sie wird mit einem *Doppelindex ij* erfasst. Wie schon bei den Gleichungssystemen ist i der *Zeilen-* und j der *Spaltenindex*. Beim Rechnen werden Matrizen in der Form

$$A = \begin{pmatrix}
a_{11} & a_{12} & \cdots & a_{1j} & \cdots & a_{1n} \\
a_{21} & a_{22} & \cdots & a_{2j} & \cdots & a_{2n} \\
\vdots & & & & & \\
a_{i1} & a_{i2} & \cdots & a_{ij} & \cdots & a_{in} \\
\vdots & & & & & \\
a_{m1} & a_{m2} & \cdots & a_{mj} & \cdots & a_{mn}
\end{pmatrix}$$

aufgeschrieben. Hier weist die Klammer auf die inhaltliche Zusammengehörigkeit der *Matrixelemente* a_{ij} hin. Soll dagegen eine Matrix nur eingeführt und hinsichtlich ihres Typs gekennzeichnet werden, kann man auch kurz schreiben

$$A = \left(a_{ij}\right)_{i=1,\cdots,m,\, j=1,\cdots,n} \quad \text{bzw.} \quad A = \left(a_{ij}\right)_{(m,n)}. \tag{2.7}$$

Einige spezielle Matrizen

Eine Matrix vom Typ $(1,n)$, die nur aus einer Zeile besteht heißt *Zeilenmatrix*. Eine Matrix vom Typ $(m,1)$ dagegen *Spaltenmatrix*. So ist A eine Zeilenmatrix vom Typ $(1,5)$ und B eine Spaltenmatrix vom Typ $(3,1)$.

$$A = \begin{pmatrix} -1 & 5 & 0 & 3 & 6 \end{pmatrix}, \quad B = \begin{pmatrix} 2 \\ -5 \\ 4 \end{pmatrix}$$

Einzeilige oder einspaltige Matrizen werden auch *Vektoren* genannt. Die Zahl der Zeilen bzw. Spalten heißt *Dimension*. Der Vektor B ist 3-dimensional.

In den Anwendungen treten häufig *quadratische* Matrizen vom Typ (n,n) auf. Sie heißen auch *n-reihige* Matrizen. Quadratische Matrizen besitzen *Diagonalen*. Von links oben nach rechts unten führt die *Hauptdiagonale*. In ihr befinden sich diejenigen Elemente a_{ij} der Matrix, für die $i = j$ gilt. Eine quadratische Matrix ist *symmetrisch*, wenn die zur Hauptdiagonalen spiegelbildlich angeordneten Elemente gleich sind. Für die außerhalb der Hauptdiagonale gelegenen Elemente gilt dann $a_{ij} = a_{ji}$. Weil die in der Tragwerksstatik auftretenden linearen Gleichungssysteme gewöhnlich eine symmetrische Koeffizientenmatrix besitzen, kann die Matrix des in der Kapitel-Einleitung aufgeführten Systems als Beispiel dienen. Offensichtlich stimmen solche spiegelbildlich gelegenen Elemente wie a_{12} und a_{21} überein. Ist dagegen in einer quadratischen Matrix $a_{ij} = -a_{ji}$, so handelt es sich um eine *schiefsymmetrische* oder *antisymmetrische* Matrix. Von Bedeutung sind auch die vom GAUSSschen Verfahren her bekannten *Dreiecksmatrizen*. Eine quadratische Matrix wird als *obere* bzw. *untere Dreiecksmatrix* bezeichnet, wenn alle *unterhalb* bzw. *oberhalb* der Hauptdiagonalen stehenden Elemente Null sind. In diesem Sinn handelt es sich bei A um eine obere, bei B dagegen um eine untere Dreiecksmatrix.

$$A = \begin{pmatrix} -2 & 5 & 3 \\ 0 & 4 & 1 \\ 0 & 0 & 7 \end{pmatrix} \quad B = \begin{pmatrix} -1 & 0 & 0 \\ 5 & 1 & 0 \\ 4 & 0 & 3 \end{pmatrix}$$

Beim Rechnen mit Matrizen spielen auch die *Diagonalmatrizen* eine Rolle. Eine quadratische Matrix heißt *Diagonalmatrix*, wenn alle außerhalb der Hauptdiagonalen gelegenen Elemente verschwinden. Eine *n*-reihige Diagonalmatrix besitzt die Gestalt

$$A = \begin{pmatrix} a_{11} & 0 & 0 & \cdots & 0 & 0 \\ 0 & a_{22} & 0 & \cdots & 0 & 0 \\ \vdots & & & & & \\ 0 & 0 & 0 & \cdots & 0 & a_{nn} \end{pmatrix}, \quad E = \begin{pmatrix} 1 & 0 & 0 \\ 0 & 1 & 0 \\ 0 & 0 & 1 \end{pmatrix} \tag{2.8}$$

Ein besonders wichtige Spielart der Diagonalmatrizen sind die *Einheitsmatrizen E*. Bei ihnen besitzen alle Diagonalelemente den Wert $a_{ii} = 1$. Ein Beispiel ist die 3-reihige Einheitsmatrix (2.8). Schließlich müssen noch die Nullmatrizen genannt werden. Als *Nullmatrix* bezeichnet man eine Matrix vom Typ (m,n) dann, wenn alle ihre Elemente verschwinden.

Unter- und Übermatrizen

Eine gegebene Matrix lässt sich immer aus Zeilen- bzw. Spaltenmatrizen zusammensetzen. Beispielsweise besteht die (3,4)-Matrix

$$C = \begin{pmatrix} -2 & a & 5 & 4 \\ 3 & -1 & 0 & a \\ 5 & -4 & 7 & 1 \end{pmatrix}, \qquad A_1 = \begin{pmatrix} -2 & a & 5 & 4 \end{pmatrix}, \qquad A_2 = \begin{pmatrix} 3 & -1 & 0 & a \end{pmatrix},$$

$$A_3 = \begin{pmatrix} 5 & -4 & 7 & 1 \end{pmatrix}$$

aus den drei Zeilenmatrizen A_1, A_2, A_3 und kann auch in der Form

$$C = \begin{pmatrix} A_1 \\ A_2 \\ A_3 \end{pmatrix}$$

geschrieben werden. Damit gelangt man zu einer Matrix, deren Elemente Matrizen sind. Man nennt Letztere *Untermatrizen*. Eine Matrix, deren Elemente Untermatrizen sind, wird dagegen als *Übermatrix* (auch *Hyper-* oder *Blockmatrix*) bezeichnet. Selbstverständlich ist dieses Konzept nicht an den Aufbau aus Zeilen- oder Spaltenmatrizen gebunden. Eine Übermatrix kann auch aus Untermatrizen eines allgemeineren Typs bestehen. Grundsätzlich lässt sich jede Matrix durch senkrechte und waagrechte Trennungslinien in Untermatrizen aufteilen. Davon wird in den Anwendungen sehr häufig Gebrauch gemacht. Beispielsweise treten beim bereits erwähnten Kraftgrößenverfahren der Tragwerksstatik Matrizen der Art

$$G = \left(\begin{array}{cccccc:cccc} 0 & -1 & 0 & 0 & 0 & 0 & 0 & 0 & 0 & 0 \\ 1 & 0 & 0 & 0 & -\beta & \beta & 0 & 0 & 0 & 0 \\ 0 & -\alpha & \alpha & -1 & 0 & 0 & 0 & 0 & 0 & 0 \\ 0 & 0 & 1 & 0 & 0 & 0 & 0 & 0 & 0 & 0 \\ 0 & 0 & 0 & 0 & -1 & 0 & 0 & 0 & 0 & 0 \\ 0 & 0 & 0 & 0 & 0 & 1 & 0 & 0 & 0 & 0 \\ \hdashline 1 & 0 & 0 & 0 & 0 & 0 & 1 & 0 & 0 & 0 \\ 0 & \alpha & -\alpha & 0 & 0 & 0 & 0 & 1 & 0 & 0 \\ 0 & 0 & 0 & 0 & -\beta & \beta & 0 & 0 & 1 & 0 \\ 0 & 0 & 0 & 1 & 0 & 0 & 0 & 0 & 0 & 1 \end{array}\right) = \begin{pmatrix} G_1 & \otimes \\ G_2 & E \end{pmatrix}$$

auf [1]. Die Darstellung als Hypermatrizen hat den großen Vorzug, Schreibarbeit zu ersparen, die Übersichtlichkeit zu erhöhen und die Notation weiter zu verdichten. Dabei bedeutet $\otimes$ eine Nullmatrix.

2.2.2 Matrizenoperationen

Einführung

Als qualitativ neue mathematische Objekte unterliegen Matrizen eigenständigen Gesetzen die den *Matrizenkalkül* bilden. Dabei stechen diejenigen Operationen hervor, die die Gegenstücke von Addition, Multiplikation und Division reeller Zahlen sind. Sie ermöglichen eine neuartige Formulierung solcher linearer Beziehungen wie Gleichungssysteme, welche wegen ihrer Prägnanz, Übersichtlichkeit und Eleganz der Umformungen die umständlichere herkömmliche Darstellung weitgehend verdrängt hat. Auch im Bauingenieurwesen, wo den linearen Systemen im konstruktiven Bereich eine herausragende Rolle zufällt, findet die Matrizenrechnung bei der Herleitung, Darstellung und Interpretation der Theorie eine so breite Verwendung, dass neuzeitliche Statik-Lehrbücher ohne Kenntnis des Matrizenkalküls nicht mehr lesbar sein dürften. Nachfolgend sollen zunächst einfache Regeln für das Rechnen mit Matrizen wie die *Gleichheit*, die *Addition* und die *Multiplikation* mit einer reellen Zahl erklärt werden. Ein besonderer Unterabschnitt ist der Multiplikation von Matrizen und ihrer Umkehrung vorbehalten.

Einfache Rechenregeln

Definition 2.2: *Gleichheit von Matrizen*

Die Matrizen $A = (a_{ij})$ und $B = (b_{ij})$ sind gleich, wenn sie vom gleichen Typ sind und die an gleichen Stellen stehenden (*gleichliegenden*) Elemente gemäß $a_{ij} = b_{ij}$ für alle $i = 1, \cdots, m$ und $j = 1, \cdots, n$ übereinstimmen. ♦

Die beiden Matrizen

$$A = \begin{pmatrix} 4 & -3 \\ 2 & 0 \end{pmatrix}, \quad B = \begin{pmatrix} 3x_1 + x_2 & 2x_2 - 5x_3 \\ x_2 - x_3 + 3x_4 & 2x_1 - x_4 \end{pmatrix}$$

sind vom gleichen Typ (2,2). Fordert man $A = B$, so zeigt sich, dass eine Gleichung zwischen den Matrizen die 2×2 Gleichungen

$$
\begin{aligned}
3x_1 \;+\; x_2 &= 4 \\
2x_2 \;-\; 5x_3 &= -3 \\
x_2 \;-\; x_3 \;+\; 3x_4 &= 2 \\
2x_1 \;-\; x_4 &= 0
\end{aligned}
$$

zwischen reellen Zahlen vertritt. Beim Vergleich des Aufwandes, den die beiden Darstellungen des Gleichungssystems erfordern, ist die Matrizenschreibweise im Vorteil.

Definition 2.3: *Addition und Subtraktion von Matrizen*

Zwei Matrizen $A = (a_{ij})$, $B = (b_{ij})$ vom gleichen Typ (m,n) werden addiert (subtrahiert), indem man die gleichliegenden Elemente addiert (subtrahiert). ♦

Die im Ergebnis entstehende Matrix $C = A + B$ ist ebenfalls vom Typ (m,n). Es gelten das *Assoziativgesetz* $A + B + C = A + (B + C) = (A + B) + C$ und das *Kommutativgesetz* $A + B = B + A$.

Die nun folgende Multiplikation einer Matrix mit einer reellen Zahl ist ein besonders wichtiger Bestandteil des Matrizenkalküls.

Definition 2.4: *Multiplikation einer Matrix mit einer reellen Zahl*
Eine (m,n)-Matrix A wird mit einer reellen Zahl λ multipliziert, indem man jedes Element von A mit λ multipliziert. ♦

Ein allen Elementen einer Matrix gemeinsamer Faktor lässt sich demnach vor die Matrix ziehen. Für die Multiplikation einer Matrix mit einer reellen Zahl gelten die distributiven Gesetze

$$\lambda A + \lambda B = \lambda(A + B) \,, \quad \lambda A + \mu A = (\lambda + \mu)A \,. \tag{2.9}$$

Wie die bisher besprochenen Operationen zeigen, fußt das Rechnen mit reellen Matrizen auf der Arithmetik reeller Zahlen. So finden sich die grundlegenden Rechengesetze für reelle Zahlen bei den Matrizen wieder. Es gibt aber auch Matrizenoperationen, die kein Pendant im Bereich der reellen Zahlen besitzen. Dazu zählt das *Transponieren*.

Definition 2.5: *Transponierte Matrix*
Eine Matrix, die aus einer gegebenen (m,n)-Matrix $A = \left(a_{ij} \right)$ durch Vertauschen der Zeilen und Spalten hervorgeht, heißt *transponierte Matrix*. Sie wird mit A^T bezeichnet. ♦

Insbesondere entsteht aus einer Spaltenmatrix durch Transponieren eine Zeilenmatrix. Das spart Platz und wird in Lehrbüchern häufig angewandt. Offenbar liefert das Transponieren

$$\left(A^T \right)^T = A$$

einer transponierten Matrix die ursprüngliche Matrix. Da bei quadratischen Matrizen das Transponieren dem Spiegeln an der Hauptdiagonalen entspricht, besteht das Wesen einer symmetrischen Matrix darin, dass sie gemäß $A = A^T$ mit ihrer Transponierten übereinstimmt.

Beispiel 2.5: *Addition von Matrizen*
Die Addition der typgleichen Matrizen A, B liefert die Matrix C:

$$A = \begin{pmatrix} 3 & -5 & 7 \\ 2 & 0 & 4 \end{pmatrix}, \ B = \begin{pmatrix} 3x_1 & 5 & x_2 \\ -5 & x_3 + 4 & x_1 - x_2 \end{pmatrix}, \ C = \begin{pmatrix} 3(1 + x_1) & 0 & 7 + x_2 \\ -3 & x_3 + 4 & 4 + x_1 - x_2 \end{pmatrix} ♦$$

Beispiel 2.6: *Zur Multiplikation einer Matrix mit einer reellen Zahl*
Eine häufig auftretende Umformung basiert auf der Matrizenaddition und der Regel über

$$\begin{pmatrix} 3 + 5\lambda \\ -1 - \lambda \\ 2 + 3\lambda \end{pmatrix} = \begin{pmatrix} 3 \\ -1 \\ 2 \end{pmatrix} + \begin{pmatrix} 5\lambda \\ -\lambda \\ 3\lambda \end{pmatrix} = \begin{pmatrix} 3 \\ -1 \\ 2 \end{pmatrix} + \lambda \begin{pmatrix} 5 \\ -1 \\ 3 \end{pmatrix} \,.$$

die Multiplikation einer Matrix mit einer Zahl λ. ♦

Beispiel 2.7: *Transponieren einer Matrix*

$$A = \begin{pmatrix} a & 2 \\ -3 & b \\ 5 & c \end{pmatrix}, \ A^T = \begin{pmatrix} a & -3 & 5 \\ 2 & b & c \end{pmatrix} ♦$$

Das Matrizenprodukt

Das Produkt ist als formalisierte und daher auf dem Rechner leicht umsetzbare Matrizenoperation für die Anwendung von erheblicher Bedeutung und muss als ein zentraler Bestandteil des Kalküls gelten. Weil die Multiplikation zweier Matrizen auf dem Skalarprodukt von Zeilen- und Spaltenvektoren beruht, soll an dieses Produkt erinnert werden. Der $(1,n)$-Vektor A (Zeilenvektor) wird mit dem $(n,1)$-Vektor B (Spaltenvektor) skalar multipliziert, indem gemäß

$$A \cdot B = \begin{pmatrix} a_1 & a_2 & \cdots & a_n \end{pmatrix} \cdot \begin{pmatrix} b_1 \\ b_2 \\ \vdots \\ b_n \end{pmatrix} = a_1 b_1 + a_2 b_2 + \cdots a_n b_n = \sum_{i=1}^{n} a_i b_i$$

die entsprechenden Elemente miteinander multipliziert und die entstehenden Teilprodukte addiert werden. Das Ergebnis ist eine reelle Zahl. Auf diesen Umstand weist die Bezeichnung Skalarprodukt hin. Auf dieser Grundlage wird das Matrizenprodukt erklärt.

Definition 2.6: *Matrizenprodukt*
Unter dem *Produkt* AB der (m,n)-Matrix A mit der (n,s)-Matrix B versteht man eine Matrix C, deren Elemente c_{ij} sich als Skalarprodukte der i-ten Zeile von A ($i = 1, \cdots, m$) mit der j-ten Spalte von B ($j = 1, \cdots, s$) ergeben. Dabei ist C eine Matrix vom Typ (m,s). ◆

Beispiel 2.8: *Matrizenmultiplikation*

$$\begin{pmatrix} a_{11} & a_{12} \\ 2 & 5 \\ -1 & 2 \end{pmatrix} \begin{pmatrix} b_{11} & 1 & 5 & -1 \\ b_{21} & 2 & 6 & 0 \end{pmatrix} = \begin{pmatrix} a_{11}b_{11} + a_{12}b_{21} & a_{11} + 2a_{12} & 5a_{11} + 6a_{12} & -a_{11} \\ 2b_{11} + 5b_{21} & 12 & 40 & -2 \\ -b_{11} + 2b_{21} & 3 & 7 & 1 \end{pmatrix}. ◆$$

Beispiel 2.9: *Zur Rolle der Einheitsmatrizen bei der Matrizenmultiplikation*
Die Einheitsmatrizen E spielen bei der Matrizenmultiplikation eine ähnliche Rolle wie die Zahl 1 bei den reellen Zahlen: Wird eine beliebige Matrix A mit einer Einheitsmatrix multipliziert, bleibt A gemäß $EA = AE = A$ unverändert. Dies erklärt die Bezeichnung. Das Beispiel zeigt, wie diese Gleichung zu verstehen ist.

$$\begin{pmatrix} 1 & 0 & 0 \\ 0 & 1 & 0 \\ 0 & 0 & 1 \end{pmatrix} \begin{pmatrix} 1 & 0 \\ 2 & -1 \\ 3 & 5 \end{pmatrix} = \begin{pmatrix} 1 & 0 \\ 2 & -1 \\ 3 & 5 \end{pmatrix} \begin{pmatrix} 1 & 0 \\ 0 & 1 \end{pmatrix} = \begin{pmatrix} 1 & 0 \\ 2 & -1 \\ 3 & 5 \end{pmatrix} ◆$$

Die Regel der Matrizenmultiplikation gilt auch für Hypermatrizen. Zerlegt man die Matrizen A,B wie angegeben in Untermatrizen A_{ik} bzw. B_{jl}

$$AB = \begin{pmatrix} -1 & 2 & 5 & 3 \\ 0 & 1 & -1 & -1 \\ 4 & 2 & -3 & 0 \\ \hline 1 & 1 & -1 & 5 \end{pmatrix} \begin{pmatrix} 3 \\ -2 \\ 0 \\ \hline 1 \end{pmatrix} = \begin{pmatrix} A_{11} & A_{12} \\ A_{21} & A_{22} \end{pmatrix} \begin{pmatrix} B_{11} \\ B_{22} \end{pmatrix} = \begin{pmatrix} A_{11}B_{11} + A_{12}B_{22} \\ A_{21}B_{11} + A_{22}B_{22} \end{pmatrix},$$

so lässt sich das Ergebnis der Multiplikation durch Blockmatrizen ausdrücken. Für die Berechnung eines konkreten Matrizenprodukts ist diese Möglichkeit kaum von Bedeutung. Ihre Vorzüge zeigen sich vielmehr dann, wenn die theoretische Behandlung eines naturwissenschaftlich-technischen Problems auf Matrizenprodukte führt. Da die Theorie allgemeingültig sein muss, sind die Matrixelemente allgemeine Zahlen. Hinzu kommt, dass gewöhnlich bestimmte Untermatrizen ganz bestimmte Eigenschaften des Problems verkörpern. Die Blockmatrizen-Darstellung gestattet es dann, allgemein, d.h. ohne Bezug auf ein Zahlenbeispiel, durch die Rechnung zu verfolgen, wie sich diese Eigenschaften auf das Gesamtergebnis auswirken. Für die Entwicklung einer Theorie, bei der es um das Aufdecken der dem Problem innewohnenden Gesetzmäßigkeiten geht, ist diese Möglichkeit von erheblichem Interesse.

Grundeigenschaften des Matrizenprodukts

Obwohl auch für die Berechnung eines Matrizenprodukts letzten Endes wieder nur die Addition und die Multiplikation reeller Zahlen maßgebend sind, übertragen sich nicht alle für diese Operationen zuständigen Rechengesetze auf Matrizen. Auf *zwei Unterschiede*, deren Ursachen im Skalarprodukt zu suchen sind, soll hingewiesen werden. Im Skalarprodukt zweier Vektoren werden bekanntlich *Paare* entsprechender Elemente multiplikativ verbunden. Diese Paarbildung ist nur dann möglich, wenn die beteiligten Vektoren in der Elemente-Zahl übereinstimmen. Nun werden beim Produkt AB der Matrizen A, B die Zeilenvektoren von A (Zahl der Elemente gleich Zahl der *Spalten*) mit den Spaltenvektoren von B (Zahl der Elemente gleich Zahl der *Zeilen*) skalar multipliziert. Daher lässt sich Multiplikation AB nur ausführen, wenn die Zahl der *Spalten* von A mit der Zahl der *Zeilen* von B übereinstimmt. Ist diese Bedingung erfüllt, nennt man die Matrizen *verkettbar*. Da diese Eigenschaft beim Vertauschen der Faktoren im Allgemeinen verloren geht, ist als *erster Unterschied* zur Multiplikation reeller Zahlen die Reihenfolge der Faktoren eines Matrizenprodukts nicht beliebig. Genauer gesagt gilt der

Satz 2.3: Das Produkt zweier Matrizen A,B ist *nicht kommutativ*. Sofern die Faktoren in beiden Reihenfolgen überhaupt verkettbar sind, ist im Allgemeinen $AB \neq BA$. ♦

Ob die Matrizen in einer vorgegebenen Reihenfolge verkettbar sind, kann an Hand ihrer Typen entschieden werden. Soll eine beliebige Matrix A vom Typ (m,n) mit einer Matrix B vom Typ (r,s) zum Produkt AB verbunden werden, so ist diese Operation nur möglich, wenn $n = r$ gilt. Die Produktmatrix ist dann vom Typ (m,s). Die Matrizenmultiplikation unterscheidet sich noch in einer *zweiten Hinsicht* von der Multiplikation reeller Zahlen. Während hier ein Produkt nur dann Null ist, wenn mindestens ein Faktor verschwindet, kann eine Matrizenmultiplikation durchaus eine Nullmatrix liefern, obwohl keiner der Faktoren eine Nullmatrix ist.

Beispiel 2.10: *Zur Kommutativität der Matrizenmultiplikation*
Die beiden Matrizen A, B sind verkettbar, wenn die (3,3)-Matrix A als Links- und die (3,2)-

$$A = \begin{pmatrix} 2 & -1 & 3 \\ 0 & 2 & 1 \\ -2 & 5 & 4 \end{pmatrix}, \quad B = \begin{pmatrix} 2 & 1 \\ 0 & 5 \\ -2 & 0 \end{pmatrix}, \quad AB = \begin{pmatrix} -2 & -3 \\ -2 & 10 \\ -12 & 23 \end{pmatrix}.$$

Matrix B als Rechtsfaktor dient. Dann gilt für AB das angegebene Ergebnis. Mit B als Linksfaktor ist dagegen die Multiplikation nicht ausführbar. ♦

Beispiel 2.11: *Der Sonderfall quadratischer Matrizen*
Während in vielen Fällen die Multiplikation in einer anderen Reihenfolge der Faktoren gar nicht ausführbar ist, kann bei quadratischen Matrizen, wie z.B.

$$A = \begin{pmatrix} 2 & -1 & 3 \\ 0 & 2 & 1 \\ -2 & 5 & 4 \end{pmatrix}, \qquad B = \begin{pmatrix} 0 & 2 & -5 \\ 3 & 1 & 0 \\ -2 & 4 & 2 \end{pmatrix},$$

sowohl AB als auch BA gebildet werden. Von Sonderfällen abgesehen sind aber die Ergebnisse verschieden (vgl. Satz 2.3). Die beiden Matrizen liefern z.B.

$$AB = \begin{pmatrix} -9 & 15 & -4 \\ 4 & 6 & 2 \\ 7 & 17 & 18 \end{pmatrix}, \qquad BA = \begin{pmatrix} 10 & -21 & -18 \\ 6 & -1 & 10 \\ -8 & 20 & 6 \end{pmatrix}. \;\blacklozenge$$

Beispiel 2.12: *Entstehen der Nullmatrix aus Faktoren, die selbst keine Nullmatrizen sind*

$$\begin{pmatrix} 12 & 6 & 3 \\ 24 & 4 & -6 \end{pmatrix} \begin{pmatrix} 3 & -1 \\ -9 & 3 \\ 6 & -2 \end{pmatrix} = \begin{pmatrix} 0 & 0 \\ 0 & 0 \end{pmatrix}. \;\blacklozenge$$

Auch die Regel für das *Transponieren* eines Matrizenproduktes besitzt kein Gegenstück im Bereich der reellen Zahlen und unterstreicht die Eigenständigkeit der Matrizenrechnung. Es gilt

$$(AB)^T = B^T A^T \;.$$

Ungeachtet der bisher genannten Unterschiede gelten beim Multiplizieren von Matrizen auch Gesetzmäßigkeiten, die vom Rechnen mit reellen Zahlen vertraut sind. So verhält sich die Matrizenmultiplikation *assoziativ* und *distributiv*. Es gilt der

Satz 2.4: Die Matrizenmultiplikation ist gemäß $(AB)C = A(BC) = ABC$ *assoziativ*. Außerdem gilt das *distributive* Gesetz in der Form $A(B+C) = AB + AC$ bzw. $(A+B)C = AC + BC$. $\blacklozenge$

Das FALKsche Schema

Soll das Produkt AB der Matrizen A, B berechnet werden, ist das FALKsche Schema hilfreich. Dabei werden die Faktoren nach Bild 2.4 in einem Schema angeordnet, dessen Vorzug darin besteht, das Element c_{ij} der Produktmatrix AB auf besonders übersichtliche Weise im Schnittpunkt der i-ten Zeile des Linksfaktors A mit der j-ten Spalte des Rechtsfaktors B zu liefern.

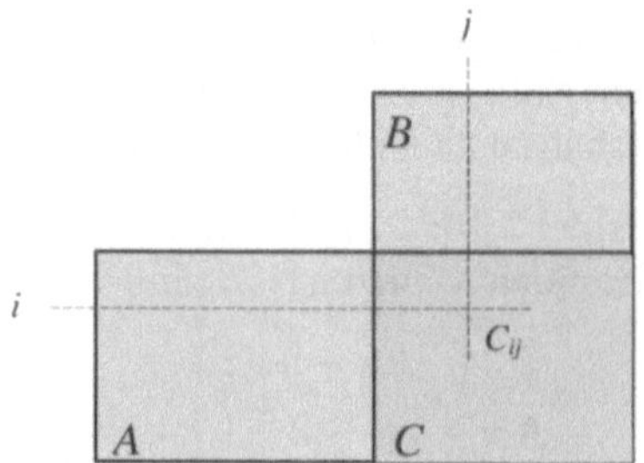

Bild 2.4 FALKsches Schema

2.2.3 Lineare Abbildungen

Einführung

In der Naturwissenschaft und Technik spielen lineare Abhängigkeiten eine große Rolle. Beispielsweise interessiert, wie sich ein Biegestab bei äußerer Belastung verformt. Wirken auf ein solches Stabelement der Länge l eine Kraft N_r in Stabrichtung und die beiden Drehmomente

M_l bzw. M_r an seinem linken bzw. rechten Rand, so wird die dadurch hervorgerufene Deformation üblicherweise durch die Längenänderung u_Δ des Stabes und die beiden Verdrehungswinkel τ_l bzw. τ_r gekennzeichnet (Bild 2.5). Die Mechanik liefert als Zusammenhang zwischen den Größen die Element-Nachgiebigkeitsbeziehung [1]

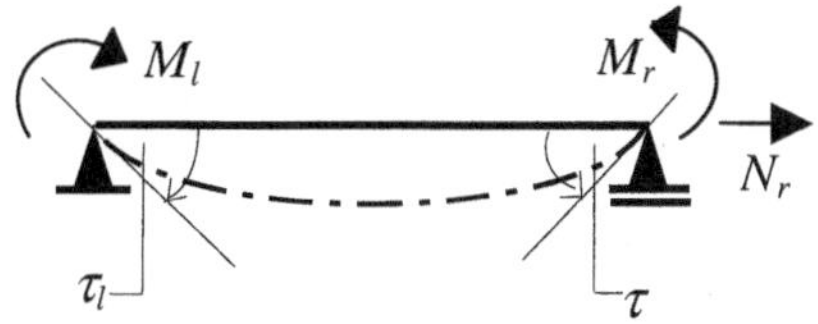

Bild 2.5 Biegestab

$$
\begin{aligned}
u_\Delta &= \frac{l}{EA} N_r \\
\tau_l &= \frac{l}{3EI} M_l + \frac{l}{6EI} M_r , \\
\tau_r &= \frac{l}{6EI} M_l + \frac{l}{3EI} M_r
\end{aligned}
\tag{2.10}
$$

die offensichtlich linear ist. Von der technischen Bedeutung der auftretenden Parameter abgesehen (die Größen E, I und A kennzeichnen Material und Querschnitt des Trägers), erinnert (2.10) an ein lineares Gleichungssystem. Dennoch unterscheidet sich (2.10) inhaltlich von einem solchen System: Die Unbekannten sind nicht die Größen N_r, M_l und M_r sondern u_Δ, τ_l und τ_r. Um diesen Unterschied zu betonen, wird eine Beziehung der Art (2.10) als *lineare Abbildung* bezeichnet. Lineare Abbildungen lassen sich allgemein in der Form

$$
\begin{aligned}
y_1 &= a_{11}x_1 + a_{12}x_2 + \cdots + a_{1n}x_n \\
y_2 &= a_{21}x_1 + a_{22}x_2 + \cdots + a_{2n}x_n \\
&\ \vdots \\
y_m &= a_{m1}x_1 + a_{m2}x_2 + \cdots + a_{mn}x_n
\end{aligned}
\tag{2.11}
$$

darstellen. Eine Matrizenschreibweise ist möglich. Mit den Matrizen

$$
A = \begin{pmatrix} a_{11} & a_{12} & \cdots & a_{1n} \\ a_{21} & a_{22} & \cdots & a_{2n} \\ & & \vdots & \\ a_{m1} & a_{m2} & \cdots & a_{mn} \end{pmatrix}, \qquad
x = \begin{pmatrix} x_1 \\ x_2 \\ \vdots \\ x_n \end{pmatrix}, \qquad
y = \begin{pmatrix} y_1 \\ y_2 \\ \vdots \\ y_m \end{pmatrix}
$$

nimmt (2.11) die knappe Form

$$
y = Ax
\tag{2.12}
$$

an. In dieser Schreibweise tritt das *Wesen* linearer Abbildungen klar hervor. Da man Spaltenmatrizen als Vektoren bezeichnet, stellen lineare Abbildungen einen Zusammenhang zwischen Vektoren her und verallgemeinern den Begriff der linearen Funktion. Während eine lineare Funktion $\eta = \varphi(\xi) = \alpha\xi$ der reellen Zahl $\xi \in R$ die reelle Zahl $\eta \in R$ zuordnet und eine Abbildung $\varphi : R \to R$ darstellt, kann die hier interessierende lineare Abbildung $y = f(x) = Ax$, die durch eine (m,n) Matrix A vermittelt wird und dem n-dimensionalen Vektor $x \in R^n$ den m-dimensionalen Vektor $y \in R^m$ zuweist, als Abbildung $f : R^n \to R^m$ aus dem n-dimensionalen Raum R^n in dem m-dimensionalen Raum R^m aufgefasst werden. Mit den Regeln der Matrizenrechnung ergeben sich als Grundeigenschaften linearer Abbildungen $f(\lambda x) = \lambda f(x)$ und $f(x_1 + x_2) = f(x_1) + f(x_2)$. Dies führt zu der

Definition 2.7: *Lineare Abbildung*

Eine Abbildung $f : R^n \rightarrow R^m$, die jedem $x \in R^n$ eindeutig ein $y \in R^m$ zuordnet, heißt *linear*, wenn für zwei beliebige $x_1, x_2 \in R^n$ und alle reellen λ gilt $f(x_1 + x_2) = f(x_1) + f(x_2)$, $f(\lambda x) = \lambda f(x)$. ♦

Es ist üblich, y als *Bild* und x als *Urbild* (*Original*) bezüglich der linearen Abbildung zu bezeichnen. Ein Spezialfall ist die *lineare Transformation* $f : R^n \rightarrow R^n$. In diesem Fall haben Bild und Urbild *dieselbe* Dimension. Das in dieses Kapitel einführende Beispiel aus der technischen Mechanik stellt eine lineare Transformation $f : R^3 \rightarrow R^3$ dar. Lineare Abbildungen nach Definition 2.7 sind über die Matrizenrechnung hinaus in der höheren Mathematik von erheblichem Interesse.

Lineare Abbildungen und lineare Gleichungssysteme

Lineare Gleichungssysteme und lineare Abbildungen stehen in einem engen Zusammenhang. So lassen sich auch Gleichungssystemen mit Matrizen darstellen. Beispielsweise nimmt das Gleichungssystem (2.4) mit den Matrizen

$$A = \begin{pmatrix} 2 & -1 & 1 & 1 \\ 1 & 4 & -2 & 2 \\ 3 & 3 & -1 & 3 \\ -1 & 5 & -3 & 1 \end{pmatrix}, \quad x = \begin{pmatrix} x_1 \\ x_2 \\ x_3 \\ x_4 \end{pmatrix}, \quad b = \begin{pmatrix} 7 \\ 11 \\ 18 \\ 4 \end{pmatrix}$$

die Gestalt

$$Ax = b \tag{2.13}$$

an. Weil ein solches Vorgehen immer möglich ist, resultiert eine *neuartige* Darstellung linearer Gleichungssysteme. Ihre Vorzüge sind Prägnanz und große Allgemeinheit. Sie kommen beim Aufbau von Theorien zur Geltung, in denen, wie z.B. in der Tragwerksstatik, die Gestalt der Gleichungssysteme vom jeweiligen Anwendungsfall abhängt. Die Matrizendarstellung liefert dann den Rahmen für alle Einzelfälle und sichert die Allgemeingültigkeit der Theorie. Daneben besitzt die Matrizendarstellung von Gleichungssystemen auch ein innermathematisches Interesse. Sie ermöglicht es, die Lösungstheorie linearer Gleichungssysteme in den größeren Zusammenhang der Matrizenrechnung einzubetten und neue Einsichten zu eröffnen. Wird dementsprechend ein lineares Gleichungssysteme vom Standpunkt linearer Abbildungen betrachtet, so geht es bei seiner Lösung offenbar um die Frage, welche Urbilder x einem vorgegebenen Bild b entsprechen. Wenn das System eindeutig lösbar ist, entspricht jedem Bild genau ein Urbild. Ist dagegen die eindeutige Lösbarkeit nicht gegeben, so besitzt ein vorgegebenes Bild b viele verschiedene Urbilder. Da die Gesamtheit aller Urbilder eines Bildes das *vollständige Urbild* (*vollständige Original*) darstellt, bedeutet das Lösen eines linearen Gleichungssystem, das vollständige Urbild einer linearen Abbildung zu ermitteln. Dazu ist es erforderlich die lineare Abbildung umzukehren.

Umkehrbar eindeutige lineare Abbildungen, die inverse Matrix

Bei der linearen Abbildung (2.10) besteht die Aufgabe darin, aus vorgegebenen Weggrößen u_Δ, τ_l, τ_r die Kraftgrößen N_r, M_l, M_r zu berechnen. In diesem Fall reduziert sich die Abbildung auf ein Gleichungssystem mit den Kraftgrößen als Unbekannte.

Auflösen liefert

$$
\begin{aligned}
N_r &= \frac{EA}{l} u_\Delta \\
M_l &= 4\frac{EI}{l}\tau_l - 2\frac{EI}{l}\tau_r \;. \\
M_r &= -2\frac{EI}{l}\tau_l + 4\frac{EI}{l}\tau_r
\end{aligned}
$$

Mit der Koeffizientenmatrix

$$
B = \begin{pmatrix} \frac{EA}{l} & 0 & 0 \\ 0 & 4\frac{EI}{l} & -2\frac{EI}{l} \\ 0 & -2\frac{EI}{l} & 4\frac{EI}{l} \end{pmatrix}, \; k = \begin{pmatrix} N_r \\ M_l \\ M_r \end{pmatrix}, \; w = \begin{pmatrix} u_\Delta \\ \tau_l \\ \tau_r \end{pmatrix} \tag{2.14}
$$

als zentralem Bestandteil und den Spaltenmatrizen k bzw. w der Kraft- bzw. Weggrößen kann diese Beziehung wie jede lineare Abbildung gemäß $k = Bw$ als Matrizengleichung geschrieben werden. Auch die Umkehrung einer linearen Abbildung ist wieder eine lineare Abbildung. Besonders hervorgehoben werden muss die Klasse der *umkehrbar eindeutigen* Abbildungen.

Definition 2.8: *Umkehrbar eindeutige lineare Abbildung*
Eine lineare Abbildung $f(x) = Ax$ heißt umkehrbar eindeutig genau dann, wenn aus $f(x_1) = f(x_2)$ stets $x_1 = x_2$ folgt. ♦

Um eine derartige Abbildung handelt es sich, wenn das zugehörige Gleichungssystem eindeutig lösbar ist. Dann besteht ein bemerkenswerter Zusammenhang zwischen den Koeffizientenmatrizen A bzw. B der Abbildung bzw. ihrer Umkehrung. Es gilt nämlich $AB = BA = E$.

Beispiel 2.13: *Ein Matrizenprodukt, das die Einheitsmatrix liefert*
Die Umkehrung der Abbildung (2.10) besitzt die Koeffizientenmatrix B nach Gl.(2.14). Das Produkt der Matrizen A und B ergibt

$$
AB = \begin{pmatrix} \frac{l}{EA} & 0 & 0 \\ 0 & \frac{l}{3EI} & \frac{l}{6EI} \\ 0 & \frac{l}{6EI} & \frac{l}{3EI} \end{pmatrix} \begin{pmatrix} \frac{EA}{l} & 0 & 0 \\ 0 & 4\frac{EI}{l} & -2\frac{EI}{l} \\ 0 & -2\frac{EI}{l} & 4\frac{EI}{l} \end{pmatrix} = \begin{pmatrix} 1 & 0 & 0 \\ 0 & 1 & 0 \\ 0 & 0 & 1 \end{pmatrix} = E \;.
$$

die Einheitsmatrix. Wie man sich überzeugen kann, gilt das auch für das Produkt BA. ♦

Diese Beobachtung lässt sich bei jeder beliebigen *eindeutig umkehrbaren* lineraren Abbildung wiederholen. Immer stößt man auf ein Paar von Matrizen, deren Produkt die jeweilige Einheitsmatrix ist. Dies ist Anlass zu der

Definition 2.9: *Inverse Matrix*
Existiert zu einer quadratischen Matrix A eine Matrix B mit der Eigenschaft $AB = BA = E$, so heißt B die *inverse Matrix* von A und wird mit A^{-1} symbolisiert. ♦

Wie in der Definition angesprochen, muss nicht jede quadratische Matrix eine Inverse besitzen. Existiert sie, so ist die Matrix *regulär*, andernfalls *singulär*. Die Voraussetzungen dafür werden im Abschnitt 2.3 behandelt. Als wichtige Eigenschaften der Inversen sind

$$
\left(A^{-1}\right)^{-1} = A \,, \; (AB)^{-1} = B^{-1}A^{-1} \,, \; (\lambda A)^{-1} = \frac{1}{\lambda}A^{-1} \,, \; \lambda \neq 0 \tag{2.15}
$$

zu nennen. Schließlich soll zur Motivation der Symbolik noch auf die Analogie zu den reellen Zahlen hingewiesen werden, wo die Umkehrung einer linearen Funktion $\eta = \alpha\xi$, $\alpha \neq 0$ durch $\xi = \alpha^{-1}\eta$ gegeben ist. Allerdings darf diese Analogie nicht überstrapaziert werden. Unter A^{-1} ist keineswegs der Quotient $1/A$ zu verstehen.

Inverse Matrizen und lineare Gleichungssysteme

Mit Hilfe der inversen Matrix ist die Umkehrung einer linearen Abbildung oder die Lösung eines linearen Gleichungssystems auf elegante Weise möglich. Besitzt die lineare Abbildung $y = Ax$ eine reguläre Koeffizientenmatrix, dann kann die Umkehrung gemäß

$$A^{-1}y = A^{-1}Ax = Ex = x$$

durch Multiplikation mit A^{-1} als Linksfaktor ermittelt werden. In gleicher Weise lässt sich ein lineares Gleichungssystem mit regulärer Koeffizientenmatrix lösen. Allerdings ist die Berechnung der inversen Matrix so aufwändig, dass die Methode für ein konkretes Gleichungssystem nicht zu empfehlen ist. Wenn jedoch ein Gleichungssystem *abstrakt*, d.h. ohne Bezug auf seine spezielle Gestalt im Einzelfall gelöst werden muss, dann sichert diese Lösungsdarstellung die Allgemeingültigkeit der theoretischen Überlegung. Bei den Berechnungsverfahren der Tragwerkstatik wird davon Gebrauch gemacht.

Zur Berechnung der inversen Matrix

Im Vergleich mit dem Auflösen eines Gleichungssystems mit der Koeffizientenmatrix A erfordert die Berechnung von A^{-1} etwa den dreifachen Aufwand. Das Vorgehen, welches hier nicht dargestellt werden kann, wird in [2], [3] beschrieben. Für die praktische Berechnung der inversen Matrix empfiehlt sich die Verwendung eines Rechnerprogramms.

2.2.4 Das Eigenwertproblem von Matrizen

Grundlegende Begriffe und Definitionen

Zu den Anwendungen der Mathematik im Bauingenieurwesen zählt die Behandlung von Stabilitäts- und Schwingungsproblemen. Dabei geht es primär um die Lösung von Differentialgleichungen. Allerdings kommt bei der für die Rechner-Anwendung aufbereitete Formulierung derartiger Aufgaben auch die Matrizenalgebra zum Einsatz (s. Abschnitt 7.4.2). Ein derartiger Aspekt soll jetzt aufgegriffen und in den Grundzügen skizziert werden.

Definition 2.10: *Eigenwertproblem*
Als *Eigenwertproblem* der (n,n)-Matrix A bezeichnet man die Aufgabe $Ax = \lambda x$. Die (reellen oder komplexen) Zahlen λ, für die die Aufgabe nichttriviale Lösungen $x \neq \vec{0}$ besitzt, heißen *Eigenwerte* und die Lösungen x die zu λ gehörenden *Eigenvektoren.* ♦

Das Eigenwertproblem besitzt vielfache Verallgemeinerungen. Hier wurde die einfachste Fragestellung angesprochen. Sie wird in der Literatur auch als das *spezielle lineare* Problem bezeichnet. Eigenwertaufgaben lassen sich vom Standpunkt linearer Abbildungen deuten (s. Abschnitt 2.2.3). Bei einer durch eine (n,n)-Matrix vermittelten linearen Abbildung $y = Ax$ wird bekanntlich einem n-dimensionalen Vektor x allgemein ein n-dimensionaler Vektor y zugeordnet. Beim Eigenwertproblem der hier betrachteten Art $Ax = \lambda x$ geht es demnach darum, jene Urbilder x zu finden, deren Bild die Form $y = \lambda x$ besitzt und somit bis auf den Faktor λ mit x übereinstimmt.

Eigenwertaufgaben als homogene lineare Gleichungssysteme

Weil die Gleichung $Ax = \lambda x$ zum homogenen Gleichungssystem $(A - \lambda E)\, x = \bar 0$ äquivalent ist, wobei E die (n,n)-Einheitsmatrix bedeutet, lässt sich die Eigenwertaufgabe in die bekannte Lösungstheorie linearer Gleichungssysteme einordnen. Von der immer existierenden trivialen Lösung eines homogenen Systems abgesehen, sind die nichttrivialen Lösungen für das Eigenwertproblem von besonderem Interesse. Nur diese sind im Grunde genommen gemeint, wenn von den Eigenvektoren die Rede ist. Unter den Eigenwerten einer Matrix treten gewöhnlich auch komplexe Zahlen auf. Wenn jedoch die Matrix *symmetrisch* ist, dann sind alle Eigenwerte *reell*. Im folgenden Beispiel soll ein Verfahren zur Berechnung der Eigenwerte vorgestellt werden. Es beruht auf dem GAUSSschen Algorithmus und ist für Matrizen kleiner Ordnung bei Handrechnung praktikabel. Bei größeren Matrizen wird man zur Lösung des Eigenwertproblems einen Rechner zu Hilfe nehmen müssen.

Beispiel 2.14: *Eigenwerte und Eigenvektoren einer symmetrischen Matrix*
Die Matrix A führt zu dem nebenstehend angegebenen Eigenwertproblem

$$A = \begin{pmatrix} 5 & -1 & -2 \\ -1 & 3 & -1 \\ -2 & -1 & 3 \end{pmatrix}, \quad (A - \lambda E)x = \begin{pmatrix} 5-\lambda & -1 & -2 \\ -1 & 3-\lambda & -1 \\ -2 & -1 & 3-\lambda \end{pmatrix} \begin{pmatrix} x_1 \\ x_2 \\ x_3 \end{pmatrix} = \begin{pmatrix} 0 \\ 0 \\ 0 \end{pmatrix}.$$

Zur Ermittlung jener Werte des Parameters λ für die nichttriviale Lösungen des homogenen Gleichungssystems existieren, wird der GAUSSsche Algorithmus benutzt. Wird zur Bequemlichkeit die zweite Gleichung an die erste Stelle gesetzt, nimmt das Rechenschema die folgende Gestalt an:

x_1	x_2	x_3	1	
-1	$3-\lambda$	-1	0	$P_1 \big\| (5-\lambda), (-2)$
$5-\lambda$	-1	-2	0	
-2	-1	$3-\lambda$	0	
0	$\lambda^2 - 8\lambda + 14$	$\lambda - 7$	0	$P_2 \big\| -\dfrac{2\lambda - 7}{\lambda^2 - 8\lambda + 14}$
0	$2\lambda - 7$	$5 - \lambda$	0	
0	0	$\dfrac{-\lambda^3 + 11\lambda^2 - 33\lambda + 21}{\lambda^2 - 8\lambda + 14}$	0	

Nichttriviale Lösungen existieren offensichtlich nur dann, wenn der Koeffizient von x_3 im Endschema verschwindet. Die Eigenwerte ergeben sich daher als Lösungen der *charakteristischen* Gleichung

$$p_3(\lambda) = -\lambda^3 + 11\lambda^2 - 33\lambda + 21 = 0$$

zu $\lambda_1 = 0.86736$, $\lambda_2 = 3.85956$ und $\lambda_3 = 6.27307$. Zur Lösung dieser Gleichung, die das eigentliche Problem darstellt, ist der Einsatz eines Rechners sinnvoll. Die zugehörigen Eigenvektoren ergeben sich als Lösungen der drei homogenen Gleichungssysteme

$$(A - \lambda_i E)x = \bar 0, \quad i = 1,2,3 \quad \blacklozenge$$

Beispiel 2.15: *Ein Schwingungssystem*

Werden zwei Körper K_1, K_2, die sich auf ihrer Unterlage reibungsfrei bewegen können, durch eine Spiralfeder verbunden und mit zwei anderen Federn an Fixpunkten befestigt, entsteht eine lineare Schwingungskette. Lenkt man einen Körper aus seiner Ruhelage aus und lässt ihn dann los,

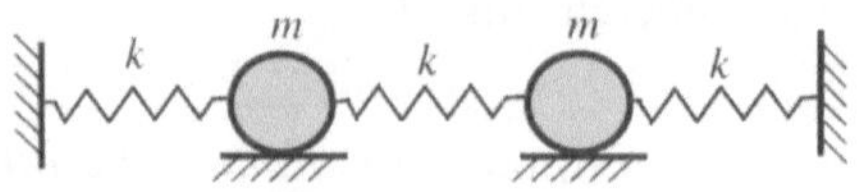

Bild 2.6 Federschwinger

beginnt er eine Schwingungsbewegung, die sich wegen der Federkopplung auf den anderen Körper überträgt. Für die Bewegung eines Körpers sind die Frequenz ω und die Amplitude A seiner Schwingung charakteristisch. In der Mechanik wird gezeigt, dass zur Bestimmung dieser Kenngrößen ein homogenes Gleichungssystem gelöst werden muss [4]. Besitzen beide Körper die gleiche Masse m und alle Federn die gleiche Federkonstante k, so handelt es sich um

$$\begin{pmatrix} 2k - \omega^2 m & -k \\ -k & 2k - \omega^2 m \end{pmatrix} \begin{pmatrix} A_1 \\ A_2 \end{pmatrix} = \begin{pmatrix} 0 \\ 0 \end{pmatrix}.$$

Die Frequenz ω ergibt sich demnach durch die Lösung eines Eigenwertproblems. Behandelt man es auf die Weise des Beispiels 2.14, so erhält man als Bedingung für die Existenz nichttrivialer Lösungen die Bestimmungsgleichung

$$(2k - \omega^2 m)(2k - \omega^2 m) - k^2 = 0.$$

Es handelt sich um eine biquadratische Gleichung, die vier Lösungen besitzt. Da eine Frequenz grundsätzlich positiv ist, sind nur

$$\omega_1 = \sqrt{\frac{k}{m}}, \quad \omega_2 = \sqrt{3\frac{k}{m}}$$

technisch bedeutsam. ♦

2.2.5 Matrizenoperationen und Gleichungssysteme mit Maple

Einführung: Das linalg-Paket

Maple beherrscht mit dem Programmpaket `linalg` alle wesentlichen Operationen der linearen Algebra. Dieser Fundus muss allerdings *vor Beginn* der Rechnung erschlossen werden. Dazu dient der Befehl `with(linalg)`. Die umfangreiche Liste der verfügbaren Befehle erscheint auf dem Bildschirm. Nachfolgend sollen diejenigen Operationen angesprochen werden, die für die Tragwerksstatik unverzichtbar sind. Dabei geht es vor allem um die Eingabe von Matrizen, die Addition und Multiplikation sowie die Inversion quadratischer Matrizen. Auch das Lösen linearer Gleichungssysteme wird beschrieben.

Die Eingabe von Matrizen

Maple kennt im Wesentlichen zwei Möglichkeiten zur Eingabe einer Matrix A. Nämlich die *direkte* Eingabe und die Eingabe über ein *Formular*, das der Befehl `entermatrix(A)` zur Verfügung stellt. Sie werden nachfolgend vorgestellt.

Als Beispiele dienen die Matrizen

$$A = \begin{pmatrix} 1 & a \\ -2 & 3 \end{pmatrix}, \; B = \begin{pmatrix} -2 & b \\ 4 & 5 \end{pmatrix}$$

```
> with(linalg):
Warning, new definition for norm
Warning, new definition for trace
> B:=matrix(2,2):
> entermatrix(B);
enter element 1,1 > -2;
enter element 1,2 > b;
enter element 2,1 > 4;
enter element 2,2 > 5;
```

$$\begin{bmatrix} -2 & b \\ 4 & 5 \end{bmatrix}$$

```
> restart:
> with(linalg):
Warning, new definition for norm
Warning, new definition for trace
> A:=matrix([[1,a],[-2,3]]);
```

$$A := \begin{bmatrix} 1 & a \\ -2 & 3 \end{bmatrix}$$

In beiden Fällen erfolgt die Eingabe zeilenweise. Außerdem ist der Befehl `with(linalg)` mit einem Doppelpunkt : abgeschlossen, weshalb die Liste der verfügbaren Operationen auf dem Bildschirm nicht erscheint. Der Befehl `restart` hat mit der jeweiligen Rechnung direkt nichts zu tun. Dennoch ist er nützlich. Vor allem dann, wenn in der laufenden Maple-Sitzung schon andere Aufgaben bearbeitet wurden. Ist dabei z.B. die Variable $x1$ in einem bestimmten Zusammenhang eingeführt und mit einem Zahlenwert belegt worden, so gilt der auch für alle folgenden Rechnungen. Dies führt zu Schwierigkeiten falls in einer späteren Aufgabe die Variable $x1$ in einer anderen Bedeutung auftritt. Sie lassen sich mit `restart` vermeiden. Es löscht alle früheren Variablendefinitionen. Der Warnhinweis kann ignoriert werden.

Die Addition und Subtraktion von Matrizen

Für die Addition von Matrizen stehen zwei Möglichkeiten zur Verfügung. Nach Eingabe der Summanden A, B erfolgt sie über `matadd(A,B)` oder `evalm(A+B)`. Wird die Summe in der weiteren Rechnung noch benötigt, kommt `C:=matadd(A,B):` bzw. `C:=evalm(A+B):` in Frage. Dann lässt sich das Resultat später als `C` ansprechen und verwenden.

Die Multiplikation von Matrizen

Die Multiplikation einer Matrix A mit der reellen Zahl l erfolgt durch den Befehl `scalarmul` mit folgender Syntax: `scalarmul(A,l)`. Auch für die Multiplikation von Matrizen A, B bestehen zwei Möglichkeiten. Sie kann entweder über `multiply(A,B)` oder `evalm(A&*B)` ausgeführt werden. Maple überprüft ob die Multiplikation ausführbar ist. Sind die Faktoren nicht verkettet, erfolgt die Fehlermeldung `Error,(in multiply) non matching dimensions for vector/ matrix product`. Selbstverständlich ist es möglich, Produkte mit mehr als zwei Faktoren auszuführen. Bei drei Faktoren schreibt man z.B. `multiply(A,B,C)` bzw. `evalm(A&*B&*C)`.

Die inverse Matrix

Die Inverse einer quadratischen Matrix A wird mit `inverse(A)` berechnet. Sofern sie nicht existiert, erfolgt die Fehlermeldung `Error,(in inverse)singular matrix`.

Die Lösung linearer Gleichungssysteme mit einem Computeralgebrasystem

Die Lösung eines in Matrizenschreibweise $Ax = b$ vorliegenden linearen (m,n)-Systems wird mit dem Befehl `linsolve(A,b)` ermitteln. Er folgt unmittelbar auf die Eingabe der Matrizen und berücksichtigt automatisch die verschiedenen Lösungsfälle. Wird `X:=linsolve(A,b):` geschrieben, so steht der Lösungsvektor in der weiteren Rechnung als `X` zur Verfügung.

Zur Behandlung des Eigenwertproblems mit Maple

Die charakteristische Gleichung einer Matrix ist eine algebraische Gleichung. Für sie sind geschlossene Lösungsformeln grundsätzlich nur bis zum Grad $n = 4$ verfügbar. Allerdings ist deren Auswertung für $n = 3$ und $n = 4$ so umständlich, dass man gewöhnlich bereits eine Gleichung dritten Grades numerisch löst. Weil für Gleichungen fünften und höheren Grades ohnehin nur diese Möglichkeit besteht, ist, vom Fall $n = 2$ abgesehen, die Verwendung eines Rechners vorteilhaft. Zur Behandlung der Eigenwertaufgabe stehen in Maple die Befehle `eigenvals` und `eigenvects` zur Verfügung. Sie werden nachfolgend am Beispiel einer symmetrischen Matrix erläutert, eignen sich aber auch zur Behandlung von Eigenwertaufgaben mit komplexen Eigenwerten. Um Platz zu sparen, ist die Eingabe der Matrix über den Befehl `entermatrix` nicht vollständig aufgeführt. Zu empfehlen ist, die Elemente auch dann als Dezimalbrüche einzugegeben, wenn sie ganze Zahlen sind. Maple liefert zum jeweiligen Eigenvektor zuerst den Eigenwert und seine Vielfachheit (sie ist im Beispiel jeweils gleich eins). Dann folgen die Koordinaten des Eigenvektors in den Klammern {[ ]}. Über das Beispiel hinaus dürfte die angegebene Möglichkeit zur Eingabe einer symmetrischen Matrix von allgemeinem Interesse sein. Die Koordinaten der Eigenvektoren werden von Maple genauer als angegeben bestimmt. Für alle Dezimalstellen steht jedoch hier nicht genügend Platz zur Verfügung.

```
> restart:
> with(linalg):
> M:=array(1..3,1..3,symmetric):
> entermatrix(M);
enter element 1,1 > 5.0;
  ⋮
enter element 3,3 > 3.0;
```

$$\begin{bmatrix} 5 & 2 & 1 \\ 2 & 3 & 2 \\ 1 & 2 & 3 \end{bmatrix}$$

```
> EW:=evalf(eigenvals(M));
```

$$EW:=3., 7.162277, .837722$$

```
> EV:=evalf(eigenvects(M));
```

$$EV:=[3., 1., \{[-2.,1.,2.]\}], [7.162277, 1., \{1.290569.1.,.790569]\}]$$
$$[0.837722, 1., \{[-.290569,1.,-.7705694]\}],$$

2.2.6 Übungsaufgaben

2.5: Zu untersuchen ist, ob die Elemente der folgenden Matrizen gemeinsame Faktoren besitzen. Diese sollen zur Vereinfachung als Faktoren vor die Matrizen gezogen werden.

a) $A = \begin{pmatrix} 231 & 165 \\ 363 & 66 \end{pmatrix}$,   b) $B = \begin{pmatrix} 0{,}0038 & 0{,}000475 \\ 0{,}0628 & -0{,}0051 \end{pmatrix}$

2.6: Mit dem FALKschen Schema ist das Produkt dreier Matrizen in der angegebenen Reihenfolge zu berechnen. Zuvor ist zu prüfen, ob die Matrizen verkettbar sind

a) $A = \begin{pmatrix} 7 & 5 \\ 11 & 2 \end{pmatrix}$, $B = \begin{pmatrix} 4 & 7 & 8 \\ -6 & 3 & 5 \end{pmatrix}$, $C = \begin{pmatrix} 7 & 3 \\ 8 & 0 \\ 2 & 1 \end{pmatrix}$,

b) $A = (-3 \quad -1 \quad 4)$, $B = \begin{pmatrix} -2 & 0 \\ 3 & 4 \\ -1 & 2 \end{pmatrix}$, $C = \begin{pmatrix} 2 & -5 \\ 1 & 3 \end{pmatrix}$.

2.7: Zu berechnen sind alle Produkte die sich aus den Matrizen A, B und und ihren Transponierten bilden lassen

$$A = \begin{pmatrix} 4 & 1 & -5 \\ 2 & 0 & 3 \end{pmatrix},   B = \begin{pmatrix} 1 & 5 \\ 3 & 4 \end{pmatrix}.$$

2.8: Zu behandeln ist das schlecht konditionierte Gleichungssystem aus Abschnitt 2.1.2 mit Maple. Man überzeuge sich, dass kleine Änderungen der Koeffizienten große Auswirkungen auf die Lösung besitzen und variieren dazu a_{23} und/oder a_{21} in Schritten von 0,001.

2.9: Zu lösen ist das Gleichungssystem

$$\begin{aligned} a_{11}x_1 &+ a_{12}x_2 = b_1 \\ a_{21}x_1 &+ a_{22}x_2 = b_2 \end{aligned}$$

a) von Hand mit dem GAUSSschen Algorithmus und
b) mit Hilfe von Maple.

2.10: Am Beispiel der Aufgabe 2.2 ist mit Hilfe von Maple zu verifizieren, dass die Lösung eines linearen Gleichungssystems linear von den rechten Seiten abhängt. Dazu sind
a) die rechten Seiten mit den Faktoren $f = 2$, $f = 3$, $f = -2$ zu vervielfachen, und
b) ein beliebiger Faktor f in die Rechnung einzuführen.

2.11: Zu berechnen sind Eigenwerte und Eigenvektoren der *symmetrischen* Matrizen

a) $A = \begin{pmatrix} 5 & -1 \\ -1 & 6 \end{pmatrix}$,   b) $B = \begin{pmatrix} 4 & 2\sqrt{2} \\ 2\sqrt{2} & 6 \end{pmatrix}$,   c) $C = \begin{pmatrix} 4 & \sqrt{7} \\ \sqrt{7} & 8 \end{pmatrix}$.

Man überzeuge sich davon, dass a) die Eigenvektoren orthogonal sind (Skalarprodukt verwenden!) und b) die Summe der Eigenwerte gleich der Summe der Hauptdiagonalelemente ist.

2.12: Zu berechnen sind die Eigenwerte und Eigenvektoren der folgenden Matrizen und ihrer Transponierten

a) $A = \begin{pmatrix} 5 & 1 \\ -1 & 6 \end{pmatrix}$,   b) $B = \begin{pmatrix} 4 & 4 \\ -3 & 6 \end{pmatrix}$,   c) $C = \begin{pmatrix} 4 & 7 \\ -4 & 6 \end{pmatrix}$.

Man verifiziere, dass die Eigenvektoren einer Matrix und die ihrer Transponierten paarweise orthogonal sind. Hinweis: Nachweis der Orthogonalität über das Skalarprodukt.

2.3 Einige Ergänzungen zur Theorie linearer Gleichungssysteme

2.3.1 Der Rang einer Matrix

Einführung: Lineare Abhängigkeit

Im Abschnitt 2.1.3 wurde an Hand der Systeme (2.3) und (2.4) auf den Umstand hingewiesen, dass bei Gleichungssystemen immer dann mit Besonderheiten zu rechnen ist, wenn zwischen den Zeilen der Koeffizientenmatrix (sie werden nachfolgend als Zeilenvektoren angesprochen) eine Abhängigkeit besteht. Symbolisiert $\vec{0}$ einen Zeilenvektor, dessen Elemente null sind, bestehen zwischen den Zeilenvektoren von (2.3) bzw. (2.4) in der Tat die Beziehungen

$$z_1 + 2z_2 - z_3 = \vec{0} \qquad \text{bzw.} \tag{2.16}$$

$$- z_1 - 3z_2 + 2z_3 + z_4 = \vec{0}. \tag{2.17}$$

Diese Beobachtung ist Anlass zur

Definition 2.11: *Lineare Abhängigkeit*
Die Zeilenvektoren z_k, $k = 1, \cdots, m$ einer (m, n) -Matrix A heißen linear abhängig, wenn es m Konstanten α_k derart gibt, dass eine lineare Beziehung der Form $\alpha_1 z_1 + \alpha_2 z_2 + \cdots + \alpha_m z_m = \vec{0}$ besteht, in der nicht sämtliche α_k verschwinden. ♦

Die lineare Beziehung der Definition ist ein homogenes Gleichungssystem für $\alpha_1, \cdots, \alpha_n$. Es muss gelöst werden, um die Frage nach der Abhängigkeit eines Systems von Zeilenvektoren zu beantworten.

Beispiel 2.16: *Ein linear abhängiges Vektorsystem*
Das System der Zeilenvektoren $\vec{z}_1 = (1 \quad 3 \quad -5 \quad 2 \quad 6)$, $\vec{z}_2 = (2 \quad -1 \quad 4 \quad 3 \quad 1)$, $\vec{z}_3 = (0 \quad 0 \quad 0 \quad 0 \quad 0)$ ist linear abhängig. Denn die Gleichung $\alpha_1 z_1 + \alpha_2 z_2 + \alpha_3 z_3 = \vec{0}$ lässt sich mit $\alpha_1 = \alpha_2 = 0$ und einem bliebigen $\alpha_3 \neq 0$ erfüllen. Dies gilt allgemein: Ein Vektorsystem ist immer dann linear abhängig, wenn es den Nullvektor enthält. ♦

Beispiel 2.17: *Lineare Abhängigkeit der Zeilen eines Gleichungssystems*
Wird das homogene System der Definition 2.11 mit den Zeilenvektoren der Koeffizientenmatrix A des Gleichungssystems (2.4) aufgebaut, so ergibt sich

$$\begin{aligned} 2\alpha_1 &+ \alpha_2 &+ 3\alpha_3 &- \alpha_4 &= 0 \\ -\alpha_1 &+ 4\alpha_2 &+ 3\alpha_3 &+ 5\alpha_4 &= 0 \\ \alpha_1 &- 2\alpha_2 &- \alpha_3 &- 3\alpha_4 &= 0 \\ \alpha_1 &+ 2\alpha_2 &+ 3\alpha_3 &+ \alpha_4 &= 0 \end{aligned}$$

Eine Lösung ist $\alpha_1 = -p_1 + p_2$, $\alpha_2 = -p_1 - p_2$, $\alpha_3 = p_1$, $\alpha_4 = p_2$, $p_1, p_2 \in R$. Für $p_1 = 2$, $p_2 = 1$ folgt z.B. $\alpha_1 = -1$, $\alpha_2 = -3$, $\alpha_3 = 2$, $\alpha_4 = 1$ und es folgt Gl. (2.17). Da nicht sämtliche α_k verschwinden, sind die Zeilenvektoren linear abhängig. Einer von ihnen kann durch die Anderen ausgedrückt werden. Nun können mit den beliebig wählbaren p_1, p_2 weitere Spezialfälle konstruiert werden. So ergibt sich für $p_1 = -1, p_2 = 1$ die Lösung $\alpha_1 = 2$, $\alpha_3 = 0$, $\alpha_3 = -1$, $\alpha_4 = 1$. Daher besteht zwischen den Zeilen von (2.4) auch die Abhängigkeit

$$2z_1 - z_3 + z_4 = \vec{0}.$$

Wird dagegen $p_1 = 1, p_2 = 1$ gesetzt, so führt das auf

$$-2z_2 + z_3 + z_4 = \vec{0}.$$

Die Koeffizientenmatrix des Systems (2.4) enthält daher höchstens zwei unabhängige Zeilenvektoren. Die beiden Anderen ergeben sich aus ihnen.

Der Rang eines Vektorsystems

Wie zu vermuten ist, haben die im Beispiel 2.16 aufgezeigten Umstände mit dem besonderen Lösungsverhalten von (2.4) zu tun. Allerdings können sie nicht allein verantwortlich sein. Auch beim System (2.3) stehen die Zeilenvektoren der Koeffizientenmatrix in ähnlicher Abhängigkeit. Es besitzt aber im Gegensatz zu (2.4) keine Lösung. Damit ist eine differenzierte Analyse noch nicht möglich. Vielmehr sind weitere Hilfsmittel erforderlich. Zu den wesentlichen Ergebnissen der Lösungstheorie linearer Gleichungssysteme zählt die Erkenntnis, dass ihr komplexes, schwer überschaubares Lösungsverhalten durch *eine* Zahl übersichtlich geordnet und gekennzeichnet werden kann. Am Wert dieser Kennzahl, die nun eingeführt werden soll, lässt sich ablesen, welcher Lösungsfall (genau eine, unendlich viele, keine Lösung) vorliegt. Wie die Systeme (2.3) und (2.4) zeigen, ist für das Lösungsverhalten eines linearen Gleichungssystems die Zahl der voneinander unabhängigen Zeilenvektoren der Koffizientenmatrix maßgebend. So enthält die Matrix von (2.3) drei Zeilenvektoren. Weil aber der eine die Linearkombination der beiden Anderen ist, sind tatsächlich nur zwei linear unabhängige, d.h. wesentlich verschiedene Zeilen vorhanden. Unter den vier Zeilenvektoren der Matrix (2.4) gibt es sogar nur zwei linear unabhängige (Beispiel 2.17). Eine quantitative Fassung dieser Eigenschaft ermöglicht die

Definition 2.12a: *Rang eines Vektorsystems.*
Ein aus m (Zeilen-)Vektoren bestehendes Vektorsystem besitzt den *Rang r*, wenn es maximal r linear unabhängige Vektoren enthält. ♦

Offenbar kann der Rang eines Vektorsystems den Wert m nicht über- und den Wert Null nicht unterschreiten. Für $r = m$ sind die Vektoren des Systems linear unabhängig, für $r < m$ linear abhängig und $r = 0$ gilt genau dann, wenn alle Vektoren Nullvektoren sind. Die Differenz $d = m - r$ wird *Rangabfall* genannt. Der Rang eines Systems kann, wie unten erläutert, durch Auflösen eines linearen Gleichungssystems ermittelt werden.

Rang einer Matrix

Die bisherigen Überlegungen legen die Vermutung nahe, dass es sich beim Rang um jene Größe handelt, die das Lösungsverhalten eines linearen Gleichungssystems durch einen einzigen Zahlenwert kennzeichnet. In der Tat läuft alles darauf hinaus. Um zu einer endgültigen Aussage zu gelangen, muss allerdings zuvor noch eine Frage geklärt werden. Bis jetzt wurde nämlich nur das Vektorsystem VS_Z betrachtet, das aus den m Zeilen der (m,n)-Matrix A besteht. Es gibt aber keinen Grund, die Zeilen zu bevorzugen. Genau so gut kann die Matrix aus n Spaltenvektoren aufgebaut werden. Sie bilden dann ein zweites Vektorsystem VS_S, das ebenfalls einen Rang besitzt. So sind bei einer Matrix im Grunde genommen der Zeilenrang r_Z vom Spaltenrang r_S zu unterscheiden. Allerdings lässt sich nachweisen, dass die beiden Ränge übereinstimmen. Daher besitzt eine Matrix einen Rang schlechthin.

Definition 2.12b: *Rang einer Matrix.*
Der *Rang r* einer (m,n)-Matrix A ist die *maximale* Zahl ihrer linear unabhängigen Zeilen oder Spalten. Man schreibt auch $r = Rg(A)$. ♦

Der Rang einer Matrix kann demnach nicht größer sein, als die kleinere der beiden Zahlen m, n. Er genügt der Abschätzung $0 \le r \le \min(m,n)$. Außerdem gilt der

Satz 2.5: Der Rang einer Matrix ändert sich nicht, wenn man zwei Zeilen oder Spalten miteinander vertauscht, eine Zeile oder Spalte mit einem Faktor c multipliziert und ein beliebiges Vielfaches einer Zeile bzw. Spalte zu einer anderen Zeile bzw. Spalte addiert. ♦

Beispiel 2.18: *Rangbestimmung mit dem GAUSSschen Algorithmus*
Der Rang einer Matrix kann auf der Grundlages des Satzes 2.5 mit dem GAUSSschen Algorithmus berechnet werden. Als Beispiel dient die Matrix A die über das Rechenschema des GAUSSschen Algorithmus in die ranggleiche Matrix A' überführt wird. Von den drei Zeilen von A sind in A' nur zwei als wesentlich zurückgeblieben. Eine Dritte hat sich als von den beiden Anderen abhängig (vgl. dazu Beispiel 2.16) und damit als bedeutungslos herausgestellt. Der Rang der Matrix ist $r = 2$.

$$A = \begin{pmatrix} 2 & -1 & 1 \\ 1 & 4 & -1 \\ 4 & 7 & -1 \end{pmatrix}, \quad \begin{array}{ccc} x_1 & x_2 & x_3 \\ \hline 2 & -1 & 1 \quad P_1\left|\left(-\tfrac{1}{2}\right),(-2)\right. \\ 1 & 4 & -1 \\ 4 & 7 & -1 \\ \hline 0 & \tfrac{9}{2} & -\tfrac{3}{2} \quad P_2|(-2) \\ 0 & 9 & -3 \\ \hline 0 & 0 & 0 \end{array}, \quad A' = \begin{pmatrix} 2 & -1 & 1 \\ 0 & \tfrac{9}{2} & -\tfrac{3}{2} \\ 0 & 0 & 0 \end{pmatrix} ♦$$

Allgemein gilt: Ist m_0 die Zahl der Nullzeilen, die nach Anwendung des GAUSSschen Algorithmus auf eine (m,n)-Matrix A in der resultierenden Matrix A' enthalten sind, so ist der Rang gegeben durch $r = m - m_0$.

Beispiel 2.19: *Rang einer Matrix*
Die Anwendung des GAUSSschen Algorithmus auf die Matrix K_4 liefert die ranggleiche Matrix K_4' . Sie enthält keine Nullzeile. Ihr Rang ist daher $r = Rg(K_4) = 3$.

$$K_4 = \begin{pmatrix} 2 & -1 & 1 & 3 \\ 1 & 4 & -1 & 6 \\ 4 & 7 & -1 & 14 \end{pmatrix}, \quad K_4' = \begin{pmatrix} 2 & -1 & 1 & 3 \\ 0 & \tfrac{9}{2} & -\tfrac{3}{2} & \tfrac{9}{2} \\ 0 & 0 & 0 & -1 \end{pmatrix} ♦$$

2.3.2 Der Rang und das Lösungsverhalten eines linearen Gleichungssystems

Wie nun nach diesen Vorbereitungen an den Systemen (2.3) und (2.4) verdeutlicht werden soll, wird das Lösungsverhalten linearer Gleichungssysteme durch die Ränge zweier Matrizen bestimmt. Neben der Koeffizientenmatrix ist noch die *erweiterte Koeffizientenmatrix* maßgebend. Letztere entsteht, wenn man zur jeweiligen Koeffizientenmatrix A die Spalte b der rechten Seiten des Gleichungssystems hinzufügt. Sie wird mit (A,b) bezeichnet. Die erweiterten Koeffizientenmatrizen der Beispiele sind

$$K_3 = (A_3, b_3) = \begin{pmatrix} 2 & -1 & 1 & 3 \\ 1 & 4 & -1 & 6 \\ 4 & 7 & -1 & 14 \end{pmatrix}, \qquad K_4 = (A_4, b_4) = \begin{pmatrix} 2 & -1 & 1 & 1 & 7 \\ 1 & 4 & -2 & 2 & 11 \\ 3 & 3 & -1 & 3 & 18 \\ -1 & 5 & -3 & 1 & 4 \end{pmatrix}.$$

Die für das unterschiedliche Lösungsverhalten verantwortliche Differenz wird sichtbar, wenn jeweils der Rang der Koeffizientenmatrix mit dem der erweiterten Koeffizientenmatrix verglichen wird. Beim Gleichungssystem (2.3) gilt $r(A_3) = 2$ und $r(K_3) = 3$ (s. Beispiel 2.18 und 2.19). Wie man sich überzeugen kann, gilt dagegen beim System (2.4) $r(A_4) = r(K_4) = 2$. Dass darin wirklich der tiefere Grund für das unterschiedliche Lösungsverhalten der Beispiel dienenden Gleichungssysteme zu suchen ist, zeigt der

Satz 2.6: Ein lineares Gleichungssystem ist dann und nur dann lösbar, wenn der Rang der Koeffizientenmatrix mit dem Rang der erweiterten Koeffizientenmatrix übereinstimmt. ♦

Damit ist noch nichts darüber gesagt, ob es nur eine einzige oder unendlich viele Lösungen gibt. Die Bedingungen für die Existenz einer eindeutigen Lösung enthält der

Satz 2.7: Für die Existenz einer eindeutigen Lösung eines linearen (m,n)-Systems $Ax = b$ ist notwendig und hinreichend, dass $r(A) = r(A,b) = n$ ist. ♦

Auch der Sonderfall der homogenen Systeme findet jetzt seine Erklärung. Bei ihnen enthält die erweiterte Koeffizientenmatrix $K = (A,0)$ den Nullvektor als Spalte. Weil dadurch eine in A bestehende lineare Abhängigkeit der Zeilen nicht zerstört werden kann, gilt immer $r(A,0) = r(A)$. Daher ist ein homogenes System immer lösbar. Für $r(A) < n$ existieren neben der trivialen Lösung noch (unendlich viele) nichttriviale Lösungen.

2.3.3 Übungsaufgaben

2.13: Welchen Wert müssen die in den Matrizen enthaltenen Parameter besitzen, damit der Rang jeweils gleich zwei ist.

a) $A = \begin{pmatrix} 1 & -3 & 5 \\ 2 & 6 & 3 \\ 0 & -12 & \alpha \end{pmatrix}$, b) $B = \begin{pmatrix} 1 & -3 & 5 \\ \beta & 6 & 3 \\ 0 & -12 & 7 \end{pmatrix}$.

Lösung: $\alpha = 2$, $\beta = 2$

2.14: Man ermittle mit Hilfe von Maple die Inversen der Matrizen

a) $A = \begin{pmatrix} 3 & -3 & 5 & a \\ 2 & -4 & -1 & 2 \\ -5 & 2 & 1 & 4 \\ 2 & -1 & 3 & 5 \end{pmatrix}$ b) $B = \begin{pmatrix} 1 & -3 & 5 \\ a & 2 & -4 \\ -1 & 2 & -5 \end{pmatrix}$

und stelle den kritischen Wert des Parameters a fest, für den die Inverse jeweils nicht existiert. Man überzeugt sich davon, dass für alle vom kritischen Wert verschiedenen a die Matrizen den vollen Rang besitzen, während für den kritischen Wert ein Rangabfall eintritt.

2.4 Vektoren

2.4.1 Begriffe und Definitionen

Vektoren und Verschiebungen

In der Mechanik treten neben *skalaren* Größen wie Masse, Energie oder Leistung, die sich durch eine einzigen Zahlenangabe (nebst Maßeinheit) charakterisieren und auf einer linearen *Skala* anordnen lassen, noch andere Größen auf, die eine Zahl allein nicht kennzeichnen kann. Wichtige Beispiele sind *Weg (Verschiebung)*, *Geschwindigkeit*, *Beschleunigung* und *Kraft*. Sie sind erst dann vollständig definiert, wenn neben ihrem

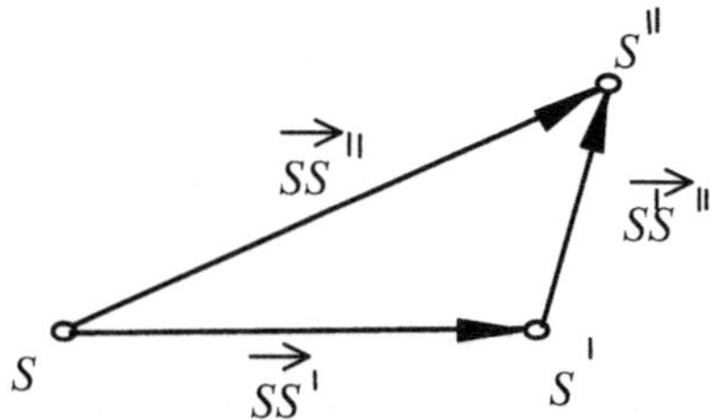

Bild 2.7 Zusammensetzung von Verschiebungen

Betrag noch die *Richtung* bekannt ist. Diese gemeinsame Grundeigenschaft gestattet es, sie ungeachtet ihrer unterschiedlichen physikalischen Bedeutung unter mathematischen Gesichtspunkten zur besonderen Gruppe *vektorieller Größen* zusammenzufassen. Vektoren gehorchen eigenen Rechengesetzen mit qualitativ neuen Eigenschaften. Diese treten vor allem bei der additiven Verknüpfung hervor. Um diese Besonderheit aufzuzeigen kann die Verschiebung als Beispiel dienen. Dazu wird ein Körper betrachtet, dessen Lage durch die Koordinaten seines Schwerpunktes S in einem Koordinatensystem festgelegt ist. Wird er parallel verschoben, geht S in die neue Lage S' über. Es leuchtet ein, dass sich eine derartige Parallelverschiebung (Translation) durch eine gerichtete Strecke $\overrightarrow{SS'}$ kennzeichnen lässt. Schließt sich daran eine zweite Verschiebung $\overrightarrow{S'S''}$ an, so befindet sich der Schwerpunkt danach in S''. Weil nach Bild 2.7 auch die Verschiebung $\overrightarrow{SS''}$ zur gleichen Endlage führt, kann $\overrightarrow{SS''}$ als das Resultat der Zusammensetzung oder Addition von $\overrightarrow{SS'}$ und $\overrightarrow{S'S''}$ gelten. Diese neuartige Verknüpfung, die sich momentan nur auf geometrischem Wege ausführen lässt, kennzeichnet Verschiebungen. Ihr Wesen wird ferner dadurch bestimmt, dass bei einer Translation neben S alle molekularen Bausteine des Körpers in gleicher Weise verschoben werden. Neben $\overrightarrow{SS'}$ gibt es als noch sehr viele andere gerichtete Strecken $P_i P_i'$, die aus $\overrightarrow{SS'}$ durch Parallelverschiebung hervorgehen. Insgesamt gelangt man zur

Definition 2.13: *Vektor*
Als (freier) *Vektor* wird die Menge aller durch Parallelverschiebung auseinander hervorgehenden gerichteten Strecken bezeichnet, die das für Verschiebungen geltende Gesetz der Zusammensetzung befolgen. Alle gleich langen und gleichgerichteten Strecken sind die *Repräsentanten* des freien Vektors. ◆

Weitere Begriffe, gebundene Vektoren

Größen, bei denen eine Parallelverschiebung den physikalischen Sachverhalt verändert, sind im Sinne dieser Begriffsbestimmung keine Vektoren. Ein wichtiges Beispiel ist die an einem um eine Achse drehbaren Körper angreifende Kraft. Hier verändert eine Parallelverschiebung den Hebelarm und damit das Drehmoment. Um vektorielle Größen mit festem Angriffspunkt einbeziehen zu können, spricht man in solchen Fällen von einem *gebundenen* Vektor. Zu dieser Kategorie zählen auch die *Ortsvektoren*, mit denen die Lage eines Punktes im Koordinatensystem beschrieben wird. Sie beginnen stets im Ursprung. Als *Zeichen* für Vektoren wird die gerichtete Strecke $\overrightarrow{P_0P_1}$, P_0 Anfangspunkt, P_1 Endpunkt des Vektors benutzt oder $\vec{a}$, $\vec{b}$ usw. geschrieben. Die Länge der Strecke heißt *Betrag* des Vektors $\vec{a}$ und wird mit $|\vec{a}|$ bezeichnet.

Ein Vektor mit $|\vec{a}| = 1$ heißt *Einheitsvektor*. Als *Nullvektor* $\vec{0}$ bezeichnet man jene Vektoren, bei denen Anfangs- und Endpunkt zusammenfallen. Sie haben den Betrag Null und eine unbestimmte Richtung. Einem Vektor $\vec{a} \neq \vec{0}$ lässt sich durch

$$\vec{a}^0 = \frac{\vec{a}}{|\vec{a}|} \tag{2.18}$$

der Einheitsvektor $\vec{a}^0$ zuordnen. In neuer Zeit spricht man statt des Betrages auch von der *Norm* eines Vektors und benutzt statt $|\vec{a}|$ das Symbol $\|\vec{a}\|$.

2.4.2 Grundregeln für das Rechnen mit Vektoren

Einführung

Weil der Vektorbegriff algebraische und geometrische Aspekte umfasst, lassen sich die Grundoperationen der Vektoralgebra geometrisch erklären. So sind zwei Vektoren *gleich*, wenn sie in Betrag und Richtung übereinstimmen. Auch die *Addition* von Vektoren ist auf geometrischem Wege (Bild 2.7) möglich. Dieser Wesenszug der Vektorrechnung gestattet die geometrische Deutung abstrakter Begriffe der höheren Mathematik und hat dazu geführt, dass die Terminologie der Vektorrechnung zunehmend auch in anderen Disziplinen der Mathematik und der Technik Eingang findet. Beim Arbeiten mit Vektoren sind der geometrischen Methode jedoch enge Grenzen gesetzt. So stößt die geometrische Addition bereits bei räumlichen Vektoren auf Schwierigkeiten. Dies unterstreicht die Bedeutung von Rechenregeln für Vektoren, die unabhängig von der geometrischen Anschauung benutzt werden können. Sie sollen nun eingeführt werden.

Die Multiplikation eines Vektors mit einem Skalar

Addiert man zwei in einer Geraden g (oder in zwei parallelen Geraden) gelegene Vektoren $\vec{a}$, $\vec{b}$, so liegt der resultierende Vektor $\vec{c}$ wieder in g. Insbesondere entsteht aus $\vec{a} + \vec{a}$ der

Vektor $2\vec{a}$ mit der Richtung von $\vec{a}$ aber dem Betrag $2|\vec{a}|$. Eine Verallgemeinerung dieser Überlegung führt zur

Definition 2.14: *Multiplikation eines Vektors mit einem Skalar*
Die Multiplikation von $\vec{a}$ mit der reellen Zahl α liefert den Vektor $\alpha\vec{a}$ mit dem Betrag $|\alpha| \cdot |\vec{a}|$, dessen Richtung vom Vorzeichen von α abhängt. Für $\alpha > 0$ haben $\vec{a}$ und $\alpha\vec{a}$ die gleiche und für $\alpha < 0$ die entgegengesetzte Richtung. ♦

Die Multiplikation mit einem Skalar genügt a) dem *assoziativen* Gesetz $\alpha(\beta\vec{a}) = (\alpha\beta)\vec{a}$ und b) den *distributiven* Gesetzen $\alpha(\vec{a}+\vec{b}) = \alpha\vec{a} + \alpha\vec{b}$ sowie $(\alpha + \beta)\vec{a} = \alpha\vec{a} + \beta\vec{a}$.

Die Operation ist für die Vektoralgebra von *zentraler Bedeutung*. Wird nämlich ein beliebiger in einer Geraden g gelegegenen Vektor $\vec{b}$ herausgegriffen, dann lässt sich jeder andere Vektor $\vec{a}$ in g durch $\vec{a} = \alpha\vec{b}$ darstellen, wobei α eine geeignet gewählte reelle Zahl ist. Damit geht die Menge aller Vektoren in g aus einem einzigen Vektor hervor. Er heißt *Basisvektor* und kann beliebig gewählt werden. Weil er allen Vektoren gemeinsam ist, wird ein bestimmter Vektor vor allem durch α verkörpert. Es ist zweckmäßig, als Basisvektor einen Einheitsvektor $\vec{b}^0$ zu benutzen. Vektoren, zu deren Darstellung nur ein Basisvektor benötigt wird, nennt man *eindimensionale* Vektoren.

Zu den wichtigen physikalischen Größen, die durch Multiplikation eines Vektors mit einem Skalar entstehen, zählt vor allen Dingen die Kraft. Sie ist nach dem dynamischen Grundgesetz gemäß $\vec{F} = m\vec{a}$ durch das Produkt der skalaren Masse m mit dem Vektor $\vec{a}$ der Beschleunigung erklärt.

Die rechnerische Addition eindimensionaler Vektoren

Auf der Grundlage dieser Vorstellung lässt sich die Addition zweier Vektoren $\vec{a}_1$, $\vec{a}_2$ in g auf rechnerischem Wege wie folgt zu erklären: Zunächst werden die Vektoren gemäß $\vec{a}_1 = \alpha_1\vec{b}^0$, $\vec{a}_2 = \alpha_2\vec{b}^0$ mit Hilfe des Basisvektors dargestellt. Als Summe ergibt sich dann $\vec{a}_1 + \vec{a}_2 = \alpha_1\vec{b}^0 + \alpha_2\vec{b}^0 = (\alpha_1 + \alpha_2)\vec{b}^0$. Weil die Addition von Vektoren auf diese Weise auf die Addition reeller Zahlen zurückgeführt wird, übertragen sich deren *Rechengesetze*. Es gelten: a) das *kommutative* Gesetz $\vec{a} + \vec{b} = \vec{b} + \vec{a}$ und b) das *assoziative* Gesetz $\vec{a} + \vec{b} + \vec{c} = (\vec{a} + \vec{b}) + \vec{c} = \vec{a} + (\vec{b} + \vec{c})$. Ferner existiert c) zu zwei Vektoren $\vec{a}$, $\vec{b}$ in g stets einen Vektor $\vec{x}$, so dass $\vec{a} + \vec{x} = \vec{b}$ ist (Umkehrbarkeit der Addition) und es gibt d) ein neutrales Element (den Nullvektor) mit $\vec{a} + \vec{0} = \vec{0} + \vec{a} = \vec{a}$.

Die Verallgemeinerung auf höherdimensionale Vektoren

Die für eindimensionale Vektoren entwickelten Grundvorstellungen lassen sich auf in einer Ebene E gelegene, d. h. *zweidimensionale* Vektoren übertragen. Nach dem Parallelogramm der Kräfte ergibt sich dort ein Vektor $\vec{a}$ immer als Summe $\vec{a} = \vec{b}_1 + \vec{b}_2$ zweier Vektoren in E, wenn diese nur *verschiedene* Richtungen besitzen. Nun sind die Vektoren $\vec{b}_1$, $\vec{b}_2$ für sich genommen eindimensional. Sie lassen sich daher mit Hilfe von Basisvektoren $\vec{b}_1^0$, $\vec{b}_2^0$ und geeigneten reellen Zahlen α_1, α_2 durch $\vec{b}_1 = \alpha_1 \vec{b}_1^0$, $\vec{b}_2 = \alpha_2 \vec{b}_2^0$ ausdrücken. Für den zweidimensionalen Vektor $\vec{a}$ ergibt sich damit die Darstellung $\vec{a} = \alpha_1 \vec{b}_1^0 + \alpha_2 \vec{b}_2^0$. Jeder Vektor in E lässt sich damit aus den beiden Bausteinen $\vec{b}_1^0$, $\vec{b}_2^0$ zusammensetzen. Die Verallgemeinerung auf höherdimensionale Vektoren liegt auf der Hand. So lassen sich dreidimensionale Vektoren entsprechend

$$\vec{a} = \alpha_1 \vec{b}_1^0 + \alpha_2 \vec{b}_2^0 + \alpha_3 \vec{b}_3^0 \tag{2.19}$$

aus drei eindimensionalen Basisvektoren aufbauen usw. Sollen die Vektoren $\vec{a}$, $\vec{b}$ in E auf algebraischem Wege addiert werden, so muss man sie zunächst gemäß $\vec{a} = \alpha_1 \vec{b}_1^0 + \alpha_2 \vec{b}_2^0$, $\vec{b} = \beta_1 \vec{b}_1^0 + \beta_2 \vec{b}_2^0$ durch die Basisvektoren ausdrücken. Als Summe ergibt sich $\vec{a} + \vec{b} = \alpha_1 \vec{b}_1^0 + \alpha_2 \vec{b}_2^0 + \beta_1 \vec{b}_1^0 + \beta_2 \vec{b}_2^0$. Mit den Regeln für die Addition eindimensionaler Vektoren folgt $\vec{a} + \vec{b} = (\alpha_1 + \beta_1)\vec{b}_1^0 + (\alpha_2 + \beta_2)\vec{b}_2^0$. Auch hier wird nur mit den reellen Koeffizienten der Basisvektoren gerechnet. Daher gelten wieder das kommutative und das assoziative Gesetz der Addition. Basisvektoren sind *nicht* beliebig wählbar. So scheitert der Versuch, einen dreidimensionalen Vektor aus Basisvektoren aufzubauen, zwischen denen ein Zusammenhang besteht. Wird z. B. $\vec{b}_3^0 = \lambda \vec{b}_2^0$ gewählt, so entsteht zwangsläufig der zweidimensionale Vektor $\vec{a} = \alpha_1 \vec{b}_1^0 + (\alpha_2 + \lambda \alpha_3)\vec{b}_2^0$. Welche Gesichtspunkte bei der Wahl von Basisvektoren zu beachten sind, wird im Abschnitt 2.4.3 angesprochen.

2.4.3 Lineare Räume

Zum Begriff des linearen Raums

Weil die Grundoperationen der Vektoralgebra (Addition und Multiplikation mit einem Skalar) als Ergebnis wieder Vektoren liefern, führen sie nicht aus der Menge V der Vektoren hinaus. Sie erzeugen einen Zusammenhang zwischen den Elementen von V und prägen der Menge eine algebraische Struktur auf. Dieser Sachverhalt ist nicht auf Vektoren beschränkt, sondern kennzeichnet auch andere Mengen mathematischer Objekte. Das ist Anlass zur

Definition 2.15: *Linearer Raum*
Eine Menge mathematischer Objekte, für deren Elemente die Multiplikation mit einem Skalar (mit den Eigenschaften a), b)) und die Addition (mit den Eigenschaften a)- d)) erklärt sind, heißt linearer Raum. ♦

Der lineare Raum gehört zu jenen Grundbegriffen der modernen Mathematik, die in den Technikwissenschaften zunehmend benutzt werden. Er ist sehr allgemein. Nicht nur Vektoren bilden lineare Räume. Weil sie aber als Vorbild dienen, nennt man lineare Räume auch *Vektorräume*.

Lineare Abhängigkeit bzw. Unabhängigkeit von Vektoren

In der Vektoralgebra und ihren Anwendungen stehen lineare Zusammenhänge der Art $\vec{a} = \lambda_1 \vec{b}_1 + \lambda_2 \vec{b}_2 + \cdots + \lambda_n \vec{b}_n$ im Vordergrund. Sie heißen *Linearkombinationen*. Dabei haben die Spezialfälle $\vec{a} = \lambda \vec{b}$ und $\vec{a} = \lambda_1 \vec{b}_1 + \lambda_2 \vec{b}_2$ mit $\lambda, \lambda_1, \lambda_2 \in R$ eine besondere Bezeichnung erhalten. Zwei Vektoren heißen *kollinear*, wenn zwischen ihnen die Beziehung $\vec{a} = \lambda \vec{b}$ besteht.

Geometrisch ausgedrückt sind in diesem Fall die durch $\vec{a}, \vec{b}$ verlaufenden Geraden parallel. In die Sprache der Algebra übersetzt, sind zwei Vektoren dann kollinear, wenn es reelle Zahlen β_1, β_2 mit $\beta_1 \vec{b} + \beta_2 \vec{a} = \vec{0}$ gibt, wobei β_1, β_2 nicht beide gleichzeitig null sind. Drei Vektoren $\vec{a}, \vec{b}, \vec{c}$ heißen *komplanar*, wenn reelle Zahlen $\beta_1, \beta_2, \beta_3$ mit $\beta_1 \vec{a} + \beta_2 \vec{b} + \beta_3 \vec{c} = \vec{0}$ existieren und nicht gleichzeitig null sind. Komplanare Vektoren sind einer Ebene parallel. Verallgemeinernd gelangt man zum bereits früher eingeführten Begriff der linearen Abhängigkeit von Vektoren (s. Definition 2.11). Demnach sind zwei kollineare oder drei komplanare Vektoren immer linear abhängig.

Beispiel 2.20: *Lineare Abhängigkeit von Vektoren*

Um festzustellen ob die Vektoren $\vec{a} = 3\vec{b}_1^{\,0} + 2\vec{b}_2^{\,0} - \vec{b}_3^{\,0}$, $\vec{b} = -\vec{b}_1^{\,0} + \vec{b}_2^{\,0} + 2\vec{b}_3^{\,0}$, $\vec{c} = 4\vec{b}_1^{\,0}\ 6\vec{b}_2^{\,0} + 2\vec{b}_3^{\,0}$ linear unabhängig sind, muss die Gleichung $\alpha \vec{a} + \beta \vec{b} + \gamma \vec{c} = \vec{0}$ mit den Unbekannten α, β, γ betrachtet werden. Daraus entsteht $(3\alpha - \beta + 4\gamma)\vec{b}_1^{\,0} + (2\alpha + \beta + 6\gamma)\vec{b}_2^{\,0} + (-\alpha + 2\beta + 2\gamma)\vec{b}_3^{\,0} = \vec{0}$. Gleichbedeutend damit ist das homogene lineare Gleichungssystem

$$
\begin{aligned}
3\alpha &- \beta &+ 4\gamma &= 0 \\
2\alpha &+ \beta &+ 6\gamma &= 0, \\
-\alpha &+ 2\beta &+ 2\gamma &= 0
\end{aligned}
$$

dessen Lösung es gestattet, die Frage nach der Abhängigkeit der Vektoren zu beantworten. Die Vektoren sind linear unabhängig, wenn das System nur die triviale Lösung besitzt. Wird das System mit der üblichen Methode behandelt, so erhält man jedoch die nichttriviale Lösung $\alpha = -2p$, $\beta = -2p$, $\gamma = p$, $p \in R$. D.h. die Vektoren sind linear abhängig.

Basis und Dimension eines linearen Raums

Sind gewisse Vektoren $\vec{a}$ und $\vec{b}_1, \cdots, \vec{b}_n$ eines Vektorraumes V linear abhängig, dann kann einer von ihnen, z. B. $\vec{a}$, als Linearkombination der anderen dargestellt werden. Lässt sich nun auf diese Weise nicht nur ein ganz *bestimmter* Vektor, sondern *jeder* Vektor aus V erzeugen, dann kommt den Vektoren $\vec{b}_1, , \cdots, \vec{b}_n$ offenbar eine besondere Bedeutung zu. Sie bilden als „Bausteine" die *Basis* von V. Eine exakte Fassung der intuitiven Vorstellung bietet die

Definition 2.16: *Basis eines linearen Raums*

Die Elemente $b_1, \cdots, b_n$ eines linearen Raums V bilden eine *Basis* von V, wenn sie linear unabhängig sind und sich jedes Element $\vec{a} \in V$ in eindeutiger Weise als Linearkombination der b_i darstellen lässt. ♦

Die Basis eines Vektorraums ist nicht eindeutig festgelegt. Alle Basen des Raums umfassen aber die gleiche *Zahl von Basisvektoren*. Diese Zahl heißt *Dimension* des linearen Raums. Für ein ebenes Vektorsystem benötigt man zwei Basisvektoren, d. h. es gibt in der Ebene nur zwei linear unabhängige Vektoren. Dagegen lässt sich aus drei komplanaren Vektoren kein dreidimensionaler Vektor bilden. Dazu benötigt man drei linear unabhängige Vektoren. Es gilt der

Satz 2.8: In einem n-dimensionalen linearen Raum V bestehen die Basen genau aus n linear unabhängigen Vektoren des Raums. ♦

Basisvektoren in kartesischen Koordinatensystemen

Gewöhnlich werden die n linear unabhängigen Einheitsvektoren $\vec{e}_1, \vec{e}_2, \cdots, \vec{e}_n$ in Richtung der Achsen eines kartesischen Koordinatensystems als Basisvektoren benutzt. Damit besitzt jeder n-dimensionale Vektor in Verallgemeinerung von (2.19) die Darstellung

$$\vec{a} = \alpha_1 \vec{e}_1 + \alpha_2 \vec{e}_2 + \cdots + \alpha_n \vec{e}_n .\tag{2.20}$$

Die reellen Zahlen $\alpha_1, \alpha_2, \cdots, \alpha_n$ heißen *Koordinaten* des Vektors bezüglich der Basisvektoren, die Größen $\alpha_i \vec{e}_i$ *Komponenten*. Da die Basisvektoren für alle Vektoren eines n-dimensionalen Vektorsystems die gleichen sind, machen die Koordinaten das Wesen eines bestimmten Vektors aus. Sie sind diejenigen Größen, mit denen man operieren muss, sollen Vektoren rechnerisch verknüpft werden. Hat man sich also auf ein bestimmtes System von Basisvektoren verbindlich festgelegt, besteht keine Notwendigkeit mehr, diese explizit auszuweisen. Man kann sich auf die Koordinaten beschränken und diese zum Zeichen ihrer Zusammengehörigkeit durch Klammern zusammenfassen. So gelangt man zur *Matrizendarstellung* der Vektoren. Gewöhnlich fasst man sie als Spaltenmatrizen auf. Aus drucktechnischen Gründen werden sie oft in der transponierten Form wiedergegeben:

$$\vec{a}^T = \left(\alpha_1, \alpha_2, \cdots, \alpha_n \right).$$

Mit Vektoren in dieser Darstellung wird so gerechnet, wie das für Matrizen erklärt worden ist. Werden die Basisvektoren eines dreidimensionalen Vektorraums mit $\vec{e}_1, \vec{e}_2, \vec{e}_3$ bezeichnet, so lassen sich dreidimensionale Vektoren entweder nach Gl. (2.21a) oder in der Form (2.21b)

$$\vec{a} = \alpha_1 \vec{e}_1 + \alpha_2 \vec{e}_2 + \alpha_3 \vec{e}_3 \ , \ \vec{a}^T = \begin{pmatrix} \alpha_1 & \alpha_2 & \alpha_3 \end{pmatrix}\tag{2.21a,b}$$

darstellen. Die $\alpha_1, \alpha_2, \alpha_3$ sind die *rechtwinklig kartesischen* Koordinaten des Vektors. Es handelt sich um die *Projektionen* des Vektors auf die *Achsen* des Koordinatensystems.

Beispiel 2.21: *Die Resultierende von Stabkräften*
Am Knoten $O(0;0;0)$ eines Fachwerkes greifen die Kräfte $\vec{F}_1, \vec{F}_2, \vec{F}_3$ an, die in Richtung der Knoten $P_1(1;1;\sqrt{2})$, $P_2(1;-2;2)$ und $P_3(1;2;-2)$ mit den Beträgen $F_1 = 4kN$, $F_2 = 6kN$, $F_3 = 3kN$ wirken. Zu berechnen ist die Resultierende. Um die Aufgabe lösen zu können, müssen die Kräfte vektoriell dargestellt werden. Dies geschieht mit Hilfe der Stabvektoren, die sich als Differenz der Koordinaten von End- und Anfangspunkt zu

$$\vec{s}_1 = \overrightarrow{OP_1} = \begin{pmatrix} 1 \\ 1 \\ \sqrt{2} \end{pmatrix}, \qquad \vec{s}_2 = \overrightarrow{OP_2} = \begin{pmatrix} 1 \\ -2 \\ 2 \end{pmatrix}, \qquad \vec{s}_3 = \overrightarrow{OP_3} = \begin{pmatrix} 1 \\ 2 \\ -2 \end{pmatrix}.$$

ergeben. Mit den Beträge $|\vec{s}_1| = 2$, $|\vec{s}_2| = 3$, $|\vec{s}_3| = 3$ folgen die entsprechenden Einheitsvektoren

$$\vec{s}_1^{\,0} = \frac{1}{2} \begin{pmatrix} 1 \\ 1 \\ \sqrt{2} \end{pmatrix}, \qquad \vec{s}_2^{\,0} = \frac{1}{3} \begin{pmatrix} 1 \\ -2 \\ 2 \end{pmatrix}, \qquad \vec{s}_3^{\,0} = \frac{1}{3} \begin{pmatrix} 1 \\ 2 \\ -2 \end{pmatrix}.$$

Da bei Fachwerken die Kräfte in Richtung der Stäbe wirken, ist die vektorielle Darstellung $\vec{F}_1 = |\vec{F}_1|\vec{s}_1^{\,0}$, $\vec{F}_2 = |\vec{F}_2|\vec{s}_2^{\,0}$, $\vec{F}_3 = |\vec{F}_3|\vec{s}_3^{\,0}$ der Kräfte möglich. Als Resultierende ergibt sich mit den vorgegebenen Beträgen

$$\vec{F}_r = \vec{F}_1 + \vec{F}_2 + \vec{F}_3 = \begin{pmatrix} 5 \\ 0 \\ 2(1+\sqrt{2}) \end{pmatrix} kN.$$

Die Kraft wirkt in der (x,z)-Ebene und besitzt den Betrag $|\vec{F}_r| = 6.95 kN$. ♦

2.4.4 Das Skalarprodukt

Einführung

Für die Anwendung der Vektoralgebra in Naturwissenschaft und Technik sind zwei Rechenoperationen von grundlegender Bedeutung. Nämlich die Multiplikation mit einem Skalar und die Addition. Aus der Mechanik sind allerdings auch Verknüpfungen von Vektoren bekannt, die sich als Produkte auffassen lassen. So werden bei der mechanischen Arbeit die Vektoren Weg und Kraft in bestimmter Weise miteinander multipliziert und auch das Drehmoment einer Kraft ist ein Produkt. Um diese wichtigen physikalischen Größen vektoriell behandeln zu können, müssen daher auch multiplikative Verknüpfungen von Vektoren eingeführt werden. Es handelt sich vor allem um das Skalar- und das Vektorprodukt.

Das Skalarprodukt

Definition 2.17: *Skalarprodukt*

Unter dem *skalaren Produkt* $\vec{a} \cdot \vec{b}$ der Vektoren $\vec{a}, \vec{b}$ versteht man die reelle Zahl $\vec{a} \cdot \vec{b} = |\vec{a}||\vec{b}|\cos\varphi$, wobei φ, $0 \le \varphi \le \pi$, der von $\vec{a}, \vec{b}$ eingeschlossene Winkel ist. ♦

Für die Einheitsvektoren in Richtung der Achsen eines kartesischen Koordinatensystems gilt demnach $\vec{e}_i \cdot \vec{e}_j = 0$ für $i \ne j$ und $\vec{e}_i \cdot \vec{e}_i = 1$.

Eigenschaften des Skalarprodukts

Das Skalarprodukt ist, wie schon der Name sagt, eine reelle Zahl, also ein Skalar. Es entsteht als Produkt von $|\vec{a}|$ mit der Projektion $|\vec{b}|\cos\varphi$ von $|\vec{b}|$ auf $\vec{a}$. Dazu muss an sich der Winkel φ bekannt sein. Weil das gewöhnlich nicht der Fall ist, interessiert ein Verfahren, das $\vec{a} \cdot \vec{b}$ ohne die Kenntnis von φ liefert. Dazu benötigt man *Rechenregeln*. Sie ergeben sich aus der Definition und lauten: a) $\vec{a} \cdot \vec{b} = \vec{b} \cdot \vec{a}$ (Kommutativität), b) $\vec{a} \cdot \vec{b} + \vec{a} \cdot \vec{c}$ (Distributivität), c) $\vec{a} \cdot \vec{b} = 0$, falls $\vec{a}$ zu $\vec{b}$ orthogonal ist, d) $\vec{a} \cdot \vec{a} = |\vec{a}|^2$.

Während die Regeln a), b) auch bei der Multiplikation reeller Zahlen gelten, macht c) einen ersten Unterschied aus. Ein Produkt reeller Zahlen verschwindet nur dann, wenn ein Faktor null ist. Beim Skalarprodukt tritt das darüber hinaus dann ein, wenn $\cos\varphi = 0$ ist. Ein zweiter Unterschied besteht darin, dass ein Skalarprodukt *nicht* umkehrbar ist. Sind $\vec{a}$ und r in $\vec{a} \cdot \vec{x} = r$ gegeben, kann $\vec{x}$ nicht ermittelt werden. Denn es existieren unendlich viele Vektoren mit der gleichen Projektion auf $\vec{a}$. Schließlich ist das assoziative Gesetz *nicht* erklärt. Mehr als zwei Vektoren lassen sich nicht skalar multiplizieren.

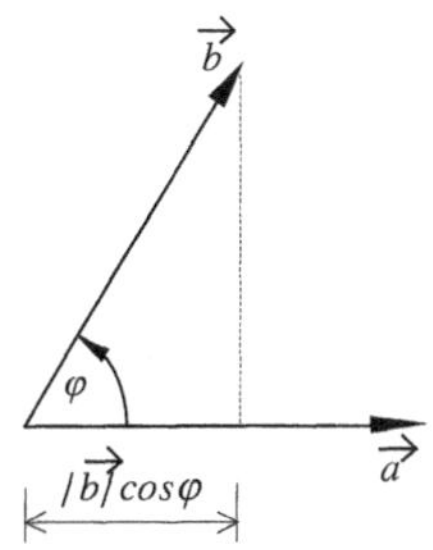

Bild 2.8 Skalarprodukt

Die Berechnung des Skalarprodukts aus den Koordinaten der Vektoren

Sind die Koordinaten der beiden Vektoren $\vec{a} = \alpha_1 \vec{e}_1 + \alpha_2 \vec{e}_2 + \alpha_3 \vec{e}_3$ und $\vec{b} = \beta_1 \vec{e}_1 + \beta_2 \vec{e}_2 + \beta_3 \vec{e}_3$ gegeben, liefert das distributive Gesetz

$$\vec{a} \cdot \vec{b} = \alpha_1 \beta_1 \vec{e}_1 \cdot \vec{e}_1 + \alpha_1 \beta_2 \vec{e}_1 \cdot \vec{e}_2 + \alpha_1 \beta_3 \vec{e}_1 \cdot \vec{e}_3 + \cdots + \alpha_3 \beta_2 \vec{e}_3 \cdot \vec{e}_2 + \alpha_3 \beta_3 \vec{e}_3 \cdot \vec{e}_3$$

insgesamt neuen Teilprodukte, die hier aus Platzmangel nicht alle angegeben sind. Die meisten tragen nichts zum Ergebnis bei, weil für die Produkte der Einheitsvektoren die oben angegebenen Resultate gelten. Damit reduziert sich die rechte Seite auf

$$\vec{a} \cdot \vec{b} = \alpha_1 \beta_1 + \alpha_2 \beta_2 + \alpha_3 \beta_3 = \sum_{i=1}^{3} \alpha_i \beta_i \,. \tag{2.22}$$

Die Verallgemeinerung auf beliebige Vektoren liegt auf der Hand. Sie führt zu dem

Satz 2.9: Das skalare Produkt zweier Vektoren ist gleich der Summe der Produkte der gleichartigen Koordinaten. ♦

Beim Berechnen des Skalarprodukts von Vektoren, die als Spaltenmatrizen geschrieben werden, ist eine Besonderheit zu beachten. Da zwei Spaltenmatrizen nicht verkettet sind, muss man den ersten Faktor in der transponierten Form gemäß $\vec{a}^T \cdot \vec{b}$ als Zeilenmatrix schreiben, um die Multiplikation nach den Regeln des Matrizenrechnung ausführen zu können.

Beispiel 2.22: *Winkelberechnung mit dem Skalarprodukt*
Welche Winkel bildet der Vektor $\vec{a} = \vec{e}_1 - 2\vec{e}_2 + 2\vec{e}_3$ mit den Achsen eines kartesischen Koordinatensystems? Welche Darstellung besitzt der zu $\vec{a}$ gehörende Einheitsvektor? Um die Winkel α_i, $i = 1,2,3$ zu berechnen, werden die Skalarprodukte von $\vec{a}$ mit den Koordinateneinheitsvektoren $\vec{e}_i$ gebildet. Das liefert über

$$\cos\alpha_i = \frac{\vec{a} \cdot \vec{e}_i}{|\vec{a}||\vec{e}_i|} \,. \tag{2.23}$$

mit $|\vec{e}_i| = 1$ und $|\vec{a}| = \sqrt{1+4+4} = 3$ $\cos\alpha_1 = \frac{1}{3}$, $\cos\alpha_2 = -\frac{2}{3}$ und $\cos\alpha_3 = \frac{2}{3}$. Als Winkel ergeben sich $\alpha_1 = 70,5288°$, $\alpha_2 = 131,8103°$, $\alpha_3 = 48,1896°$. Der zugehörige Einheitsvektor besitzt die Darstellung $\vec{a}^0 = \dfrac{\vec{a}}{|\vec{a}|} = \frac{1}{3}\vec{e}_1 - \frac{2}{3}\vec{e}_2 + \frac{2}{3}\vec{e}_3$. ♦

Die mechanische Arbeit

Das Skalarprodukt ist dem Begriff der mechanischen Arbeit nachgebildet und daher sehr eng mit der Mechanik verknüpft. Nach dem von dem französischen Mathematiker J.V. PONCELET um 1826 eingeführten Begriff ist die Arbeit W einer Kraft $\vec{F}$, die unter einem konstanten Winkel gegen die Richtung eines geradlinigen Weges $\vec{s}$ wirkt, durch

$$W = \vec{F} \cdot \vec{s}$$

gegeben. Nach dieser Definition verrichtet eine Kraft, die senkrecht auf dem möglichen Wege des Körpers steht, keine Arbeit. Außerdem ist die Arbeit, die zur Verschiebung eines Körpers vom Punkt A zum Punkt B aufgebracht werden muss, bei konstanter Kraft unabhängig vom Weg, der die beiden Punkte verbindet.

Beispiel 2.23: *Arbeit beim Einrammen eines Pfahls*
Ein Rammpfahl der Masse m_P wird durch Schlagrammen in den Boden getrieben. Der frei fallende Rammbär hat die Masse m_B. Bei *einem* Schlag legt er den Weg Δh zurück und treibt den Pfahl um Δs in den Boden. Welchen Betrag besitzt der Eindringwiderstand F_w des Bodens? Bei einem Schlag verrichtet $\vec{F}_w$ die Arbeit $W = \left|\vec{F}_w\right| \Delta s \cdot \cos 0$. Sie entspricht der mit dem Fall des Bären und dem Eindringen des Pfahls in den Baugrund verbundenen Abnahme ΔW_{pot} der potentiellen Energie des Systems Bär-Pfahl. Wegen $\Delta W_{pot} = m_P g \Delta s + m_B g (\Delta h + \Delta s)$ folgt durch Gleichsetzen

$$\left|\vec{F}_w\right| \Delta s = m_P g \Delta s + m_B g (\Delta h + \Delta s) \, .$$

Aus dieser Gleichung kann $\left|\vec{F}_w\right|$ berechnet werden. Für $m_P = 4100 kg$, $m_B = 2000 kg$, $\Delta h = 5m$, $\Delta s = 0{,}05m$ ergibt sich ein Pfahlwiderstand $\left|\vec{F}_w\right| = 2{,}02 MN$. ♦

2.4.5 Das Vektorprodukt

Grundlegendes zum Begriff des Vektorprodukts

Neben dem Skalarprodukt ist eine zweite multiplikative Verknüpfung zweier Vektoren von großer Bedeutung, deren Resultat ein Vektor ist. Dieser Begriff wird festgelegt in der

Definition 2.18: *Vektorprodukt*
Das Vektorprodukt $\vec{a} \times \vec{b}$ von $\vec{a}, \vec{b}$ ist ein *Vektor* mit dem Betrag $|\vec{a}||\vec{b}| \sin \varphi$, der so auf $\vec{a}$ und $\vec{b}$ senkrecht steht, dass $\vec{a}$, $\vec{b}$ und $\vec{a} \times \vec{b}$ ein *rechtshändiges* System bilden. ♦

Dabei handelt es sich dann um ein rechtshändiges System (Rechtssystem), wenn die Vektoren in der angegebenen Reihenfolge die gleiche Orientierung wie Daumen, Zeigefinger und Mittelfinger der rechten Hand besitzen. Für die Koordinateneinheitsvektoren eines kartesischen Koordinatensystems ergibt sich $\vec{e}_1 \times \vec{e}_1 = \vec{e}_2 \times \vec{e}_2 = \vec{e}_3 \times \vec{e}_3 = \vec{0}$. Ferner bestehen die Beziehungen $\vec{e}_1 \times \vec{e}_2 = \vec{e}_3$, $\vec{e}_2 \times \vec{e}_3 = \vec{e}_1$ und $\vec{e}_3 \times \vec{e}_1 = \vec{e}_2$.

Eigenschaften des Vektorprodukts

Das Vektorprodukt ist grundsätzlich nur für Vektoren der Dimension $n \leq 3$ erklärt. In einem höherdimensionalen Raum reichen nämlich zwei Vektoren nicht aus, um einen Dritten durch eine Orthogonalitäts-Forderung eindeutig festzulegen. Das Vektorprodukt besitzt die folgenden *Eigenschaften*: a) Durch die Festlegung zur Richtung des Produktvektors verliert das Vektorprodukt die Eigenschaft kommutativ zu sein. Vielmehr gilt $\vec{a} \times \vec{b} = -\vec{b} \times \vec{a}$. b) Als wesentliche Eigenschaft eines Produkts gilt das distributive Gesetz. c) Ein Vektorprodukt verschwindet nicht nur dann, wenn ein Faktor der Nullvektor ist, sondern auch dann, wenn die Faktoren parallel (also linear abhängig) sind. d) Der Betrag des Produkts entspricht der *Fläche des Trapezes*, das von den Faktoren aufgespannt wird.

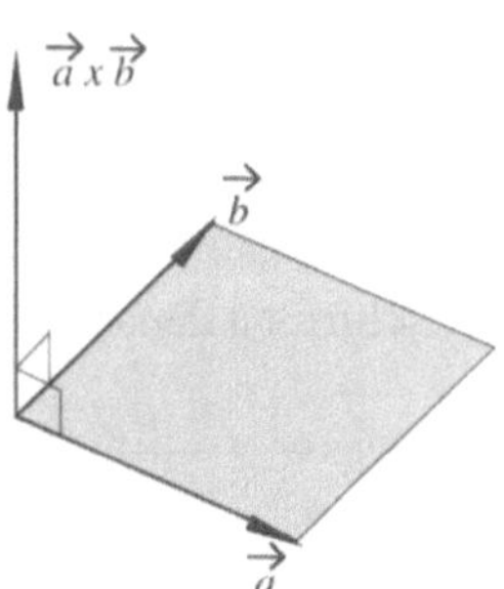

Bild 2.9 Vektorprodukt

Die Berechnung des Vektorprodukts aus den Koordinaten der Vektoren

Die Berechnung des Produkts $\vec{a} \times \vec{b}$ der Vektoren $\vec{a} = \alpha_1 \vec{e}_1 + \alpha_2 \vec{e}_2 + \alpha_3 \vec{e}_3$ und $\vec{b} = \beta_1 \vec{e}_1 + \beta_2 \vec{e}_2 + \beta_3 \vec{e}_3$ erfolgt mit dem distributiven Gesetz. Es entstehen neun Summanden, die sich mit den oben angegebenen Produkten der Koordinateneinheitsvektoren vereinfachen lassen. Weil drei von ihnen das Vektorprodukt eines Einheitsvektors mit sich selbst enthalten und daher gleich Null sind, verbleibt die Darstellung

$$\vec{a} \times \vec{b} = (\alpha_2 \beta_3 - \alpha_3 \beta_2)\vec{e}_1 - (\alpha_1 \beta_3 - \alpha_3 \beta_1)\vec{e}_2 + (\alpha_1 \beta_2 - \alpha_2 \beta_1)\vec{e}_3, \tag{2.24}$$

Es gibt eine Merkregel (*Sarrussche Regel*) mit der sich die recht umständliche Formel (2.24) bei Bedarf schnell aufschreiben lässt. Dazu wird das Vektorprodukt in der Gestalt eines rechteckigen Zahlenschema geschrieben (s. unten), dem nach folgender Vorschrift ein Wert zugeordnet wird: Die beiden ersten Spalten werden rechts neben dem Schema noch einmal aufgeschrieben. Dann werden die Produkte aus je drei Elementen gebildet, die jeweils in einer Schrägreihe stehen. stehen. Drei dieser Reihen führen von links oben nach rechts unten (Hauptdiagonalen), drei Andere von links unten nach rechts oben (Nebendiagonalen). Die sechs Teilprodukte werden additiv verknüpft. Die Hauptdiagonal-Produkte werden addiert, die Nebendiagonal-Produkte subtrahiert. Und zwar jeweils unter Beachtung ihres natürlichen Vorzeichens.

$$\vec{a} \times \vec{b} = \begin{vmatrix} \vec{e}_1 & \vec{e}_2 & \vec{e}_3 \\ \alpha_1 & \alpha_2 & \alpha_3 \\ \beta_1 & \beta_2 & \beta_3 \end{vmatrix} \tag{2.25}$$

Beispiel 2.24: *Regel von SARRUS*
Zwei Grate einer ebenen dreieckförmigen Dachfläche besitzen die Richtungsvektoren

$$\vec{a}_1 = \vec{e}_1 + \vec{e}_2 + 2\vec{e}_3, \ \vec{a}_2 = -\vec{e}_1 + \vec{e}_2 + 2\vec{e}_3.$$

Zu berechnen ist der Neigungswinkel φ der Fläche gegenüber der (x,y)-Ebene. Zur Lösung der Aufgabe ist die Kenntnis der Flächennormalen $\vec{n}$ nützlich. Es handelt sich um einen Vektor, der orthogonal zur Ebene ist und sich als Vektorprodukt

$$\vec{n} = \vec{a}_1 \times \vec{a}_2 = \begin{vmatrix} \vec{e}_1 & \vec{e}_2 & \vec{e}_3 \\ 1 & 1 & 2 \\ -1 & 1 & 2 \end{vmatrix} \begin{matrix} \vec{e}_1 & \vec{e}_2 \\ 1 & 1 \\ -1 & 1 \end{matrix} = -4\vec{e}_2 + 2\vec{e}_3$$

darstellen lässt. Als Projektion von $\vec{n}$ auf die (x,y)-Ebene ergibt sich $\vec{n}_p = -4\vec{e}_2$. Die Vektoren $\vec{n}, \vec{n}_p$ schließen den Winkel ψ ein, für den sich über das Skalarprodukt

$$\cos\psi = \frac{\vec{n} \cdot \vec{n}_p}{|\vec{n}||\vec{n}_p|} = \frac{16}{8\sqrt{5}}$$

der Wert $\psi = 26{,}56°$ ergibt. Der Neigungswinkel des Daches ist dann $\varphi = 90° - \psi = 63{,}43°$.

Das Drehmoment

Zu den wichtigen Anwendungen des Vektorprodukts in der Mechanik zählt das *Drehmoment*. Greift die Kraft $\vec{F}$ am Punkt P eines Körper an, der nur eine Drehbewegung um die Achse A ausführen kann, dann ist das Drehmoment der Kraft durch

$$\vec{M} = \vec{r} \times \vec{F} \tag{2.26}$$

mit $\vec{r} = \overrightarrow{AP}$ gegeben. Der Vektor $\vec{r}$ heißt *Hebelarm* der Kraft.

2.4.6 Vektoralgebra mit Maple

Mit Maple V lassen sich alle Operationen der Vektoralgebra ausführen. Hier interessiert eine Auswahl. Vor Beginn der Rechnung ist das Paket `linalg` mit `with(linalg)` zu aktivieren. Soll ein Vektor $\vec{a}$ eingegeben werden, so erfolgt das über `a:=vector([`$a_1, a_2, \cdots, a_n$`])`, wobei die eckigen Klammer die Liste der Koordinaten enthält. Zur Addition zweier Vektoren dient `matadd(a,b)`. Die Linearkombination $s\vec{a} + t\vec{b}$, $s, t \in R$ wird mit `matadd(a,b,s,t)` gebildet. Die Multiplikation eines Vektors $\vec{a}$ mit dem Skalar s erfolgt mit `scalarmul(a,s)`. Der Befehl `dotprod(a,b,'orthogonal')` ergibt das Skalarprodukt (der Zusatz orthogonal ist in Hochkomma einzuschließen), der Befehl `crossprod(a,b)` das Vektorprodukt der Vektoren $\vec{a}, \vec{b}$. Den Winkel zwischen $\vec{a}, \vec{b}$ im Bogenmaß liefert `angle(a,b)`. Soll er als Dezimalzahl ausgedrückt werden, ist `evalf(angle(a,b))` zu verwenden. Schließlich liefert `norm(a)` bzw. `evalf(norm(a))` die Norm (den Betrag) von $\vec{a}$. Ist unter Verwendung dieser Operationen ein neuer Vektor $\vec{c}$ entstanden, so kann man mit $c[i]$ auf seine i-te Koordinate zugreifen. Alle angegebenen Befehle sind mit ; oder : abzuschließen. Ferner ist zu beachten, dass Vektoren von Maple intern als Spaltenmatrizen behandelt werden. Dies ist aus der Ergebnisausgabe als Zeile allerdings nicht ersichtlich.

2.4.7 Übungsaufgaben

2.15: Gegeben sind die beiden Spaltenvektoren $\vec{a}^T = (-1 \quad \alpha_2 \quad 3)$ und $\vec{b}^T = (\beta_1 \quad 2 \quad -5)$. Zu berechnen sind a) $\alpha\vec{a}$, $\alpha \in R$ und b) die Linearkombination $\vec{c} = \alpha\vec{a} + \beta\vec{b}$, $\alpha, \beta \in R$, c) den Betrag von $\vec{c}$.

2.16: Vorgegeben seien die Vektoren

$$\vec{a} = 3\vec{e}_1 + 2\vec{e}_2, \qquad \vec{b} = \vec{e}_1 - 4\vec{e}_2, \qquad \vec{c} = \vec{e}_1 - 3\vec{e}_2.$$

a) Man schreibe als Spaltenvektoren: $\vec{a}$, $\vec{b}$, $\vec{c}$, $\vec{a}^0$, $\vec{b}^0$, $\vec{c}^0$, $\vec{a}+\vec{b}$, $\vec{b}-2\vec{c}$, $\vec{a}+\vec{b}+\vec{c}$, $\vec{a}+3\vec{b}-2\vec{c}$.

b) Man berechne die Beträge der Vektoren aus a).

2.17: Der Vektor $\vec{a} = 5\vec{e}_1 + \alpha\vec{e}_2 + 2\vec{e}_3$ habe den Betrag $|\vec{a}| = 7$.

a) Man ermittle alle Vektoren, die diese Bedingung erfüllen.

b) Welche Winkel schließen diese Vektoren mit den Koordinateneinheitsvektoren $\vec{e}_1, \vec{e}_2, \vec{e}_3$ ein?

2.18: Man beweise mit Hilfe von Vektoren den Satz des THALES (s. 1.2.3).

2.19: Man beweise den Kosinussatz der Trigonometrie auf vektoriellem Wege.

2.20: Gegeben seien die Vektoren

$$\vec{a} = \vec{e}_1 - 2\vec{e}_2 + \vec{e}_3, \quad \vec{b} = \vec{e}_1 + \vec{e}_3, \quad \vec{c} = \vec{e}_1 - \vec{e}_2.$$

a) Die Beträge der Vektoren.

b) Die Skalarprodukte $\vec{a}\cdot\vec{b}$, $\vec{a}\cdot\vec{c}$, $\vec{b}\cdot\vec{c}$.

c) Die Vektorprodukte $\vec{a}\times\vec{b}$, $\vec{a}\times\vec{b}$, $\vec{b}\times\vec{c}$, $(\vec{a}+\vec{c})\times(\vec{b}+\vec{c})$, $\vec{a}\times(\vec{b}\times\vec{c})$, $(\vec{a}\times\vec{b})\times\vec{c}$.

2.21: Eine Pyramide besitze eine dreieckige Grundfläche mit den Eckpunkten $A(0,0,0)$, $B(4,1,1)$, $C(1,6,1)$. Ihre Spitze besitzt die Koordinaten $S(2,2,6)$. Mit Hilfe des Vektorprodukts bestimme man die Mantelfläche des Körpers.

2.22: Gegeben sind die Vektoren

a) $\vec{a} = 2\vec{e}_1 + 3\vec{e}_2 - 5\vec{e}_3, \qquad \vec{b} = \vec{e}_1 - 2\vec{e}_2 + 3\vec{e}_3, \qquad \vec{c} = 3\vec{e}_1 + \vec{e}_2 + c\vec{e}_3.$

b) $\vec{a} = \vec{e}_1 + 3\vec{e}_2 - 5\vec{e}_3, \qquad \vec{b} = \vec{e}_1 + \beta\vec{e}_2 - 5\vec{e}_3, \qquad \vec{c} = 2\vec{e}_1 + \vec{e}_2 + \gamma\vec{e}_3.$

Für welche Werte der Parameter c bzw. β, γ sind die Vektoren linear abhängig?

2.23: Gegeben sind die Vektoren

$$\vec{a} = 5\vec{e}_1 - 3\vec{e}_2 - 2\vec{e}_3, \quad \vec{b} = 2\vec{e}_1 + 2\vec{e}_2 - 3\vec{e}_3, \qquad \vec{c} = \vec{e}_1 - 4\vec{e}_2 + 3\vec{e}_3.$$

a) Man weise nach, dass diese Vektoren linear unabhängig sind und daher eine Basis des R^3 bilden.

b) Man stelle den Vektor $\vec{v} = 3\vec{e}_1 - 2\vec{e}_2 + \vec{e}_3$ bezüglich dieser Basis dar.

2.24: Die Eckpunkte eines Dreiecks sind $A(1;0)$, $B(4;3)$, $C(2;5)$. Zu berechnen sind a) die Vektoren $\overrightarrow{AB}$, $\overrightarrow{BC}$, $\overrightarrow{CA}$, b) die Längen der Seiten und c) die *Innenwinkel* des Dreiecks.

2.25: Ein Parallelogramm besitzt die Eckpunkte $A(0;0)$, $B(5;0)$, $C(6;3)$, $D(1;3)$.

a) Welche Darstellung besitzen die Seitenvektoren $\overrightarrow{AB}$, $\overrightarrow{BC}$, $\overrightarrow{CD}$, $\overrightarrow{DA}$?

b) Es ist vektoriell nachzuweisen, dass sich die Diagonalen $\vec{d}_1 = \overrightarrow{AC}$ und $\vec{d}_2 = \overrightarrow{BD}$ halbieren.

c) Unter welchem Winkel schneiden sich die Diagonalen?

2.26: Die vektorielle Darstellung der beiden Grate einer dreieckigen Dachfläche F lautet:

$$\vec{g}_1 = 4\vec{e}_1 + 4\vec{e}_2 + 8\vec{e}_3 , \qquad \vec{g}_2 = -4\vec{e}_1 + 4\vec{e}_2 + 8\vec{e}_3 .$$

a) Man berechne die Fläche mit Hilfe des Vektorprodukts.

b) Man bestimme die Winkel des Dreiecks.

Lösung: a) $A = 16\sqrt{5}$, b) $\alpha = \beta = 65{,}905°$, $\gamma = 49{,}19°$.

2.5 Ausgewählte Anwendung

2.5.1 Grundaufgaben der Statik zentraler Kraftsysteme

Einführung

Die von außen auf einen starren Körper wirkenden Kräfte bilden ein *zentrales Kraftsystem*, wenn ihre Wirkungslinien alle durch einen Punkt A, den Angriffspunkt, verlaufen. In der *Starrkörperstatik* werden zur Behandlung zentraler Kräftesysteme drei *Grundaufgaben* formuliert, die nachfolgend angesprochen und deren analytische Behandlung an *räumlichen* Kräftesystemen illustriert werden sollen.

Die erste Grundaufgabe: Reduktion auf eine Resultierende

Die Kräfte eines zentralen Kraftsystems lassen sich zu einer Resultierenden zusammenfassen. Sind z.B. beiden Kräfte $\vec{F}_1 = f_{11}\vec{e}_1 + f_{12}\vec{e}_2 + f_{13}\vec{e}_3$, $\vec{F}_2 = f_{21}\vec{e}_1 + f_{22}\vec{e}_2 + f_{23}\vec{e}_3$ gegeben, so ergibt sich die Resultierende aus $\vec{F}_r = \vec{F}_1 + \vec{F}_2$ zu $\vec{F}_r = (f_{11} + f_{21})\vec{e}_1 + (f_{12} + f_{22})\vec{e}_2 + (f_{13} + f_{23})\vec{e}_3$, wobei die Verallgemeinerung auf mehr als zwei Kräfte auf der Hand liegt. Als Betrag folgt $\left|\vec{F}_r\right|^2 = (f_{11} + f_{21})^2 + (f_{12} + f_{22})^2 + (f_{13} + f_{23})^2$. Die *Kosinus* der Winkel, die $\vec{F}_r$ mit den Achsen des Koordinatensystems bildet, werden durch skalare Multiplikation mit den Koordinateneinheitsvektoren nach Gl. (2.22) ermittelt.

Die zweite Grundaufgabe: Gleichgewichtsbedingung

Die Gleichgewichtsbedingung für ein Kräftesystem beruht auf dem Newtonschen Axiom der Gleichheit von Wirkung und Gegenwirkung, nach dem zu einer beliebigen Kraft $\vec{F}$ stets eine gleich große, entgegengesetzt wirkende Kraft $-\vec{F}$ auf der gleichen Wirkungslinie existiert. Demnach sind zwei Kräfte $\vec{F}_1, \vec{F}_2$ im gemeinsamen Angriffspunkt A für

$$\vec{F}_1 = -\vec{F}_2 \tag{2.27}$$

im Gleichgewicht. Für ihre Resultierende $\vec{F}_r$ gilt demnach $\vec{F}_r = \vec{F}_1 + \vec{F}_2 = \vec{0}$. Ist ein zentrales Kraftsystem aus n Kräften $\vec{F}_i$ gegeben, so kann man immer die beiden Teilresultierenden

$$\vec{F}_{r1} = \vec{F}_1 + \vec{F}_2 + \cdots + \vec{F}_m , \quad \vec{F}_{r2} = \vec{F}_{m+1} + \vec{F}_{m+2} + \cdots + \vec{F}_n$$

bilden und so zur Gleichgewichtsbedingung (2.27) zweier Kräfte zurückkehren. Danach gilt $\vec{F}_{r1} = -\vec{F}_{r2}$ bzw.

$$\vec{F}_{r1} + \vec{F}_{r2} = \vec{F}_1 + \cdots + \vec{F}_m + \vec{F}_{m+1} + \cdots + \vec{F}_n = \sum_{i=1}^{n} \vec{F}_i = \vec{0} . \tag{2.28}$$

Die dritte Grundaufgabe: Zerlegung einer Kraft in Komponenten mit vorgegebener Wirkungslinie

In Umkehrung der ersten Grundaufgabe ist nun eine Kraft $\vec{F}$ in die Komponenten $\vec{F}_1, \vec{F}_2, \vec{F}_3$ zu zerlegen. Da deren Resultierende mit $\vec{F}$ übereinstimmen muss, ist bei einem räumlichen Kraftsystem die Gleichung

$$\vec{F} = \vec{F}_1 + \vec{F}_2 + \vec{F}_3 \tag{2.29}$$

zu lösen. Die Bestimmung von *drei* Unbekannten aus *einer* Gleichung ist natürlich nur dann möglich, wenn vorab Informationen über die Kräfte vorliegen. Sie ergeben sich aus den Umständen der technischen Aufgabenstellung. Gewöhnlich wird es sich darum handeln, dass die Kraft $\vec{F}$ am Knoten K eines Fachwerkes angreift, von dem (zwei oder) drei Stäbe ausgehen. Dann ist es mit den Maßangaben der baustatischen Skizze möglich, drei Vektoren $\vec{s}_1$, $\vec{s}_2$, $\vec{s}_3$ in Richtung der Stäbe anzugeben. Da bei Fachwerken die auftretenden Kräfte immer in Richtung der Stäbe wirken, sind die Richtungen der Kräfte vorab bekannt und es muss gelten

$$\vec{F}_1 = \lambda_1 \vec{s}_1\,,\quad \vec{F}_2 = \lambda_2 \vec{s}_2\,,\quad \vec{F}_3 = \lambda_3 \vec{s}_3\,.$$

Setzt man das in (2.29) ein, so ergibt sich zur Bestimmung von $\lambda_1, \lambda_2, \lambda_3$ die Gleichung

$$\lambda_1 \begin{pmatrix} s_{1x} \\ s_{1y} \\ s_{1z} \end{pmatrix} + \lambda_2 \begin{pmatrix} s_{2x} \\ s_{2y} \\ s_{2z} \end{pmatrix} + \lambda_3 \begin{pmatrix} s_{3x} \\ s_{3y} \\ s_{3z} \end{pmatrix} = \begin{pmatrix} F_x \\ F_y \\ F_z \end{pmatrix}.$$

Es handelt sich um ein lineares Gleichungssystem mit der Koeffizientenmatrix

$$M = \begin{pmatrix} s_{1x} & s_{2x} & s_{3x} \\ s_{1y} & s_{2y} & s_{3y} \\ s_{1z} & s_{2z} & s_{3z} \end{pmatrix},$$

dessen Lösung *eindeutig* bestimmt ist, wenn M den *vollen* Rang besitzt. Um das zu erreichen, müssen die vorgegebenen Richtungsvektoren $\vec{s}_1, \vec{s}_2, \vec{s}_3$ linear unabhängig sein.

Beispiel 2.25: *Berechnung von Stabkräften*
Der im Bild 2.10 gezeigte Ausleger trägt im Punkt D einen Körper, dessen Masse $m = 3000kg$ beträgt. Man berechne die Stabkräfte. Die Erdbeschleunigung sei $g = 10ms^{-2}$.

Zunächst müssen aus der baustatischen Skizze die Kordinaten der Knoten ermittelt werden. Mit Bezug auf das in der Skizze angegebene Koordinatensystem seien sie $A(0;0;0)$, $B(0;2;3)$, $C(0; -2;3)$, $D(2;0;3)$. Als Stabvektoren werden eingeführt

$$\vec{s}_1 = \overrightarrow{DA} = \begin{pmatrix} -2 \\ 0 \\ -3 \end{pmatrix},\quad \vec{s}_2 = \overrightarrow{DB} = \begin{pmatrix} -2 \\ 2 \\ 0 \end{pmatrix},\quad \vec{s}_3 = \overrightarrow{DC} = \begin{pmatrix} -2 \\ -2 \\ 0 \end{pmatrix}.$$

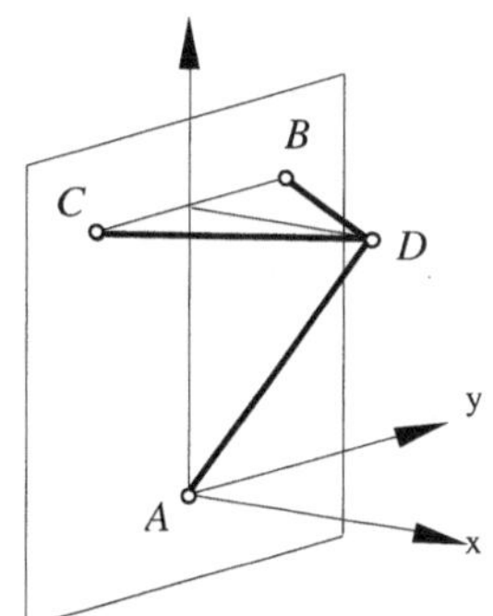

Bild 2.10 Stabtragwerk

Mit den Ansätzen $\vec{F}_i = \lambda_i \vec{s}_i$, $i = 1,2,3$ für die Stabkräfte liefert die Gleichgewichtsbedingung $\vec{F}_1 + \vec{F}_2 + \vec{F}_3 + \vec{F}_G = \vec{0}$ über

$$\lambda_1 \begin{pmatrix} -2 \\ 0 \\ -3 \end{pmatrix} + \lambda_2 \begin{pmatrix} -2 \\ 2 \\ 0 \end{pmatrix} + \lambda_3 \begin{pmatrix} -2 \\ -2 \\ 0 \end{pmatrix} = \begin{pmatrix} 0 \\ 0 \\ 30000 \end{pmatrix},$$

das lineare Gleichungssystem

$$\begin{aligned} -2\lambda_1 \;-\; 2\lambda_2 \;-\; 2\lambda_3 &= 0 \\ 2\lambda_2 \;-\; 2\lambda_3 &= 0 \\ -3\lambda_1 \qquad\qquad\qquad &= 30000 \end{aligned}$$

mit der Lösung $\lambda_1 = 10000$, $\lambda_2 = -5000$, $\lambda_3 = -5000$. Die Stabkräfte besitzen damit die Darstellung

$$\vec{F}_1 = \begin{pmatrix} 20 \\ 0 \\ 30 \end{pmatrix} kN \;,\; \vec{F}_2 = \begin{pmatrix} -10 \\ 10 \\ 0 \end{pmatrix} kN \;,\; \vec{F}_3 = -\begin{pmatrix} 10 \\ 10 \\ 0 \end{pmatrix} kN .$$

Für die Beträge ergibt sich $F_2 = F_3 = 14,14 kN$. Somit wirkt im ersten Stab mit $F_1 = 36,06 kN$ eine Kraft, die die eingeleitete Gewichtskraft übersteigt.

2.5.2 Kräfte in statisch bestimmten ebenen Fachwerken

Ein *Fachwerk* ist eine Tragstruktur des konstruktiven Ingenieurbaus, die nur aus geraden Stäben besteht, welche in den *Knoten* über reibungsfreie Gelenke verbunden sind. Zur Berechnung der Stab- und Stützkräfte in Fachwerken wird das *Knotenschnittverfahren* herangezogen. Dazu stellt man sich vor, die Knoten des Fachwerks seien durch fiktive Schnitte aus dem Verband des Systems gelöst worden (Bild 2.11b). Ein bestimmter Knoten kann unter diesen Umständen seine ursprüngliche Lage nur dann behalten, wenn die an ihm angreifenden Kräfte im Gleichgewicht sind. Indem so Knoten für Knoten die Gleichgewichtsbedingung (2.28) für zentrale Kraftsysteme aufgeschrieben wird, entsteht ein lineares Gleichungssystem für die Stab- und Stützkräfte. Dabei ist es üblich, die Stabkräfte so anzusetzen, dass sie vom Knoten weg gerichtet sind. Die Winkel sollten so festgelegt werden, dass sie im Intervall [0;90°] liegen. Dann sind die trigonometrischen Funktionen positiv und die Vorzeichen ergeben sich aus den definierten Kraftrichtungen. Die tatsächliche Richtung der Stabkräfte ist aus dem Vorzeichen des Rechenwertes ersichtlich. Reichen die Gleichgewichtsbedingungen aus, um die Kräfte eindeutig bestimmen zu können, handelt es sich um ein *statisch bestimmtes* Fachwerk. Im Beispiel wird diese statische Bestimmtheit durch ein Loslager im Knoten B hergestellt.

Beispiel 2.26: *Kräfte in einem ebenen Fachwerk*
Die Vorgehensweise soll am Fachwerk nach Bild 2.11a erläutert werden. Die Knoten haben die Koordinaten $A(0;0)$, $B(3;-1)$, $C(1;2)$. Die Stabkräfte werden mit $\vec{S}_1, \vec{S}_2, \vec{S}_3$, ihre Beträge mit S_1, S_2, S_3 bezeichnet. Schneidet man die Knoten frei, entsteht die Situation des Bildes 2.11b. Wird die Gleichgewichtsbedingung (2.28) in den einzelnen Knoten angesetzt, so liefert jeder Knoten eine Gleichung für die Horizontal- bzw. die Vertikalkoordinaten der Kräfte.

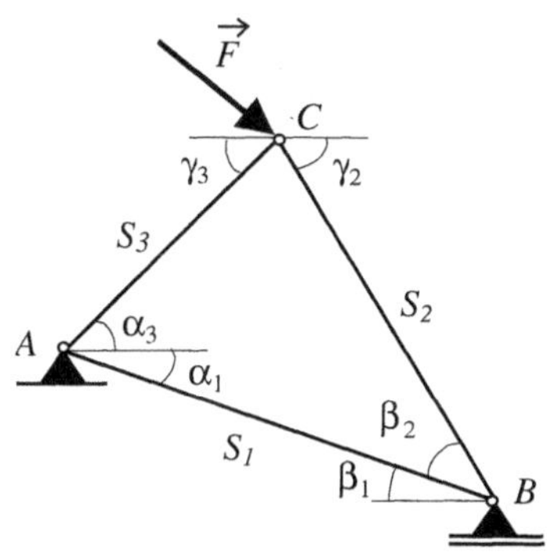

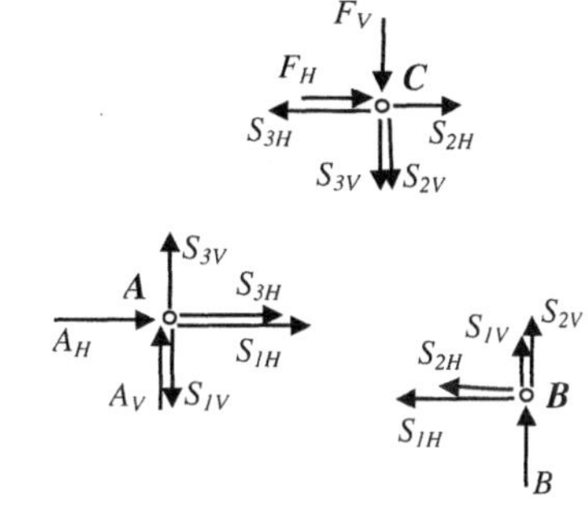

Bild 2.11a Ebenes Fachwerk   **Bild 2.11b** Gleichgewichtsbedingungen

$$A : \begin{array}{ll} \sum H = 0: & S_1 \cos\alpha_1 \; + \; S_3 \cos\alpha_3 \; + \; F_{AH} \; = \; 0 \\ \sum V = 0: & -S_1 \sin\alpha_1 \; + \; S_3 \sin\alpha_3 \; + \; F_{AV} \; = \; 0 \end{array} ,$$

$$B : \begin{array}{ll} \sum H = 0: & S_1 \cos\beta_1 \; + \; S_2 \cos\beta_2 \; = \; 0 \\ \sum V = 0: & S_1 \sin\beta_1 \; + \; S_2 \sin\beta_2 \; + \; F_B \; = \; 0 \end{array} ,$$

$$C : \begin{array}{ll} \sum H = 0: & -S_3 \cos\gamma_3 \; + \; S_2 \cos\gamma_2 \; + \; F_H \; = \; 0 \\ \sum V = 0: & -S_3 \sin\gamma_3 \; - \; S_2 \sin\gamma_2 \; - \; F_V \; = \; 0 \end{array} .$$

Es handelt sich um ein (6,6)-System mit der schematischen Darstellung

F_{AH}	F_{AV}	S_1	S_2	S_3	F_B	1
1	0	$\cos\alpha_1$	0	$\cos\alpha_3$	0	0
0	1	$-\sin\alpha_1$	0	$\sin\alpha_3$	0	0
0	0	$\cos\beta_1$	$\cos\beta_2$	0	0	0
0	0	$\sin\beta_1$	$\sin\beta_2$	0	1	0
0	0	0	$\cos\gamma_2$	$-\cos\gamma_3$	0	$-F_H$
0	0	0	$-\sin\gamma_2$	$-\sin\gamma_3$	0	F_V

Aus der Geometrie des Problems ergibt sich $\alpha_1 = \beta_1 = 71.57°$, $\alpha_3 = \gamma_3 = 63.43°$, $\beta_2 = \gamma_2 = 56.31°$. Die Maple-Lösung ist $F_{AH} = -F_H$, $F_{AV} = \frac{2}{3}(F_V - F_H)$, $S_1 = \frac{2}{21}\sqrt{10}(F_V + 2F_H)$, $S_2 = -\frac{1}{7}\sqrt{13}(F_V + 2F_H)$, $S_3 = \frac{1}{7}\sqrt{5}(-2F_V + 3F_H)$, $F_B = \frac{1}{3}(F_V + 2F_H)$.

2.5.3 Übungsaufgaben

2.27: Ein Tragseil, das zur Dachkonstruktion einer Halle gehört, ist zwischen den Punkten $A(0;0)$ und $B(100;30)$ gespannt. Im Punkt $C(75, y_C)$ soll eine vertikal nach unten gerichtete Kraft $\vec{F}$ mit dem Betrag $F = 20\ kN$ eingeleitet werden.

a) In welcher Höhe y_C befindet sich C, wenn sich das Seil bei Belastung um 0,5% dehnt.

b) Wie groß ist die Höhenänderung von C, die als Folge der Seildehnung eintritt?

c) Wie groß sind die Kräfte in den beiden Seilstücken AC und BC?

Zur Vereinfachung sollen das unbelastete Seil und seine Teilstücke im belasteten Fall als Geraden betrachtet werden.

2.28: Die Stäbe S_1, S_2 eines ebenen Fachwerkes besitzen den gemeinsamen Knoten A und führen von dort zu den Knoten B bzw. C. Aus der baustatischen Skizze ergeben sich die Positionen der Knoten zu $A(1;2)$, $B(1,9;2,8)$, $C(2,25;1,5)$.

a) Man berechne die Vektoren $\overrightarrow{AB}$, $\overrightarrow{AC}$.

b) Wie lang sind die Stäbe?

c) Welchen Winkel α schließen sie im Punkt A ein?

2.29: Ein Fachwerk besteht aus drei Stäben S_1, S_2, S_3, die im Knoten $C(0;0;0)$ verbunden sind. Die Stäbe $S_1 = AC$ bzw. $S_2 = BC$ sind in den Punkten $A(-2;-1;-3)$ bzw. $B(-2;2;-3)$ an einer vertikalen Wand befestigt. Der Stab S_3 führt von $D(0;0;4)$ nach C (alle Maßangaben in m). Im Punkt C greift die Kraft $\vec{F} = (10\vec{e}_1 + 10\vec{e}_3)kN$ an.

Zu berechnen sind die Längen der Stäbe und die Beträge der Stabkräfte.

Lösung: $s_1 = 3.74\,m$, $s_2 = 4.12\,m$, $s_3 = 4\,m$, $F_1 = 12.47\,kN$, $F_2 = 6.87kN$, $F_3 = 5kN$.

2.30: Zum Fachwerk nach Bild (2.11a) werden zwei von den Knoten B, C ausgehende Stäbe hinzugefügt, die in $D(5;2)$ gelenkig verbunden sind. In D wird eine Gewichtskraft $\vec{F}_G$ mit $\left|\vec{F}_G\right| = 10kN$ eingeleitet. Berechnen Sie die Stab- und Auflagerkräfte

a) ohne Berücksichtigung der in C angreifenden Kraft $\vec{F}$,

b) mit Berücksichtigung von $\vec{F}$.

3 Analytische Geometrie

Die Durchbiegung eines Balkens hängt ganz wesentlich von seiner Querschnittsfläche ab. Wichtige Kenngrößen sind der Flächeninhalt, die Schwerpunktkoordinaten sowie die Flächenmomente zweiten Grades. Die Schwerpunktkoordinaten und die Flächenmomente sind auf ein gewähltes Koordinatensystem bezogene Größen. Von großem Interesse ist dann die Frage, wie sich die Momente verändern, wenn das Koordinatensystem verschoben oder gedreht wird. Auf die Frage geben der *Steinersche Satz* und der *Mohrsche Kreis* für Flächenmomente Auskunft.

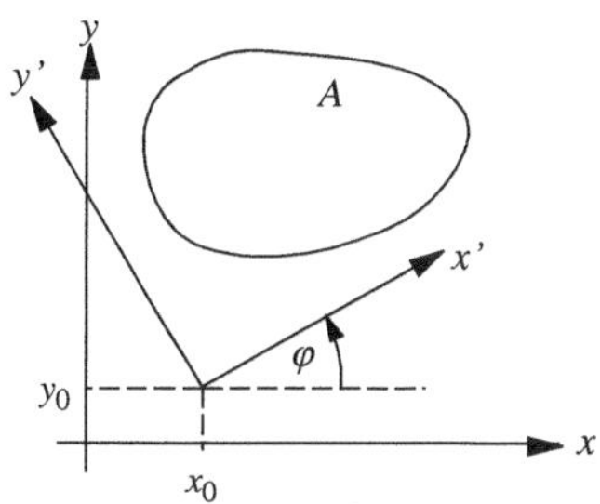

Bild 3.1 Flächenmoment

3.1 Koordinatensysteme

In der analytischen Geometrie werden geometrische Aufgaben durch numerische Berechnungen gelöst. Die Mittler zwischen geometrischen und numerischen Größen sind die *Koordinatensysteme*, in denen die Punkte der Ebene oder des Raumes durch Zahlen, ihre Koordinaten, beschrieben werden. Geometrische Gebilde wie Kurven, Flächen und Körper werden als geometrische Örter aller ihrer Punkte definiert, wobei die Zugehörigkeit eines Punktes wie in Beispiel 3.1 in der Regel durch das Erfülltsein einer oder mehrerer Gleichungen bzw. Ungleichungen beschrieben wird. Die Methoden der analytischen Geometrie wurden von René DESCARTES (1596-1650) und Pierre DE FERMAT (1601-1665) entwickelt.

3.1.1 Rechtwinklige Koordinatensysteme

Ebenes System

In einem rechtwinkligen xy-Koordinatensystem nach Bild 3.2 wird ein Punkt $P = (a_1, a_2)$ durch die Angabe der x-Koordinate a_1 und der y-Koordinate a_2 in dieser Reihenfolge beschrieben. Die Festlegung und Berücksichtigung der Reihenfolge xy ist wesentlich, denn dadurch ist die Reihenfolge zuerst a_1 danach a_2 festgelegt. Das System könnte auch als yx-Koordinatensystem aufgefasst werden, dann muss aber der Punkt P durch (a_2, a_1) beschrieben werden. Ein Koordinatensystem wird als *kartesisch* bezeichnet, wenn auf beiden Achsen gleiche Längeneinheiten verwendet werden.

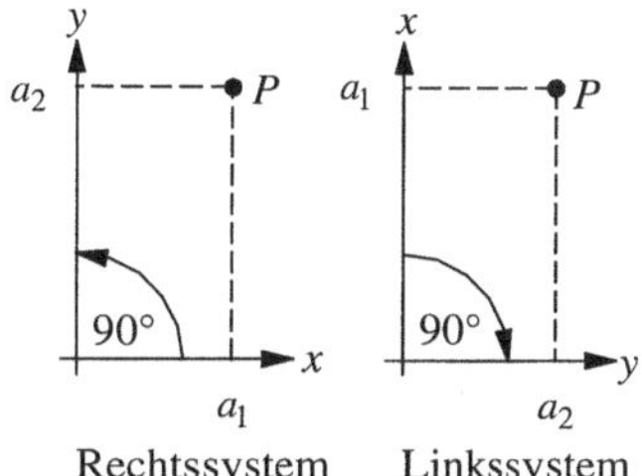

Bild 3.2 Ebene Koordinatensysteme

Ein xy-System heißt Rechtssystem bzw. Linkssystem, wenn der Winkel zwischen der x-Achse und der y-Achse entgegen dem Uhrzeigersinn bzw. im Uhrzeigersinn gemessen 90° beträgt. Das in Bild 3.2 dargestellte Linkssystem wird in der Vermessungskunde verwendet.

Beispiel 3.1: *Geometrische Gebilde*

Die Gerade g, die Strecke $\overline{P_1 P_2}$ und das Dreieck $\Delta OP_1 P_2$ aus Bild 3.3 sind als geometrische Örter zu beschreiben.

1. Gerade $g : y = -\frac{3}{4} x + 3$

2. Strecke $\overline{P_1 P_2} : y = -\frac{3}{4} x + 3,\ x \geq 0,\ x \leq 4$

3. Dreieck $\Delta OP_1 P_2 : y \leq -\frac{3}{4} x + 3,\ x \geq 0,\ y \geq 0$ ♦

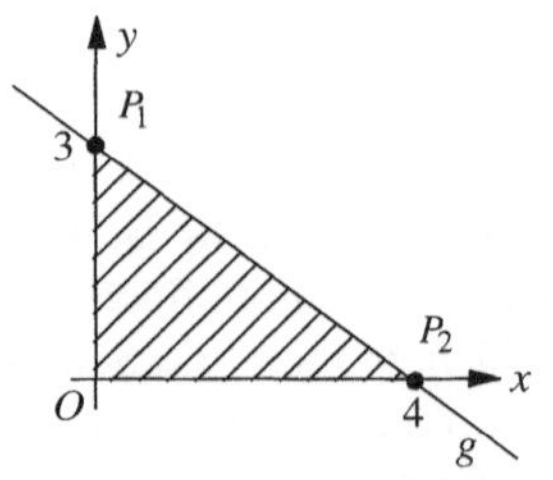

Bild 3.3 Geometrische Gebilde

Räumliches System

In einem rechtwinkligen xyz-Koordinatensystem nach Bild 3.4 wird ein Punkt $P = (a_1, a_2, a_3)$ durch die Angabe der x-Koordinate a_1, der y-Koordinate a_2 und der z-Koordinate a_3 in dieser Reihenfolge beschrieben. Ein xyz-Koordinatensystem heißt Rechtssystem, wenn von der positiven z-Achse aus gesehen die x- und y-Achse ein Rechtssystem bilden. Analog bilden von der positiven x-Achse bzw. y-Achse aus gesehen die y- und z-Achse bzw. die z- und x-Achse ein Rechtssystem. Es soll betont werden, dass im Falle eines Rechtssystems zx ein Rechtssystem bildet, xz jedoch ein Linkssystem.

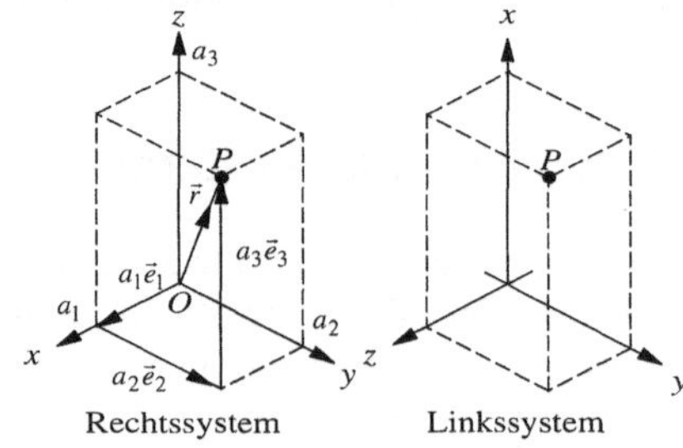

Bild 3.4 Räumliche Koordinatensysteme

Durch die Koordinaten eines Punktes P ist auch der Ortsvektor $\overrightarrow{OP} = \vec{r}$ beschrieben. Die *Einheitsvektoren* auf den Achsen sind $\vec{e}_1$, $\vec{e}_2$ und $\vec{e}_3$. Nach den Regeln der Vektoraddition im Raum bzw. in der Ebene gilt nach Bild 3.4

$$\vec{r} = a_1 \cdot \vec{e}_1 + a_2 \cdot \vec{e}_2 + a_3 \cdot \vec{e}_3 \qquad \text{bzw.} \qquad \vec{r} = a_1 \cdot \vec{e}_1 + a_2 \cdot \vec{e}_2 . \tag{3.1}$$

Beispiel 3.2: *Schnittkräfte*

Die Beanspruchung eines ebenen Balkens hängt von den im Inneren wirkenden Kräften ab. Diese werden durch einen senkrechten Schnitt zur Balkenachse, wie in Bild 3.5 dargestellt, veranschaulicht. Nach dem Reaktionsprinzip sind die Kräfte gleich groß aber entgegengesetzt gerichtet. Die in den Schnittebenen wirkenden Kräfte werden zu einer resultierenden Kraft und zu einem resultierenden Moment M zusammengefasst. Wirken die äußeren Lasten nur in der xz-Ebene, kann die resultierende Kraft in eine Normalkraft N senkrecht zur Schnittebene und eine

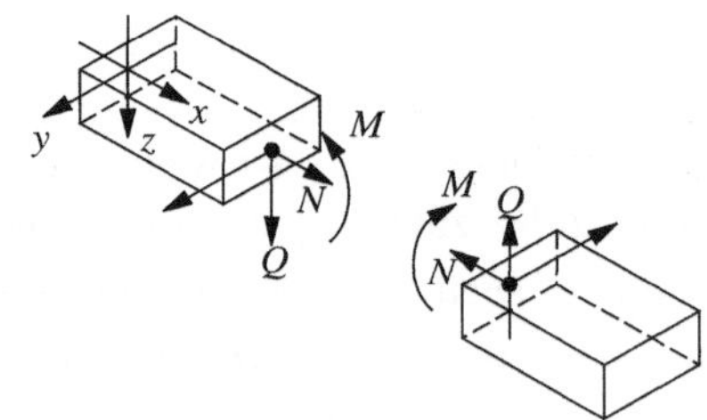

Bild 3.5 Schnittkräfte

Querkraft Q in der Schnittebene zerlegt werden. N, Q und M werden als Schnittgrößen bezeichnet. Zur näheren Beschreibung wird vorrangig das dargestellte xyz-System verwendet. Es ist ein Rechtssystem. Das Schnittufer, dessen äußere Normale in die Richtung der positiven *x*-Achse zeigt, wird als positives Schnittufer, das gegenüberliegende als negatives Schnittufer bezeichnet. Die Orientierung der Schnittkräfte erfolgt so, dass positive Schnittgrößen am positiven Schnittufer die Richtung der positiven Koordinatenachsen haben. Am negativen Schnittufer haben positive Schnittkräfte die Richtung der negativen Koordinatenachsen. ♦

3.1.2 Winkelmessung

Winkel zwischen Vektoren

In der elementaren Geometrie wird einem Winkel in der Regel keine Orientierung beigemessen. Das führt dazu, dass die Maßzahl für einen Winkel nicht eindeutig bestimmt ist. Nach Bild 3.6 kommen als Winkel zwischen den Schenkeln s_1 und s_2 sowohl α als auch β in Frage. Um Eindeutigkeit zu erzielen, muss zwischen $\sphericalangle(s_1,s_2)$ und $\sphericalangle(s_2,s_1)$ unterschieden und den Winkeln eine Orientierung zugewiesen werden. Es wird daher festgelegt, dass Winkel in Rechtssystemen entgegen dem Uhrzeigersinn, in Linkssystemen im Uhrzeigersinn, positiv gemessen werden. Damit gilt $\sphericalangle(s_1,s_2) = +\,\alpha = -\beta$ und $\sphericalangle(s_2,s_1) = +\,\beta = -\alpha$.

Diese Festlegung gilt auch für Vektoren, $\sphericalangle(\vec{a}_1,\vec{a}_2) = +\,\alpha = -\beta$ und $\sphericalangle(\vec{a}_2,\vec{a}_1) = +\,\beta = -\alpha$.

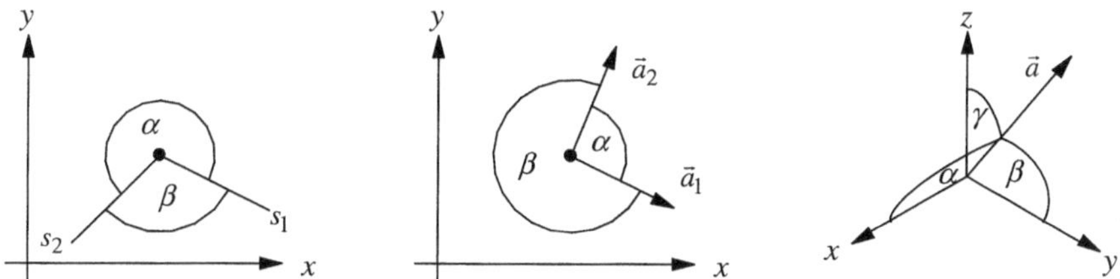

Bild 3.6 Winkel, Richtungswinkel

Richtungswinkel

Die Winkel $\alpha = \sphericalangle(\vec{e}_1,\vec{a})$, $\beta = \sphericalangle(\vec{e}_2,\vec{a})$ und $\gamma = \sphericalangle(\vec{e}_3,\vec{a})$, eines Vektors $\vec{a}$ gegen die positiven Koordinatenachsen werden wie in Bild 3.6 dargestellt als Richtungswinkel bzw. ihre Kosinuswerte als Richtungskosinus bezeichnet. Die kleineren Winkel zwischen den Achsen und dem Vektor werden gemessen. Da häufig nur die Kosinuswerte verwendet werden, spielt das wegen $\cos\alpha = \cos(360-\alpha)$ keine Rolle.

Die zwei Winkel in der Ebene bzw. die drei Winkel im Raum sind nicht unabhängig voneinander. Das Skalarprodukt $\vec{e}_1 \cdot \vec{a}$ ist die Projektion von $\vec{a}$ auf die *x*-Achse. Daher gilt $a_1 = \vec{e}_1 \cdot \vec{a} = a\cos\alpha$. Analog folgen $a_2 = a\cos\beta$ und $a_3 = a\cos\gamma$. Mit (3.1) ergibt sich

$$\vec{a} = a\cos\alpha \cdot \vec{e}_1 + a\cos\beta \cdot \vec{e}_2 + a\cos\gamma \cdot \vec{e}_3 \,. \tag{3.2}$$

Aus dem Skalarprodukt $\vec{a} \cdot \vec{a} = a^2 = a^2\left(\cos^2\alpha + \cos^2\beta + \cos^2\gamma\right)$ folgt

$$\cos^2\alpha + \cos^2\beta + \cos^2\gamma = 1 \text{ bzw. } \cos^2\alpha + \cos^2\beta = 1\,. \tag{3.3}$$

Beispiel 3.3: *Kraftzerlegung*

Bei der rechnerischen Lösung statischer Probleme werden Kräfte $\vec{F}$ mit dem Betrag F oft in ihre Kraftkomponenten längs der Koordinatenachsen zerlegt.

$$\vec{F} = \vec{F}_x + \vec{F}_y + \vec{F}_z = F_x \cdot \vec{e}_1 + F_y \cdot \vec{e}_2 + F_z \cdot \vec{e}_3$$

Die Größen F_x, F_y und F_z berechnen sich aus $F_x = F\cos\alpha$, $F_y = F\cos\beta$ und $F_z = F\cos\gamma$, wobei α, β und γ die oben eingeführten Richtungswinkel von $\vec{F}$ sind. Im ebenen Fall fällt die letzte Gleichung weg und $\cos\beta$ wird nach Bild 3.7 durch $\sin\alpha$ ersetzt. Es gilt also $F_x = F\cos\alpha$ und $F_y = F\sin\alpha$. Dabei muss α jedoch in Rechtssystemen entgegen dem Uhrzeigersinn positiv gemessen werden, denn sonst gilt $\sin\alpha = \cos\beta$ nicht für alle Lagen von $\vec{F}$. ♦

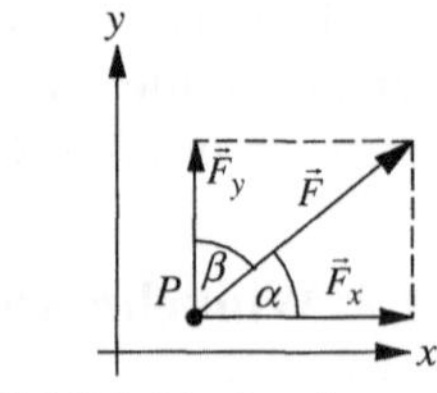

Bild 3.7 Kraftzerlegung

3.1.3 Polare Koordinatensysteme

Polarkoordinaten

Neben den rechtwinkligen Koordinatensystemen in der Ebene haben Polarkoordinaten größere Bedeutung. Ein beliebiger Punkt $P = (x, y)$ kann nach Bild 3.8 auch durch den *Abstand* $r = \overline{OP}$ und den *Winkel* φ beschrieben werden. Dabei wird der Winkel φ in Rechtssystemen entgegen dem Uhrzeigersinn positiv gemessen.

Aus dem Satz des Pythagoras und der Definition der trigonometrischen Funktionen folgen die Zusammenhänge zwischen Polar- und rechtwinkligen Koordinaten:

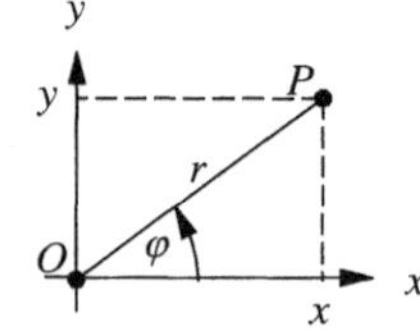

Bild 3.8 Bogenmaß

$$x = r\cos\varphi, \qquad y = r\sin\varphi, \qquad (3.4)$$

$$r = \sqrt{x^2 + y^2}, \qquad \varphi = \arctan\frac{y}{x}. \qquad (3.5)$$

Bei der Berechnung des Winkels φ ist über die Vorzeichen der Koordinaten x und y der Quadrant zu beachten, in dem der Winkel φ liegt. Taschenrechner ermitteln nicht unbedingt den richtigen Winkel.

Ist φ_1 der Taschenrechnerwert für $\arctan\dfrac{y}{x}$, so gilt

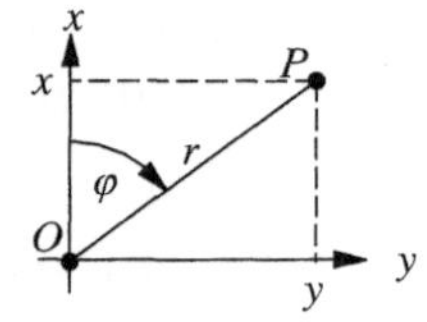

Bild 3.9 Linkssystem

$$\begin{aligned} \varphi &= \varphi_1 && \text{wenn} \quad x > 0 \\ \varphi &= \varphi_1 + 180^\circ && \text{wenn} \quad x < 0. \end{aligned} \qquad (3.6)$$

Die Formeln (3.4) - (3.6) haben auch in Linkssystemen Gültigkeit, wenn φ wie in Bild 3.9 im Uhrzeigersinn positiv gemessen wird.

Zylinder und Kugelkoordinaten

Neben den rechtwinkligen Koordinaten im Raum haben Zylinder- und Kugelkoordinaten größere Bedeutung. Ein beliebiger Punkt $P = (x, y, z)$ kann nach Bild 3.10 auch durch die Polarkoordinaten r und φ in der xy-Ebene und die z-Koordinate beschrieben werden. In diesem Fall wird von *Zylinderkoordinaten* gesprochen. *Kugelkoordinaten* unterscheiden sich dadurch, dass statt r der Abstand R und statt der z-Koordinate der Winkel δ angegeben werden, wobei δ von der positiven z-Achse aus zur Strecke $\overline{OP}$ gemessen wird und damit Werte zwischen 0 und 180° annimmt.

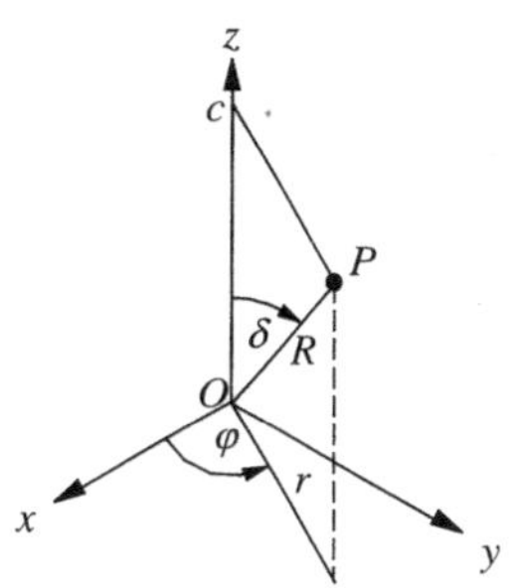

Bild 3.10 Kugelkoord

Die Umrechnung von rechtwinkligen Koordinaten in Zylinderkoordinaten erfolgt wie die Umrechnung von rechtwinkligen Koordinaten in der Ebene in Polarkoordinaten und umgekehrt. Die Formeln für die Umrechnung von rechtwinkligen Koordinaten in Kugelkoordinaten und umgekehrt ergeben sich durch Berechnungen an rechtwinkligen Dreiecken in Bild 3.10.

Sie lauten:

$$x = R \sin \delta \cos \varphi, \qquad y = R \sin \delta \sin \varphi, \qquad z = R \cos \delta, \tag{3.7}$$

$$R = \sqrt{x^2 + y^2 + z^2}, \qquad \varphi = \arctan \frac{y}{x} \qquad \delta = \arccos\left(\frac{z}{\sqrt{x^2 + y^2 + z^2}} \right). \tag{3.8}$$

Für die Berechnung von φ gilt (3.6) entsprechend.

Beispiel 3.4: *Rechtwinklige-, Zylinder- und Kugelkoordinaten*
Die Koordinaten des Punktes $P = (-1, 2, -3)$ sind in Zylinder- und Kugelkoordinaten auszudrücken. Für die Zylinderkoordinaten folgt aus (3.5)

$$r = \sqrt{1 + 4} = 2.236 \quad \text{und} \quad \varphi_1 = \arctan \frac{y}{x} = \arctan\left(-2\right) = -63.43°.$$

Da $x < 0$, ergibt sich $\varphi = \varphi_1 + 180° = -63.43° + 180° = 116.57°$. Damit sind die Zylinderkoordinaten

$$r = 2.236, \quad \varphi = 116.57° \quad \text{und} \quad z = -3.$$

Für die Kugelkoordinaten errechnen sich aus (3.8)

$$R = \sqrt{1 + 4 + 9} = 3.742 \quad \text{und} \quad \delta = \arccos\left(\frac{-3}{3.742} \right) = 143.30°.$$

φ ist der gleiche Winkel wie bei den Zylinderkoordinaten. Daher sind die Kugelkoordinaten

$$R = 3.742, \quad \varphi = 116.57° \quad \text{und} \quad \delta = 143.30°. \blacklozenge$$

3.1.4 Koordinatentransformation

Die Koordinaten von Punkten und die definierenden Gleichungen bzw. Ungleichungen geometrischer Gebilde ändern sich, wenn das Koordinatensystem oder die geometrischen Gebilde gedreht, verschoben oder gespiegelt, also transformiert werden. Die Transformation der Koordinatensysteme findet in der technischen Mechanik, die Transformation geometrischer Gebilde in der Computergrafik besondere Anwendung. Da das Vorgehen in beiden Fällen nahezu identisch ist, sollen hier nur Transformationen des Koordinatensystems behandelt werden.

Spiegelung

In der Ebene kann eine Spiegelung eines kartesischen xy-Koordinatensystems an einer beliebigen Geraden nach Verschiebung und Drehung des Koordinatensystems auf eine Spiegelung an einer der Koordinatenachsen zurückgeführt werden. Daher werden nur diese behandelt. Wird das Koordinatensystem an der x-Achse gespiegelt, so bleibt die x-Achse erhalten und die y-Achse ändert, wie in Bild 3.11 dargestellt, ihre Orientierung. Die Achsen des gespiegelten Koordinatensystems werden mit x' und y' bezeichnet. Die Koordinaten eines beliebigen Punktes $P = (x, y)$ gehen dann in dem gespiegelten System in $x' = x$ und $y' = -y$ über. Dafür kann in Matrizenschreibweise

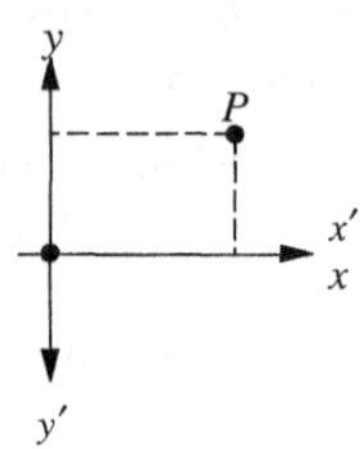

Bild 3.11 Spiegelung

$$\vec{r} = \begin{pmatrix} x \\ y \end{pmatrix} = S \cdot \vec{r}' = \begin{pmatrix} 1 & 0 \\ 0 & -1 \end{pmatrix} \cdot \begin{pmatrix} x' \\ y' \end{pmatrix}$$

geschrieben werden. Für eine Spiegelung an der y-Achse müssen in der Matrix nur die Vorzeichen vertauscht werden.

Im Raum kann analog eine Spiegelung eines kartesischen xyz-Koordinatensystems an einer Ebene nach Verschiebung und Drehung des Koordinatensystems auf eine Spiegelung an einer durch jeweils zwei der Achsen gebildeten Ebene zurückgeführt werden. Die Spiegelung an der xy-Ebene beispielsweise wird in Matrizenschreibweise durch

$$\vec{r} = \begin{pmatrix} x \\ y \\ z \end{pmatrix} = S \cdot \vec{r}' = \begin{pmatrix} 1 & 0 & 0 \\ 0 & 1 & 0 \\ 0 & 0 & -1 \end{pmatrix} \cdot \begin{pmatrix} x' \\ y' \\ z' \end{pmatrix}$$

beschrieben. Für eine Spiegelung an einer der beiden anderen Ebenen sind wieder nur die Vorzeichen zu vertauschen. Bei einer Spiegelung geht ein Rechtssystem in ein Linkssystem über und umgekehrt.

Satz 3.1: Die Spiegelung eines Koordinatensystems an einer der Achsen in der Ebene bzw. an einer der durch zwei Achsen gebildeten Ebene im Raum wird durch $\vec{r} = S \cdot \vec{r}'$ beschrieben. S ist eine Matrix der Gestalt

$$\begin{pmatrix} s_1 & 0 \\ 0 & s_2 \end{pmatrix} \text{ bzw. } \begin{pmatrix} s_1 & 0 & 0 \\ 0 & s_2 & 0 \\ 0 & 0 & s_3 \end{pmatrix},$$

wobei s_1, s_2 und s_3 entsprechend folgender Zusammenstellung zu wählen sind:

Spiegelung	s_1	s_2	s_3
an der x-Achse	+1	−1	−
an der y-Achse	−1	+1	−
an der xy-Ebene	+1	+1	−1
an der zx-Ebene	+1	−1	+1
an der yz-Ebene	−1	+1	+1	♦

Verschiebung

Bei einer Verschiebung werden die Koordinatenachsen parallel verschoben. Die Verschiebung lässt sich am Besten nach Bild 3.12 durch einen Vektor $\overrightarrow{OO'} = \vec{s} = (x_0, y_0, z_0)^T$ beschreiben. Dabei können nen x_0, y_0 und z_0 als Koordinaten von O' bezogen auf das ursprüngliche Koordinatensystem angesehen werden. Ist P ein beliebiger Punkt mit dem Ortsvektor $\vec{r} = (x, y, z)^T$ bezogen auf das ursprüngliche Koordinatensystem und dem Ortsvektor $\vec{r}' = (x', y', z')^T$ bezogen auf das verschobene Koordinatensystem, so ergibt sich durch Vektoraddition die folgende Aussage.

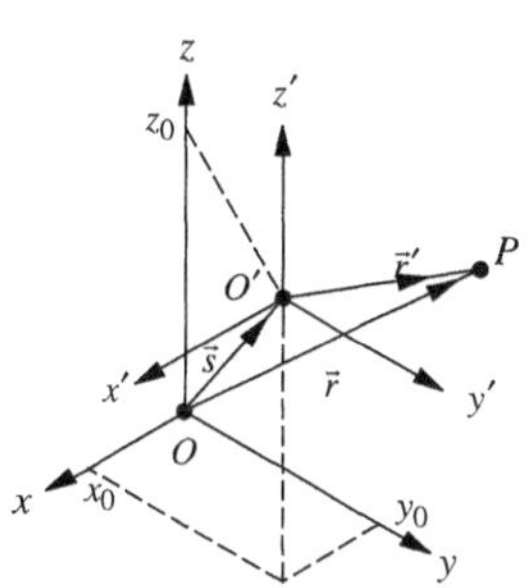

Bild 3.12 Verschiebung

Satz 3.2: Bei einer Verschiebung eines Koordinatensystem um einen Vektor $\vec{s}$ besteht zwischen den Koordinaten eines Punktes folgender Zusammenhang:

$$\vec{r} = \vec{r}' + \vec{s} \tag{3.9}$$

bzw.

$$x = x' + x_0, \quad y = y' + y_0, \quad z = z' + z_0. \tag{3.10}$$

Bei einer Verschiebung in der Ebene ist nur die letzte Formel wegzulassen. ♦

Beispiel 3.5: *Verschiebung und Spiegelung*
Die Momentenfunktion eines Einfeldträgers der Länge l mit einer Einzellast nach Bild 3.13 lautet, bezogen auf das links angegebene Koordinatensystem,

$$M(x) = \begin{cases} A \cdot x & \text{für} \quad x \le c \\ B \cdot (l - x) & \text{für} \quad x > c \end{cases}$$

mit $A = \dfrac{F \cdot c'}{l}$ und $B = \dfrac{F \cdot c}{l}$. Der zweite Teil der Funktion $M(x)$ wird manchmal auf das rechte Koordinatensystem bezogen. Wie lautet dann für diesen Teil die Momentenfunktion. Das zweite System geht aus dem Ersten durch Verschiebung um l und Spiegelung an der z-Achse hervor.

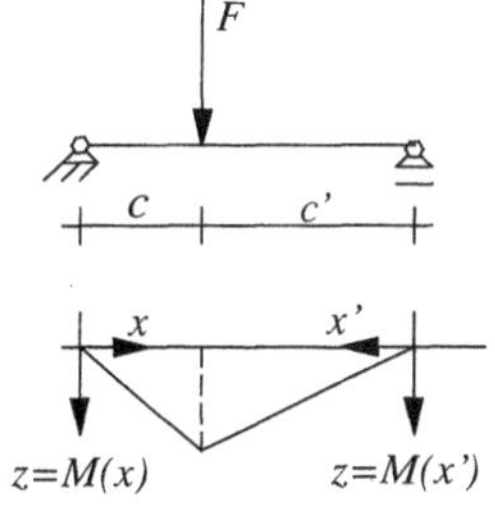

Bild 3.13 Träger

Verschiebung um l $\qquad\qquad x = x'' + l$
Spiegelung an der z-Achse $\qquad x' = -x''$

Daraus folgt $M(x) = B \cdot (l - x) = B \cdot (l - x'' - l) = B \cdot (-x'') = B \cdot x'$.

Also gilt:

$$M(x) = \begin{cases} A \cdot x & \text{für} & x \le c \\ B \cdot x' & \text{für} & x' < c' \end{cases} \cdot \blacklozenge$$

Drehung

Eine Drehung in der Ebene werde, wie in Bild 3.14 dargestellt, betrachtet. Der Drehwinkel φ werde von der positiven x-Achse aus entgegen dem Uhrzeigersinn positiv gemessen. Ein Punkt P habe wieder die Koordinaten (x, y) bzw. (x', y') und die Polarkoordinaten (r, α) bezogen auf das gedrehte System. Nach (3.4) gilt dann $x = r\cos(\varphi + \alpha)$ und $y = r\sin(\varphi + \alpha)$ bzw. $x' = r\cos\alpha$ und $y' = r\sin\alpha$. Aus den Additionstheoremen des Sinus und des Kosinus folgen:

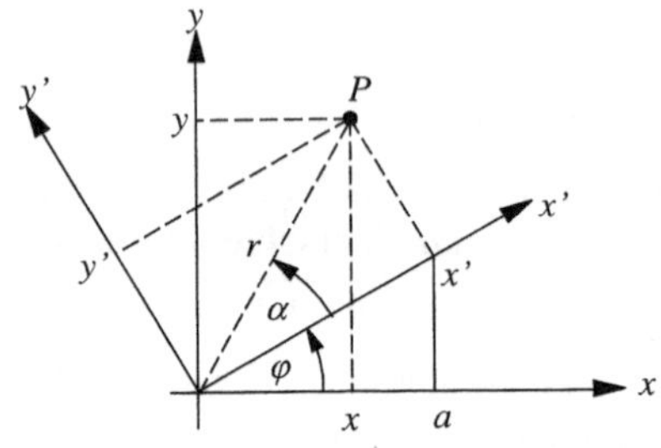

Bild 3.14 Drehung

$$x = r\cos(\varphi + \alpha) = r\cos\varphi\cos\alpha - r\sin\varphi\sin\alpha = x'\cos\varphi - y'\sin\varphi ,$$

$$y = r\sin(\varphi + \alpha) = r\sin\varphi\cos\alpha + r\cos\varphi\sin\alpha = x'\sin\varphi + y'\cos\varphi .$$

Dafür kann in Matrizenschreibweise mit der Transformationsmatrix D

$$\vec{r} = \begin{pmatrix} x \\ y \end{pmatrix} = D \cdot \vec{r}' = \begin{pmatrix} \cos\varphi & -\sin\varphi \\ \sin\varphi & \cos\varphi \end{pmatrix} \cdot \begin{pmatrix} x' \\ y' \end{pmatrix}$$

geschrieben werden. Um jetzt x' und y' durch x und y auszudrücken, muss die inverse Matrix von D berechnet werden. Die inverse Matrix D macht die Drehung um φ wieder rückgängig, entspricht also einer Drehung um $-\varphi$. Da $\cos(-\varphi) = \cos\varphi$ und $\sin(-\varphi) = -\sin\varphi$, folgt, dass die inverse Matrix D^{-1} von D mit der transponierten Matrix D^T übereinstimmt.

Satz 3.3: Die Koordinaten eines Punktes P berechnen sich nach einer Drehung des ebenen kartesischen Koordinatensystems um einen Winkel φ, der von der positiven x-Achse aus gegen den Uhrzeigersinn positiv gemessen wird, nach der Formel

$$\begin{pmatrix} x \\ y \end{pmatrix} = \begin{pmatrix} \cos\varphi & -\sin\varphi \\ \sin\varphi & \cos\varphi \end{pmatrix} \cdot \begin{pmatrix} x' \\ y' \end{pmatrix} , \quad \begin{pmatrix} x' \\ y' \end{pmatrix} = \begin{pmatrix} \cos\varphi & \sin\varphi \\ -\sin\varphi & \cos\varphi \end{pmatrix} \cdot \begin{pmatrix} x \\ y \end{pmatrix} . \blacklozenge \qquad (3.11)$$

Die Formel (3.11) hat so nur Gültigkeit, wenn in Rechtssystemen die Winkel entgegen dem Uhrzeigersinn und in Linkssystemen im Uhrzeigersinn positiv gemessen werden. Bei Drehung und Verschiebung des Koordinatensystems bleibt die Eigenschaft, ein Rechts- bzw. Linkssystem zu sein, erhalten.

Beispiel 3.6: *Drehung*

Wie lautet die Gleichung der Kurve $y = -\frac{3}{4}x + 3$ in einem $x'y'$-Koordinatensystem, das aus dem xy-System durch Drehung um $\varphi = \arctan\left(\frac{4}{3}\right) = 53.130°$ hervorgeht. Wird in die Gleichung die Formel (3.11) eingesetzt, folgt

$$0.8x' + 0.6y' = -\frac{3}{4}(0.6x' - 0.8y') + 3 \, .$$

Das ergibt die gesuchte Gleichung $x' = 2.4$. ♦

Wegen $\cos(\varphi + 90) = -\sin\varphi$ und $\cos(\varphi - 90) = \sin\varphi$, kann die Transformationsmatrix D nach Bild 3.14 auch als

$$D = \begin{pmatrix} \cos\varphi & \cos(\varphi + 90) \\ \cos(\varphi - 90) & \cos\varphi \end{pmatrix} = \begin{pmatrix} \cos \sphericalangle(x, x') & \cos \sphericalangle(x, y') \\ \cos \sphericalangle(y, x') & \cos \sphericalangle(y, y') \end{pmatrix} \tag{3.12}$$

geschrieben werden. Die Winkel sind die Richtungswinkel der neuen Achsen bezogen auf die alten. Diese Formel hat den Vorteil, dass man sich nicht um die Orientierung der Winkel kümmern muss, da die Kosinuswerte der möglichen Winkel wegen $\cos\alpha = \cos(360 - \alpha)$ gleich sind. Die Form (3.12) der Transformationsmatrix einer Drehung wird später dazu dienen auch Drehungen im Raum zu beschreiben.

Beispiel 3.7: *Geknickter Träger*

Ein geknickter Träger nach Bild 3.15 werde betrachtet. Für jedes Trägerteil ist ein lokales xz-Koordinatensystem gegeben. Dieses sind Linkssysteme. Sollen die Formeln (3.11) angewendet werden, muss der Winkel α im Uhrzeigersinn gemessen werden. Die Schnittkräfte haben bei $x_1 = l$ gewisse Werte N_1 und Q_1. Diese sollen auf das $x_2 z_2$-Koordinatensystem umgerechnet werden. Dazu muss das $x_1 z_1$-Koordinatensystem im Uhrzeigersinn um α gedreht werden. Aus (3.11) folgt dann

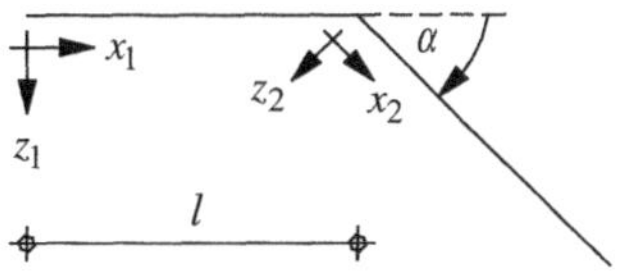

$$N_2 = \cos\alpha \cdot N_1 + \sin\alpha \cdot Q_1$$

$$Q_2 = -\sin\alpha \cdot N_1 + \cos\alpha \cdot Q_1 \, . \, ♦$$

Bild 3.15 Geknickter Träger

Formel (3.12) kann auf den räumlichen Fall erweitert werden. Durch die lineare Abbildung

$$\vec{r} = \begin{pmatrix} x \\ y \\ z \end{pmatrix} = D \cdot \vec{r}' = \begin{pmatrix} \cos \sphericalangle(x, x') & \cos \sphericalangle(x, y') & \cos \sphericalangle(x, z') \\ \cos \sphericalangle(y, x') & \cos \sphericalangle(y, y') & \cos \sphericalangle(y, z') \\ \cos \sphericalangle(z, x') & \cos \sphericalangle(z, y') & \cos \sphericalangle(z, z') \end{pmatrix} \cdot \begin{pmatrix} x' \\ y' \\ z' \end{pmatrix} \tag{3.13}$$

wird eine Drehung im Raum beschrieben. Von den neun Winkeln sind nur drei frei wählbar, die anderen folgen aus diesen. Jede Drehung im Raum kann in drei Einzeldrehungen, jeweils um eine der drei Achsen zerlegt werden. Oft ist dieser Weg einfacher, als die neun Richtungswinkel zu bestimmen. Das Vorgehen soll an folgendem Beispiel demonstriert werden.

Beispiel 3.8: *Drehung im Raum*
Ein xyz-System ist so zu drehen, dass die x-Achse durch
den Punkt $P = (1,1,1)$ verläuft und die y-Achse in der xy-
Ebene verbleibt. Die Transformationsmatrix D ist zu berechnen. Zuerst wird das Achsenkreuz um die z-Achse
nach Bild 3.16 so gedreht, dass die x-Achse danach
durch $P_1 = (1,1,0)$ verläuft. Der Drehwinkel ist
$\varphi_1 = \arctan 1 = 45°$.

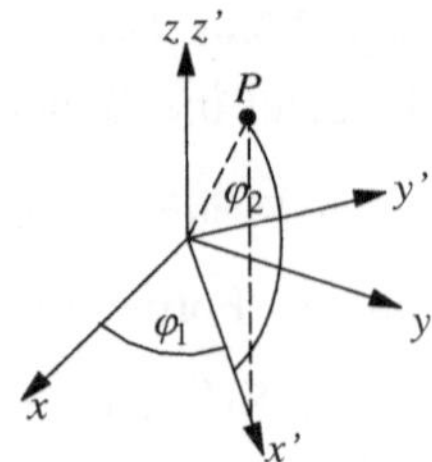

Bild 3.16 Drehung

Nach (3.13) folgt

$$\vec{r} = D_1 \cdot \vec{r}' = \begin{pmatrix} \cos(45) & \cos(135) & \cos(90) \\ \cos(-45) & \cos(45) & \cos(90) \\ \cos(90) & \cos(90) & \cos(0) \end{pmatrix} \cdot \vec{r}' = \begin{pmatrix} 0.707 & -0.707 & 0 \\ 0.707 & 0.707 & 0 \\ 0 & 0 & 1 \end{pmatrix} \begin{pmatrix} x' \\ y' \\ z' \end{pmatrix}$$

Danach wird das Achsenkreuz um die y'-Achse gedreht. Der Winkel φ_2 errechnet sich nach

Bild 3.16 zu $\varphi_2 = \arctan \dfrac{1}{\sqrt{2}} = 35.26°$. Die Transformationsmatrix (3.13) lautet dann

$$\vec{r}' = D_2 \cdot \vec{r}'' = \begin{pmatrix} \cos 35.26 & \cos 90 & \cos 125.26 \\ \cos 90 & \cos 0 & \cos 90 \\ \cos 54.74 & \cos 90 & \cos 35.26 \end{pmatrix} \cdot \vec{r}'' = \begin{pmatrix} 0.817 & 0 & -0.577 \\ 0 & 1 & 0 \\ 0.577 & 0 & 0.817 \end{pmatrix} \begin{pmatrix} x'' \\ y'' \\ z'' \end{pmatrix}$$

Aus $\vec{r} = D_1 \vec{r}' = D_1 D_2 \vec{r}'' = D\vec{r}''$ folgt

$$\vec{r} = \begin{pmatrix} x \\ y \\ z \end{pmatrix} = D_1 \cdot D_2 \cdot \vec{r}'' = \begin{pmatrix} 0.577 & -0.707 & -0.408 \\ 0.577 & 0.707 & -0.408 \\ 0.577 & 0 & 0.817 \end{pmatrix} \cdot \begin{pmatrix} x'' \\ y'' \\ z'' \end{pmatrix} = D \cdot \vec{r}''.$$

Da die inverse Matrix D^{-1} einer Drehung D wieder gleich der transponierten Matrix D^T ist,
gilt

$$\vec{r}'' = \begin{pmatrix} x'' \\ y'' \\ z'' \end{pmatrix} = \begin{pmatrix} 0.577 & 0.577 & 0.577 \\ -0.707 & 0.707 & 0 \\ -0.408 & -0.408 & 0.817 \end{pmatrix} \cdot \begin{pmatrix} x \\ y \\ z \end{pmatrix} = D^T \vec{r}.$$

Damit ist die gesuchte Transformationsformel gefunden. Es soll noch überprüft werden, ob die
Transformation tatsächlich die geforderten Bedingungen erfüllt. Wird $\vec{r} = (1,1,1)^T$ eingesetzt,

so folgt, wie gefordert, $\vec{r}'' = (1.73, 0, 0)^T$. Außerdem muss gezeigt werden, dass die y''-Achse

in der xy-Ebene liegt. Die Punkte der y''-Achse haben die Koordinaten $\vec{r}'' = (0, a, 0)^T$. Das in

die vorletzte Gleichung eingesetzt, ergibt $\vec{r} = (-0.707a, 0.707a, 0)^T$. Diese Punkte liegen in

der xy-Ebene, da die z-Komponenten Null sind. ◆

Bei den Drehungen eines Koordinatensystems sowohl in der Ebene als auch im Raum spielt

die Eigenschaft $D^{-1} = D^T$ der Transformationsmatrix D eine wichtige Rolle. Daher werden
Matrizen mit dieser Eigenschaft als orthogonal bezeichnet.

Umgekehrt kann gezeigt werden, dass orthogonale Matrizen entweder eine Drehung oder Umlegung vermitteln. Unter Umlegung wird eine Kombination aus Drehung und Spiegelung verstanden.

3.1.5 Übungsaufgaben

3.1: Die Zylinder- und Kugelkoordinaten der Punkte sind zu berechnen.
a) $P_1 = (-2.4, 3.1, 2)$ b) $P_2 = (0, 1.3, 4.3)$ c) $P_3 = (-0.4, 1, -2.7)$

3.2: Die rechtwinkligen Koordinaten der Punkte in Kugelkoordinaten bzw. Zylinderkoordinaten sind zu berechnen.
a) $P_1 : r = 2.5,\ \varphi = 20°,\ \delta = 40°$ b) $P_2 : r = 6.7,\ \varphi = 112°,\ z = 4$

3.3: Der Abstand der Punkte der arithmetischen Spirale $r = 2.3 \cdot \varphi$, die durch $\varphi = 90°$ und $\varphi = 200°$ gegeben sind, ist zu berechnen.

3.4: Gegeben ist der Punkt $P = (-3, 2)$ in einem kartesischen Koordinatensystem. Die Koordinaten dieses Punktes sond in einem Koordinatensystem zu berechnen, das aus dem gegebenen hervorgeht
a) durch Verschiebung um $\vec{s} = (5, -2)^T$,
b) durch Drehung um $30°$,
c) durch Verschiebung um $\vec{s} = (-2, 4)^T$ und durch Drehung um $135°$.

3.5: Wie lautet die Gleichung der Kurve $x^2 - y^2 = 2$, wenn das Koordinatensystem um $-45°$ gedreht wird.

3.6: Um welchen Winkel φ ist das Koordinatensystem zu drehen, damit in der Gleichung $y^2 - 3xy + 2 = 0$ das gemischte Glied verschwindet.

3.7: In einem xy-Koordinatensystem ist ein Dreieck durch Angabe seiner Eckpunktkoordinaten $A = (-2, -1)$, $B = (4, 1)$, $C = (0, 3)$ gegeben. Das Koordinatensystem ist so zu verschieben und zu drehen, dass der Ursprung im Punkt A und die Gerade $\overline{AB}$ auf der x-Achse liegen.

3.8: Im Raum sind die Punkte $P_1 = (2, 0, 0)$, $P_2 = (0, 2, 0)$ und $P_3 = (0, 0, 1)$ gegeben. Das Koordinatensystem ist so zu verschieben und so zu drehen, dass die z-Achse auf $\overrightarrow{P_0 P_3}$ und die x-Achse auf $\overrightarrow{P_0 P_2}$ zu liegen kommen, wobei P_0 der Mittelpunkt der Strecke $\overline{P_1 P_2}$ ist. Es sind die Transformationsmatrix der Drehung, die Verschiebung und die Koordinaten der Punkte P_1, P_2 und P_3 in dem neuen Koordinatensystem zu berechnen.

3.2 Kurven und Flächen

3.2.1 Darstellungsformen

In diesem Abschnitt sollen einige *Kurven* und *Flächen* untersucht werden, die durch einen analytischen Ausdruck der in Tabelle 3.1 aufgeführten Formen gegeben sind.

Tabelle 3.1 Formen analytischer Ausdrücke

	explizite Form	implizite Form	Parameterform
ebene Kurven	$y = f(x)$	$F(x, y) = 0$	$x = x(t)\,,\ y = y(t)$
Raumkurven			$x = x(t)\,,\ y = y(t)\,,\ z = z(t)$
Flächen	$z = f(x, y)$	$F(x, y, z) = 0$	$x = x(s,t)\,,\ y = y(s,t)\,,\ z = z(s,t)$

Die *Parameterformen* eignen sich zur *vektoriellen Darstellung*, denn eine Kurve bzw. Fläche kann durch

$$\vec{r} = \begin{pmatrix} x \\ y \\ z \end{pmatrix} = \begin{pmatrix} x(t) \\ y(t) \\ z(t) \end{pmatrix} = \vec{r}(t) \qquad \text{bzw.} \qquad \vec{r} = \begin{pmatrix} x \\ y \\ z \end{pmatrix} = \begin{pmatrix} x(s,t) \\ y(s,t) \\ z(s,t) \end{pmatrix} = \vec{r}(s,t)$$

dargestellt werden.

Beispiel 3.9: *Kreis*

Ein Kreis mit dem Radius r_0 werde nach Bild 3.17 betrachtet. Aus dem Satz des Pythagoras und den trigonometrischen Funktionen im rechtwinkligen Dreieck folgen für einen beliebigen Punkt P des Kreises:

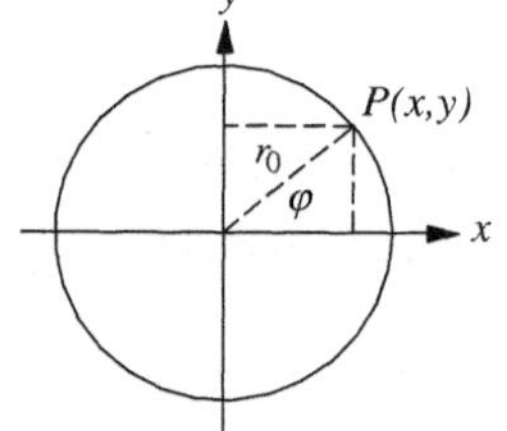

$$x^2 + y^2 = r_0^2 \qquad\qquad \text{implizite Form,}$$

$$y = \pm\sqrt{r_0^2 - x^2} \qquad\qquad \text{explizite Form,}$$

$$x = r_0 \cos\varphi\,,\ \ y = r_0 \sin\varphi \qquad \text{Parameterform,}$$

$$\vec{r} \cdot \vec{r} = r_0^2 \qquad\qquad \text{Vektorform.} \ \blacklozenge$$

Bild 3.17 Kreis

Die Vektorform stellt auch die Formel für eine Kugeloberfläche dar, wenn die Formel im dreidimensionalen Raum betrachtet wird.

Zunächst sollen Strecken, Geraden und Ebenen im Raum betrachtet werden. Dabei wird primär eine vektorielle Schreibweise bevorzugt. Oft werden die Ergebnisse jedoch auch komponentenweise angegeben. Der ebene Fall ist enthalten, wenn nur die dritte Komponente weggelassen wird.

3.2.2 Strecken und Geraden

Das einfachste geometrische Objekt ist der *Punkt*. Er kann durch die Angabe von Koordinaten oder als Ortsvektor beschrieben werden. Zwei Punkte bestimmen eine *Strecke*.

Strecken

Die geradlinige Verbindung zwischen zwei Punkten P_1 und P_2 wird als Strecke bezeichnet. Für diese Strecke wird $\overline{P_1 P_2}$ geschrieben. Es soll zwischen $\overline{P_1 P_2}$ und $\overline{P_2 P_1}$ unterschieden werden. Dadurch bekommt die Strecke eine Orientierung und kann als Vektor aufgefasst werden. Es wird dann auch $\overrightarrow{P_1 P_2}$ für $\overline{P_1 P_2}$ geschrieben.

Länge einer Strecke
Es werde nach Bild 3.18 der Vektor

$$\overrightarrow{P_1P_2} = \vec{r}_2 - \vec{r}_1 = \begin{pmatrix} x_2 - x_1 \\ y_2 - y_1 \\ z_2 - z_1 \end{pmatrix}$$

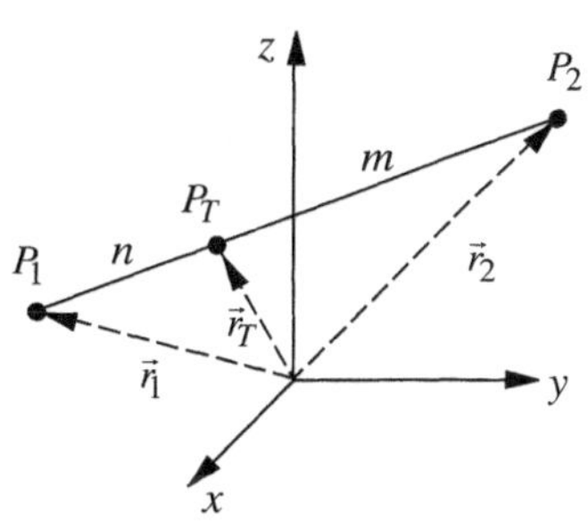

betrachtet, dessen Betrag mit der gesuchten Länge übereinstimmt. Daher gilt

$$d = \sqrt{(x_2 - x_1)^2 + (y_2 - y_1)^2 + (z_2 - z_1)^2} \ . \qquad (3.14)$$

Bild 3.18 Strecken

Streckenteilung
Die Strecke $\overrightarrow{P_1P_2}$ ist im Bild 3.18 durch P_T im Verhältnis $n{:}m$ geteilt. Dann gilt

$$\frac{\overrightarrow{P_1P_T}}{\overrightarrow{P_TP_2}} = \frac{n}{m} \quad \text{bzw.} \quad \overrightarrow{P_1P_T} = \frac{n}{n+m}\,\overrightarrow{P_1P_2} \ .$$

Aus der letzten Gleichung ergibt sich

$$\vec{r}_T - \vec{r}_1 = \frac{n}{n+m}(\vec{r}_2 - \vec{r}_1)$$

und damit

$$\vec{r}_T = \vec{r}_1 + \frac{n}{n+m}(\vec{r}_2 - \vec{r}_1) = \frac{m \cdot \vec{r}_1 + n \cdot \vec{r}_2}{n+m} \qquad (3.15)$$

oder in Komponentenschreibweise

$$x_T = \frac{m \cdot x_1 + n \cdot x_2}{m+n}, \qquad y_T = \frac{m \cdot y_1 + n \cdot y_2}{m+n}, \qquad z_T = \frac{m \cdot z_1 + n \cdot z_2}{m+n} \ . \qquad (3.16)$$

Goldener Schnitt
Proportionen an einem Bauwerk, wie etwa Breite zur Höhe des Gesamtbauwerkes oder auch nur der Fenster, werden dann als besonders ästhetisch empfunden, wenn sie im Verhältnis des Goldenen Schnittes zueinander stehen. Allgemein heißt eine Strecke $\overrightarrow{P_1P_2}$ im *Goldenen Schnitt* geteilt, wenn

$$\frac{n+m}{n} = \frac{n}{m} \qquad (3.17)$$

gilt. Wird $m/n = x$ gesetzt, folgt aus (3.17) die quadratische Gleichung $x^2 + x - 1 = 0$ mit der Lösung $x = \frac{1}{2}(\sqrt{5} - 1)$ und damit $m = \frac{1}{2}(\sqrt{5} - 1)n$. Dieser Wert in (3.15) eingesetzt, ergibt

$$\vec{r}_G = \frac{1}{2}(3 - \sqrt{5}) \cdot \vec{r}_1 + \frac{1}{2}(\sqrt{5} - 1) \cdot \vec{r}_2 \qquad (3.18)$$

In der Praxis wird der Goldene Schnitt oft durch $m : n = 3 : 5$ angenähert.

Richtungswinkel

Im vorigen Abschnitt sind die Richtungswinkel eines Vektors eingeführt worden. Da die gerichtete Strecke ein Vektor ist, kann die Begriffsbildung übertragen werden. Die Richtungswinkel können aus den Skalarprodukten des Vektors $\vec{r}_2 - \vec{r}_1$ und den Einheitsvektoren der Koordinatenachsen berechnet werde. Für den Winkel mit der x-Achse gilt dann

$$(\vec{r}_2 - \vec{r}_1) \cdot e_1 = x_2 - x_1 = d \cdot 1 \cdot \cos \alpha \, .$$

Damit folgen

$$\cos \alpha = \frac{x_2 - x_1}{\sqrt{(x_2 - x_1)^2 + (y_2 - y_1)^2 + (z_2 - z_1)^2}} \, ,$$

$$\cos \beta = \frac{y_2 - y_1}{\sqrt{(x_2 - x_1)^2 + (y_2 - y_1)^2 + (z_2 - z_1)^2}} \, , \qquad (3.19)$$

$$\cos \gamma = \frac{z_2 - z_1}{\sqrt{(x_2 - x_1)^2 + (y_2 - y_1)^2 + (z_2 - z_1)^2}} \, .$$

In Beispiel 2.23 werden diese Richtungswinkel berechnet. Im ebenen Fall sind nur die ersten beiden Winkel zu bestimmen.

Geraden

Eine Gerade ist, wie in Bild 3.19 dargestellt, eindeutig durch einen Punkt P_1 und einen Vektor $\vec{a}$ auf der Geraden bestimmt. Jeder andere Punkt der Geraden ist dann durch

$$\vec{r} = \vec{r}_1 + t \cdot \vec{a} \qquad (3.20)$$

darstellbar. Das ist die Parameterdarstellung einer Geraden. Wird (3.20) komponentenweise aufgeschrieben, diese nach t aufgelöst und dann gleichgesetzt, folgen

$$\frac{x - x_1}{a_1} = \frac{y - y_1}{a_2} \, , \qquad \frac{x - x_1}{a_1} = \frac{z - z_1}{a_3} \, , \qquad \frac{y - y_1}{a_2} = \frac{z - z_1}{a_3} \, . \qquad (3.21)$$

Diese drei linearen Gleichungen stellen jeweils eine Ebene im Raum dar. Es kann gezeigt werden, dass jeweils eine von diesen linear von den anderen beiden abhängt. Zwei Ebenen schneiden sich in der Regel längs einer Geraden. Daher kann eine Geraden im Raum auch durch zwei Ebenen beschrieben werden, die sich längs dieser Geraden schneiden.

In der Ebene entfallen die zweite und dritte Gleichung von (3.21), es bleibt nur eine lineare Gleichung übrig. Wird diese mit a_1 und a_2 multipliziert, wird die allgemeine Form $ax + by = c$ der Geradengleichung in der Ebene erhalten.

Eine Gerade ist durch zwei Punkte P_1 und P_2 eindeutig bestimmt. Es kann dann $\vec{a} = \vec{r}_2 - \vec{r}_1$ gewählt werden und es folgt die Parameterdarstellung $\vec{r} = \vec{r}_1 + t \cdot (\vec{r}_2 - \vec{r}_1)$.

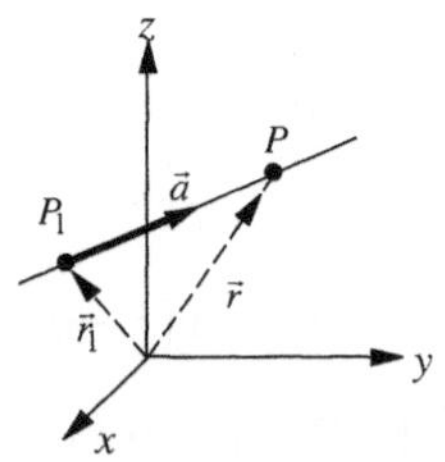

Bild 3.19 Gerade

Beispiel 3.10: *Gerade durch zwei Punkte*

Die Geradengleichung durch $P_1 = (-1,3,0)$ und $P_2 = (4,-1,-2)$ ist aufzustellen. Da $\vec{a} = \vec{r}_2 - \vec{r}_1 = (5,-4,-2)^T$ ist, folgt

$$\vec{r} = \begin{pmatrix} x \\ y \\ z \end{pmatrix} = \vec{r}_1 + t \cdot (\vec{r}_2 - \vec{r}_1) = \begin{pmatrix} -1 \\ 3 \\ 0 \end{pmatrix} + t \begin{pmatrix} 5 \\ -4 \\ -2 \end{pmatrix}. \blacklozenge$$

Beispiel 3.11: *Gerade aus Richtungswinkeln*

Die Gleichung der Geraden ist aufzustellen, die durch den Punkt $P_1 = (2,-1,-2)$ verläuft und dessen Vektor $\vec{a}$ die Richtungswinkel $\alpha = 60°$, $\beta = 60°$ und $\gamma = 135°$ hat. Diese Vorgaben sind zulässig, da $\cos^2 60 + \cos^2 60 + \cos^2 135 = 1$. Der Betrag a von $\vec{a}$ spielt keine Rolle, da $\vec{a}$ nur die Richtung vorgibt. Es werde daher $a = 1$ gewählt. Ist a_1 dann die Projektion von $\vec{a}$ auf die x-Achse, so folgt $a_1 = a \cdot \cos\alpha = \cos\alpha = 0.5$. Analog ergeben sich $a_2 = \cos\beta = 0.5$ und $a_3 = \cos\gamma = -0.707$. Also ist $\vec{a} = (0.5, 0.5, -0.707)^T$. Damit lautet die Geradengleichung

$$\vec{r} = \begin{pmatrix} x \\ y \\ z \end{pmatrix} = \vec{r}_1 + t \cdot \vec{a} = \begin{pmatrix} 2 \\ -1 \\ -2 \end{pmatrix} + t \begin{pmatrix} 0.500 \\ 0.500 \\ -0.707 \end{pmatrix}. \blacklozenge$$

Einige Grundaufgaben, wie die Berechnung des Abstandes eines Punktes von einer Gerade, des Abstandes zweier Geraden, des Schnittpunktes und des Schnittwinkels zweier Geraden, sollen jetzt behandelt werden. Bei genauerer Kenntnis der Vektorrechnung können manchmal direkte Formeln für die zu berechnenden Größen hergeleitet werden. Hier soll jedoch zur Komponentenschreibweise übergegangen werden. Dann ist in der Regel ein lineares Gleichungssystem zu lösen.

Abstand eines Punktes von einer Geraden

Der Abstand d eines Punktes P_2 von einer Geraden $g_1 : \vec{r} = \vec{r}_1 + t\vec{a}$ ist zu berechnen. Dazu wird eine Gerade $g_2 : \vec{r} = \vec{r}_2 + t\vec{b}$ bestimmt, die die gegebene Gerade g_1 im Punkt P_3 senkrecht schneidet. Die Länge der Strecke $\overline{P_2 P_3}$ ist dann der gesuchte Abstand. Da sich g_1 und g_2 senkrecht schneiden sollen, muss es Parameterwerte t_1 und t_2 geben, dass

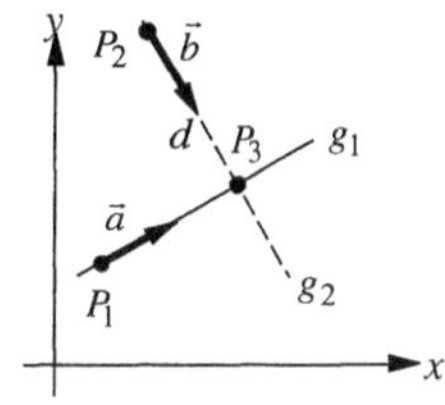

$$\vec{r}_3 = \vec{r}_1 + t_1\vec{a} = \vec{r}_2 + t_2\vec{b} \qquad \text{und} \qquad \vec{a} \cdot \vec{b} = 0$$

Bild 3.20 Abstand

gelten. Außerdem kann, da über den Betrag von $\vec{b}$ nichts angenommen wird, $t_2 = 1$ gewählt werden. Dann ergeben die Gleichungen in Komponentenschreibweise

$$x_1 + t_1 a_1 = x_2 + b_1, \quad y_1 + t_1 a_2 = y_2 + b_2, \quad z_1 + t_1 a_3 = z_2 + b_3, \quad a_1 b_1 + a_2 b_2 + a_3 b_3 = 0. \quad (3.22)$$

Da P_1, P_2 und $\vec{a}$ gegeben sind, ist das ein lineares Gleichungssystem für b_1, b_2 und b_3 sowie t_1. Durch $\vec{r}_3 = \vec{r}_1 + t_1 \vec{a}$ wird dann P_3 erhalten. Damit kann $d = |r_3 - r_2|$ berechnet werden.

Beispiel 3.12: *Abstand*

Es ist der Abstand des Punktes $P_2 = (2, -2, -5)$ von der Geraden

$$g_1 : \vec{r} = \vec{r}_1 + t\vec{a} = \begin{pmatrix} x \\ y \\ z \end{pmatrix} = \begin{pmatrix} 2 \\ 0 \\ 3 \end{pmatrix} + t \begin{pmatrix} -1 \\ 1 \\ -3 \end{pmatrix}$$

zu berechnen. Dazu ist das lineare Gleichungssystem (3.22) zu lösen. Es lautet in diesem Fall

$$
\begin{array}{rcrcrcrcl}
b_1 & & & & & + & t_1 & = & 0 \\
& & b_2 & & & - & t_1 & = & 2 \\
& & & & b_3 & + & 3t_1 & = & 8 \\
-b_1 & + & b_2 & - & 3b_3 & & & = & 0
\end{array}
$$

Die Lösung dieses Systems ergibt $b_1 = -2$, $b_2 = 4$, $b_3 = 2$ und $t_1 = 2$. Damit berechnet sich

$$\vec{r}_3 = \vec{r}_1 + t_1 \vec{a} = (2, 0, 3)^T + 2 \cdot (-1, 1, -3)^T = (0, 2, -3)^T \text{ und } d = |\vec{r}_3 - \vec{r}_2| = \sqrt{24} = 4.899 . \blacklozenge$$

Schnittpunkt zweier Geraden

Der Schnittpunkt zweier Geraden $g_1 : \vec{r} = \vec{r}_1 + t\vec{a}_1$ und $g_2 : \vec{r} = \vec{r}_2 + t\vec{a}_2$ ist zu berechnen. Zwei Geraden im Raum schneiden sich in der Regel nicht. Ist das doch der Fall, gibt es Parameter t_1 und t_2 so, dass $\vec{r}_1 + t_1\vec{a}_1 = \vec{r}_2 + t\vec{a}_2$ gilt. Die beiden Unbekannten t_1 und t_2 lösen also ein lineares Gleichungssystem mit drei Gleichungen. Der Schnittpunkt ist dann $\vec{r}_s = \vec{r}_1 + t_1\vec{a}_1$.

Beispiel 3.13: *Schnittpunkt*

Der Schnittpunkt der Geraden $\vec{r} = (1, 2, -1)^T + t(-2, 1, -3)^T$ und $\vec{r} = (2, 3, 1)^T + t(0, -1.5, -0.5)^T$ ist zu berechnen. Existiert ein Schnittpunkt, gibt es Parameter t_1 und t_2 so, dass $(1, 2, -1)^T + t_1(-2, 1, -3)^T = (2, 3, 1)^T + t_2(0, -1.5, -0.5)^T$ gilt. In Komponentenschreibweise heißt das

$$1 - 2t_1 = 2, \quad 2 + t_1 = 3 - 1.5t_2, \quad -1 - 3t_1 = 1 - 0.5t_2 .$$

Als Lösung dieses Gleichungssystems errechnen sich $t_1 = -0.5$ und $t_2 = 1$. Damit ergibt sich der Schnittpunkt $S = (2, 1.5, 0.5) . \blacklozenge$

Schnittwinkel $\sphericalangle (g_1, g_2)$ zweier Geraden

Der Schnittwinkel zweier Geraden $g_1 : \vec{r} = \vec{r}_1 + t\vec{a}_1$ und $g_2 : \vec{r} = \vec{r}_2 + t\vec{a}_2$ ist zu berechnen. Durch $\vec{a}_1$ und $\vec{a}_2$ sind die Geraden orientiert, so dass als Winkel zwischen den Geraden der Winkel zwischen den Vektoren verstanden wird. Aus dem Skalarprodukt folgt dann

$$\cos \varphi = \frac{\vec{a}_1 \cdot \vec{a}_2}{a_1 \cdot a_2} . \tag{3.23}$$

Diese Gleichung ist zweideutig, unter dem Schnittwinkel der Geraden wird dann der Kleinere der Beiden verstanden. Stehen zwei Geraden aufeinander senkrecht, muss $\vec{a}_1 \cdot \vec{a}_2 = 0$ sein.

Eine Gerade in der Ebene kann wie oben erwähnt durch die allgemeine Form der Geradengleichung $ax + by = c$ oder, wenn die Gerade nicht parallel zur y-Achse verläuft, durch die Normalform $y = ax + b$ beschrieben werden. Dabei wird a in der zweiten Gleichung als Anstieg, bezeichnet und ist nach Bild 3.21 der Tangens des Anstiegswinkels α der Geraden. Mit $x = t$ und damit $y = at + b$ lassen sich diese Gleichungen auch in der vektoriellen Form

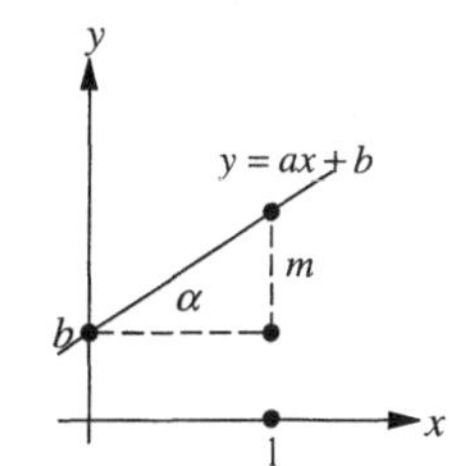

Bild 3.21 Normalform

$$\vec{r} = \begin{pmatrix} x \\ y \end{pmatrix} = \begin{pmatrix} 0 \\ b \end{pmatrix} + t \begin{pmatrix} 1 \\ a \end{pmatrix} = \vec{r}_1 + t\vec{a}$$

schreiben.

Es soll noch einmal auf den Schnittwinkel $\sphericalangle (g_1, g_2)$ zweier Geraden $y = a_1 x + b_1$ und $y = a_2 x + b_2$ in der Ebene eingegangen werden. Aus Bild 3.22 und dem Additionstheorem des Tangens folgt

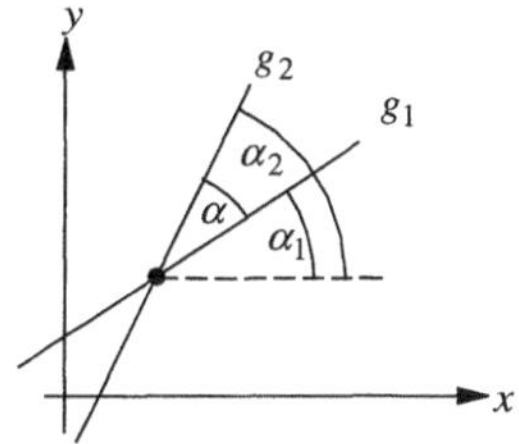

Bild 3.22 Schnittwinkel

$$\tan \alpha = \tan(\alpha_2 - \alpha_1) = \frac{\tan \alpha_2 - \tan \alpha_1}{1 + \tan \alpha_1 \cdot \tan \alpha_2}.$$

Da nicht zwischen $\sphericalangle (g_1, g_2)$ und $\sphericalangle (g_2, g_1)$ unterschieden werden soll, ergibt sich

$$\tan \alpha = \left| \frac{a_2 - a_1}{1 + a_1 \cdot a_2} \right|.$$

Stehen g_1 und g_2 senkrecht aufeinander, gilt $1 + a_1 \cdot a_2 = 0$ oder $a_1 = -\dfrac{1}{a_2}$.

Beispiel 3.14: *Schnittpunkt und Schnittwinkel*
Der Schnittpunkt und der Schnittwinkel zwischen den Geraden $y = -x + 1$ und $y = 0.5x + 2.5$ ist zu berechnen. Beide Gleichungen nach x und y aufgelöst, ergeben den Schnittpunkt $x = -1$ und $y = 2$. Für den Schnittwinkel errechnet sich

$$\alpha = \arctan \frac{0.5 + 1}{1 - 0.5} = \arctan 3 = 71.565°. \blacklozenge$$

3.2.3 Ebenen

Durch einen Punkt P_1 und zwei nicht zueinander parallele Vektoren $\vec{a}$ und $\vec{b}$ wird, wie in Bild 3.23 dargestellt, eine Ebene E definiert. Da der Vektor $\overrightarrow{P_1 P}$ in der durch $\vec{a}$ und $\vec{b}$ aufgespannten Ebene liegt, kann $\overrightarrow{P_1 P}$ durch Addition von Vielfachen der Vektoren $\vec{a}$ und $\vec{b}$

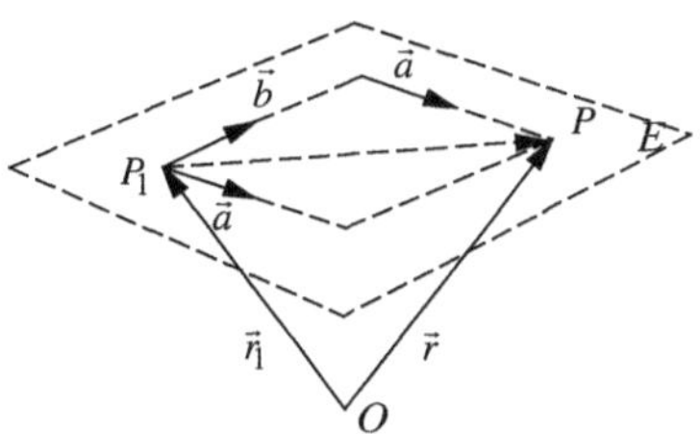

Bild 3.23 Ebenen

additiv dargestellt werden: $\overrightarrow{P_1P} = s \cdot \vec{a} + t \cdot \vec{b}$. Daraus folgt die Parameterdarstellung der Ebene.

$$\vec{r} = \vec{r_1} + s \cdot \vec{a} + t \cdot \vec{b} \ . \tag{3.24}$$

Die Komponenten dieser Gleichung sind

$$x = x_1 + s \cdot a_1 + t \cdot b_1 \ , \ y = y_1 + s \cdot a_2 + t \cdot b_2 \ , \ z = z_1 + s \cdot a_3 + t \cdot b_3 \ . \tag{3.25}$$

Werden die ersten beiden Gleichungen nach s und t aufgelöst und das Ergebnis in die dritte Gleichung eingesetzt, wird ein Ausdruck der Form

$$ax + by + cz = d \tag{3.26}$$

erhalten. (3.26) wird als allgemeine Form der Ebenengleichung bezeichnet. Ist $c \neq 0$, ergibt sich nach Division durch c mit neuen Konstanten die Normalform der Ebenengleichung

$$z = ax + by + c \ . \tag{3.27}$$

Eine Ebene ist durch drei Punkte P_1, P_2 und P_3, die nicht auf einer Geraden liegen, eindeutig bestimmt. Dann können $\vec{a} = \vec{r_2} - \vec{r_1}$ und $\vec{b} = \vec{r_3} - \vec{r_1}$ gewählt werden. Die Ebenengleichung lautet dann nach (3.24)

$$\vec{r} = \vec{r_1} + s \cdot (\vec{r_2} - \vec{r_1}) + t \cdot (\vec{r_3} - \vec{r_1}) \ . \tag{3.28}$$

Beispiel 3.15: *Ebenengleichung*
Die Ebenengleichung durch die Punkte $P_1 = (1,0,0)$, $P_2 = (0,2,0)$ und $P_3 = (0,1,3)$ ist in Parameterdarstellung und in Normalform aufzustellen. Nach (3.28) gilt

$$\vec{r} = (1,0,0)^T + s \cdot (-1,2,0)^T + t \cdot (-1,1,3)^T \quad \text{oder} \quad x = 1 - s - t \ , \ y = 2s + t \ \text{und} \ z = 3t \ . \ \text{Aus den}$$

beiden letzten Gleichungen folgt $t = \frac{1}{3}z$ und $s = \frac{1}{2}y - \frac{1}{6}z$. Damit ergibt sich

$z = -6x - 3y + 6 \ . \blacklozenge$

Eine Ebene kann wie in Bild 3.24 durch einen Punkt P_1 der Ebene und einen Vektor $\vec{n}$, der auf der Ebene senkrecht steht, beschrieben werden. Für alle Punkte P der Ebene steht der Vektor $\vec{r} - \vec{r_1}$ auf $\vec{n}$ senkrecht, es ergibt sich damit eine Ebenengleichung in der Form

$$\vec{n} \cdot (\vec{r} - \vec{r_1}) = 0 \ . \tag{3.29}$$

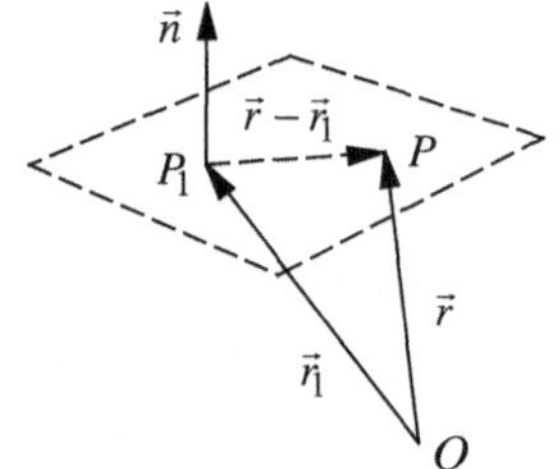

Bild 3.24 Normalenvektor

Der Vektor $\vec{n}$ heißt Normalenvektor und ist nur durch die Richtung festgelegt, jedoch nicht durch Betrag und Richtungssinn. Durch die Wahl des Richtungssinnes von $\vec{n}$ kann eine Ebene orientiert werden. Die Seite der Ebene, in die $\vec{n}$ zeigt, wird als positiv bezeichnet. Auf der positiven Seite werden dann Winkel wieder entgegen dem Uhrzeigersinn positiv gemessen.

Beispiel 3.16: *Normalenvektor*

Für die Ebene aus Beispiel 3.15 ist ein Normalenvektor zu bestimmen. Ein Normalenvektor kann durch das vektorielle Produkt der Vektoren $\vec{a}$ und $\vec{b}$ berechnet werde. Es ergibt sich $\vec{a} \times \vec{b} = (-1, 2, 0)^T \times (-1, 1, 3)^T = (6, 3, 1)^T$. Der Normalenvektor hätte auch aus der allgemeinen Form der Ebenengleichung $6x + 3y + z = 6$ abgelesen werden können. ◆

Abstand eines Punktes von der Ebene

Der (kürzeste) Abstand eines Punktes P_0 von einer Ebene $\vec{n} \cdot (\vec{r} - \vec{r}_1) = 0$ ist zu berechnen. Aus Bild 3.25 ist zu erkennen, dass dieser gleich dem Betrag der Projektion des Vektors $\vec{r}_0 - \vec{r}_1$ auf den Normalenvektor $\vec{n}$ ist.

$$d = \left| (\vec{r}_0 - \vec{r}_1) \cdot e_{\vec{n}} \right| = \frac{1}{n} \left| (\vec{r}_0 - \vec{r}_1) \cdot \vec{n} \right|$$

Dabei ist n der Betrag von $\vec{n}$ und $e_{\vec{n}}$ der Einheitsvektor in Richtung von $\vec{n}$.

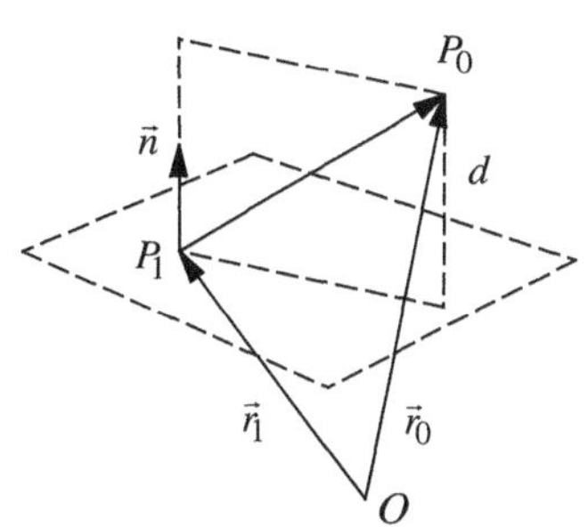

Bild 3.25 Abstand

Beispiel 3.17: *Abstand eines Punktes von einer Ebene*

Der Abstand des Punktes $P_0 = (3, 3, 0)$ von der Ebene des Beispiels 3.15 ist zu berechnen. Da $\vec{r}_0 - \vec{r}_1 = (3, 3, 0)^T - (1, 0, 0)^T = (2, 3, 0)^T$ und nach Beispiel 3.16 $\vec{n} = (6, 3, 1)^T$, errechnet sich $n = \sqrt{46}$ und damit

$$d = \frac{1}{\sqrt{46}} \left| (2, 3, 0) \cdot (6, 3, 1)^T \right| = \frac{21}{\sqrt{46}} = 3.096 \,.$$

Als $\vec{r}_1$ hätte auch jeder andere Punkt der Ebene gewählt werden können. ◆

3.2.4 Kegelschnitte

Die Kegelschnitte Kreis, Ellipse, Hyperbel und Parabel entstehen als Schnittkurven von Ebenen mit einem Doppelkegel. Ein Koordinatensystem soll so gewählt werden, dass die Koordinatenachsen parallel zu den Symmetrieachsen des Kegelschnitts verlaufen. Dann nehmen die Gleichungen der Kegelschnitte Formen an, die man als Normalformen bezeichnet. Im nächsten Abschnitt wird auch der Fall behandelt, dass die Koordinatenachsen nicht parallel zu den Symmetrieachsen verlaufen.

Ellipse

Definition 3.1: *Ellipse*

Eine Ellipse ist der geometrische Ort aller Punkte, die von zwei gegebenen Punkten F_1 und F_2 (Brennpunkte) eine konstante Abstandssumme $2a$ haben. ◆

Der Abstand zwischen F_1 und F_2 sei $2e$. Wird dann ein Koordinatensystem wie in Bild 3.26 gewählt, ergibt sich aus der Definition, dass für einen beliebigen Punkt $P = (x, y)$ der Ellipse

$$\sqrt{(x+e)^2 + y^2} + \sqrt{(x-e)^2 + y^2} = 2a$$

gilt. Wird diese Gleichung quadriert, folgt

$$\sqrt{(x+e)^2 + y^2} \cdot \sqrt{(x-e)^2 + y^2} = 2a^2 - x^2 - y^2 - e^2 .$$

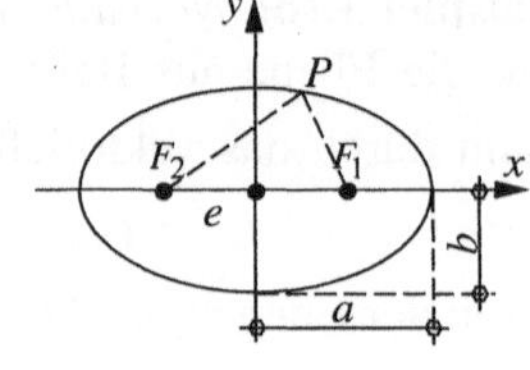

Bild 3.26 Ellipse

Diese Gleichung wieder quadriert ergibt

$$x^2(a^2 - e^2) + y^2 a^2 = a^2(a^2 - e^2) .$$

Wird $a^2 - e^2 = b^2$ gesetzt und durch $a^2 b^2$ dividiert, errechnet sich

$$\frac{x^2}{a^2} + \frac{y^2}{b^2} = 1 . \tag{3.30}$$

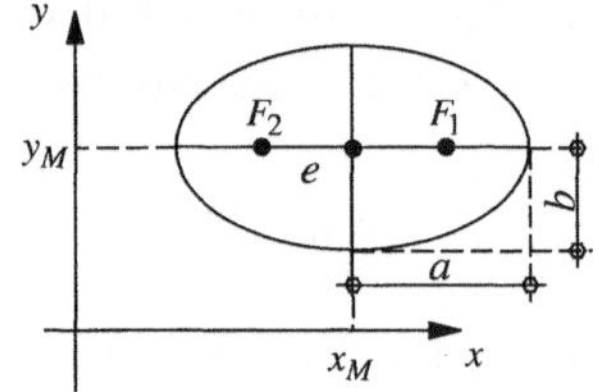

Bild 3.27 Ellipse

Diese Gleichung heißt Normalform der Ellipsengleichung in Mittelpunktslage.

Die Schnittpunkte der Ellipse mit den Achsen werden erhalten, wenn $y = 0$ bzw. $x = 0$ gesetzt wird. Aus (3.30) folgt, dass die Schnittpunkte bei $x = \pm a$ bzw. $y = \pm b$ liegen. Daher werden a und b als Halbachsen bezeichnet. Ist $a = b$, so liegt als Spezialfall ein Kreis vor.

Wird das Koordinatensystem nach Bild 3.27 gewählt, so geht dieses aus dem von Bild 3.26 durch Verschiebung um $\vec{s} = (-x_M, -y_M)$ hervor. Also sind in (3.30) x durch $x - x_M$ und y durch $y - y_M$ zu ersetzen. Die Gleichung der Ellipse lautet dann

$$\frac{(x - x_M)^2}{a^2} + \frac{(y - y_M)^2}{b^2} = 1 . \tag{3.31}$$

Beispiel 3.18: *Kreis*

Die Gleichung des Kreises, der durch die Punkte $P_1 = (0,0)$, $P_2 = (3,1)$ und $P_3 = (-1,5)$ verläuft, ist zu berechnen. Die Ellipse wird zu einem Kreis mit dem Radius r, wenn $a = b = r$ ist. Die Gleichung des Kreises lautet dann

$$(x - x_M)^2 + (y - y_M)^2 = r^2 .$$

Die drei Punkte in die Kreisgleichung eingesetzt ergeben

$$x_M^2 \qquad + y_M^2 \qquad = r^2 ,$$

$$(3 - x_M)^2 \quad + (1 - y_M)^2 \quad = r^2 ,$$

$$(-1 - x_M)^2 \quad + (5 - y_M)^2 \quad = r^2 .$$

Durch ausmultiplizieren und subtrahieren der ersten Gleichung von den beiden anderen folgt

$$6x_M + 2y_M = 10 \quad \text{bzw.} \quad 2x_M - 10y_M = -26 \,.$$

Daraus errechnen sich

$$x_M = \frac{3}{4} \quad \text{bzw.} \quad y_M = \frac{11}{4} \quad \text{und} \quad r^2 = x_M^2 + y_M^2 = \frac{65}{8} \,.$$

Die Kreisgleichung lautet dann

$$\left(x_M - \frac{3}{4}\right)^2 + \left(y_M - \frac{11}{4}\right)^2 = \frac{65}{8} \,. \blacklozenge$$

Hyperbel

Definition 3.2: *Hyperbel*
Eine Hyperbel ist der geometrische Ort aller Punkte, die von zwei gegebenen Punkten F_1 und F_2 (Brennpunkte) eine konstante Abstandsdifferenz $2a$ haben. $\blacklozenge$

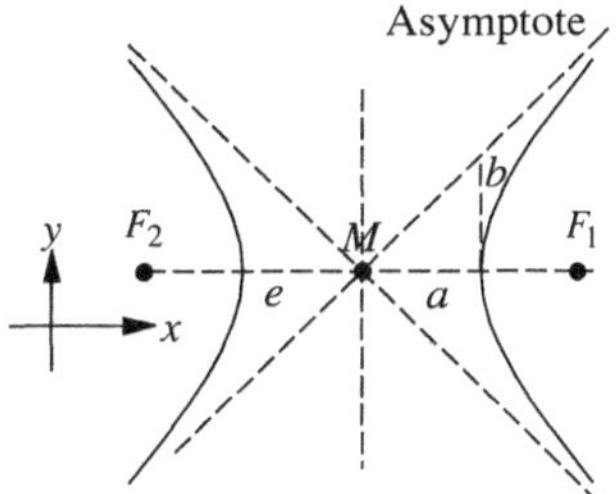

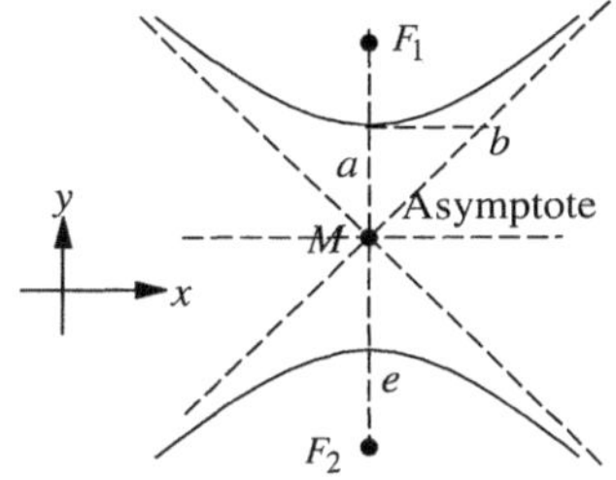

Bild 3.28 Hyperbel							**Bild 3.29** Hyperbel

Der Abstand zwischen F_1 und F_2 sei wieder $2e$. Wird dann $e^2 - a^2 = b^2$ gesetzt und ein Koordinatensystem wie in Bild 3.28 gewählt, ergibt sich aus der Definition analog wie bei der Ellipse, dass für einen beliebigen Punkt $P = (x, y)$ der Hyperbel die Gleichung

$$\frac{(x - x_M)^2}{a^2} - \frac{(y - y_M)^2}{b^2} = 1 \tag{3.32}$$

gilt. (3.32) heißt die Normalform der Hyperbelgleichung. Geometrisch bedeutet a die Entfernung des Mittelpunktes zu einem Scheitelpunkt. Hyperbeln besitzen außerdem zwei Geraden, die sich für große bzw. kleine Werte von x immer mehr den Hyperbelbögen annähern. Diese heißen Asymptoten und sind in Bild 3.28 gestrichelt dargestellt. Ihre Gleichungen sind

$$y - y_0 = \pm \frac{b}{a}(x - x_0) \,. \tag{3.33}$$

Liegt die Hyperbel dagegen wie in Bild 3.29 abgebildet, lauten die Gleichungen

$$\frac{(y-y_M)^2}{a^2} - \frac{(x-x_M)^2}{b^2} = 1, \tag{3.34}$$

$$y - y_0 = \pm\frac{a}{b}(x - x_0). \tag{3.35}$$

Beispiel 3.19: *Hyperbel*

Der Kegelschnitt, der durch die Gleichung $y^2 - 2x^2 - 2y - 8x - 11 = 0$ gegeben ist, soll bestimmt werden. Durch quadratische Ergänzung errechnet sich

$$-2x^2 - 8x = -2(x^2 + 4x) = -2(x+2)^2 + 8 \quad \text{und} \quad y^2 - 2y = (y-1)^2 - 1.$$

Das in die Gleichung eingesetzt, ergibt

$$(y-1)^2 - 1 - 2(x+2)^2 + 8 - 11 = 0.$$

Nach Zusammenfassen und Division durch 4 folgt

$$\frac{(y-1)^2}{4} - \frac{(x+2)^2}{2} = 1.$$

Es liegt also eine Hyperbel der zweiten Art mit dem Mittelpunkt in $(x_M, y_M) = (-2, 1)$ vor. ♦

Parabel

Definition 3.3: *Parabel*
Eine Parabel ist der geometrische Ort aller Punkte, die von einer gegebenen Geraden (Leitlinie) und einem Punkt F (Brennpunkt) gleichen Abstand haben. ♦

Hat der Scheitelpunkt nach Bild 3.30 die Koordinaten $S = (x_S, y_S)$ und ist p der Abstand des Brennpunktes von der Leitlinie, so muss für einen beliebigen Punkt $P = (x, y)$ der Parabel gelten

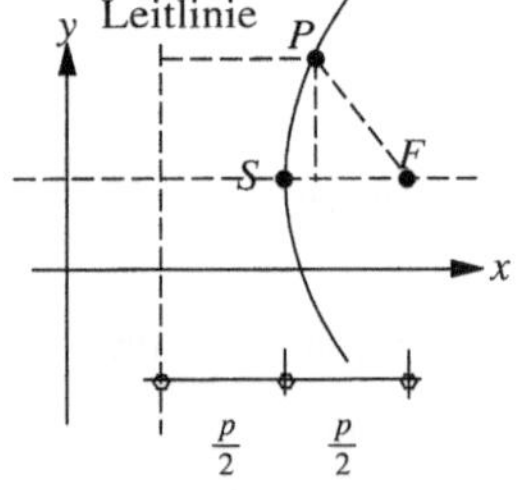
Bild 3.30 Parabel

$$\left(\frac{p}{2} + (x - x_S)\right)^2 = \left(\frac{p}{2} - (x - x_S)\right)^2 + (y - y_S)^2.$$

Wird das ausmultipliziert, folgt daraus die Normalform der Parabelgleichung

$$(y - y_S)^2 = 2p(x - x_S). \tag{3.36}$$

Rotationsflächen

Drehen sich Kegelschnitte in Mittelpunktslage um eine der Koordinatenachsen, entstehen Flächen, die als Rotationsflächen bezeichnet werden.

Ellipse	*Rotationsellipsoid*
Hyperbel (1. Art)	*zweischaliges Rotationshyperboloid* (Rotation um x-Achse)
Hyperbel (1. Art)	*einschaliges Rotationshyperboloid* (Rotation um y-Achse)
Parabel	*Rotationsparaboloid* (Rotation um x-Achse)

3.2.5 Kurven zweiter Ordnung

Kurven, die durch eine Gleichung

$$a_{11}x^2 + 2a_{12}xy + a_{22}y^2 + b_1 x + b_2 y + c = 0 \tag{3.37}$$

definiert sind, werden als Kurven zweiter Ordnung bezeichnet. Es sind vor allem wieder die Kegelschnitte, die durch (3.37) beschrieben werden. Was für ein Kegelschnitt vorliegt, kann aus den Koeffizienten abgeleitet werden. Dazu wird das Koordinatensystem so gedreht, dass die Gleichung in dem gedrehten System kein gemischtes Glied $x'y'$ enthält. Anschließend kann die Gleichung durch quadratische Ergänzung in die Normalform eines der Kegelschnitte überführt werden.

Zuerst ist also der Winkel zu berechnen, um den das Koordinatensystem zu drehen ist, damit das gemischte Glied verschwindet. Um die Rechnung zu verkürzen, werden nur die quadratischen Anteile betrachtet, da die anderen an dem gesuchten Winkel keinen Anteil haben. Die einzelnen Rechenschritte sind stichpunktartig aufgeführt.

1. Transformation: $\quad x = x'\cos\varphi - y'\sin\varphi \quad , \quad y = x'\sin\varphi + y'\cos\varphi$.

2. Quadratische Anteile der Kurve:

$$a_{11}\left(x'\cos\varphi - y'\sin\varphi\right)^2 + 2a_{12}\left(x'\cos\varphi - y'\sin\varphi\right)\left(x'\sin\varphi + y'\cos\varphi\right) + a_{22}\left(x'\sin\varphi + y'\cos\varphi\right)^2$$

3. Ausmultipliziert und zusammengefasst:

$$(a_{11}\cos^2\varphi + 2a_{12}\sin\varphi\cos\varphi + a_{22}\sin^2\varphi)x'^2 + (a_{11}\sin^2\varphi - 2a_{12}\sin\varphi\cos\varphi + a_{22}\cos^2\varphi)y'^2$$
$$+(-2a_{11}\cos\varphi\sin\varphi + 2a_{22}\sin\varphi\cos\varphi + 2a_{12}\cos^2\varphi - 2a_{12}\sin^2\varphi)x'y'$$

4. φ so wählen, dass das gemischte Glied verschwindet:

$$-2a_{11}\cos\varphi\sin\varphi + 2a_{22}\sin\varphi\cos\varphi + 2a_{12}\cos^2\varphi - 2a_{12}\sin^2\varphi = 0.$$

5. Doppelwinkelsätze für die Sinus- und Kosinusfunktion anwenden:

$$-a_{11}\sin 2\varphi + a_{22}\sin 2\varphi + 2a_{12}\cos 2\varphi = 0.$$

6. Division durch $\cos 2\varphi$:

$$\tan 2\varphi = \frac{2a_{12}}{a_{11} - a_{22}}. \tag{3.38}$$

Eine Drehung des Koordinatensystems um einen Winkel φ, der (3.38) erfüllt, wird als Hauptachsentransformation bezeichnet.

Beispiel 3.20: *Ellipse*
Durch $x^2 + xy + y^2 = 2$ ist ein Kegelschnitt gegeben. Der Kegelschnitt ist zu bestimmen und zu skizzieren. Aus (3.38) folgt

$$\tan 2\varphi = \frac{2a_{12}}{a_{11} - a_{22}} \text{ und damit } \varphi = 45°(225°).$$

Die Transformationsformeln (3.11) für $\varphi = 45°$ lauten

$$x = \tfrac{1}{2}\sqrt{2}(x' - y') \text{ und } y = \tfrac{1}{2}\sqrt{2}(x' + y').$$

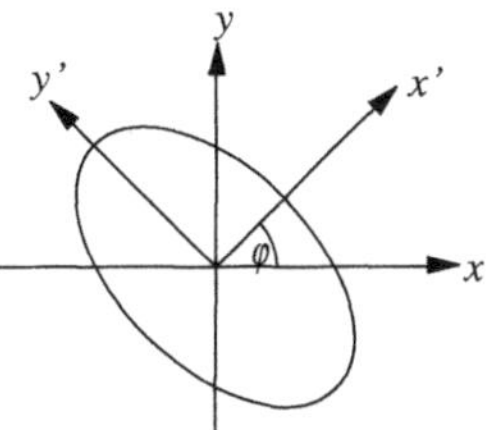

Bild 3.31 Ellipse

Diese in die Ausgangsgleichung eingesetzt, ergeben die Ellipsengleichung

$$\frac{3}{2}x'^2 + \frac{1}{2}y'^2 = 2 \quad \text{bzw.} \quad \frac{x'^2}{\frac{4}{3}} + \frac{y'^2}{4} = 1 \,.$$

Die Ellipse ist in Bild 3.31 dargestellt. ◆

Beispiel 3.21: *Hyperbel*

Durch $x^2 + 11y^2 - 10\sqrt{3}xy + 16 = 0$ ist ein Kegelschnitt gegeben. Der Kegelschnitt ist zu bestimmen und zu skizzieren.

Aus (3.38) folgt $\tan 2\varphi = \dfrac{-10\sqrt{3}}{1-11} = \sqrt{3}$ und damit

$\varphi = 30°(120°)$. Die Transformationsformeln für $\varphi = 30°$ lauten

$$x = \tfrac{1}{2}(\sqrt{3}x' - y') \quad \text{und} \quad y = \tfrac{1}{2}(x' + \sqrt{3}y') \,.$$

Diese in die Ausgangsgleichung eingesetzt, ergeben die Hyperbelgleichung $\dfrac{x'^2}{4} - y'^2 = 1$. Die Hyperbel ist in Bild 3.32 dargestellt. ◆

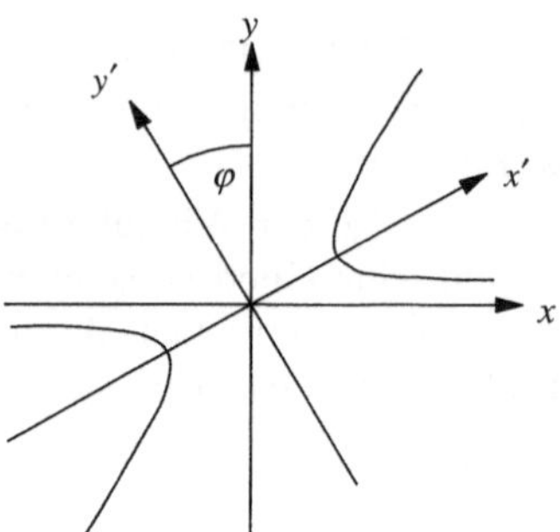

Bild 3.32 Hyperbel

3.2.6 Kurven in Maple

Maple ist in der Lage Kurven in allen drei Darstellungsformen zu plotten. Die `plot`-Anweisung lässt eine Vielzahl von Optionen zu, von denen hier nur „`scaling=constrained`" erwähnt sein soll. Die Option bedeutet, dass die Einheiten auf den beiden Achsen gleich gewählt werden. Die Voreinstellungen für das Fenster, in dem die Kurve dargestellt wird, entsprechen oft nicht den Wünschen des Anwenders, sie können jedoch durch Angabe von `x=a..b` und `y=c..d` individuell gewählt werden. Oft muss mit verschiedenen Bereichen experimentiert werden, um das Wesentliche der Kurven darzustellen.

Syntax

explizite Form (kartesische Koordinaten)	`>plot(f(x),x=a..b,y=c..d);`
implizite Form	`>implicitplot(F(x,y),x=a..b,y=c..d);`
Parameterform	`>plot([x(t),y(t),t=u..v]);`
explizite Form (Polarkoordinaten)	`>polarplot(r(phi),phi=u..v);`

Beispiele

```
>with(plots);
```

1. $y = x^3 - x^2 - 7x + 5$

```
>plot(x^3-x^2-7*x+5,x=-3..4);
```

2. $x^3 + y^3 - 3xy = 0$

```
>implicitplot(x^3+y^3-3*x*y,x=-2..2,y=-2..2);
```

3. $x = t^2, y = t^3$

```
>plot([t^2,t^3,t=-1..1],scaling=constrained);
```

4. $r = 0.2 \cdot \varphi$

```
>polarplot(0.2*phi,phi=0..10,scaling=constrained);
```

Die vier Beispiele ergeben die folgenden vier Graphen:

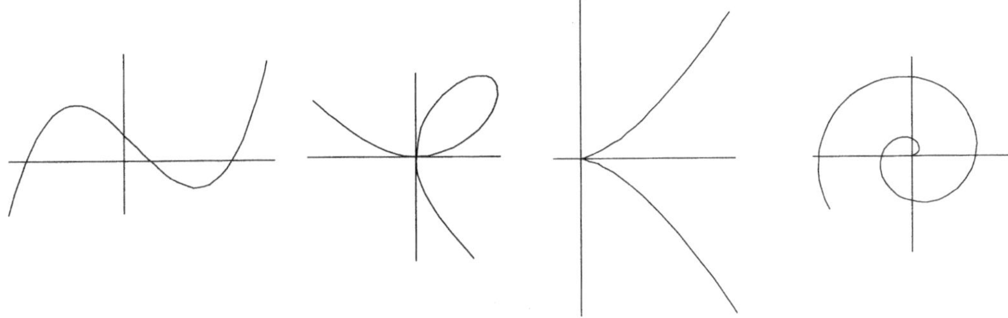

3.2.7 Übungsaufgaben

3.9: In einem kartesischen Koordinatensystem sind die Punkte $P_1 = (-2.5, 3.2, 1)$ und $P_2 = (1.7, 3, -1)$ gegeben. Die Punkte, welche die Strecke $\overline{P_1 P_2}$

a) in der Mitte,
b) im Verhältnis 4:7 und
c) im Goldenen Schnittteil, sind zu berechnen.

3.10: Die Geradengleichungen in der Ebene sind aufzustellen
a) durch $P_1 = (1.5, 3)$ und $P_2 = (-3.6, -2.5)$,
b) durch $P_1 = (3.4, 1.5)$ mit dem Anstieg $m = -3$,
c) durch $P_1 = (-2, 1.7)$ und dem Anstiegswinkel $\alpha = 30°$.

3.11: Die Geradengleichungen im Raum sind aufzustellen
a) durch $P_1 = (3, -1, 2)$ und $P_2 = (-2, 0, 3)$,
b) durch $P_1 = (-3, -1, 3)$ mit den Anstiegswinkeln $\alpha = 30°$, $\beta = 100°$ und $\gamma = 62.04°$.

3.12: Gegeben sind in der Ebene eine Gerade $g: y = -2.8x + 1.3$ und ein Punkt $P_1 = (3, 2.7)$. Es ist der Abstand des Punktes P_1 von der Geraden g zu berechnen.

3.13: Gegeben sind im Raum eine Gerade $g: \vec{r} = (-1, 1, 0)^T + t(2, -3, 1)^T$ und ein Punkt $P_1 = (3, 2.7, 0)$. Es ist der Abstand des Punktes P_1 von der Geraden g zu berechnen.

3.14: Der Winkel $\sphericalangle(g_1, g_2)$, unter dem sich die Geraden $g_1 : y + 2x = -3$ und $g_2 : -2y + 5x = 2$ schneiden, ist zu berechnen.

3.15: Ein Kühlturm habe die Form eines Rotationshyperboloids, d.h. die Form eines Körpers, der durch Rotation einer Hyperbel entsteht. Die Gleichung der Hyperbel ist mit den Angaben der Skizze zu berechnen.

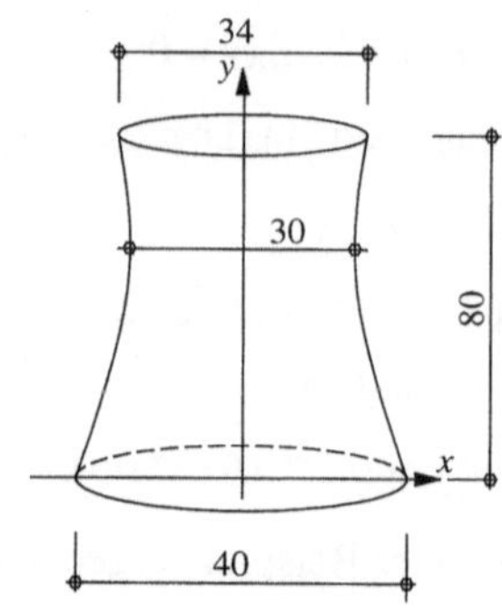

3.16: Durch die drei Punkte $P_1 = (1,1,1)$, $P_2 = (1,-2,0)$ und $P_3 = (0,5,-3)$ ist eine Ebene im Raum gegeben. Stellen Sie die Ebenengleichung auf und berechnen Sie den Abstand des Punktes $P_0 = (3,-2,2)$ von dieser Ebene.

3.17: Die Normalformen der Kegelschnitte sind zu berechnen.

a) $3x^2 + 2y^2 + 6x - 8y + 5 = 0$ b) $x^2 - 2y^2 - 8y - 12 = 0$

c) $x^2 - 6x + y^2 + 10y + 9 = 0$ d) $4x^2 + 3xy + 2y^2 - 1 = 0$

3.3 Anwendungen

Die Durchbiegung eines Balkens hängt ganz wesentlich von seiner *Querschnittfläche* ab, die durch den *Flächeninhalt A*, die *Schwerpunktkoordinaten* x_S und y_S sowie die *Flächenmomente zweiten Grades* I_y, I_z und I_{yz} charakterisiert wird. Die Berechnung erfolgt meist so, dass die Fläche in Teilflächen zerlegt wird, deren Querschnittswerte bekannt sind oder einfach berechnet werden können. Bei krummlinig begrenzten Flächenstücken muss auf die Integralrechnung zurückgegriffen werden. Auf diesen Aspekt wird ausführlich im Abschnitt 6.6 eingegangen. Hier sollen Formeln angegeben werde, wie im Spezialfall der *gradlinig begrenzten Flächenstücke* die Querschnittswerte aus den Koordinaten der Begrenzungspunkte berechnet werden können.

Querschnittswerte gradlinig begrenzter Flächenstücke

Es werden gradlinig begrenzte Flächenstücke, wie in Bild 3.33 dargestellt, betrachtet, die durch Angabe ihrer Eckpunkte gegeben sind. Nach den folgenden Formeln können dann die Querschnittswerte bezogen auf ein gewähltes Koordinatensystem berechnet werden. Es soll dabei das in der Festigkeitslehre übliche yz-Koordinatensystem verwendet werden. Es entspricht dem in Beispiel 3.4 dargestellten System.

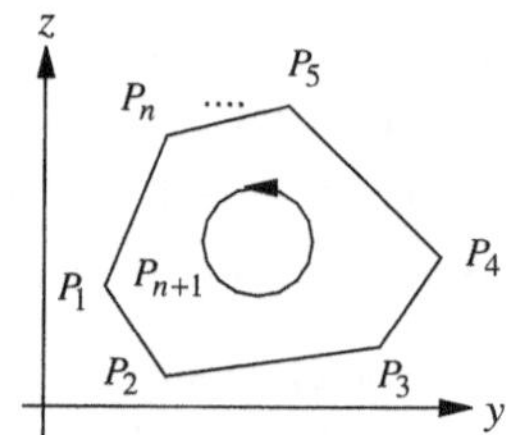

Bild 3.33 Querschnitt

$$A = \frac{1}{2} \sum_{i=1}^{n} (y_i \cdot z_{i+1} - y_{i+1} \cdot z_i) \tag{3.39}$$

$$y_s = \frac{1}{6A} \sum_{i=1}^{n} (y_i \cdot z_{i+1} - y_{i+1} \cdot z_i)(y_i + y_{i+1}) \tag{3.40}$$

$$z_s = \frac{1}{6A}\sum_{i=1}^{n}(y_i \cdot z_{i+1} - y_{i+1} \cdot z_i)(z_i + z_{i+1}) \tag{3.41}$$

$$I_y = \frac{1}{12}\sum_{i=1}^{n}(y_i \cdot z_{i+1} - y_{i+1} \cdot z_i)(z_i^2 + z_i z_{i+1} + z_{i+1}^2) \tag{3.42}$$

$$I_z = \frac{1}{12}\sum_{i=1}^{n}(y_i \cdot z_{i+1} - y_{i+1} \cdot z_i)(y_i^2 + y_i y_{i+1} + y_{i+1}^2) \tag{3.43}$$

$$I_{yz} = \frac{1}{24}\sum_{i=1}^{n}(y_i \cdot z_{i+1} - y_{i+1} \cdot z_i)(2y_i z_i + y_i z_{i+1} + y_{i+1}z_i + 2y_{i+1}z_{i+1}) \tag{3.44}$$

Es ist zu beachten, dass die Eckpunkte so zu numerieren sind, dass die Fläche links der Verbindungsgeraden liegt und $P_{n+1} = P_1$ zu wählen ist. Bei Flächen mit Aussparungen ist die Fläche längs der Verbindungsstrecke zwischen zwei geeigneten Eckpunkten aufzuschneiden.

Besondere Bedeutung haben die Querschnittswerte bezogen auf die *Schwerachsen* und die *Hauptachsen*. Unter Schwerachsen werden Koordinatenachsen verstanden, die durch den Schwerpunkt verlaufen. Die Schwerachsen heißen Hauptachsen, wenn $I_{yz} = 0$ ist. Die Flächenträgheitsmomente bezogen auf die Schwerachsen, können mit Hilfe der *Steinerschen Sätze* berechnet werden.

Steinersche Sätze

Es werde eine Fläche betrachtet, von welcher der Flächeninhalt A, die Koordinaten des Schwerpunktes $S = (y_S', z_S')$ und die Flächenträgheitsmomente $I_{y'}$, $I_{z'}$ und $I_{y'z'}$ bezogen auf ein $y'z'-$Koordinatensystem bekannt sind. Sollen die Trägheitsmomente auf das yz-Koordinatensystem durch den Schwerpunkt berechnet werden, so muss in den Formeln (3.42) - (3.44) die Koordinatentransformation

$$y = y' - y_s', \quad z = z' - z_s'$$

vorgenommen werden. Nach einiger Rechnung folgen dann

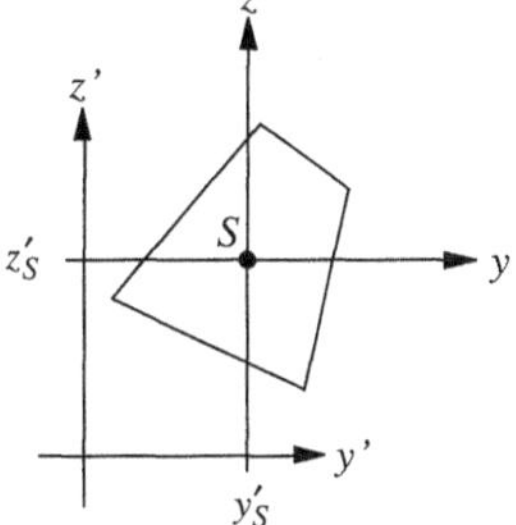

Bild 3.34 Steinerscher Satz

$$I_y = I_{y'} - z_s'^2 A, \tag{3.45}$$

$$I_z = I_{z'} - y_s'^2 A, \tag{3.46}$$

$$I_{yz} = I_{y'z'} - y_s' z_s' A. \tag{3.47}$$

Diese Formeln werden als Steinersche Sätze bezeichnet.

Hauptachsen

Jetzt sollen die Momente bezogen auf die Hauptachsen berechnet werden. Dazu sind die Schwerachsen so um einen Winkel φ zu drehen, dass $I_{\overline{yz}}$ verschwindet. Das wird nach Formel (3.11) durch eine Koordinatentransformation

$$y = \overline{y}\cos\varphi - \overline{z}\sin\varphi\,, \qquad z = \overline{y}\sin\varphi + \overline{z}\cos\varphi$$

erreicht. Werden die Transformationsformeln in (3.42) - (3.44) eingesetzt, folgt nach einiger Rechnung

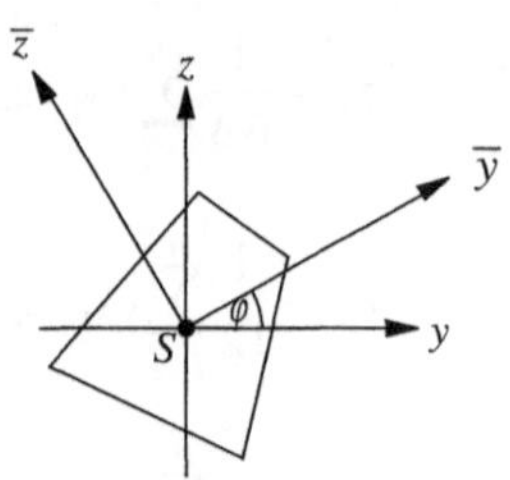
Bild 3.35 Hauptachsen

$$I_{\overline{y}} = \frac{I_y + I_z}{2} + \frac{I_y - I_z}{2}\cos 2\varphi - I_{yz}\sin 2\varphi \tag{3.48}$$

$$I_{\overline{z}} = \frac{I_y + I_z}{2} - \frac{I_y - I_z}{2}\cos 2\varphi + I_{yz}\sin 2\varphi \tag{3.49}$$

$$I_{\overline{yz}} = \frac{1}{2}(I_y - I_z)\sin 2\varphi + I_{yz}\cos 2\varphi \tag{3.50}$$

Aus (3.48) und (3.50) folgt

$$\left(I_{\overline{y}} - \frac{I_y + I_z}{2}\right)^2 + I_{\overline{yz}}^2 = \left(\frac{I_y - I_z}{2}\right)^2 + I_{yz}^2\,. \tag{3.51}$$

Werden die Variablen $I_{\overline{y}}$ und $I_{\overline{yz}}$ als Achsen eines rechtwinkligen Koordinatensystem wie in Bild 3.36 gewählt, ist (3.51) die Gleichung eines Kreises, des MOHRschen Kreises, mit dem Mittelpunkt

$$x_M = \frac{I_y + I_z}{2},\ y_M = 0$$

und dem Radius

$$r^2 = \left(\frac{I_y - I_z}{2}\right)^2 + I_{yz}^2\,.$$

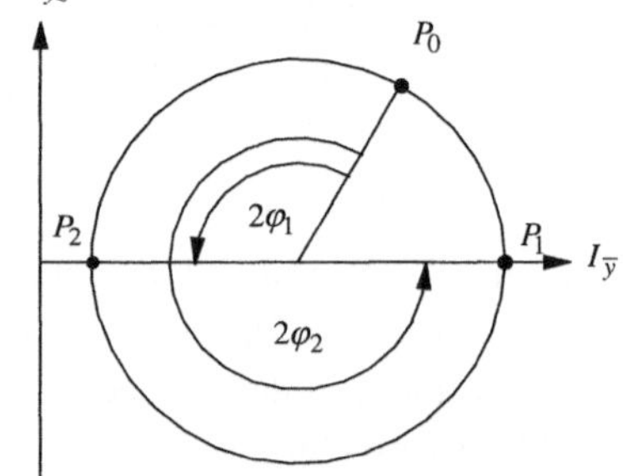
Bild 3.36 Mohrscher Kreis

Gilt $\varphi = 0$, so ist $I_{\overline{y}} = I_y$ und $I_{\overline{yz}} = I_{yz}$. Daher entspricht der Punkt $P_0 = (I_y, I_{xy})$ dem Winkel $\varphi = 0$. Für jeden anderen Winkel φ sind dann von P_0 aus gemessen die Trägheitsmomente auf dem Kreis ablesbar. Insbesondere ist zu erkennen, dass zwei Extremwerte von $I_{\overline{y}}$ in den Punkten P_1 und P_2 auftreten. In diesen Fällen ist $I_{\overline{yz}} = 0$.

Die Koordinatenachsen, für die $I_{\overline{yz}}$ verschwindet, werden als Hauptachsen bezeichnet. Die entsprechenden Winkel können nach Division durch $\cos 2\varphi$ aus (3.50) rechnerisch ermittelt werden. Es folgt

$$\tan 2\varphi = \frac{2I_{yz}}{I_z - I_y}. \tag{3.52}$$

Beispiel 3.22: *Schnittgrößen*

Es soll ein Dreieck mit den Eckpunktkoordinaten $P_1 = (0,0)$, $P_2 = (5,1)$ und $P_3 = (2,4)$ betrachtet werden. Die Berechnung der Schnittgrößen erfolgt nach den Formeln (3.39) - (3.44) in der folgenden Tabelle. In der Tabelle ist jeder Schnittgröße eine Spalte zugeordnet. In den numerierten Zeilen stehen die jeweiligen Summanden, welche die Summe bilden, die in den Formeln (3.39) - (3.44) enthalten sind. In der vorletzten Zeile stehen dies Summen und in der letzten Zeile die berechneten Werte der Schnittgrößen. Die Glieder $y_i z_{i+1} - y_{i+1} z_i$ werden abkürzend als d bezeichnet.

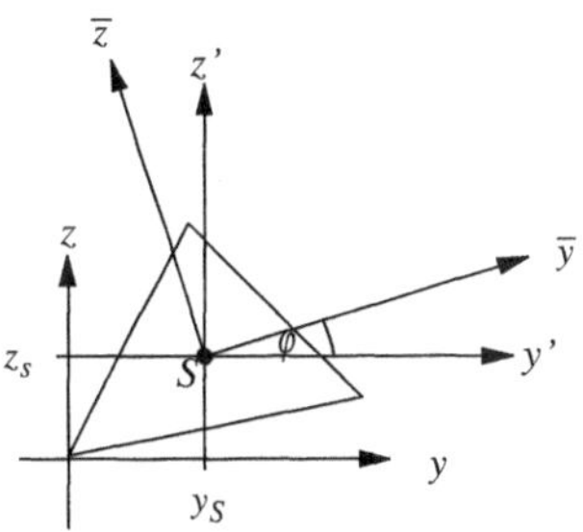

Bild 3.37 Dreieck

Tabelle 3.2 Schnittgrößen

i	y_i	z_i	d	y'_S	z'_S	$I_{y'}$	$I_{z'}$	$I_{y'z'}$
1	0	0	0	0	0	0	0	0
2	5	1	18	126	90	378	702	864
3	2	4	0	0	0	0	0	0
4	0	0						
$\sum$			18	126	90	378	702	864
Schnittgrößen:			$A = 9$	2.333	1.667	31.5	58.5	36

Für die Schwerachsen folgen dann aus den Steinerschen Sätzen (3.45) - (3.47):

$$I_y = I_{y'} - z_S'^2 A = 6.5 \,,$$

$$I_z = I_{z'} - y_S'^2 A = 9.5 \,,$$

$$I_{yz} = I_{y'z'} - y_S' z_S' A = 1 \,.$$

Der Drehwinkel φ errechnet sich zu $16.85°$. Daraus folgen die Flächenträgheitsmomente bezogen auf die Hauptachsen:

$$I_{\bar{y}} = \frac{I_y + I_z}{2} + \frac{I_y - I_z}{2} \cos 2\varphi - I_{yz} \sin 2\varphi = 6.197 \,,$$

$$I_{\bar{z}} = \frac{I_y + I_z}{2} - \frac{I_y - I_z}{2} \cos 2\varphi + I_{yz} \sin 2\varphi = 9.803 \,,$$

$$I_{\overline{yz}} = \frac{1}{2}(I_y - I_z) \sin 2\varphi + I_{yz} \cos 2\varphi = 0 \,. \blacklozenge$$

4 Funktionen

Die Dehnungen (Längenänderung/Länge) ε von Stäben sind von den Spannungen (Kraft/Fläche) σ abhängig. Die Dehnungen sind eine *Funktion* der Spannungen. Für Spannungen, die kleiner als die Proportionalitätsgrenze σ_P sind, ist die Funktion *linear*, d.h. es gibt einen Proportionalitätsfaktor E so, dass $E \cdot \varepsilon = \sigma$ gilt. Diese Formel wird als *HOOKEsches Gesetz* bezeichnet, E heißt Elastizitätsmodul. Es ist nur gültig, wenn $0 \le \sigma \le \sigma_P$.

Da solche Abhängigkeiten zwischen unterschiedlichen Größen sehr häufig auftreten, ist der Funktionsbegriff einer der Wichtigsten in der Mathematik.

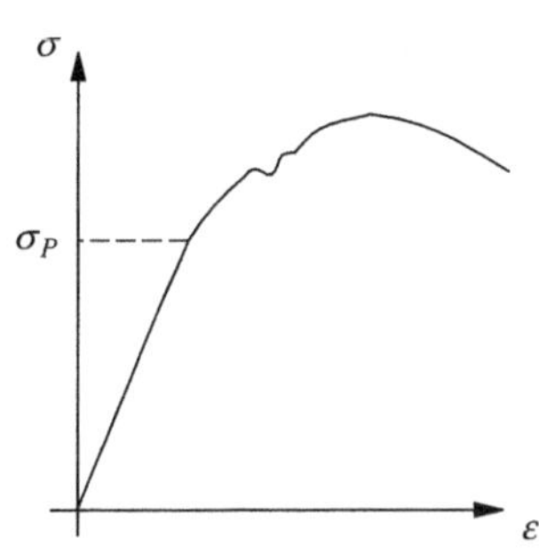

Bild 4.1 Hookesches Gesetz

4.1 Allgemeines

4.1.1 Funktion und Umkehrfunktion

Der Funktionsbegriff

Definition 4.1: *Funktion*
Eine Funktion f ist eine Vorschrift, die jedem Element einer Teilmenge der reellen Zahlen *eindeutig* wieder eine reelle Zahl zuordnet. Die erwähnte Teilmenge heißt der *Definitionsbereich* D_f und die Menge der zugeordneten Zahlen der *Wertebereich* W_f der Funktion. Symbolisch wird für diesen Sachverhalt $f : x \to y$, oder $y = f(x)$ geschrieben. x wird als *unabhängige* und y als *abhängige* Variable bezeichnet. ♦

Eine Funktion kann durch einen *analytischen Ausdruck* aber auch durch eine *Tabelle*, einen *Graphen* oder eine *verbale Beschreibung* gegeben sein. In DIN-Vorschriften findet man oft Wertetabellen oder Graphen, aus denen Werte gelesen werden müssen. In diesen Fällen liegt entweder kein analytischer Ausdruck vor, da die Werte experimentell gefunden wurden, oder er ist zu kompliziert.

Die Eindeutigkeit der Zuordnung und die Angabe des Definitionsbereiches sind die entscheidenden Punkte der Funktionsdefinition. Daher ist durch $y^2 = x$ auch keine Funktion gegeben, denn jedem positiven x-Wert werden die zwei y-Werte

$$y_1 = \sqrt{x} \qquad \text{und} \qquad y_2 = -\sqrt{x}$$

zugeordnet.

Definitionsbereich

Ist eine Funktion durch einen analytischen Ausdruck gegeben, so wird unter dem *Definitionsbereich* meist die Menge *aller* x-Werte, für die der analytische Ausdruck berechenbar ist, verstanden. Jede Teilmenge dieses größtmöglichen Bereiches ist jedoch auch ein möglicher Definitionsbereich. Manchmal ist es notwendig oder auch nur sinnvoll den Definitionsbereich einzuschränken. Bei den Umkehrfunktionen beispielsweise muss das manchmal getan werden. Bei Anwendungsaufgaben ergeben bestimmte x-Werte oft praktisch keinen Sinn, obwohl die Funktionen dort definierbar sind. In diesen Fällen werden diese Werte aus den Definitionsbereichen ausgeschlossen. Wird beispielsweise die Momentenfunktion aus Beispiel 3.5 betrachtet, so hat diese nur längs des Trägers einen Sinn. Als Definitionsbereich sollte dann $D_f = [0, l]$ gewählt werden.

Für spätere Betrachtungen ist es wichtig, dass eine Funktion nicht nur in einzelnen Punkten, sondern in ganzen Intervallen definiert ist. Intervalle sind Mengen reeller Zahlen:

$$\textit{offenes Intervall} \qquad (a,b) = \left\{ x \,\middle|\, a < x < b \right\}, \tag{4.1}$$

$$\textit{abgeschlossenes Intervall} \qquad [a,b] = \left\{ x \,\middle|\, a \le x \le b \right\}, \tag{4.2}$$

$$\textit{halboffenes Intervall} \qquad [a,b) = \left\{ x \,\middle|\, a \le x < b \right\} \quad \text{oder} \quad (a,b] = \left\{ x \,\middle|\, a < x \le b \right\}. \tag{4.3}$$

Die zu einem Punkt x_0 mit beliebigen Zahlen δ gehörenden Intervalle

$$U(x_0) = (x_0 - \delta, x_0 + \delta), \; U^+(x_0) = (x_0, x_0 + \delta) \; \text{und} \; U^-(x_0) = (x_0 - \delta, x_0)$$

werden als Umgebung, rechtsseitige und linksseitige Umgebung von x_0 bezeichnet. Ein Punkt x_0 heißt innerer bzw. äußerer Punkt des Definitionsbereiches, wenn es eine Umgebung $U(x_0)$ gibt, die ganz innerhalb bzw. außerhalb des Definitionsbereiches liegt. Die restlichen Punkte heißen Randpunkte, gehören sie zum Definitionsbereich, so heißen sie innere, sonst äußere Randpunkte.

Ein analytischer Ausdruck ist meist deshalb für bestimmte x nicht berechenbar, weil Quadratwurzeln nur für nicht negative und Logarithmusfunktionen nur für positive Zahlen definiert sind. Außerdem müssen x-Werte ausgeschlossen werden, die zu einer Division durch Null führen. Damit erklären sich die folgenden Beispiele:

$$y = \sqrt{x-3} \qquad\qquad D_f = [3, \infty),$$

$$y = \ln(x-3) \qquad\qquad D_f = (3, \infty),$$

$$y = \frac{1}{x-3} \qquad\qquad D_f = (-\infty, 3) \cup (3, \infty).$$

Beispiel 4.1: *Definitionsbereich*
Der Definitionsbereich der Funktion

$$y = \frac{\sqrt{(x+1)^2(x-1)}}{x-2}$$

ist zu bestimmen. Der Ausdruck unter der Wurzel ist nur für $x > 1$ positiv, für $x = -1$ und

$x = 1$ wird er Null. Außerdem ist die Funktion für $x = 2$ nicht definiert. Damit gilt für den Definitionsbereich $D_f = [-1, -1] \cup [1, 2) \cup (2, \infty)$. Die Punkte $x = 1$ und $x = -1$ sind innere Randpunkte, $x = 2$ ist äußerer Randpunkt des Definitionsbereiches. ♦

Die Umkehrfunktion

Definition 4.2: *Umkehrfunktion*

Ist f eine Funktion $f : x \to y,\, x \in D_f$ und kann jedem y-Wert des Wertebereiches von f eindeutig ein x-Wert aus dem Definitionsbereich von f zugeordnet werden, dass $f : x \to y$ gilt, so heißt diese Zuordnung *Umkehrfunktion* $f^{-1} : y \to x$ zu f. Werden dann x und y vertauscht, ist $f^{-1} : x \to y$. Symbolisch wird dafür auch $y = f^{-1}(x)$ geschrieben. ♦

Berechnet werden Umkehrfunktionen meist dadurch, dass der Funktionsausdruck nach x umgestellt und danach x und y vertauscht werden. Dabei wird der Wertebereich von f zum Definitionsbereich von f^{-1}.

Beispiel 4.2: *Umkehrfunktion*

Die Umkehrfunktionen zu $y = f(x) = \sqrt{x-1}$ und $y = g(x) = x^2$ sind zu berechnen. Die Gleichung $y = \sqrt{x-1}$ nach x umgestellt ergibt $x = y^2 + 1$. Werden dann x und y vertauscht, folgt $y = f^{-1}(x) = x^2 + 1$. Die Funktion $y = x^2$ besitzt dagegen keine Umkehrfunktion, da jedem y-Wert zwei verschiedenen x-Werte, nämlich $\sqrt{y}$ und $-\sqrt{y}$ zugeordnet sind. ♦

Schon einfache Funktionen besitzen also keine Umkehrfunktionen. In diesen Fällen werden Teilbereiche des Definitionsbereiches betrachtet, in denen eine Umkehrfunktion existiert. So besitzt die Funktion $y = x^2$ für die Teilbereiche $[0, \infty)$ bzw. $(-\infty, 0)$ des Definitionsbereiches die Umkehrfunktionen $y = +\sqrt{x}$ bzw. $y = -\sqrt{x}$. Graphisch ist die Umkehrfunktion $y = f^{-1}(x)$ das Spiegelbild der Funktion $y = f(x)$ an der Geraden $y = x$ (vgl. Tabelle 4.1).

Aus der Definition der Umkehrfunktion folgt

$$f^{-1}(f(x)) = f(f^{-1}(x)) = x. \tag{4.4}$$

Diese Beziehung soll mit der Funktion $y = \sqrt{x-1}$ aus Beispiel 4.2 überprüft werden.

$$f^{-1}(f(x)) = \left(\sqrt{x-1}\right)^2 + 1 = x - 1 + 1 = x$$

$$f(f^{-1}(x)) = \sqrt{x^2 + 1 - 1} = x$$

Die Lösung einer Gleichung $f(x) = a$ ist dann besonders einfach, wenn die Umkehrfunktion f^{-1} bekannt ist, denn wird f^{-1} auf beide Seiten der Gleichung angewendet, folgt wegen (4.4)

$$x = f^{-1}(a). \tag{4.5}$$

Beispiel 4.3: *Auflösen einer Gleichung*

Die Gleichung $\sqrt{x-1} = a$ ist zu lösen. Da $y = x^2 + 1$ die Umkehrfunktion zu $y = \sqrt{x-1}$ ist, folgt aus (4.5) $x = f^{-1}(a) = a^2 + 1$. ♦

In der Praxis spielen nur die Umkehrfunktionen einiger weniger Funktionen, insbesondere der Standardfunktionen, eine Rolle. Diese werden im nächsten Abschnitt behandelt.

Darstellungsformen von Funktionen

Die analytischen Darstellungsformen sollen jetzt näher betrachtet werden. Es werden ähnlich wie bei den Kurven unterschieden:

	kartesische Koordinaten	Polarkoordinaten
explizite Form	$y = f(x)$	$r = r(\varphi)$
implizite Form	$F(x, y) = 0$	
Parameterform	$x = x(t)$, $y = y(t)$.	

Im Unterschied zu den Kurven müssen jetzt durch die analytischen Ausdrücke Funktionen gegeben sein. Ist das nicht der Fall, können die Kurven meist in Teile zerlegt werden, in denen der analytische Ausdruck eine Funktion beschreibt. Die Punkte, in denen die Teile aufeinander treffen, müssen dann für sich untersucht werden.

Beispiel 4.4: *Implizite Form*

Es ist zu untersuchen, ob durch den impliziten Ausdruck

$$e^y + y - x = 0$$

eine Funktion gegeben ist. Der Ausdruck kann

$$z_1 = e^y = -y + x = z_2$$

geschrieben werden, wobei die rechts bzw. links vom Gleichheitszeichen stehenden Ausdrücke als Funktionen von y aufgefasst werden. x ist dabei ein freier Parameter. Für verschiedene x-Werte ergeben sich zueinander parallele Geraden. Aus dem Bild 4.2 ist zu ersehen, dass jedem x genau ein y-Wert (y_1) zugeordnet ist. Also beschreibt der Ausdruck eine Funktion. ♦

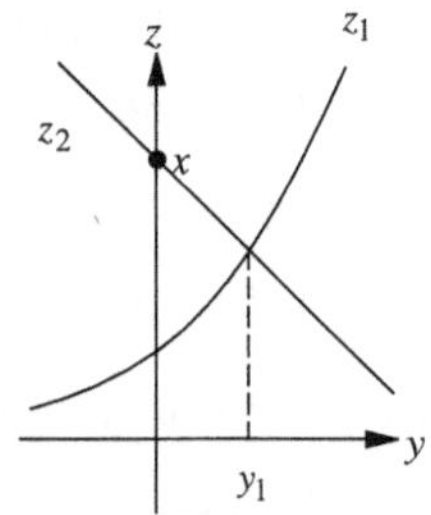

Bild 4.2 Implizite Form

Beispiel 4.5: *Parameterform*

Es ist zu untersuchen, ob durch die Parameterdarstellung $x = t^2$, $y = t^3$ eine Funktion gegeben ist. Die Kurve, die durch diese Gleichung beschrieben wird, ist in Bild 4.3 dargestellt. Aus der Kurve ist zu ersehen, dass durch die Parameterdarstellung keine Funktion gegeben ist. Es errechnet sich beispielsweise:

$$t = +2 \quad \rightarrow \quad x = 4 \quad \text{und} \quad y = +8$$
$$t = -2 \quad \rightarrow \quad x = 4 \quad \text{und} \quad y = -8 .$$

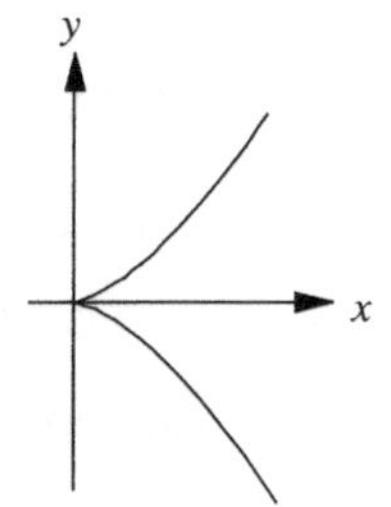

Bild 4.3 Parameterform

Gleichen x-Werten entsprechen also verschiedenen y-Werte. Die Kurve kann jedoch in zwei Teile zerlegt werden, so dass jeder Teil für sich eine Funktion darstellt

$$x = t^2 \,,\;\; y = t^3 \;\text{ für } t \geq 0 \;\text{ und }\; x = t^2 \,,\;\; y = t^3 \;\text{ für } t < 0 \,. \blacklozenge$$

4.1.2 Elementare und höhere Funktionen

Die Funktionen können unterschiedlich klassifiziert werden. Hier soll nur zwischen

Standardfunktionen,

elementaren Funktionen und

höheren Funktionen

unterschieden werden.

Standardfunktionen

Als *Standardfunktionen* sollen die folgenden Funktionen bezeichnet werden, die auf jedem wissenschaftlichen Taschenrechner verfügbar sind. Dabei ist n eine beliebige natürliche Zahl.

Potenz- und Wurzelfunktionen	$y = x^n$	$y = \sqrt[n]{x}$
Exponential- und Logarithmusfunktionen	$y = e^x$	$y = \ln x$
Trigonometrische Funktion und Arkusfunktionen	$y = \sin x$	$y = \arcsin x$
	$y = \cos x$	$y = \arccos x$
	$y = \tan x$	$y = \arctan x$

Viele mathematische Probleme lassen sich auf die Untersuchung dieser Funktionen zurückführen. Da aus den Graphen dieser Funktionen wichtige Eigenschaften ablesbar sind, sollen sie in Tabelle 4.1 zusammengefasst werden. Die durchgezogenen Teile nebeneinander stehender Funktionen sind jeweils gegenseitig Umkehrfunktionen.

Elementare Funktionen

Aus den Standardfunktionen lassen sich durch Addition, Subtraktion, Multiplikation, Division und Verkettung neue Funktionen bilden. Diese werden als *elementare Funktionen* bezeichnet. Als Verkettung der Funktionen $y = f(x)$ und $y = g(x)$ werden die Funktionen $y = f(g(x))$ und $y = g(f(x))$ bezeichnet. Aus den Funktionen $y = x^3$ und $y = 2x + 1$ können beispielsweise die beiden verketteten Funktionen $y = (2x + 1)^3$ und $y = 2x^3 + 1$ gebildet werden.

Funktionen können manchmal nicht durch *einen* analytischen Ausdruck, sondern müssen stückweise durch mehrere Ausdrücke beschrieben werden. Solche Funktionen treten, wie im Beispiel 3.5, in der Technischen Mechanik häufig auf. Diese Funktionen heißen *stückweise definierte Funktionen.*

Tabelle 4.1 Standardfunktionen

Funktion	Graph	Umkehrfunktion	Graph
$y = x^n$ n gerade $D_f = R$ $W_f = [0, \infty)$	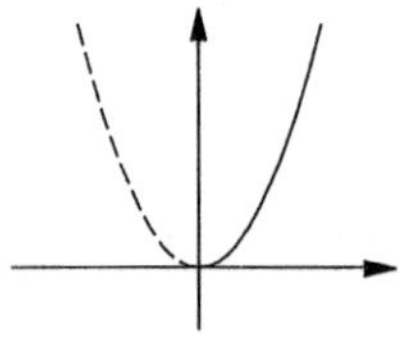	$y = \sqrt[n]{x}$ n gerade $D_f = [0, \infty)$ $W_f = [0, \infty)$	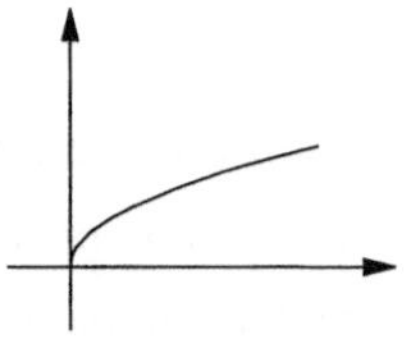
$y = x^n$ n ungerade $D_f = R$ $W_f = R$	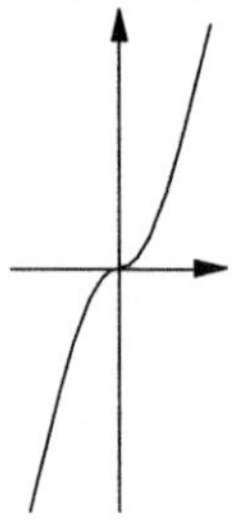	$y = \sqrt[n]{x}$ n ungerade $D_f = R$ $W_f = R$	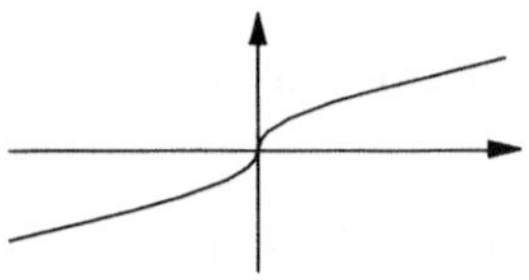
$y = e^x$ $D_f = R$ $W_f = (0, \infty)$	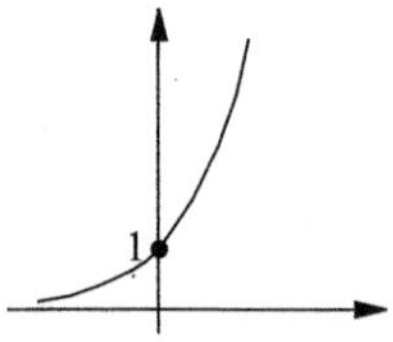	$y = \ln x$ $D_f = (0, \infty)$ $D_f = R$	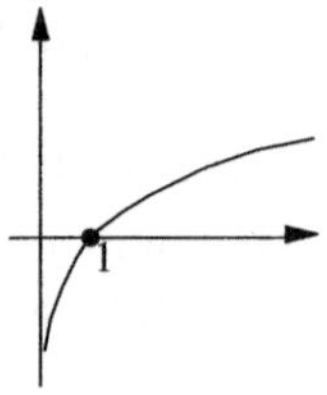
$y = \sin x$ $D_f = R$ $W_f = [-1, 1]$	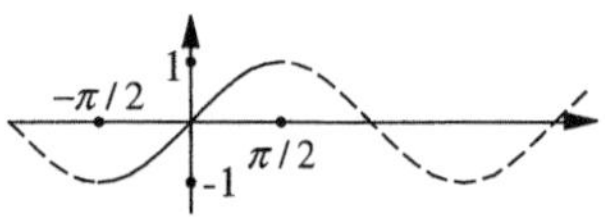	$y = \arcsin x$ $D_f = [-1, 1]$ $W_f = \left[-\dfrac{\pi}{2}, \dfrac{\pi}{2} \right]$	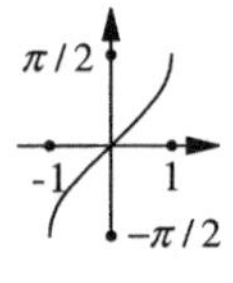
$y = \cos x$ $D_f = R$ $W_f = [-1, 1]$	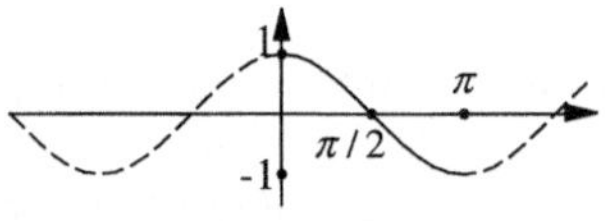	$y = \arccos x$ $D_f = [-1, 1]$ $W_f = [0, \pi]$	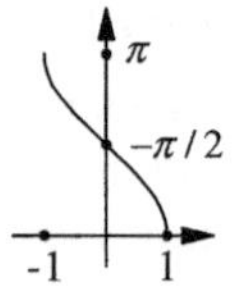
$y = \tan x$ $D_f = \left\{ x \mid x \neq \dfrac{\pi}{2} + k\pi \right\}$ k ganze Zahl $W_f = R$	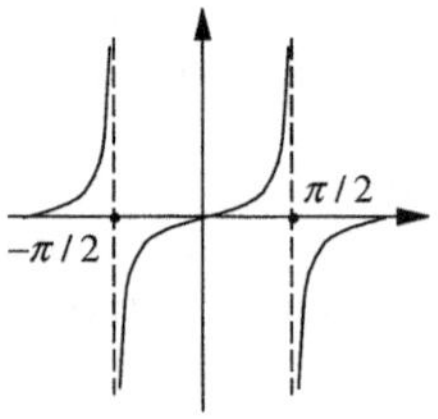	$y = \arctan x$ $D_f = R$ $W_f = \left(-\dfrac{\pi}{2}, \dfrac{\pi}{2} \right)$	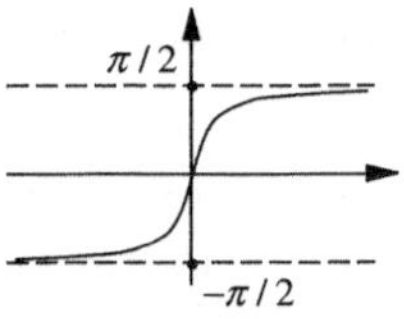

Beispiele dafür sind

$$y = |x| = \begin{cases} x & \text{wenn } x \geq 0 \\ -x & \text{wenn } x < 0 \end{cases} \qquad \text{und} \qquad y = \begin{cases} e^x & \text{wenn } x \geq 0 \\ x+1 & \text{wenn } x < 0 \end{cases}.$$

Die Teilfunktionen sollen elementare Funktionen sein. Jeder Teil kann dann wie eine elementare Funktion untersucht werden. Die *Übergangspunkte*, an denen die Funktionsausdrücke wechseln, müssen bei genauerer Untersuchung der Funktionen extra betrachtet werden.

Höhere Funktionen

Als *höhere Funktionen* werden Funktionen bezeichnet, die sich aus den elementaren durch *Grenzwertbildung* ergeben. Als Beispiele sollen zwei Funktionen angegeben werden, die durch Integrale definiert sind, aber nicht durch elementare Funktionen ausgedrückt werden können. Wie in Kapitel 6 gezeigt wird, ist das Integral als Grenzwert einer Summe definiert.

$$y = f(x) = \int_0^x \sin t^2 \, dt$$

Diese Funktion wird für die Beschreibung der Klothoide benötigt (siehe 5.5).

$$y = \Phi(x) = \frac{1}{\sqrt{2 \cdot \pi}} \int_{-\infty}^x e^{-\frac{t^2}{2}} \, dt$$

Diese Funktion beschreibt die Verteilungsfunktion der normierten Normalverteilung (siehe 8.6.2).

4.1.3 Funktionen und Graphen in Maple

Funktionen in Maple

Als Argumente von Anweisungen kommen in Maple häufig Funktionen vor. Man kann diese direkt in die Anweisungen schreiben oder diese schon vorher unter einem Namen definieren und dann über den Namen auf die Funktion zugreifen. Kompliziertere Funktionen lassen sich aus einfacheren Termen aufbauen, die vorher definiert werden müssen.

Syntax

Term definieren	`>termname:=term;`
Funktion direkt definieren	`>funktionsname:=variable->ausdruck;`
Funktion aus Term definieren	`>funktionsname:=unapply(term,variable);`
Berechnung von Funktionswerten	`>funktionsname(wert);`

Beispiele

1. $t_1 = \sin 3x + e^{x-3} + x^3$

```
>t1:=sin(3*x)+exp(x-3)+x^3;
```
    $t1 := \sin(3x) + e^{(x-3)} + x^3$

2. $f_1(x) = x^2 \ln(2x-5)$

```
>f1:=x->x^2*ln(2*x-5);
```
    $f1 := x \to x^2 \ln(2x-5)$

3. $f_2(x) = t_1 = \sin 3x + e^{x-3} + x^3$

```
>f2:=unapply(t1,x);
```
$$f2 := x \rightarrow \sin(3x) + e^{(x-3)} + x^3$$

4. $f_3(x) = \begin{cases} -2x+7 & \text{wenn} & x < 2 \\ 2x-1 & \text{wenn} & x \geq 2 \end{cases}$

```
>f3:=x->piecewise(x<2,-2*x+7,x>=2,2*x-1);
```
$$f3 := x- > \text{piecewise}(x < 2, -2x+7, 2 \leq x, 2x-1)$$

5. $f_1(4), f_2(1), f_3(3)$ berechnen

```
>f1(4),f2(1),f3(3);
```
$$17.57779662, 1.276455291, 5$$

Graphen in Maple

Maple ist in der Lage die Graphen von Funktionen zu plotten. Dabei gilt das gleiche, was für das Plotten von Kurven gesagt wurde. Der x-Bereich, für den die Funktion dargestellt werden soll, ist stets in der Form $a..b$ anzugeben, die Angabe des y-Bereiches $c..d$ ist dagegen freigestellt.

Syntax

explizite Form

```
>plot(f(x),x=a..b,y=c..d);
```

implizite Form

```
>with(plots):implicitplot(F(x,y),x=a..b,y=c..d);
```

Beispiele

1. $y = \dfrac{x-2}{x^2 - 3x + 1}$

```
>plot((x-2)/(x^2-3*x+1),x=-5..5,y=-5..5);
```

2. $e^y + y - x = 0$

```
>with(plots):implicitplot(exp(y)+y-x,x=-2..2,y=-2..2);
```

Die zwei Beispiele ergeben die folgenden beiden Graphen

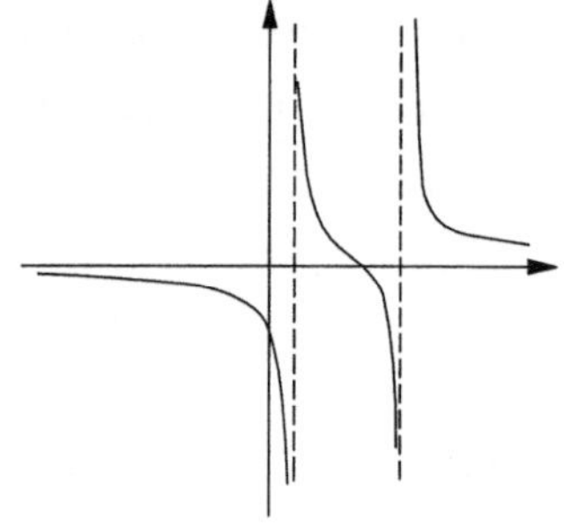
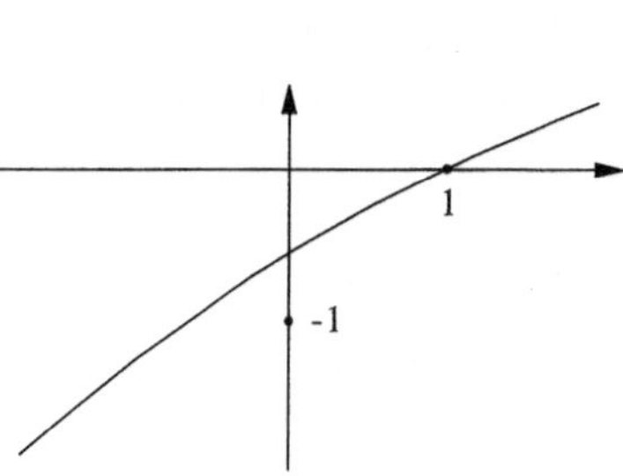

4.1.4 Übungsaufgaben

4.1: Sind durch die Beschreibungen Funktionen gegeben?
a.) Jeder positiven reellen Zahl x wird ihr Quadrat und ihre Wurzel zugeordnet.

b.) Jeder reellen Zahl x $(x \neq 0)$ werden die Lösungen der Gleichung $\dfrac{x+y}{x-y} = 2$ zugeordnet.

c.) $x \to \begin{cases} x^2 & \text{wenn} \quad x^2 > 1 \\ \sqrt{x} & \text{wenn} \quad x > 0 \end{cases}$

4.2: Die Definitionsbereiche der Funktionen sind zu bestimmen.

a) $y = \dfrac{x}{1+x^2}$ 　　　b) $y = \dfrac{2x}{\sqrt{x^2-x-2}}$ 　　　c) $y = \begin{cases} \sqrt{2-x} & \text{für} \quad x \geq 0 \\ x^2 & \text{für} \quad x < 0 \end{cases}$

d) $y = \arcsin(x-2)$ 　　　e) $y = \ln(\ln x)$ 　　　f) $y = \sqrt{x-1} + \sqrt{6-x}$

4.3: Durch Verkettung welcher Funktionen entstehen die elementaren Funktionen.

a) $y = (1+x)^{100}$ 　　　b) $y = \sqrt{1-x^2}$ 　　　c) $y = a^x$

4.4: Die Umkehrfunktionen zu den Funktionen sind zu berechnen.

a) $y = -2x+5$ 　　　b) $y = \dfrac{1-x}{1+x}$ 　　　c) $y = e^{x-1}$

d) $y = \ln(3x+1)$ 　　　e) $y = x + \sqrt{x^2-1}$ 　　　f) $y = x^2 - 2x + 2$

4.2 Grenzwerte und Stetigkeit

4.2.1 Der Grenzwertbegriff

Einer der grundlegenden Begriffe der Mathematik ist der des *Grenzwertes*. Er wird in den folgenden Kapiteln eine zentrale Rolle spielen. Auch viele Begriffe der Mechanik bedürfen zu ihrer exakten Begründung des Grenzwertbegriffs. Beispiele dafür werden im 7. Kapitel angegeben.

Zuerst werden *Zahlenfolgen* betrachtet. Das sind unendliche Folgen $a_1, a_2, a_3, \dots$ von Zahlen.

So ist durch $a_n = n^2$ die Folge $1,4,9,16,25,\dots$ und durch $a_n = \dfrac{n-1}{n}$ die Folge $0, \dfrac{1}{2}, \dfrac{2}{3}, \dfrac{3}{4}, \dfrac{4}{5}, \dots$ gegeben.

Grenzwert einer Zahlenfolge

Definition 4.3: *Grenzwert einer Zahlenfolge*
Eine Zahlenfolge a_n heißt *konvergent* mit dem *Grenzwert* A, wenn es zu jeder Zahl $\varepsilon > 0$ eine natürliche Zahl n_0 so gibt, dass

$$|a_n - A| < \varepsilon$$

für alle $n > n_0$ gilt. Symbolisch wird dafür $\lim\limits_{n \to \infty} a_n = A$ geschrieben. ♦

Die Definition besagt, dass in jeder noch so kleinen Umgebung von A bis auf endlich viele Ausnahmen alle Folgenglieder liegen, d.h., dass alle Folgenglieder für große Werte von n dem Grenzwert A beliebig nahe kommen. Der mathematisch exakte Nachweis, dass eine Zahlenfolge den Grenzwert A hat, ist mit Hilfe der angegebenen Definition oft schwierig. Außerdem bleibt die Frage offen, wie der Grenzwert A bestimmt werden kann.

Ohne Beweis sollen folgende wichtige Grenzwerte angegeben werden:

$$\lim_{n\to\infty} a_n = \lim_{n\to\infty} \frac{1}{n} = 0, \qquad\qquad \lim_{n\to\infty} a_n = \lim_{n\to\infty} \sqrt[n]{a} = 1,$$

$$\lim_{n\to\infty} a_n = \lim_{n\to\infty} \sqrt[n]{n} = 1, \qquad\qquad \lim_{n\to\infty} a_n = \lim_{n\to\infty} \left(1+\frac{1}{n}\right)^n = e.$$

Grenzwert einer Funktion

Definition 4.4: *Grenzwert einer Funktion*

Eine Funktion $y = f(x)$ hat an der Stelle x_0 den Grenzwert A, wenn für jede Zahlenfolge x_n, die gegen x_0 strebt, die Folge $y_n = f(x_n)$ gegen A strebt. Symbolisch wird dafür $\lim_{x\to x_0} f(x) = A$ geschrieben. ♦

Die Definition hat nur dann Sinn, wenn $y = f(x)$ in einer Umgebung von x_0, mit eventueller Ausnahme von x_0, definiert ist. Die Untersuchung der Grenzwerte von Funktionen mit Hilfe dieser Definition ist wieder schwierig. Daher sollen Grenzwerte mehr aus der Kenntnis der Graphen von Funktionen, aus bekannten Grenzwerten und später mit Hilfe der L'HOSPITALschen Regel berechnet werden.

Ohne Beweis sollen folgende wichtige Grenzwerte angegeben werden:

$$\lim_{x\to 0} \frac{\sin x}{x} = 1, \qquad\qquad \lim_{x\to 0} \frac{a^x - 1}{x} = \ln a,$$

$$\lim_{x\to 0} \frac{\ln(1+x)}{x} = 1, \qquad\qquad \lim_{x\to\infty} \left(1+\frac{1}{x}\right)^x = e.$$

Beispiel 4.6: *Nicht existierender Grenzwert*

Der Grenzwert $\lim\limits_{x\to 0} \sin\dfrac{1}{x}$ ist zu untersuchen. Die beiden Zahlenfolgen

$$x_n^1 = \frac{1}{n\cdot\pi} \qquad\qquad \text{und} \qquad x_n^2 = \frac{2}{(4n+1)\cdot\pi}$$

streben für wachsendes n gegen Null. Für die Folgenglieder gilt

$$\sin\frac{1}{x_n^1} = \sin(n\cdot\pi) = 0 \qquad\qquad \text{und} \qquad \sin\frac{1}{x_n^2} = \sin(4n+1)\frac{\pi}{2} = 1.$$

Da für verschiedene Zahlenfolgen unterschiedliche Grenzwerte erhalten werden, kann die Funktion an der Stelle $x_0 = 0$ keinen Grenzwert haben. ♦

Einseitige Grenzwerte

Von *rechtsseitigen* bzw. *linksseitigen Grenzwerten* A^+ bzw. A^- wird gesprochen, wenn sich entsprechend Definition 4.4 die Folgenglieder x_n nur von rechts bzw. links x_0 nähern dürfen. Symbolisch wird dafür

$$\lim_{x \to x_0+0} f(x) = A^+ \qquad \text{bzw.} \qquad \lim_{x \to x_0-0} f(x) = A^-$$

geschrieben. Exakter heißt das, dass die Funktion $y = f(x)$ mindestens in einer rechtsseitigen Umgebung $U^+(x_0)$ bzw. linksseitigen Umgebung $U^-(x_0)$ definiert sein muss und die Folgenglieder x_n nur $U^+(x_0)$ bzw. $U^-(x_0)$ angehören dürfen. Ist $A^+ = A^- = A$, folgt $\lim_{x \to x_0} f(x) = A$.

Für x_0, A^+ und A^- werden auch $+\infty$ und $-\infty$ zugelassen. Darunter sollen Größen verstanden werden, die über jede endliche Grenze wachen bzw. fallen. Symbolisch wird dafür beispielsweise geschrieben:

$$\lim_{x \to x_0} f(x) = \infty, \quad \lim_{x \to \infty} f(x) = A, \quad \lim_{x \to \infty} f(x) = \infty \quad \text{usw..}$$

Beispiel 4.7: *Einseitige Grenzwerte*

Die einseitigen Grenzwerte der Funktion $y = \dfrac{1}{x}$ sind in $x_0 = 0$ zu berechnen. Aus dem Graphen der Funktion in Bild 4.4 ist ersichtlich, dass der Grenzwert nicht existiert. Für die einseitigen Grenzwerte ist zu erkennen, dass gilt

$$\lim_{x \to 0-0} \frac{1}{x} = -\infty \quad \text{und} \quad \lim_{x \to 0+0} \frac{1}{x} = +\infty \ . \ \blacklozenge$$

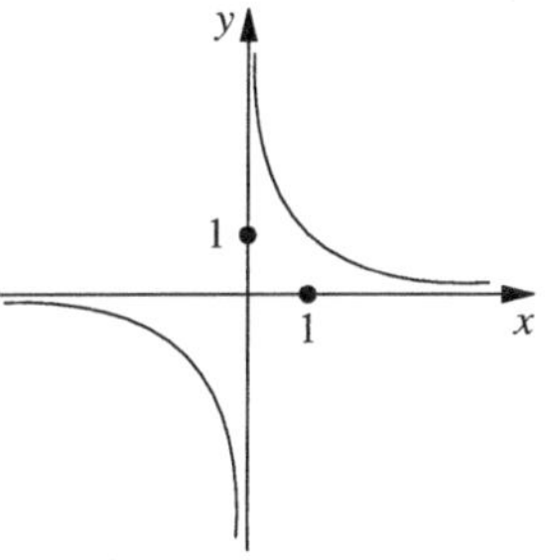

Bild 4.4 Graph $y = \dfrac{1}{x}$

Aus der Kenntnis der Graphen der Standardfunktionen nach Tabelle 4.1 können die folgenden Grenzwerte abgelesen werden:

$$\lim_{x \to \infty} x^n = \infty, \qquad \lim_{x \to -\infty} e^x = 0, \qquad \lim_{x \to \infty} e^x = \infty,$$

$$\lim_{x \to 0+0} \sqrt[n]{x} = 0, \qquad \lim_{x \to 0+0} \ln x = -\infty, \qquad \lim_{x \to \infty} \ln x = \infty,$$

$$\lim_{x \to \infty} \arctan x = \frac{\pi}{2}, \qquad \lim_{x \to \frac{\pi}{2}+0} \tan x = -\infty, \qquad \lim_{x \to \frac{\pi}{2}-0} \tan x = \infty.$$

4.2.2 Rechnen mit Grenzwerten

Wie oben erwähnt, ist die Berechnung von Grenzwerten mit Hilfe ihrer Definition in der Regel schwierig. In vielen Fällen können Grenzwerte jedoch aus bekannten Grenzwerten berechnet werden. Die Regeln dafür sind in dem folgenden Satz zusammengefasst.

Satz 4.1: Wenn $\lim\limits_{x \to x_0} f(x) = A$ und $\lim\limits_{x \to x_0} g(x) = B$, dann gilt

$$\lim_{x \to x_0} \big(\alpha f(x) \pm \beta g(x)\big) = \alpha \cdot A \pm \beta \cdot B, \tag{4.6}$$

$$\lim_{x \to x_0} f(x) \cdot g(x) = A \cdot B, \tag{4.7}$$

$$\lim_{x \to x_0} \frac{f(x)}{g(x)} = \frac{A}{B}, \quad \text{falls} \quad B \neq 0. \blacklozenge \tag{4.8}$$

Diese Regeln können auch auf einseitige Grenzwerte oder $x_0 = \pm\infty$ angewendet werden. Sie führen auch dann zu vernünftigen Ergebnissen, wenn die Grenzwerte $\pm\infty$ sind und eine der folgenden Regeln angewendet werden kann:

$$\infty \pm a = \infty \;,\;\; \infty + \infty = \infty \;,\;\; \infty \cdot \infty = \infty \;,\;\; \frac{a}{\infty} = 0 \;,\;\; a \cdot \infty = \begin{cases} \infty & \text{wenn} \quad a > 0 \\ -\infty & \text{wenn} \quad a < 0 \end{cases}.$$

Beispiele 4.8: *Rechenregeln für Grenzwerte*
Die folgenden Grenzwerte sind zu berechnen:

a) $\displaystyle \lim_{x \to \infty} \frac{2x^3 + x + 1}{-x^3 + 2x^2 + x - 1} = \lim_{x \to \infty} \frac{x^3\left(2 + \frac{1}{x^2} + \frac{1}{x^3}\right)}{x^3\left(-1 + \frac{2}{x} + \frac{1}{x^2} - \frac{1}{x^3}\right)} = \frac{\lim\limits_{x \to \infty}\left(2 + \frac{1}{x^2} + \frac{1}{x^3}\right)}{\lim\limits_{x \to \infty}\left(-1 + \frac{2}{x} + \frac{1}{x^2} - \frac{1}{x^3}\right)} = -2,$

b) $\displaystyle \lim_{x \to 1} \frac{x^2 - 1}{x^2 + x - 2} = \lim_{x \to 1} \frac{(x-1)(x+1)}{(x-1)(x+2)} = \frac{\lim\limits_{x \to 1} x + 1}{\lim\limits_{x \to 1} x + 2} = \frac{2}{3},$

c) $\displaystyle \lim_{x \to \infty} \left(x^2 - x\right) = \lim_{x \to \infty} x(x-1) = \lim_{x \to \infty} x \cdot \lim_{x \to \infty} (x-1) = \infty \cdot \infty = \infty,$

d) $\displaystyle \lim_{x \to \infty} \frac{e^x - e^{-x}}{e^x + e^{-x}} = \lim_{x \to \infty} \frac{e^x(1 - e^{-2x})}{e^x(1 + e^{-2x})} = \lim_{x \to \infty} \frac{(1 - e^{-2x})}{(1 + e^{-2x})} = 1,$

e) $\displaystyle \lim_{x \to \infty} \frac{\ln x}{x} = \frac{\infty}{\infty} = ?. \blacklozenge$

Die Berechnung kann, wie in dem letzten Beispiel, zu sogenannten unbestimmten Ausdrücken führen, die nur durch weitere Untersuchungen ausgewertet werden können. Solche unbestimmten Ausdrücke sind

$$\frac{0}{0}, \;\; \frac{\infty}{\infty}, \;\; \infty - \infty, \;\; 0 \cdot \infty, \;\; 1^\infty, \;\; 0^0, \;\; \infty^0.$$

In diesen Fällen führt oft die L'HOSPITALsche Regel zum Ziel, die in 5.3.4 behandelt wird.

4.2.3 Stetigkeit

Eine wichtige Eigenschaft der Funktionen, die mit dem Grenzwert zusammen hängt, ist die *Stetigkeit*. Anschaulich heißt das, dass eine Funktion ohne abzusetzen gezeichnet werden kann.

Das trifft beispielweise auf die Funktionen $y = x^n$, $y = \ln x$, $y = e^x$ und $y = \sin x$ zu. Die Wichtigkeit des Begriffs liegt in Satz 4.3 begründet, der auf Bernard BOLZANO (1781-1848) und Karl WEIERSTRAß (1815-1897) zurückgeht.

Die mathematisch exakte Definition der Stetigkeit soll jetzt angegeben werden.

Definition 4.5: *Stetigkeit*
Eine in einer Umgebung $U(x_0)$ von x_0 definierte Funktion $y = f(x)$ heißt in x_0 stetig, wenn

$$\lim_{x \to x_0} f(x) = f(\lim_{x \to x_0} x) = f(x_0)$$

gilt. ◆

Für eine in einem Punkt x_0 stetige Funktion existiert also der Grenzwert in x_0 und stimmt mit dem Funktionswert an der Stelle x_0 überein.

Satz 4.2: Wenn $y = f(x)$ und $y = g(x)$ in x_0 stetig sind, dann sind auch

$$y = f(x) \pm g(x) \ , \ y = f(x) \cdot g(x) \ , \ y = f(x) / g(x)$$

in x_0 stetig. Im letzten Fall muss der Nenner in x_0 ungleich Null sein. Ist $y = f(x)$ in $g(x_0)$ stetig, so ist auch die verkettete Funktion $y = f(g(x_0))$ in x_0 stetig. ◆

Alle Standardfunktionen von Tabelle 4.1 sind in den inneren Punkten ihres Definitionsbereiches stetig. Wegen Satz 4.2 trifft das auch auf alle elementaren Funktionen zu. Damit stimmen die Grenzwerte in diesen Punkten mit den Funktionswerten überein, d.h., es gilt beispielsweise

$$\lim_{x \to 1} \ln(x) = \ln(\lim_{x \to 1} x) = \ln(1) = 0 \, .$$

Analog wird von rechts- bzw. linksseitiger Stetigkeit in einem Punkt x_0 des Definitionsbereiches einer Funktion $y = f(x)$ gesprochen, wenn für die rechts- bzw. linksseitigen Grenzwerte

$$\lim_{x \to x_0+0} f(x) = f(x_0) \qquad \text{bzw.} \qquad \lim_{x \to x_0-0} f(x) = f(x_0)$$

gilt. So ist beispielsweise

$$\lim_{x \to 0+0} \sqrt{x} = \sqrt{\lim_{x \to 0+0} x} = \sqrt{0} = 0 \, ,$$

so dass die Wurzelfunktion in $x = 0$ rechtsseitig stetig ist. Der Satz 4.2 gilt für in x_0 einseitig stetige Funktionen entsprechend.

Bisher ist die Stetigkeit nur in einzelnen Punkten des Definitionsbereiches definiert. Eine Funktion heißt nun in einem Intervall stetig, wenn sie in jedem Punkt des Intervalls stetig ist. In den Randpunkten des Definitionsbereiches wird nur einseitige Stetigkeit gefordert. Stetige Funktionen haben wichtige Eigenschaften, die in dem folgenden Satz zusammengestellt sind.

Satz 4.3: Eine Funktion $y = f(x)$ sei in einem abgeschlossenen Intervall $[a,b]$ stetig. Dann gelten die folgenden Aussagen.

1. Zwischen $f(a)$ und $f(b)$ nimmt die Funktion jeden Wert an.

2. Haben die Funktionswerte in a und b unterschiedliches Vorzeichen, hat die Funktion in dem Intervall mindestens eine Nullstelle.

3. Hat die Funktion in dem Intervall keine Nullstelle, so hat sie überall gleiches Vorzeichen.

4. Die Funktion nimmt in dem Intervall einen größten und einen kleinsten Wert an. ♦

Sollen die Stetigkeit und Unstetigkeit von elementaren Funktionen untersucht werden, sind die folgenden Überlegungen anzustellen.

1. Definitionsbereich der Funktion bestimmen.

2. In den inneren Punkten liegt Stetigkeit vor.

3. In den Randpunkten sind, wenn möglich, die recht- bzw. linksseitigen Grenzwerte zu berechnen. Daraus kann dann auf die Stetigkeit bzw. Unstetigkeit geschlossen werden. Für die am Häufigsten vorkommenden Fälle der Unstetigkeit wurden Bezeichnungen eingeführt, die in der folgenden Tabelle enthalten sind.

Tabelle 4.2 Unstetigkeit

	Art	$\lim\limits_{x \to x_0+0} f(x)$	$\lim\limits_{x \to x_0-0} f(x)$	Eigenschaften
1	Sprung	A^+	A^-	$A^+ \neq A^-$
2	Lücke	A^+	A^-	$A^+ = A^-$
3	Polstelle	$\pm\infty$	$\pm\infty$	

Die grafische Darstellung einer elementaren Funktion sieht in der Regel wie in Bild 4.5 dargestellt aus, wobei eine Funktion natürlich nur selten alle beschriebenen Formen der Unstetigkeit aufweist.

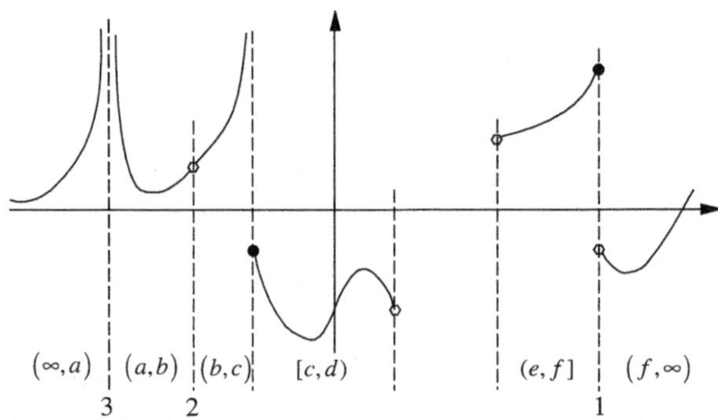

Bild 4.5 Unstetigkeitsstellen

Beispiele 4.9: *Unstetigkeitsstellen*

1. Für $y = \dfrac{1}{x}$ ist der Definitionsbereich $D_f = (-\infty, 0) \cup (0, \infty)$. Da für $x = 0$

$$A^+ = \lim_{x \to 0+0} \frac{1}{x} = +\infty \quad \text{und} \quad A^- = \lim_{x \to 0-0} \frac{1}{x} = -\infty,$$

liegt eine Polstelle vor.

2. Für $y = \dfrac{x^2 - 1}{x + 1}$ ist der Definitionsbereich $D_f = (-\infty, -1) \cup (-1, \infty)$. Da für $x = -1$

$$\lim_{x \to -1} \frac{x^2 - 1}{x + 1} = \lim_{x \to -1} \frac{(x-1)(x+1)}{x+1} = \lim_{x \to -1} (x - 1) = -2$$

gilt, existieren der rechts- und linksseitige Grenzwert und sind gleich, also liegt eine Lücke vor.

3. Für $y = \arctan \dfrac{1}{x}$ ist der Definitionsbereich $D_f = (-\infty, 0) \cup (0, \infty)$. Da für $x = 0$

$$A^+ = \lim_{x \to 0+0} \arctan \frac{1}{x} = \arctan\left(\lim_{x \to 0+0} \frac{1}{x} \right) = \arctan(+\infty) = \frac{\pi}{2}$$

$$A^- = \lim_{x \to 0-0} \arctan \frac{1}{x} = \arctan\left(\lim_{x \to 0-0} \frac{1}{x} \right) = \arctan(-\infty) = -\frac{\pi}{2}$$

gilt, ist $A^+ \neq A^-$, also liegt ein Sprung vor.

4. Für $y = e^{\frac{1}{x-2}}$ ist der Definitionsbereich $D_f = (-\infty, 2) \cup (2, \infty)$. Da für $x = 2$

$$A^+ = \lim_{x \to 2+0} e^{\frac{1}{x-2}} = e^{\lim_{x \to 2+0}\left(\frac{1}{x-2} \right)} = e(+\infty) = \infty$$

$$A^- = \lim_{x \to 2-0} e^{\frac{1}{x-2}} = e^{\lim_{x \to 2-0}\left(\frac{1}{x-2} \right)} = e(-\infty) = 0$$

gilt, liegt eine rechtsseitige Polstelle vor. ♦

Bei stückweise definierten Funktionen können Unstetigkeiten auch in den Übergangspunkten vorliegen, obwohl diese innere Punkte des Definitionsbereiches sein können. Daher müssen die Übergangspunkte wie äußere Randpunkte untersucht werden.

Beispiel 4.10: *Stückweise definierte Funktion*
Die Momentenfunktion eines Einfeldträgers der Länge l mit
einer Einzellast nach Bild 4.6 lautet

$$M(x) = \begin{cases} F\dfrac{(l-c)\cdot x}{l} & \text{für } x \leq c \\[2ex] F\dfrac{(l-x)\cdot c}{l} & \text{für } x > c \end{cases}.$$

Da in $x = c$

$$A^+ = \lim_{x \to c+0} F\frac{(l-x)\cdot c}{l} = F\frac{(l-c)\cdot c}{l}$$

$$A^- = \lim_{x \to c-0} F\frac{(l-c)\cdot x}{l} = F\frac{(l-c)\cdot c}{l},$$

gilt, liegt dort Stetigkeit vor. ♦

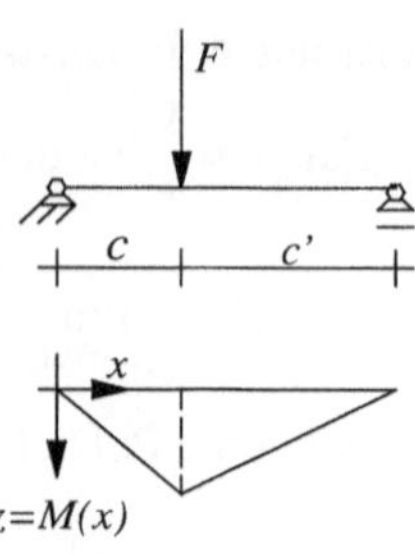

Bild 4.6 Träger

4.2.4 Grenzwerte in Maple

Maple berechnet Grenzwerte mit Hilfe der `limit`-Anweisung. Angegeben werden muss der
Funktionsausdruck, die Stelle, an welcher der Grenzwert berechnet werden soll und optional
der Zusatz `right` bzw. `left`, wenn der recht- bzw. linksseitige Grenzwert berechnet werden
soll. Für einen unendlichen Wert wird `infinity` oder `-infinity` geschrieben. Die folgenden
Beispiele wurden auch im Textteil behandelt.

Syntax

Grenzwert berechnen

```
>limit(f(x),x=x0,[right bzw. left]);
```

Beispiele

1. $\displaystyle\lim_{x \to 0} \frac{\sin x}{x}$

```
>limit(sin(x)/x,x=0);
```
$\qquad$ 1

2. $\displaystyle\lim_{x \to 0} \sin\frac{1}{x}$

```
>limit(sin(1/x),x=0);
```
$\qquad$ $-1..1$

3. $\displaystyle\lim_{x \to 0} \frac{1}{x}$

```
>limit(1/x,x=0);
```
$\qquad$ undefined

4. $\displaystyle\lim_{x \to 0+0} \frac{1}{x}$

```
>limit(1/x,x=0,right);
```
$\qquad$ ∞

5. $\displaystyle\lim_{x \to \infty} \arctan(x)$

```
>limit(arctan(x),x=infinity);
```
$\qquad$ $\frac{1}{2}\pi$

Das Ergebnis des zweiten Beispiels besagt, dass kein Grenzwert existiert, vielmehr gibt es für jeden Wert zwischen -1 und 1 Zahlenfolgen $x_n \to 0$, so dass die Folge der Funktionswerte $y_n = \sin\left(\frac{1}{x_n}\right)$ gegen diesen Wert strebt.

4.2.5 Übungsaufgaben

4.5: Die Grenzwerte sind zu berechnen. Existiert ein Grenzwert nicht, ist der rechts- und der linksseitige Grenzwert zu berechnen.

a) $\displaystyle\lim_{x\to 1}\frac{2x^2+3x-1}{3x^2+1}$ 　　 b) $\displaystyle\lim_{x\to 0.5} 2e^{2x-1}$ 　　 c) $\displaystyle\lim_{x\to\infty} 2e^{3x-1}$

d) $\displaystyle\lim_{x\to\infty}\frac{\sin^2 x}{x}$ 　　 e) $\displaystyle\lim_{x\to 0}\ln(\sin x)$ 　　 f) $\displaystyle\lim_{x\to 1}\frac{x-2}{x^3-1}$

4.6: Die Grenzwerte sind zu berechnen. Existiert ein Grenzwert nicht, ist der rechts- und der linksseitige Grenzwert zu berechnen.

a) $\displaystyle\lim_{x\to\infty}\frac{2x^2+3x-1}{3x^2+1}$ 　　 b) $\displaystyle\lim_{x\to 2}\frac{x-2}{x^2-4}$ 　　 c) $\displaystyle\lim_{x\to 0}\frac{\sin^2 x}{x}$

d) $\displaystyle\lim_{x\to\infty} 5^{\frac{2x}{x+3}}$ 　　 e) $\displaystyle\lim_{x\to -3} 5^{\frac{2x}{x+3}}$ 　　 f) $\displaystyle\lim_{x\to\infty}\sqrt{x^2+1}-x$

4.7: Die Unstetigkeitsstellen der Funktionen sind zu berechnen und zu klassifizieren.

a) $y=\dfrac{x+1}{x^2-x}$ 　　 b) $y=\dfrac{x-1}{x^2-x}$ 　　 c) $y=\sqrt{x}\,\arctan\dfrac{1}{x-2}$

d) $y=\dfrac{\sqrt{x+3}}{\ln(x+1)}$ 　　 e) $y=\dfrac{1}{x}e^{\frac{1}{x+3}}$ 　　 f) $y=\begin{cases}\sqrt{x+3} & \text{wenn}\quad x\geq -2\\ x^2+x-1 & \text{wenn}\quad x< -2\end{cases}$

4.3 Rationale Funktionen

Unter dem Begriff *rationale Funktionen* werden die *ganzrationalen Funktionen* und die *gebrochenrationalen Funktionen* zusammengefasst. In den nächsten Abschnitten werden zunächst die ganzrationalen Funktionen behandelt.

4.3.1 Ganzrationale Funktionen

Zu den ganzrationalen Funktionen gehören die linearen Funktionen (Geraden) und die quadratischen Funktionen (Parabeln). Sie zeichnen sich gegenüber anderen Funktionen durch ihre Einfachheit aus. In 5.3.2 wird gezeigt, wie kompliziertere Funktionen durch ganzrationale Funktionen angenähert werden können.

Definition 4.6: *Ganzrationale Funktion*
Eine Funktion

$$y = a_n x^n + a_{n-1}x^{n-1} + \ldots + a_1 x + a_0$$

heißt ganzrationale Funktion oder Polynom, wobei n eine natürliche Zahl ist. n heißt der Grad der ganzrationalen Funktion. ♦

Nullstellen

Die Berechnung aller *Nullstellen* einer ganzrationalen Funktion ist eine wichtige Aufgabe. Für Funktionen ersten und zweiten Grades ist das kein Problem. Bei Funktionen höheren Grades muss in der Regel auf Näherungsverfahren, wie das NEWTONsche Verfahren, das in 5.3.3 behandelt wird, zurückgegriffen werde.

Satz 4.4: *Fundamentalsatz der Algebra*
Jede ganzrationale Funktion n-ten Grades hat genau n Nullstellen. ♦

Dieser Satz gilt so nur, wenn neben den reellen Nullstellen auch komplexe Nullstellen zugelassen sind und mehrfach vorkommende Nullstellen auch mehrfach gezählt werden. Ist z_0 komplexe Nullstelle, so ist auch die konjugiert komplexe Zahl $\overline{z}_0$ Nullstelle.

Beispiel 4.11: *Nullstellen*
Die Nullstellen der Funktion $y = x^3 - 2x^2 + 2x$ sind zu berechnen.

Da $y = x(x^2 - 2x + 2)$, ist $x_1 = 0$ Nullstelle. Weitere Nullstellen ergeben sich aus $x^2 - 2x + 2 = 0$. Es folgen $x_{2,3} = 1 \pm \sqrt{1 - 2} = 1 \pm i$. Damit hat die Funktion die Nullstellen $x_1 = 0$, $x_2 = 1 + i$ und $x_3 = 1 - i$. ♦

Abspaltung von Faktoren

Ist x_0 eine reelle bzw. z_0 eine komplexe Nullstelle einer ganzrationalen Funktion $y = f(x)$ n-ten Grades, so existiert eine ganzrationale Funktion $y = g_1(x)$ ($n-1$)-ten Grades bzw. $y = g_2(x)$ ($n-2$)-ten Grades, dass

$$f(x) = (x - x_0) \cdot g_1(x) \tag{4.9}$$

bzw.

$$f(x) = (x - z_0)(x - \overline{z}_0) \cdot g_2(x) = (x^2 + px + q) \cdot g_2(x). \tag{4.10}$$

Die Funktionen $y = g_1(x)$ und $y = g_2(x)$ können durch *Partialdivision* berechnet werden. Wird dieser Prozess mit $y = g_1(x)$ und $y = g_2(x)$ fortgesetzt, kann eine ganzrationale Funktion schrittweise in lineare und quadratische Faktoren zerlegt werden. Eine Nullstelle x_0 bzw. z_0 von $y = f(x)$ kann auch noch einmal Nullstelle von $y = g_1(x)$ bzw. $y = g_2(x)$ sein. In diesem Fall heißt x_0 bzw. z_0 mehrfache Nullstelle. In dem Fundamentalsatz der Algebra werden diese Nullstellen, wie schon oben erwähnt, mehrfach gezählt.

Beispiel 4.12: *Zerlegung durch Partialdivision*
Die Funktion $y = x^3 - 4x^2 + 5x - 2$ ist zu zerlegen. Da $x_1 = 1$ Nullstelle ist, folgt durch Partialdivision

$$(x^3 - 4x^2 + 5x - 2) : (x - 1) = x^2 - 3x + 2 \, .$$

$$\underline{x^3 - x^2}$$
$$-3x^2 + 5x$$
$$\underline{-3x^2 + 3x}$$
$$2x - 2$$
$$\underline{2x - 2}$$
$$0$$

Also gilt $y = f(x) = (x-1)(x^2 - 3x + 2) = (x-1)g_1(x)$. Die Nullstellen der quadratischen Funktion $y = x^2 - 3x + 2$ errechnen sich zu $x_2 = 1$ und $x_3 = 2$. Daher ist

$$f(x) = (x-1)(x^2 - 3x + 2) = (x-1)(x-1)(x-2) = (x-1)^2(x-2) \, .$$

$x_1 = 1$ ist eine zweifache Nullstelle. ♦

Zusammengefasst ergibt sich die folgende Aussage.

Satz 4.5: Jede ganzrationale Funktion

$$y = a_n x^n + a_{n-1} x^{n-1} + \ldots + a_1 x + a_0$$

kann *eindeutig* in ein Produkt

$$y = a_n (x - x_1)^{\alpha_1} \cdot \ldots \cdot (x - x_m)^{\alpha_m} (x^2 + p_1 x + q_1)^{\beta_1} \cdot \ldots \cdot (x^2 + p_l x + q_l)^{\beta_l} \tag{4.11}$$

aus linearen und quadratischen Faktoren zerlegt werden. ♦

Die einzelnen Faktoren von (4.11) berechnen sich also aus den Nullstellen der ganzrationalen Funktion nach Tabelle 4.3.

Tabelle 4.3 Faktoren

	Nullstelle	Vielfachheit	Faktor
reell	x_1	α_1	$(x - x_1)^{\alpha_1}$
	$\vdots$	$\vdots$	$\vdots$
	x_m	α_m	$(x - x_m)^{\alpha_m}$
komplex	$z_1, \overline{z}_1$	β_1	$\left((x - z_1)(x - \overline{z}_1)\right)^{\beta_1} = \left(x^2 + p_1 x + q_1\right)^{\beta_1}$
	$\vdots$	$\vdots$	$\vdots$
	$z_l, \overline{z}_l$	β_l	$\left((x - z_l)(x - \overline{z}_l)\right)^{\beta_l} = \left(x^2 + p_l x + q_l\right)^{\beta_l}$

Beispiel 4.13: *Zerlegung*

Die Funktion $y = x^4 - 1$ ist zu zerlegen. Nullstellen sind $x_1 = 1$, $x_2 = -1$, $x_3 = i$, $x_4 = -i$.

Die Zerlegung lautet dann $y = (x-1)(x+1)(x-i)(x+i) = (x-1)(x+1)(x^2+1)$. $\blacklozenge$

Die Zerlegung einer ganzrationalen Funktion wird später beispielsweise bei der Lösung von linearen Differentialgleichungen mit konstanten Koeffizienten benötigt.

Alle Computeralgebrasysteme, aber auch manche Taschenrechner, verfügen über die Möglichkeit der Berechnung aller Nullstellen einer ganzrationalen Funktion. Dann kann die Zerlegung wie beschrieben, erfolgen. Sonst müssen nach und nach die einzelnen Nullstellen berechnet und einzelne Faktoren mit Partialdivision abgespaltet werden.

4.3.2 Interpolation und Approximation

Interpolation und *Approximation* sind mathematische Methoden, bei denen eine Funktion $y = f(x)$ durch eine zweite Funktion $y = g(x)$ angenähert wird. Bei der Interpolation muss die Funktion $y = g(x)$ in vorgegebenen x-Werten $x_0, x_1, ..., x_n$, den Stützstellen, mit der Funktion $y = f(x)$ übereinstimmen. Bei der Approximation soll sich die Funktion $y = g(x)$ in den vorgegebenen x-Werten $x_0, x_1, ..., x_n$, den Funktionswerten von $y = f(x)$ „möglichst gut" annähern. In diesem Abschnitt soll die Interpolation durch ein Polynom bzw. durch *kubische Splinefunktionen* und die Approximation durch Polynome behandelt werden. Ziel dieser Verfahren ist es einerseits kompliziertere Funktionen durch einfachere Ersatzfunktionen oder andererseits tabellarisch gegebene Funktionen durch einen analytischen Ausdruck zu ersetzen.

Interpolationspolynom

Zu $n+1$ Punkten $P_0, P_1, ..., P_n$ ist eine ganzrationale Funktion möglichst niedrigen Grades zu bestimmen, die durch diese Punkte verläuft. In der Regel ist das eine ganzrationale Funktion n-ten Grades. Das Problem kann gelöst werden, indem ein Ansatz in Form einer ganzrationalen Funktion n-ten Grades gemacht wird. Die Punkte eingesetzt, ergeben ein lineares Gleichungssystem für die $n+1$ Unbekannten $a_n, a_{n-1}, ..., a_1, a_0$.

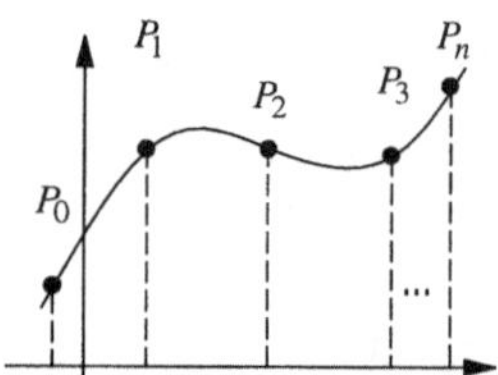

Bild 4.7 Interpolation

Ansatz:

$$y = a_n x^n + a_{n-1} x^{n-1} + ... + a_1 x + a_0 \tag{4.12}$$

$$P_0: \quad y_0 = a_n x_0^n + a_{n-1} x_0^{n-1} + ... + a_1 x_0 + a_0$$

$$P_1: \quad y_1 = a_n x_1^n + a_{n-1} x_1^{n-1} + ... + a_1 x_1 + a_0$$

...

$$P_n: \quad y_n = a_n x_n^n + a_{n-1} x_n^{n-1} + ... + a_1 x_n + a_0$$

Das ist ein lineares Gleichungssystem in den Unbekannten $a_n, a_{n-1}, ..., a_1, a_0$, das gelöst werden muss.

Beispiel 4.14: *Interpolation*

Das Interpolationspolynom durch die Punkte $P_0 = (-2, 2)$, $P_1 = (-1, 4)$, $P_2 = (0, 1)$, $P_3 = (1, 3)$, $P_4 = (2, 7)$ ist zu berechnen. Da $n = 4$, lautet der Ansatz

$$y = a_4 x^4 + a_3 x^3 + a_2 x^2 + a_1 x + a_0 .$$

Die 5 Punkte in die Ansatzfunktion eingesetzt, ergeben das lineare Gleichungssystem

$$
\begin{aligned}
2 &= 16a_4 - 8a_3 + 4a_2 - 2a_1 + a_0 \\
4 &= a_4 - a_3 + a_2 - a_1 + a_0 \\
1 &= a_0 \\
3 &= a_4 + a_3 + a_2 + a_1 + a_0 \\
7 &= 16a_4 + 8a_3 + 4a_2 + 2a_1 + a_0 .
\end{aligned}
$$

Die Lösung ist $a_4 = -0.542$, $a_3 = 0.583$, $a_2 = 3.042$, $a_1 = -1.083$ und $a_0 = 1$. Damit ist

$$y = -0.542x^4 + 0.583x^3 + 3.042x^2 - 1.083x + 1$$ das gesuchte Interpolationspolynom. ♦

Das Interpolationspolynom hat für große n oft die Eigenschaft, dass es zwischen den vorgegebenen Punkten stark schwankt. Eine glattere Funktion wird mittels Splinefunktionen erhalten.

Interpolation durch kubische Splinefunktionen

Die interpolierende Funktion $y = g(x)$ besteht stückweise aus ganzrationalen Funktionen m-ten Grades, die jeweils durch zwei benachbarte Punkte verlaufen. Von der Funktion $y = g(x)$ wird Differenzierbarkeit bis zur $(m-1)$-ten Ordnung verlangt. Oft wird $m = 3$ gewählt. Es wird dann von kubischen Splinefunktionen gesprochen. Auf diesen Fall soll jetzt näher eingegangen werden.

Die $n+1$ Punkte $P_0, P_1, ..., P_n$ sollen durch kubische Splinefunktionen interpoliert werden. Dazu wird durch jeweils zwei benachbarte Punkte eine ganzrationale Funktion dritten Grades gelegt:

$$y = p_1(x) = a_{13}x^3 + a_{12}x^2 + a_{11}x + a_{10} \quad \text{durch } P_0 \text{ und } P_1$$

$$y = p_2(x) = a_{23}x^3 + a_{22}x^2 + a_{21}x + a_{20} \quad \text{durch } P_1 \text{ und } P_2$$

$$...$$

$$y = p_n(x) = a_{n3}x^3 + a_{n2}x^2 + a_{n1}x + a_{n0} \quad \text{durch } P_{n-1} \text{ und } P_n$$

Jede dieser Funktionen enthält 4 Unbekannte, also sind $4n$ Gleichungen nötig, um diese berechnen zu können. Das sind:

P_{i-1} und P_i liegen auf $y = p_i(x)$, d.h.

$$p_i(x_{i-1}) = y_{i-1} \qquad i = 1, ..., n \tag{4.13}$$

$$p_i(x_i) = y_i \qquad i = 1, ..., n , \tag{4.14}$$

die ersten und zweiten Ableitungen von $y = p_i(x)$ und $y = p_{i+1}(x)$ sind in x_i gleich, d.h.

$$p_i'(x_i) = p_{i+1}'(x_i) \qquad\qquad i = 1,\dots,n-1 \qquad\qquad\qquad (4.15)$$

$$p_i''(x_i) = p_{i+1}''(x_i) \qquad\qquad i = 1,\dots,n-1 \qquad\qquad\qquad (4.16)$$

und in den Randpunkten x_0 und x_n sollen die zweiten Ableitungen Null sein, d.h.

$$p_1''(x_0) = 0 \qquad\qquad\qquad\qquad\qquad\qquad\qquad\qquad\qquad (4.17)$$

$$p_n''(x_n) = 0\,. \qquad\qquad\qquad\qquad\qquad\qquad\qquad\qquad\qquad (4.18)$$

Durch die Bedingungen (4.13)-(4.16) wird gewährleistet, dass jede Ersatzfunktion $y = g(x)$ an den Übergangsstellen bis zur 2. Ableitung stetig ist.

Beispiel 4.15: *Kubische Splinefunktion*
Die drei Punkte $P_0 = (0,1)$, $P_1 = (1,3)$ und $P_2 = (2,-1)$ sind durch kubische Splinefunktionen zu interpolieren. Da $n = 2$, werden zwei Funktionen

$$y = p_1(x) = a_{13}x^3 + a_{12}x^2 + a_{11}x + a_{10}$$

$$y = p_2(x) = a_{23}x^3 + a_{22}x^2 + a_{21}x + a_{20}$$

gesucht. Die obigen Bedingungen (4.13)-(4.18) ergeben das folgende lineare Gleichungssystem:

	a_{10}	a_{11}	a_{12}	a_{13}	a_{20}	a_{21}	a_{22}	a_{23}	
$p_1(0) = 1$	1	0	0	0	0	0	0	0	1
$p_1(1) = 3$	1	1	1	1	0	0	0	0	3
$p_2(1) = 3$	0	0	0	0	1	1	1	1	3
$p_2(2) = -1$	0	0	0	0	1	2	4	8	-1
$p_1'(1) = p_2'(1)$	0	1	2	3	0	-1	-2	-3	0
$p_1''(1) = p_2''(1)$	0	0	2	6	0	0	-2	-6	0
$p_1''(0) = 0$	0	0	2	0	0	0	0	0	0
$p_2''(2) = 0$	0	0	0	0	0	0	2	12	0

Die Lösung dieses linearen Gleichungssystems ergibt

$$a_{10} = 1 \qquad a_{11} = 3.5 \qquad a_{12} = 0 \qquad a_{13} = -1.5$$
$$a_{20} = -2 \qquad a_{21} = 12.5 \qquad a_{22} = -9 \qquad a_{23} = 1.5$$

Damit sind

$$y = p_1(x) = -1.5x^3 + 3.5x + 1$$

$$y = p_2(x) = 1.5x^3 - 9x^2 + 12.5x - 2$$

die gesuchten kubischen Splinefunktionen, die in Bild 4.8 dargestellt sind. ◆

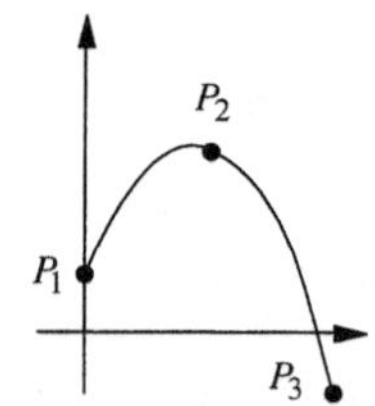

Bild 4.8 Splinefunktionen

Approximation durch ganzrationale Funktionen

Zu $n+1$ Punkte $P_0, P_1, ..., P_n$ soll eine ganzrationale Funktion vorgegebenen Grades bestimmt werden, die sich den gegebenen Punkten „möglichst gut" annähert.

Es wird also eine Funktion

$$y = g(x) = a_m x^m + a_{m-1} x^{m-1} + ... + a_1 x + a_0 \quad \text{mit } m \le n$$

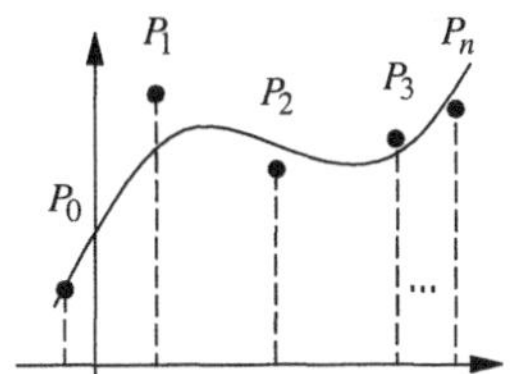

Bild 4.9 Approximation

gesucht. „Möglichst gut" soll im GAUßschen Sinne verstanden werden, d.h. $a_m, a_{m-1}, ..., a_1, a_0$ sind so zu bestimmen, dass mit $P_i = (x_i, y_i)$ die Funktion

$$f(a_m, a_{m-1}, ..., a_1, a_0) = \sum_{i=0}^{n} (y_i - g(x_i))^2 \tag{4.19}$$

einen minimalen Wert annimmt. Diese Extremwertaufgabe mit den Methoden der Abschnitts 5.4.5 gelöst, ergibt das folgende lineare Gleichungssystem für $a_m, a_{m-1}, ..., a_1, a_0$.

$$
\begin{aligned}
a_0(n+1) &+ a_1 \sum x_i &+ ... + a_m \sum x_i^m &= \sum y_i \\
a_0 \sum x_i &+ a_1 \sum x_i^2 &+ ... + a_m \sum x_i^{m+1} &= \sum y_i x_i \\
&... \\
a_0 \sum x_i^m &+ a_1 \sum x_i^{m+1} &+ ... + a_m \sum x_i^{2m} &= \sum y_i x_i^m .
\end{aligned}
\tag{4.20}
$$

In den Summen ist jeweils von 0 bis n zu summieren.

Für die beiden wichtigsten Fälle, die Approximation durch eine Gerade bzw. eine Parabel, sollen die Gleichungssysteme noch einmal aufgeschrieben werden. Aus (4.20) folgen:

1. Fall: $m = 1$ $\qquad y = a_1 x + a_0$

$$
\begin{aligned}
a_0(n+1) &+ a_1 \sum x_i &= \sum y_i \\
a_1 \sum x_i &+ a_1 \sum x_i^2 &= \sum y_i x_i
\end{aligned}
\tag{4.21}
$$

Die berechnete Gerade wird auch Regressionsgerade genannt.

2. Fall: $m = 2$ $\qquad y = a_2 x^2 + a_1 x + a_0$

$$
\begin{aligned}
a_0(n+1) &+ a_1 \sum x_i &+ a_2 \sum x_i^2 &= \sum y_i \\
a_0 \sum x_i &+ a_1 \sum x_i^2 &+ a_2 \sum x_i^3 &= \sum y_i x_i \\
a_0 \sum x_i^2 &+ a_1 \sum x_i^3 &+ a_2 \sum x_i^4 &= \sum y_i x_i^2
\end{aligned}
\tag{4.22}
$$

Beispiel 4.16: *Approximation*
Die Punkte $P_0 = (0, -1)$, $P_1 = (1, 0)$, $P_2 = (2, 1)$, $P_3 = (3, 3)$, $P_4 = (4, 5)$ sind durch eine Gerade bzw. eine Parabel zu approximieren.

Tabelle 4.4 Approximation

i	x_i	y_i	x_i^2	$x_i y_i$	x_i^3	x_i^4	$y_i x_i^2$
0	0	-1	0	0	0	0	0
1	1	0	1	0	1	1	0
2	2	1	4	2	8	16	4
3	3	3	9	9	27	81	27
4	4	5	16	20	64	256	80
Σ	10	8	30	31	100	354	111

Aus der Tabelle 4.4 folgt für $m = 1$ das lineare Gleichungssystem

$$5a_0 \; + \; 10a_1 \; = \; 8$$

$$10a_0 \; + \; 30a_1 \; = \; 31$$

Als Lösung berechnet sich $a_0 = -1.4$ und $a_1 = 1.5$. Damit ist $y = 1.5x - 1.4$ die gesuchte Approximationsgerade.

Für $m = 2$ folgt aus Tabelle 4.4 und (4.22) das lineare Gleichungssystem

$$5a_0 \; + \; 10a_1 \; + \; 30a_2 \; = \; 8$$

$$10a_0 \; + \; 30a_1 \; + \; 100a_2 \; = \; 31$$

$$30a_0 \; + \; 100a_1 \; + \; 354a_2 \; = \; 111$$

Als Lösung berechnet sich $a_0 = -0.971$, $a_1 = 0.643$ und $a_2 = 0.214$. Damit ist

$$y = 0.214x^2 + 0.643x - 0.971 \text{ die gesuchte Approximationsparabel.} \blacklozenge$$

4.3.3 Gebrochenrationale Funktionen

Die zweite Gruppe rationaler Funktionen sind die gebrochenrationalen, die durch Division zweier ganzrationaler Funktionen entstehen.

Definition 4.7: *Gebrochenrationale Funktion*
Eine Funktion

$$y = f(x) = \frac{b_m x^m + b_{m-1} x^{m-1} + \ldots + b_1 x + b_0}{a_n x^n + a_{n-1} x^{n-1} + \ldots + a_1 x + a_0} = \frac{z(x)}{n(x)} \tag{4.23}$$

heißt gebrochenrationale Funktion. Im Zähler und Nenner stehen ganzrationale Funktionen. Eine gebrochenrationale Funktion heißt echt gebrochen, wenn $n > m$, sonst unecht gebrochen. $\blacklozenge$

Einige charakteristische Eigenschaften gebrochenrationaler Funktionen sollen untersucht und an der Funktion

$$y = \frac{x^3 + 2x^2 - 2x - 1}{x^2 - x} \qquad\qquad (4.24)$$

demonstriert werden.

Asymptote

Jede unecht gebrochenrationale Funktion $y = f(x)$ lässt sich durch Partialdivision in eine ganzrationale Funktion $y = r(x)$ und eine echt gebrochenrationale Funktion $y = g(x)$ zerlegen. Die Division muss nur so lange fortgesetzt werden, bis keine ganzrationalen Anteile mehr entstehen. Die ganzrationale Funktion $y = r(x)$ wird *Asymptote* genannt. Sie hat die Eigenschaft, dass

$$\lim_{x \to \pm\infty} \left(f(x) - g(x) \right) = 0$$

ist. Die Funktion $y = f(x)$ nähert sich der Asymptote im Unendlichen immer mehr an. Eine echt gebrochenrationale Funktion hat die Asymptote $y = 0$.

Beispiel 4.17: *Asymptote*
Die Asymptote der Funktion (4.24) ist zu berechnen. Die Partialdivision ergibt
$y = \dfrac{x^3 + 2x^2 - 2x - 1}{x^2 - x} = x + 3 + \dfrac{x - 1}{x^2 - x}$. Die Asymptote ist daher $y = x + 3$. $\blacklozenge$

Nullstellen, Polstellen und Lücken

Die Nullstellen des Zählers und des Nenners werden jetzt betrachtet. Diese Stellen werden wie folgt klassifiziert:

Nullstellen: $z(x_0) = 0$, $n(x_0) \neq 0$,

Lücken: $z(x_0) = 0$, $n(x_0) = 0$, $\displaystyle\lim_{x \to x_0} f(x) = A$ (endlich),

Polstellen: $z(x_0) \neq 0$, $n(x_0) = 0$ oder $z(x_0) = 0$, $n(x_0) = 0$, $\displaystyle\lim_{x \to x_0} f(x) = \pm\infty$.

Soll im Fall $z(x_0) = 0$, $n(x_0) = 0$ überprüft werden, ob eine Lücke oder eine Polstelle vorliegt, kann die Funktionen $y = f(x)$, da x_0 Nullstelle dieser Funktionen ist, wie im Abschnitt 4.3.1 besprochen, als

$$y = \frac{(x - x_0)^\alpha \cdot z_1(x)}{(x - x_0)^\beta \cdot n_1(x)} \, ,$$

wobei $z_1(x_0) \neq 0$ und $n_1(x_0) \neq 0$ sind, geschrieben werden. Daraus folgt, dass $\displaystyle\lim_{x \to x_0} f(x)$ existiert, wenn $\alpha \geq \beta$, dagegen $\displaystyle\lim_{x \to x_0} f(x) = \pm\infty$, wenn $\alpha < \beta$. Also liegt für $\alpha < \beta$ eine Polstelle vor, sonst eine Lücke.

Beispiel 4.18: *Gebrochen rationale Funktion*

Es sind die Nullstellen, Polstellen und Lücken der Funktion (4.24) zu berechnen. Die Funktion $z(x) = x^3 + 2x^2 - 2x - 1$ hat Nullstellen bei $x_1 = 1$, $x_2 = -2.618$ und $x_3 = -0.382$, die Funktion $n(x) = x^2 - x$ bei $x_1 = 1$ und $x_4 = 0$. Damit hat die Funktion (4.24) Nullstellen bei $x_2 = -2.618$ und $x_3 = -0.382$ und eine Polstelle bei $x_4 = 0$. Für $x_1 = 1$ gilt

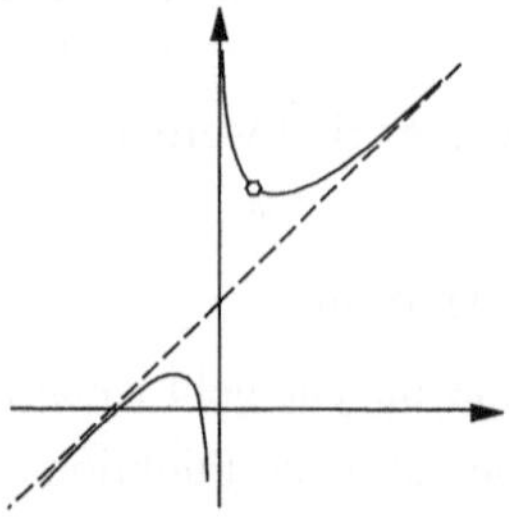

$$\lim_{x \to 1} f(x) = \lim_{x \to 1} \frac{(x-1)(x^2 + 3x + 1)}{(x-1)x} = \lim_{x \to 1} \frac{(x^2 + 3x + 1)}{x} = 5,$$

Bild 4.10: Pole, Lücken

also hat die Funktion dort eine Lücke. ◆

4.3.4 Nullstellen und Zerlegung in Maple

In Maple stehen verschiedene Möglichkeiten der Nullstellenberechnung zur Verfügung. An dieser Stelle seien nur `solve` und `fsolve` angegeben. Die `solve`-Anweisung versucht die Nullstellen exakt zu berechnen, `fsolve` dagegen numerisch. Außerdem berechnet `solve` auch die komplexen Nullstellen, `fsolve` jedoch nur, wenn der Zusatz `complex` angegeben wird. In `fsolve` kann als Zusatz ein Bereich angegeben werden, in dem die Nullstellen gesucht werden sollen. Die Anweisung `factor` zerlegt eine ganzrationale Funktion in Faktoren. Die Zerlegung erfolgt nur dann vollständig, wenn beispielsweise einer der Koeffizienten als Gleitkommazahl eingegeben wird.

Syntax

Berechnung aller Nullstellen	`>solve(ausdruck, variable);`
Numerische Berechnung von Nullstelle	`>fsolve(ausdruck, variable [,zusatz]);`
Zerlegung ganzrationaler Funktionen	`>factor(ausdruck);`

Beispiele

$x^4 - 2x^3 + 4x - 4 = 0$

`>solve(x^4-2*x^3+4*x-4,x);`	$1 + I, 1 - I, \sqrt{2}, -\sqrt{2}$
`>fsolve(x^4-2*x^3+4*x-4,x);`	$-1.414213562,\ 1.414213562$
`>fsolve(x^4-2*x^3+4*x-4,x,complex);`	$-1.4142,\ 1. - 1.I,\ 1. + 1.I,\ 1.4142$
`>factor(x^4-2*x^3+4*x-4);`	$(x^2 - 2x + 2)(x^2 - 2)$
`>factor(x^4-2*x^3+4*x-4.);`	$(x + 1.4142)(x - 1.4142)(x^2 - 2.x + 2.)$
`>fsolve(x^4-2*x^3+4*x-4,x=0..5);`	1.414213562

4.3.5 Übungsaufgaben

4.8: Die Nullstellen der Funktionen sind zu berechnen.

a) $y = x^3 + 2x^2 - 5x - 6$ b) $y = 2x^3 - 4x^2 - 2x$ c) $y = x^4 - x^2 - 2 = 0$

4.9: Die ganzrationalen Funktionen von Aufgabe 1 sind weitgehend in Faktoren zu zerlegen.

4.10: Die Stellen größter Durchbiegung für die Träger

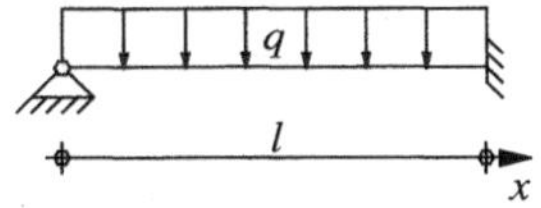 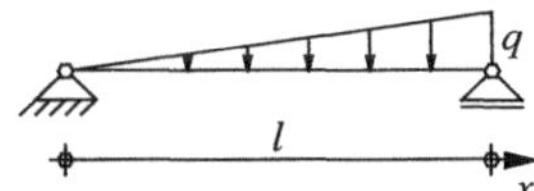

berechnen sich als Nullstellen der Funktionen

a) $y = l^3 - 9lx^2 + 8x^3$ b) $y = 7l^4 - 30l^2x^2 + 15x^4$.

Wo ist die Durchbiegung am Größten?

4.11: Die Interpolationspolynome durch die vorgegebenen Stützstellen sind zu berechnen.

a) $P_1 = (-3, 2)$ $P_2 = (-1, 4)$ $P_3 = (3, -2)$

b) $P_1 = (0, 0)$ $P_2 = (l, 0)$ $P_3 = (\frac{1}{2}l, q)$

c) $P_1 = (2.1, 3.5)$ $P_2 = (4.3, -2)$ $P_3 = (-3.4, 2.5)$ $P_4 = (-2, 1)$.

4.12: Die Interpolation durch kubische Splinefunktionen ist für die Stützstellen der Aufgabe 11a und 11c durchzuführen.

4.13: Wie lautet für den dargestellten Träger die Momentenfunktion $M(x)$, wenn

$$M_{max} = \frac{9}{128} ql^2 \quad \text{bei} \quad x = \frac{3}{8}l \quad \text{und} \quad M(l) = -\frac{1}{8} ql^2 .$$

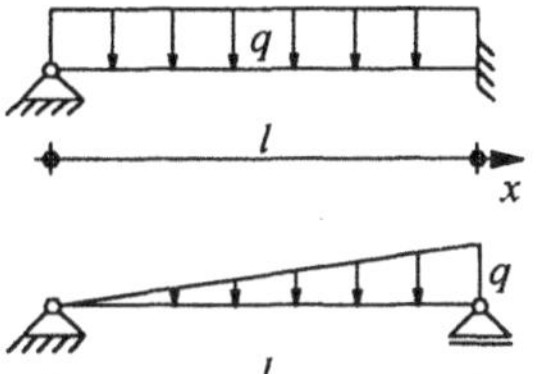

4.14: Für den dargestellten Träger sind die Stützkräfte $A = \frac{1}{6} ql$ und $B = \frac{1}{3} ql$ gegeben. Das maximale Moment liegt bei $x = \frac{l}{\sqrt{3}}$. Wie lautet die Querkraftfunktion?

4.15: Das lineare und quadratische Approximationspolynom nach Gauß sind zu berechnen.
$P_1 = (-2, 2.5)$ $P_2 = (0, 3.6)$ $P_3 = (1, 3)$ $P_4 = (5, 1.7)$ $P_5 = (8, 0.2)$

4.16: Die Nullstellen, Polstellen, Lücken und Asymptoten der folgenden Funktionen sind zu berechnen und ihr Verlauf zu skizzieren.

a) $y = \dfrac{x^4}{x^2 - 1}$ b) $y = \dfrac{x^2 - 2x}{x^2 + x - 2}$ c) $y = \dfrac{x^2 - x}{x^3 - x^2 + x - 1}$

4.4 Gleichungen und Ungleichungen

4.4.1 Gleichungen

In diesem Abschnitt werden beispielhaft Lösungsmöglichkeiten für verschiedene Klassen von Gleichungen behandelt. Das Ziel ist es, alle Lösungen einer Gleichung $f(x) = a$ zu bestimmen. Ohne weitere Einschränkungen an den Funktionsausdruck ist eine solche Gleichung nicht geschlossen lösbar. So besitzt die Gleichung $\sin x + x = 1$ zwar eine Lösung, diese kann jedoch nicht durch die elementaren Funktionen ausgedrückt werden. Daher ist nur eine numerische Lösung möglich.

Die Chance eine Gleichung geschlossen lösen zu können, ist nur dann gegeben, wenn die Unbekannte x als Argument des gleichen Typs von Funktionen vorkommt. Sind das beispielsweise nur trigonometrische Funktionen, so spricht man von goniometrischen Gleichungen.

Gleichungen werden gelöst, indem sie durch *äquivalente Umformungen* auf eine Grundaufgabe zurückgeführt werden. In der folgenden Tabelle sind die wichtigsten Grundaufgaben aufgeführt. Der Inhalt der Tabelle folgt aus den Eigenschaften der Standardfunktionen und ihrer Umkehrfunktionen.

Tabelle 4.5 Grundaufgaben

Grundaufgabe		Umkehrfunktion	allgemeine Lösung
$x^n = c$	n ungerade	$x_0 = \sqrt[n]{c}$	x_0
$x^n = c$	$c \geq 0, n$ gerade	$x_0 = \sqrt[n]{c}$	$x_0, -x_0$
$\sqrt[n]{x} = c$	$c \geq 0$	$x_0 = c^n$	x_0
$a^x = c$	$a > 0, c > 0$	$x_0 = \log_a c$	x_0
$\log_a x = c$	$a > 0$	$x_0 = a^c$	x_0
$\sin x = c$	$-1 \leq c \leq 1$	$x_0 = \arcsin c$	$x_0 + 2k\pi, \ \pi - x_0 + 2k\pi$
$\cos x = c$	$-1 \leq c \leq 1$	$x_0 = \arccos c$	$x_0 + 2k\pi, \ -x_0 + 2k\pi$
$\tan x = c$		$x_0 = \arctan c$	$x_0 + k\pi$

In der letzten Spalte sind die Lösungen, welche die Anwendung der Umkehrfunktionen ergeben sowie die daraus abgeleiteten Lösungen zusammengefasst. Dabei bedeutet k eine beliebige ganze Zahl.

Exponential- und logarithmische Gleichungen

Gleichungen, in denen die Unbekannte nur im Argument von Exponentialfunktion bzw. Logarithmusfunktionen vorkommen, heißen *Exponential-* bzw. *logarithmische Gleichungen*. Für die äquivalenten Umformungen werden oft die Logarithmengesetze, siehe Abschnitt 1.3.3, und, da auf Taschenrechnern meist nur der natürliche und der dekadische Logarithmus vorhanden sind, die Formel für die Umrechnung von Logarithmen von einer Basis a auf eine Basis b

$$\log_a x = \frac{\log_b x}{\log_b a} = \frac{\ln x}{\ln a} = \frac{\lg x}{\lg a} \tag{4.25}$$

benötigt. Es sollen jetzt zwei Aufgaben gelöst werden.

Beispiel 4.19: *Exponentialgleichung*

Die Gleichung $3^{2x+1} - 4^{2x-1} = 9^x + 2^{4x+2}$ ist zu lösen. Mit den Potenzgesetzen folgt

$$3 \cdot 9^x - \frac{1}{4} \cdot 16^x = 9^x + 4 \cdot 16^x \ , \ 2 \cdot 9^x = \frac{17}{4} \cdot 16^x \ \text{ und damit } \ \frac{8}{17} = \left(\frac{16}{9} \right)^x .$$

Die letzte Gleichung logarithmiert, ergibt mit den Logarithmengesetzen

$$x \cdot \ln \left(\frac{16}{9} \right) = \ln \left(\frac{8}{17} \right) .$$

Daraus errechnet sich die Lösung $x = -1.310 . \blacklozenge$

Goniometrische Gleichungen

Gleichungen, deren Unbekannte nur im Argument trigonometrischer Funktionen stehen, heißen *goniometrische Gleichungen*. Zur Lösung benötigt man oft trigonometrische Formeln, die in jeder Zahlentafel zu finden sind. Einige seien hier beispielhaft aufgeführt.

$$\sin^2 x + \cos^2 = 1 \tag{4.26}$$

$$\tan x = \frac{\sin x}{\cos x} \tag{4.27}$$

$$\cos(x - y) = \cos x \cdot \cos y + \sin x \cdot \sin y \tag{4.28}$$

$$2 \sin^2 \frac{\alpha}{2} = 1 - \cos \alpha \tag{4.29}$$

$$\sin x + \sin y = 2 \sin \frac{x + y}{2} \cos \frac{x - y}{2} . \tag{4.30}$$

Beispiel 4.20: *Einfache goniometrische Gleichung*

Die Gleichung $a \sin x + b \cos x = 0$ ist zu lösen. Division durch $\cos x$ ergibt die Grundaufgaben

$$\tan x = -\frac{b}{a} .$$

Aus Tabelle 4.5 folgt dann die allgemeine Lösung

$$x = \arctan \left(-\frac{b}{a} \right) + k \cdot \pi . \blacklozenge$$

Beispiel 4.21: *Goniometrische Gleichung*

Die Gleichung $a \sin x + b \cos x = d$ ist zu lösen. a und b werden als Katheten eines rechtwinkligen Dreiecks interpretiert. Nach dem Satz des Pythagoras gilt für die Hypotenuse $c = \sqrt{a^2 + b^2} .$

Ist α der der Seite a gegenüberliegende Winkel, gilt

$$\sin\alpha = \frac{a}{\sqrt{a^2+b^2}} \quad \text{und} \quad \cos\alpha = \frac{b}{\sqrt{a^2+b^2}} \;.$$

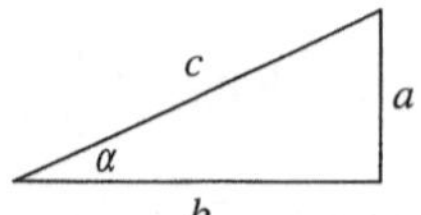

Bild 4.11 Dreieck

Wird die zu lösende Gleichung durch $\sqrt{a^2+b^2}$ dividiert, folgt

$$\sin\alpha \sin x + \cos\alpha \cos x = \frac{d}{\sqrt{a^2+b^2}} \;.$$

Mit (4.28) folgt daraus

$$\cos(x-\alpha) = \frac{d}{\sqrt{a^2+b^2}} \;.$$

Aus Tabelle 4.5 folgt für diese Grundaufgabe die allgemeine Lösung

$$x_1 - \alpha = \arccos\frac{d}{\sqrt{a^2+b^2}} + 2k\pi \quad \text{und} \quad x_2 - \alpha = -\arccos\frac{d}{\sqrt{a^2+b^2}} + 2k\pi \;. \blacklozenge$$

Algebraische Gleichungen

Bei algebraischen Gleichungen kommt die Unbekannte im Radikant von Wurzelfunktionen vor. Um nach der Unbekannten auflösen zu können, muss die Gleichung meist potenziert werden. Dabei können „Lösungen" entstehen, welche die Ausgangsgleichung nicht befriedigen. Daher ist bei solchen Aufgaben eine Probe notwendig.

Beispiel 4.22: *Wurzelgleichung*
Die Gleichung $\sqrt{2x+3} = -x+2$ ist zu lösen. Durch quadrieren folgt

$$2x+3 = x^2 - 4x + 4 \quad \text{bzw.} \quad x^2 - 6x + 1 = 0 \;.$$

Aus der letzten Gleichung errechnen sich die Lösungen $x_1 = 5.828$ und $x_2 = 0.172$. Durch Einsetzen dieser beiden Werte in die Ausgangsgleichung folgt, dass der erste Wert die Gleichung nicht erfüllt, also keine Lösung ist. $\blacklozenge$

Gleichungen mit Beträgen

Die Betragsfunktion ist durch

$$y = |x| = \begin{cases} x & \text{wenn} \quad x \geq 0 \\ -x & \text{wenn} \quad x < 0 \end{cases} \tag{4.31}$$

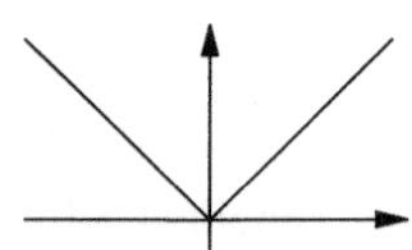

Bild 4.12 Betrag

definiert und in Bild 4.12 dargestellt. Aufgaben, in denen Beträge vorkommen, können durch Fallunterscheidung gelöst werden. Die berechneten Werte müssen dann natürlich die Bedingungen erfüllen, die für den jeweiligen Fall charakteristisch sind.

Beispiel 4.23: *Einfache Betragsgleichung*
Die Gleichung $|2x-3| = 3x+1$ ist zu lösen.

1. Fall $\quad 2x-3\geq 0$ $\qquad\qquad$ 2. Fall $\quad 2x-3<0$

$\qquad\quad 2x-3=3x+1$ $\qquad\qquad\qquad\quad -(2x-3)=3x+1$

$\qquad\quad x_1=-4$ $\qquad\qquad\qquad\qquad\quad x_2=0.4$

Der Wert $x_1=-4$ ist keine Lösung, da die Bedingung $2x-3\geq 0$ nicht erfüllt ist. $\blacklozenge$

Beispiel 4.24: *Betragsgleichung*

Die Gleichung $x^2-|3x+1|=2x$ ist zu lösen.

1. Fall $\quad 3x+1\geq 0$ $\qquad\qquad$ 2. Fall $\quad 3x+1<0$

$\qquad\quad x^2-3x-1=2x$ $\qquad\qquad\qquad\quad x^2+3x+1=2x$

$\qquad\quad x_1=5.193$ und $x_2=-0.193$ $\qquad\qquad$ keine Lösungen. $\blacklozenge$

4.4.2 Ungleichungen

Nur sehr einfache Ungleichungen können direkt durch Umformen gelöst werden. So darf zu beiden Seiten einer Ungleichung etwas addiert bzw. subtrahiert werden. Multipliziert bzw. dividiert darf die Ungleichung nur werden, wenn der Operand positiv ist, sonst kehrt sich das Ungleichheitszeichen um.

Beispiel 4.25: *Einfache Ungleichung*

Die Ungleichung $2x-1<-3x-2$ ist zu lösen. Es wird zu beiden Seiten der Ungleichung 2 addiert und $2x$ subtrahiert. Dann folgt $1<-5x$ und nach Division durch (-5) $x<-0.2$. Die Lösungsmenge ist also $L=(-\infty,-0.2)$. $\blacklozenge$

Beispiel 4.26: *Ungleichung*

Die Ungleichung $\dfrac{2x-1}{-x+2}<3$ ist zu lösen. Da mit $-x+2$ durchmultipliziert werden soll, muss eine Fallunterscheidung vorgenommen werden, welche die zwei Möglichkeiten des Vorzeichens unterscheidet.

1. Fall $\quad -x+2>0\rightarrow x<2$ $\qquad\qquad$ 2. Fall $\quad -x+2<0\rightarrow x>2$

$\qquad\quad 2x-1<3(-x+2)$ $\qquad\qquad\qquad\quad 2x-1>3(-x+2)$

$\qquad\quad 5x<7$ $\qquad\qquad\qquad\qquad\qquad 5x>7$

$\qquad\quad x<1.4$ $\qquad\qquad\qquad\qquad\qquad x>1.4$

Unter Berücksichtigung der Fallunterscheidung folgt $L=(-\infty,1.4)\cup(2,\infty)$. $\blacklozenge$

Prinzipielle Lösung einer Ungleichung $f(x)<0$.

Nach Satz 4.3 kann eine in $[a,b]$ stetige Funktion ihr Vorzeichen nur an einer Nullstelle wechseln. Oft kann der Definitionsbereich so in Teilintervalle (x_i,x_{i+1}) zerlegt werden, dass die Funktion $y=f(x)$ dort ihr Vorzeichen nicht ändert. Daher genügt es, dieses in *einem* Punkt zu bestimmen. Die Lösung der Ungleichung ist dann Vereinigungsmenge aller Teilintervalle, in denen das Vorzeichen negativ ist.

Beispiel 4.27: *Ungleichung*

Die Ungleichung $\dfrac{2x-1}{-x+2} - 3 < 0$ soll noch einmal gelöst werden.

Der Definitionsbereich besteht aus den Intervallen $(-\infty, 2)$ und $(2, \infty)$. Als Nullstelle errechnet sich nur $x = 1.4$. Also kann die Funktion in den Intervallen $(-\infty, 1.4)$, $(1.4, 2)$ und $(2, \infty)$ ihr Vorzeichen nicht ändern. Die frei gewählten Werte $x = 0$, $x = 1.5$ und $x = 3$ in die Funktion eingesetzt ergeben, dass der zweite Wert ein positives Ergebnis, die beiden anderen negative Ergebnisse liefern. Also ist die Ungleichung in dem ersten und dem dritten Intervall erfüllt. Die Lösungsmenge ist $L = (-\infty, 1.4) \cup (2, \infty)$. ♦

Beispiele 4.28: *Komplizierte Ungleichung*

Die Ungleichung $x \cdot e^{\frac{1}{x}} - 3x - 1 < 0$ soll gelöst werden. Für den Definitionsbereich gilt $D_f = (-\infty; 0) \cup (0; \infty)$. Die Nullstellen können mit dem NEWTONschen Verfahren aus 5.3.3 berechnet werden. Es ergeben sich $x_1 = -0.3393$ und $x_2 = 0.6643$. Daher sind die vier Intervalle $(-\infty, -0.3393)$, $(-0.3393, 0)$, $(0, 0.6643)$ und $(0.6643, \infty)$ zu untersuchen. Die frei gewählten Werte $x = -1$, $x = -0.2$, $x = 0.5$ und $x = 1$ in die Funktion eingesetzt, liefern für den zweiten und vierten Wert negative Ergebnisse, sonst ein positives. Also ist die Ungleichung in dem zweiten und vierten Intervall erfüllt. Die Lösungsmenge ist: $L = (-0.3393, 0) \cup (0.6643, \infty)$. ♦

4.4.3 Gleichungen und Ungleichungen in Maple

Die Lösung von Gleichungen erfolgt in Maple wie in 4.3.4 beschrieben mit der `solve`- bzw. `fsolve`-Anweisung. `solve` versucht alle Lösungen exakt zu berechnen. Ist das nicht möglich, kann die Anweisung einen Ausdruck zurückgeben, der numerisch gelöst werden muss. Das kann, wenn das Ergebnis `RootOf` enthält durch `allvalues` oder durch `evalf` erfolgen. Die `fsolve`-Anweisung liefert oft nur eine von mehreren Nullstellen. Durch Optionen kann jedoch bei dieser Anweisung der Bereich, in dem die Lösung gesucht werden soll, eingeschränkt werden. Mit der `solve`-Anweisung können auch, wie die Beispiele zeigen, Ungleichungen gelöst werden.

Syntax

Lösen einer Gleichung
```
>solve(gleichung,variable);
>fsolve(gleichung,variable);
```

Lösen einer Ungleichung
```
>solve(ungleichung,variable);
```

Beispiele

1. $3^{2x+1} = 9^x + 3$

```
>solve(3^(2*x+1)=9^x+3,x);
```
$\mathrm{RootOf}(3^{(2\_Z+1)} - 9\_Z - 3)$

```
>allvalues(%)
```
$.1845351232$

2. $e^x - x = 2$

```
>solve(exp(x)-x=2,x);
```
$\qquad -LambertW(-e^{(.2)})-2, -LambertW(-1,-e^{(.2)})-2$

```
>evalf(%)
```
$\qquad$ -1.841405661,1.146193221

```
>fsolve(exp(x)-x=2,x);
```
$\qquad$ -1.841405660

```
>fsolve(exp(x)-x=2,x=0..2);
```
$\qquad$ 1.146193221

3. $\dfrac{2x-1}{-x+2} < 3$

```
>solve((2*x-1)/(-x+2)<3,x);
```
$\qquad \mathrm{RealRange}\left(-\infty, \mathrm{Open}\left(\dfrac{7}{5}\right)\right), \mathrm{RealRange}(\mathrm{Open}(2),\infty)$

Die Ergebnisse sind sicher verständlich, `RealRange` steht für Intervall und `Open`, dass das Intervall dort offen ist. Auch hier tritt der Fall oft ein, dass entweder keine Lösung oder keine einfach zu verwertende Lösung angegeben wird.

4.4.4 Übungsaufgaben

4.17: Die goniometrischen Gleichungen sind zu lösen.

a) $2\sin(-x+2) = 1.5$ b) $\sin x + 2\tan 2x = 0$ c) $0.3\sin(x-1) + 0.5\cos x = 0$

d) $6\cos^2 x + \sin x - 5 = 0$ e) $\sin x + \cos x = 1$ f) $\sin^2 x - 3\cos 2x - \cos x + 3 = 0$

4.18: Die Gleichungen sind zu lösen.

a) $e^{x^2-2x} = 2$ b) $e^x + 2e^{-x} = 3$ c) $\ln\sqrt{x} + 1.5\ln x = \ln(2x)$

d) $\lg^2 x - \lg x = 2$ e) $\sqrt{x+0.8} = x+1$ f) $\sqrt{x+2} - \sqrt{x-3} = 0.5$

4.18: Die Betragsgleichungen sind zu lösen.

a) $|x+3| = 7$ b) $|2x-1| = x^2$ c) $x^2 + 2|x| - 3 = 0$

d) $|x+2| = |x-1|$ e) $|x^2 - 5| = x + |x|$ f)

4.20: Die Lösungsmengen der Ungleichungen sind zu bestimmen.

a) $3x-5 < -x+3$ b) $2x+1 > |x|$ c) $x^2 - 3x + 2 > 0$

d) $\dfrac{x-1}{x+1} < 0.5$ e) $\dfrac{1}{x-2} < x+1$ f) $|x^2 - 9| < |x-1|$

g) $x^3 - 2x^2 - x > 0$ h) $x^2 - 3|x| + 2 > 0$ i) $-x^2 + 5x + 2 > e^x$

j) $1 + 4x > \sqrt{8x-3}$ k) $|\sin x| > |\cos x|$ l) $\tan\dfrac{1}{1+x^2} \geq 1$

4.5 Anwendungen

4.5.1 Ketten und Seile

Auf Bauwerke wie Hängebrücken und Seilbahnen, findet der
Verlauf der Ketten und Seile spezielle Anwendung. In diesem
Abschnitt sollen die Funktionen beschrieben werden, die den
Durchhang frei hängender Ketten oder Seile beschreiben. Auf den
ersten Blick könnte vermutet werden, dass die Form des Durch-
hangs durch eine Parabel beschrieben wird. Diese Vermutung ist,
obwohl in der Praxis in der Regel mit der Parabel gerechnet wird,
nicht richtig. Die Funktionen, die den Verlauf exakt beschreiben,

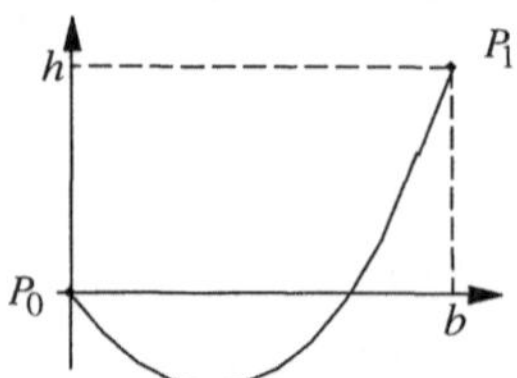

Bild 4.13 Kettenlinie

gehören der Klasse der *Hyperbelfunktionen* an. Diese sollen daher kurz beschrieben werden.
Die Hyperbelfunktionen und ihre Umkehrfunktionen werden mit Hilfe von Exponential- und
Logarithmusfunktionen definiert und sind daher elementare Funktionen.

$$y = \sinh x = \frac{e^x - e^{-x}}{2} \qquad y = \cosh x = \frac{e^x + e^{-x}}{2} \qquad y = \tanh x = \frac{e^x - e^{-x}}{e^x + e^{-x}} \qquad (4.32)$$

Der *Sinus hyperbolicus* und der *Tangens hyperbolicus* sind eineindeutige Funktionen, also
existiert auch eine Umkehrfunktion. Für den *Cosinus hyperbolicus* wird die Umkehrfunktion
des rechten Zweiges als Umkehrfunktion definiert. Taschenrechner, die über die Hyperbelfunktionen verfügen, berechnen genau diese Umkehrfunktion.

Die Umkehrfunktion für $y = \sinh x$ soll berechnet werden. Wird $e^x = z$ substituiert, so folgt

$$2y = z - \frac{1}{z}.$$

Nach Multiplikation mit z entsteht eine quadratische Gleichung, die nach z aufgelöst folgendes
ergibt:

$$z_1 = y + \sqrt{y^2 + 1} \qquad \text{und} \qquad z_2 = y - \sqrt{y^2 + 1}.$$

Da $e^x = z$, muss z positiv sein. Daher kommt die zweite Lösung nicht in Frage. Rücksubstitution, logarithmieren der Gleichung und Tausch von x und y ergeben dann die gesuchte Funktion

$$y = \ln\left(x + \sqrt{x^2 + 1} \right) = \text{ar} \sinh x \qquad (4.33)$$

Man nennt diese Funktion *Area Sinus hyperbolicus*. Die anderen Umkehrfunktionen lassen sich analog berechnen

$$y = \ln\left(x + \sqrt{x^2 - 1}\right) = \operatorname{ar\,cosh} x \tag{4.34}$$

$$y = \frac{1}{2} \ln \frac{1+x}{1-x} = \operatorname{ar\,tanh} x \; . \tag{4.35}$$

Es sollen jetzt einige Beziehungen zwischen den Hyperbelfunktionen angegeben werden, die später benötigt werden.

$$\cosh^2 x - \sinh^2 x = 1 \tag{4.36}$$

$$\cosh x - \cosh y = 2 \sinh \frac{x+y}{2} \cdot \sinh \frac{x-y}{2} \tag{4.37}$$

$$\sinh x - \sinh y = 2 \cosh \frac{x+y}{2} \cdot \sinh \frac{x-y}{2} \tag{4.38}$$

Diese Beziehungen sind sehr einfach nachzuweisen. Es sind nur die Definitionen der beteiligten Funktionen einzusetzen.

Wird nun eine Kette oder ein Seil aufgehängt, kann der Verlauf durch die Funktion

$$y = a \cosh\left(\frac{1}{a} x + c_1\right) + c_2 \tag{4.39}$$

beschrieben werden. Diese Funktion ist Lösung der Differentialgleichung der Kettenlinie , die in 7.3.1 behandelt wird.

Die Kettenlinie (4.39) enthält c_1, c_2 und a als Parameter. Diese werden meist durch die Position der Kette an den Enden und die Länge L der Kette bestimmt. Hier soll der Fall betrachtet werden, dass die Kette entsprechend Bild 4.13 aufgehängt ist. Dann muss

$$x = 0 \quad : \quad a \cdot \cosh(c_1) + c_2 = 0 \, ,$$

$$x = b \quad : \quad a \cdot \cosh\left(\frac{1}{a} b + c_1\right) + c_2 = h$$

gelten. Die erste Gleichung nach c_2 aufgelöst und in die zweite Gleichung eingesetzt, ergibt

$$a \cdot \cosh\left(\frac{b}{a} + c_1\right) - a \cdot \cosh(c_1) = h \; .$$

Daraus folgt wegen (4.37)

$$2a \cdot \sinh\left(\frac{b}{2a} + c_1\right) \cdot \sinh\left(\frac{b}{2a}\right) = h \; . \tag{4.40}$$

Außerdem folgt aus der Vorgabe von L mit Hilfe der Integralrechnung

$$L = \int_0^b \sqrt{1 + y'^2}\, dx = \int_0^b \sqrt{1 + a^2 \sinh^2\left(\frac{1}{a} x + c_1\right)}\, dx = a \sinh\left(\frac{b}{a} + c_1\right) - a \sinh(c_1) \; .$$

Daraus folgt wegen (4.38)

$$2a \cdot \sinh\left(\frac{b}{2a}\right) \cdot \cosh\left(\frac{b}{2a} + c_1\right) = L \, . \tag{4.41}$$

Werden die Quadrate von (4.41) und (4.40) subtrahiert, folgt wegen (4.36)

$$L^2 - h^2 = 4a^2 \sinh^2\left(\frac{b}{2a}\right) \cdot \left[\cosh^2\left(\frac{b}{2a} + c_1\right) - \sinh^2\left(\frac{b}{2a} + c_1\right)\right] = 4a^2 \sinh^2\left(\frac{b}{2a}\right) \, .$$

Daraus ergibt sich die Bestimmungsgleichung für a

$$\sqrt{L^2 - h^2} = 2a \cdot \sinh\left(\frac{b}{2a}\right) \, . \tag{4.42}$$

Mit Hilfe von a können dann c_1 und c_2 berechnet werde.

Beispiel 4.29: *Kettenlinie*

Die Kettenlinie ist für $b = 50$ m , $h = 20$ m, $L = 75$ m und $q = 10$ N/m zu berechnen.

Die gegebenen Größen in (4.42) eingesetzt, ergibt die Gleichung

$$72.28 = 2a \cdot \sinh\left(\frac{25}{a}\right)$$

Aus dieser Gleichung berechnet sich mit Hilfe des NEWTONschen Verfahrens, vergleiche Beispiel 5.20, $a = 16.22$. Aus (4.40) folgt dann

$$c_1 = ar\sinh\left(\frac{h}{2a \cdot \sinh\left(\frac{b}{2a}\right)}\right) - \left(\frac{b}{2a}\right) = -1.268$$

und

$$c_2 = -a \cdot \cosh(c_1) = -31.10 \, .$$

Damit lautet die Gleichung der Kettenlinie

$$y = 16.22 \cdot \cosh\left(\frac{x}{16.22} - 1.268\right) - 31.10 \, . \blacklozenge$$

4.5.2 Ein statisches Problem

Zwei horizontale Stäbe der Länge l übernehmen eine Last G, wie in Bild 4.14 dargestellt. Die Stäbe dehnen sich unter der Belastung um Δl . Dadurch nimmt das Tragwerk die in Bild 4.14 dargestellte Form an. Die Stabkraft F ist zu berechnen.

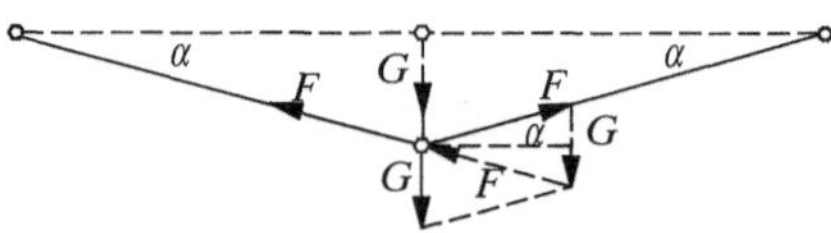

Bild 4.14 Tragwerk

Die Dehnung ist sowohl vom Material als auch der Geometrie der Stäbe abhängig. Sie wird durch den Elastizitätsmodul E und in diesem Fall durch die konstante Querschnittsfläche A beschrieben.

Nach dem Hookeschen Gesetz gilt

$$\frac{F}{A} = E\frac{\Delta l}{l}\,. \tag{4.43}$$

Außerdem folgt aus Bild 4.14

$$\sin\alpha = \frac{G}{2F} \quad\text{bzw.}\quad F = \frac{G}{2\cdot\sin\alpha} \tag{4.44}$$

$$\cos\alpha = \frac{l}{l+\Delta l} \tag{4.45}$$

Es soll zunächst der Winkel α berechnet werden. (4.43) nach Δl aufgelöst und in (4.45) eingesetzt, ergibt

$$F\cos\alpha = EA\left(1-\cos\alpha\right)\,.$$

Aus dieser Gleichung folgt, wenn (4.44) eingesetzt wird,

$$G\cos\alpha = 2EA\sin\alpha\cdot(1-\cos\alpha) \quad\text{bzw.}\quad G = 2EA\tan\alpha\cdot(1-\cos\alpha)\,. \tag{4.46}$$

Diese goniometrische Gleichung ist nach α aufzulösen.

In der Statik werden unterschiedliche Methoden angewendet, um diese Aufgabe zu lösen. So spricht man von einer Lösung nach *Theorie dritter Ordnung*, wenn die Gleichung (4.46) wie geschehen am *verformten* System aufgestellt und exakt gelöst wird.

Wie in 5.3.2 gezeigt wird, können die trigonometrischen Funktionen durch eine ganzrationale Funktion angenähert werden. Für kleine Winkel α, in diesem Fall wird von der Lösung nach

Theorie zweiter Ordnung gesprochen, können dann $\sin\alpha \approx \alpha$, $\cos\alpha \approx 1-\dfrac{\alpha^2}{2}$ und $\tan\alpha \approx \alpha$

gesetzt werden. Dann folgt aus (4.46)

$$G = EA\alpha^3 \quad\text{bzw.}\quad \alpha = \sqrt[3]{\frac{G}{EA}}\,. \tag{4.47}$$

In der elementaren Statik wird das Gleichgewicht am *unverformten* System hergestellt. In diesem Fall wird von der Lösung nach *Theorie erster Ordnung* gesprochen. Bei dem hier behandelten Beispiel führt diese Vorgehensweise jedoch zu keinem Ergebnis, denn aus (4.44) folgt, dass die Kraft F unendlich groß wird.

Beispiel 4.30: *Zahlenbeispiel*

Die Kraft F ist zu berechnen, wenn $G = 0.1\,\text{kN}$, $E = 210\,\text{kN/mm}^2$ und $A = 10\,\text{mm}^2$ vorgegeben sind. Nach Theorie dritter Ordnung ist die Gleichung

$$0.1\cdot\cos\alpha = 4200\cdot\tan\alpha\cdot(1-\cos\alpha)$$

zu lösen. Die Gleichung kann mit dem NEWTONschen Verfahren aus 5.3.3 oder mit Maple numerisch gelöst werden. Es errechnet sich $\alpha = 2.076\,°$.

Nach Theorie zweiter Ordnung ergibt sich aus (4.47) $\alpha = 2.077\,°$. Die beiden berechneten Werte unterscheiden sich praktisch nicht, obwohl der Rechenaufwand im zweiten Fall erheblich niedriger ist. Für die Stabkräfte folgt aus (4.44) $F = 1.38\,\text{kN}$. ♦

5 Differentialrechnung

Um ein Tragwerk zu bemessen, müssen die Extremwerte der Stütz- und Schnittgrößen unter den zu erwartenden Belastungen bestimmt werden. Als Beispiel werde der Träger in Bild 5.1 betrachtet. Die Kraft F kann an einer beliebigen Stelle des Trägers wirken. Es soll untersucht werden, für welche Stellung von F, ausgedrückt durch x, das Feldmoment extremal wird. Aus einem bautechnischen Tabellenbuch kann die Formel für das Feldmoment entnommen werden.

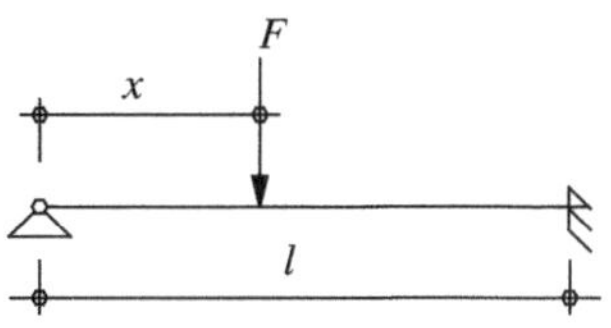

Bild 5.1 Träger

$$M(x) = \frac{F \cdot x (l - x)^2 (2l + x)}{2l^3}$$

Damit ist die Stelle x mit $0 < x < l$ so zu bestimmen, dass $M(x)$ einen extremalen Wert annimmt. Derartige Aufgaben können mit Hilfe der *Differentialrechnung* gelöst werden.

5.1 Einführung

5.1.1 Ableitungsbegriff

Wilhelm LEIBNIZ (1646-1716) und Issac NEWTON (1643-1727) entwickelten die Differentialrechnung unabhängig voneinander. NEWTON ging dabei von physikalischen, LEIBNIZ dagegen von geometrischen Problemstellungen aus.

Das Tangentenproblem

Eines der Probleme, das zur Entwicklung der *Differentialrechnung* führte, besteht darin, die *Tangente* durch einen beliebigen Punkt des Graphen einer Funktion zu bestimmen. Die Differentialrechnung liefert das methodische Rüstzeug, um dieses Tangentenproblem prinzipiell zu lösen.

Es soll die Tangente an den Graphen einer Funktion $y = f(x)$ in $P_0 = (x_0, f(x_0))$ berechnet werden. Da die Tangente durch P_0 verläuft, genügt es, den Anstieg der Tangente

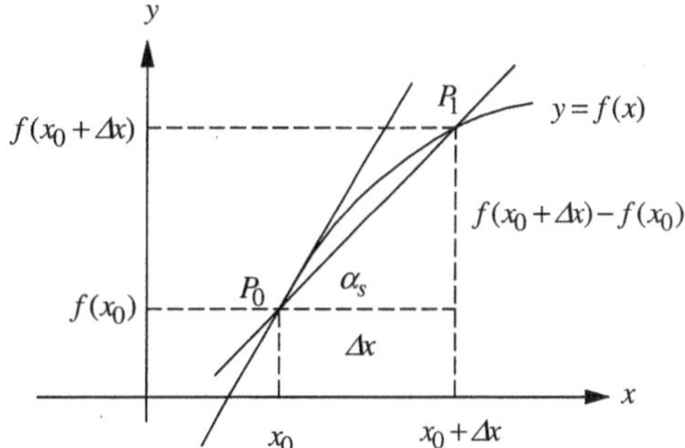

Bild 5.2 Differentialquotient

zu berechnen. Dazu wird ein zu P_0 benachbarter Punkt $P_1 = (x_0 + \Delta x, f(x_0 + \Delta x))$ betrachtet.

Durch diese beiden Punkte wird eine Gerade, die *Sekante* gelegt. Ihr Anstieg m_s berechnet sich zu

$$m_s = \tan \alpha_s = \frac{f(x_0 + \Delta x) - f(x_0)}{\Delta x}. \tag{5.1}$$

Der rechts stehende Ausdruck wird *Differenzenquotient* genannt. Naheliegend ist dann die Vermutung, dass bei einer Verkleinerung von Δx sich die Sekante immer mehr der Tangente annähert und für $\Delta x \to 0$ die Sekante in die Tangente übergeht.

Die Ableitung in einem Punkt

Der Differenzenquotient wird als Ausgangspunkt für die Definition der *Ableitung* in einem Punkt genommen.

Definition 5.1: *Ableitung in einem Punkt*
Existiert für eine Funktion $y = f(x)$ an einer Stelle x_0 der Grenzwert

$$\lim_{\Delta x \to 0} \frac{f(x_0 + \Delta x) - f(x_0)}{\Delta x}, \tag{5.2}$$

so heißt er der *Differentialquotient* oder die *1. Ableitung* der Funktion $y = f(x)$ an der Stelle x_0 und die Funktion heißt in x_0 *differenzierbar*. Symbolisch wird für diesen Grenzwert $f'(x_0)$, $y'(x_0)$ y_0' oder $\frac{df(x_0)}{dx}$ geschrieben. $\blacklozenge$

Wie oben gezeigt wurde, kann die erste Ableitung als Anstieg der Tangente an den Graphen einer Funktion interpretiert werden.

Beispiel 5.1: *Differenzierbare Funktion*
Die 1. Ableitung der Funktion $y = x^2 - 2x + 3$ in $x_0 = 2$ ist zu berechnen.

Da $f(2 + \Delta x) = (2 + \Delta x)^2 - 2(2 + \Delta x) + 3 = \Delta x^2 + 2\Delta x + 3$ und $f(2) = 3$, folgt aus (5.2)

$$f'(2) = \lim_{\Delta x \to 0} \frac{\Delta x^2 + 2\Delta x}{\Delta x} = \lim_{\Delta x \to 0} \Delta x + 2 = 2. \blacklozenge$$

Beispiel 5.2: *Nicht differenzierbare Funktion*
Die 1. Ableitung der Funktion $y = |x|$ in $x_0 = 0$ ist zu berechnen.

Nach (5.2) ist der Grenzwert $\lim_{\Delta x \to 0} \frac{|\Delta x|}{\Delta x}$ zu betrachten. Da der rechtsseitige Grenzwert $\lim_{\Delta x \to 0 + 0} \frac{\Delta x}{\Delta x} = 1$ und der linksseitige Grenzwert $\lim_{\Delta x \to 0 - 0} \frac{-\Delta x}{\Delta x} = -1$ verschieden sind, existiert der Grenzwert nicht und die Funktion $y = |x|$ ist damit in $x_0 = 0$ nicht differenzierbar. $\blacklozenge$

Die Ableitung einer Funktion

Bisher stand x_0 für einen konkreten Zahlenwert. Die Rechnung ist jedoch auch dann durchführbar, wenn x_0 für einen beliebigen Wert aus dem Definitionsbereich der Funktion $y = f(x)$ steht. In diesem Fall soll x_0 durch x ersetzt werden. Das Ergebnis ist dann nicht ein einzelner Ableitungswert, sondern eine Funktion, die mit, $f'(x)$, $y'(x)$ oder $\dfrac{dy}{dx}$ bezeichnet wird. Die Funktion $y = f'(x)$ heißt die erste Ableitung der Funktion $y = f(x)$.

Beispiel 5.3: *Ableitung einer Funktion*

Die 1. Ableitung der Funktion $y = \dfrac{1}{x}$ ist zu berechnen. Da $f(x + \Delta x) = \dfrac{1}{x + \Delta x}$ und $f(x) = \dfrac{1}{x}$, folgt aus (5.2)

$$f'(x) = \lim_{\Delta x \to 0} \frac{\dfrac{1}{x + \Delta x} - \dfrac{1}{x}}{\Delta x} = \lim_{\Delta x \to 0} \frac{-\Delta x}{x(x + \Delta x)\Delta x} = \lim_{\Delta x \to 0} \frac{-1}{x(x + \Delta x)} = -\frac{1}{x^2}. \blacklozenge$$

Zwischen der *Differenzierbarkeit* und der Stetigkeit einer Funktion besteht ein wichtiger Zusammenhang, denn eine in einem Punkt differenzierbare Funktion ist dort auch stetig. Die Umkehrung ist nicht richtig, wie das vorige Beispiel zeigt, denn die Funktion $y = |x|$ ist in $x_0 = 0$ stetig.

Ist eine Funktion $y = f(x)$ differenzierbar, so kann die 1. Ableitung wieder differenzierbar sein. Die Ableitung der 1. Ableitung heißt dann die zweite Ableitung $y = f''(x)$. Ebenso können weitere höhere Ableitungen gebildet werden.

5.1.2 Die Ableitungen der Standardfunktionen

Die direkte Berechnung der Ableitungen von Funktionen über Grenzwerte ist in der Regel kompliziert. Ein wichtiger Aspekt der Differentialrechnung besteht nun darin, dass mit Hilfe von Regeln die Ableitungen der elementaren Funktionen aus der Kenntnis der Ableitungen der Standardfunktionen berechnet werden können, ohne einen Grenzwert bestimmen zu müssen. Nur die Ableitungen der Standardfunktionen müssen über Grenzwerte einmal berechnet werden. Dabei ließe sich sogar noch auf die Hälfte der Standardfunktionen verzichten, da sich die Umkehrfunktionen ohne Grenzwertbildung berechnen lassen, wenn die Ableitungen der Ursprungsfunktion bekannt sind. Die Ableitungen der Standardfunktionen sind in der Tabelle 5.1 zusammengefasst.

Die Ableitungsregel für $y = \sin x$ soll hergeleitet werden. Mit Hilfe des Additionstheorems für den Sinus, des Halbwinkelsatzes für den Kosinus sowie des Grenzwertes $\lim\limits_{x \to 0} \dfrac{\sin x}{x} = 1$ errechnet sich nach (5.2)

$$y'(x) = \lim_{\Delta x \to 0} \frac{\sin(x + \Delta x) - \sin x}{\Delta x} = \lim_{\Delta x \to 0} \frac{\sin x \cdot \cos \Delta x + \cos x \cdot \sin \Delta x - \sin x}{\Delta x}$$

$$= \lim_{\Delta x \to 0} \left(\frac{\sin \Delta x}{\Delta x} \cos x + \frac{\sin x(\cos \Delta x - 1)}{\Delta x} \right) = \lim_{\Delta x \to 0} \frac{\sin \Delta x}{\Delta x} \cos x - \lim_{\Delta x \to 0} \frac{\sin \dfrac{\Delta x}{2}}{\dfrac{\Delta x}{2}} \sin x = \cos x.$$

Tabelle 5.1 Ableitungen der Standardfunktionen

Funktion	Ableitung	Funktion	Ableitung
$y = x^n$	$y' = n x^{n-1}$	$y = \sqrt[n]{x}$	$y' = \dfrac{1}{n \sqrt[n]{x^{n-1}}}$
$y = e^x$	$y' = e^x$	$y = \ln x$	$y' = \dfrac{1}{x}$
$y = \sin x$	$y' = \cos x$	$y = \arcsin x$	$y' = \dfrac{1}{\sqrt{1-x^2}}$
$y = \cos x$	$y' = -\sin x$	$y = \arccos x$	$y' = -\dfrac{1}{\sqrt{1-x^2}}$
$y = \tan x$	$y' = \dfrac{1}{\cos^2 x} = 1 + \tan^2 x$	$y = \arctan x$	$y' = \dfrac{1}{1+x^2}$

5.2 Ableitung elementarer Funktionen

5.2.1 Ableitungsregeln

Es wurde schon erwähnt, dass mit Hilfe weniger Regeln die Ableitungen aller elementaren Funktionen berechnet werden können. In diesem Abschnitt sollen die Regeln für die Funktionen behandelt werden, die sich aus den Standardfunktionen durch die vier Grundrechenoperationen ergeben. Die Verkettung von Funktionen wird im nächsten Abschnitt behandelt.

Satz 5.1: *Ableitungsregeln*
Sind $y = f(x)$ und $y = g(x)$ differenzierbare Funktionen und a sowie b Konstante, so gelten die folgenden Regeln:

$$\textit{Konstantenregel} \qquad \left(a \cdot f(x) + b\right)' = a \cdot f'(x)\,, \tag{5.3}$$

$$\textit{Summenregel} \qquad \left(f(x) \pm g(x)\right)' = f'(x) \pm g'(x)\,, \tag{5.4}$$

$$\textit{Produktregel} \qquad \left(f(x)g(x)\right)' = f'(x)g(x) + f(x)g'(x)\,, \tag{5.5}$$

$$\textit{Quotientenregel} \qquad \left(\frac{f(x)}{g(x)}\right)' = \frac{f'(x)g(x) - f(x)g'(x)}{g^2(x)} \cdot \blacklozenge \tag{5.6}$$

Beispiele 5.4: *Ableitungsregeln*
Die Ableitungen der folgenden Funktionen sind zu berechnen:

a) $\quad y = 2x^3 - 3x - 5 \qquad \rightarrow \qquad y' = 2 \cdot 3 \cdot x^2 - 3 \qquad \rightarrow \qquad y' = 6 \cdot x^2 - 3\,,$

b) $\quad y = \log_a x \qquad\qquad \rightarrow \qquad y = \dfrac{\ln x}{\ln a} \qquad\qquad \rightarrow \qquad y' = \dfrac{1}{x \cdot \ln a}\,,$

c) $\quad y = x - 2\sqrt{x} \qquad \rightarrow \qquad y' = 1 - 2 \cdot \dfrac{1}{2\sqrt{x}} \qquad \rightarrow \qquad y' = 1 - \dfrac{1}{\sqrt{x}}\,,$

d) $\quad y = \sin x \cos x \qquad \rightarrow \qquad y' = \cos x \cos x - \sin x \sin x \quad \rightarrow \quad y' = \cos 2x\,,$

e) $\quad y = \dfrac{1}{x} + \dfrac{\ln x}{x} \qquad \rightarrow \qquad y' = \dfrac{-1}{x^2} + \dfrac{\frac{1}{x}x - \ln x}{x^2} \qquad \rightarrow \qquad y' = -\dfrac{\ln x}{x^2}\,.\blacklozenge$

Beispiel 5.5: *Höhere Ableitungen*

Die ersten drei Ableitungen der Funktionen $y = x^3 + 5x^2 - 1$ und $y = \ln x$ sind zu berechnen.

a) $\quad y = x^3 + 5x^2 - 1 \quad \rightarrow \quad y' = 3x^2 + 10x \quad \rightarrow \quad y'' = 6x \qquad \rightarrow \quad y''' = 6\,,$

b) $\quad y = \ln x \qquad \rightarrow \quad y' = \dfrac{1}{x} \qquad \rightarrow \quad y'' = -\dfrac{1}{x^2} \qquad \rightarrow \quad y''' = \dfrac{2}{x^3}\,.\blacklozenge$

5.2.2 Ableitung verketteter Funktionen

Die *Kettenregel* beschreibt, wie verkettete Funktionen abgeleitet werden können.

Satz 5.2: *Die Kettenregel*

Sind $y = f(x)$ und $y = g(x)$ differenzierbare Funktionen, dann gilt für die Ableitung der verketteten Funktion $y = f(g(x))$ die Regel:

$$\left(f(g(x)\right)' = f'(g(x)) \cdot g'(x)\,.\blacklozenge \tag{5.7}$$

Der erste Faktor des rechts stehenden Ausdrucks ist so zu verstehen, dass $y = f(x)$ nach x abgeleitet und danach $g(x)$ an Stelle von x eingesetzt wird. Die Ableitung verketteter Funktionen $y = f(g(x))$ erfordert also nur die Ableitungen der beiden Funktionen $y = f(x)$ und $y = g(x)$.

Beispiel 5.6: *Kettenregel*

Die Ableitungen der folgenden Funktionen sind zu berechnen:

a) $\quad y = 0.5 \cdot (2x+1)^{100} \quad \rightarrow \quad y' = 0.5 \cdot 100 \cdot (2x+1)^{99} \cdot 2 \quad \rightarrow \quad y' = 100 \cdot (2x+1)^{99}\,,$

b) $\quad y = x^\alpha = e^{\alpha \ln x} \quad \rightarrow \quad y' = e^{\alpha \ln x} \cdot \dfrac{\alpha}{x} = x^\alpha \cdot \dfrac{\alpha}{x} \quad \rightarrow \quad y' = \alpha \cdot x^{\alpha - 1}\,,$

c) $\quad y = \ln \dfrac{1+x}{1-x} \quad \rightarrow \quad y' = \dfrac{(1-x) - (1+x)(-1)}{\left(\dfrac{1+x}{1-x}\right)(1-x)^2} \quad \rightarrow \quad y' = \dfrac{2}{1-x^2}\,.\blacklozenge$

Das zweite Beispiel zeigt, dass die für die Standardfunktion $y = x^n$ angegebene Ableitungsregel auch für beliebige reelle Exponenten gilt.

Bisher wurden nur solche Beispiele behandelt, an denen maximal zwei Funktionen beteiligt waren. Funktionen, die beispielsweise aus mehr als zwei Faktoren oder einer mehrfachen Verkettung bestehen, können schrittweise mit Hilfe der angegebenen Regeln abgeleitet werden. Dafür sollen zwei Beispiele angegeben werden.

Beispiele 5.7: *Produkt- und Kettenregel*
Die Ableitungen der folgenden Funktionen sind zu berechnen:

a) $y = xe^x \sin x = x(e^x \sin x)$ $\rightarrow$ $y' = e^x \sin x + x(e^x \sin x)'$

$\rightarrow$ $y' = e^x \sin x + x(e^x \sin x + e^x \cos x)$ $\rightarrow$ $y' = (1+x)e^x \sin x + xe^x \cos x$,

b) $y = \ln(\sin(3x-1))$ $\rightarrow$ $y' = \dfrac{1}{\sin(3x-1)}\big(\sin(3x-1)\big)'$

$\rightarrow$ $y' = \dfrac{3\cos(3x-1)}{\sin(3x-1)}$ $\rightarrow$ $y' = \dfrac{3}{\tan(3x-1)}$. ♦

Die 1. Ableitung einer Funktion kann geometrisch als Anstieg der Tangente interpretiert werde. Sind eine Funktion $y = f(x)$ und eine Stelle x_0 vorgegeben, so kann die Tangente berechnet werden. Mit $a = f'(x_0)$ muss der Punkt $P_0 = (x_0, f(x_0))$ auf der Tangente liegen, also die Gleichung $f(x_0) = ax_0 + b$ erfüllen. Daraus folgt $b = -ax_0 + f(x_0)$. Die Gleichung der Tangente lautet dann

$$y = ax + b = f'(x_0)(x - x_0) + f(x_0). \tag{5.8}$$

Beispiel 5.8: *Tangente*
Die Tangente an die Funktion $y = \frac{1}{2}xe^{2-x}$ ist im Punkt $x_0 = 2$ zu berechnen. Aus $x_0 = 2$ folgt $y_0 = \frac{1}{2}x_0 e^{2-x_0} = \frac{1}{2}\cdot 2 \cdot e^0 = 1$. Da $y' = \frac{1}{2}e^{2-x} - \frac{1}{2}xe^{2-x}$, folgt $y'_0 = \frac{1}{2}e^0 - e^0 = -\frac{1}{2}$. Damit lautet nach (5.8) die Tangentengleichung $y = -\frac{1}{2}x + 2$. ♦

5.2.3 Ableiten mit Maple

Maple berechnet die Ableitungen sowohl expliziter als auch impliziter Funktionen. Die Ableitung impliziter Funktionen wird in 5.4.6 behandelt.

Syntax

1. Ableitung der Funktion $y = f(x)$ nach x `>diff(f(x),x);`

n. Ableitung von $y = f(x)$ nach x `>diff(f(x),x$n);`

Beispiele

1. $y = x + \dfrac{1}{x} + xe^x$, $y' = ?$, $y'' = ?$

```
>diff(x+1/x+x*exp(x),x);
```

$$1 - \frac{1}{x^2} + e^x + xe^x$$

```
>diff(x+1/x+x*exp(x),x$2);
```

$$2\frac{1}{x^3} + 2e^x + xe^x$$

2. $y = (x+1)\ln(x+1) - x, \quad y' = ?$

```
>y:=x->(x+1)*ln(x+1)-x:
>diff(y(x),x);
```
$$\ln(x+1)$$

5.2.4 Übungsaufgaben

5.1: Die 1. Ableitungen der Funktionen sind durch Grenzwertbildung zu berechnen.

a) $y = x^2 - 3x + 5$ b) $y = \sqrt{2x+1}$ c) $y = 2x^3$

5.2: Es ist zu prüfen, ob die Funktionen in $x_0 = 0$ differenzierbar sind.

a) $y = \begin{cases} \sqrt{x} & x \geq 0 \\ x^2 & x < 0 \end{cases}$ b) $y = \begin{cases} x^3 & x \geq 0 \\ 0 & x < 0 \end{cases}$

5.3: Es sind die 1. Ableitungen der Funktionen zu berechnen.

a) $y = 2x^3 + 3x^2 + x - 2$ b) $y = \dfrac{x}{\sqrt{x}} - \dfrac{\sqrt{x}}{x}$ c) $y = \dfrac{1-x}{1+x}$

d) $y = \ln\dfrac{1-x}{1+x}$ e) $y = \tan x - x$ f) $y = e^{-x} \cdot \cos x$

g) $y = \sqrt{x + 3\sqrt{x}}$ h) $y = \ln\tan\dfrac{x}{2}$ i) $y = e^{\sin x}$

5.4: Es sind die Ableitungen bis zur vierten Ordnung der Funktionen zu berechnen.

a) $y = \sqrt{x}$ b) $y = \ln 3x$ c) $y = e^x \sin x$

5.5: Es sind die Gleichungen der Tangenten an die Kurven zu berechnen.

a) $y = \dfrac{8}{4+x^2}$ in $x = 2$

b) $y = \cos(3x - 1)$ in $x = \dfrac{\pi}{4}$

c) $y = x \cdot e^{-x}$ in $x = 0$

d) $y = \sqrt{1 + x^2}$ in $x = -1$

5.6: Unter welchem Winkel schneiden sich die Kurven.

a) $y = 0.5x^2$ und $y = 4 - 0.5x^2$

b) $y = \ln x$ und $y = -x + 2$

5.7: In welchem Punkt der Parabel $y = x^2 - 2x + 5$ steht die Tangente auf der Winkelhalbierenden des ersten Quadranten senkrecht.

5.8: In welchem Punkt von $y = \ln x$ schneidet die Tangente die x-Achse unter einem Winkel von 30°.

5.3 Einige Anwendungen

5.3.1 Differential

Definition des Differentials

Eine Funktion $y = f(x)$ und ihre Tangente werde
in einem beliebigen Punkt x betrachtet. Wird die
Funktion und die Tangente in einem Punkt $x + \Delta x$
untersucht, muss zwischen dem Ordinatenwert
$f(x) + \Delta y$ auf der Kurve und $f(x) + dy$ auf der
Tangente unterschieden werden (s. Bild 5.3). Da
$f'(x)$ der Anstieg der Tangente im Punkt x ist, gilt

$dy = f'(x) \cdot dx$.

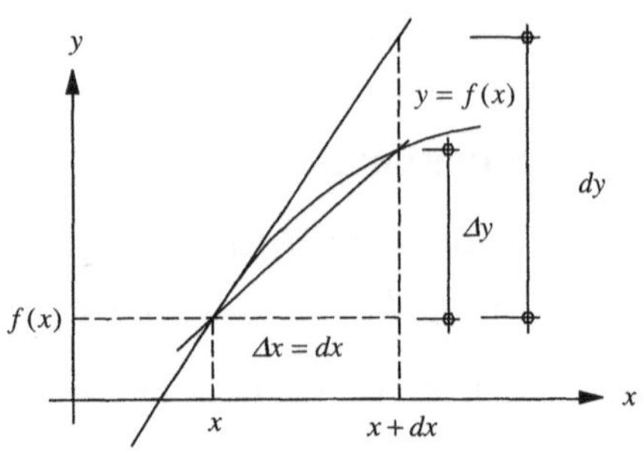

Bild 5.3 Differential

Definition 5.2: *Differential*
Die Größe

$$dy = f'(x) \cdot dx \qquad\qquad (5.9)$$

wird als Differential der Funktion $y = f(x)$ bezeichnet. ♦

Nach Division durch dx folgt daraus $\dfrac{dy}{dx} = f'(x)$. Damit ist $\dfrac{dy}{dx}$ nicht mehr nur ein Symbol,

sondern ein Bruch, in dem dx und dy für reale Größen stehen.

Ist $\Delta x = dx$ hinreichend klein, aber von Null verschieden, wird sich dy auch nur wenig von
Δy unterscheiden, d.h. es gilt dann angenähert

$$f(x + dx) = f(x) + dy = f(x) + f'(x)dx . \qquad\qquad (5.10)$$

In dieser Formel liegt eine der Stärken der Differentialrechnung begründet, dass nämlich eine
Funktion lokal durch ihre Tangente ersetzt werden kann. Mit Hilfe der Taylorformel aus Abschnitt 5.3.2 kann gezeigt werden, dass der dabei begangene Fehler von höherer Ordnung als
dx klein wird.

Fehlerrechnung

Eine der Anwendungen des Differentials ist die *Fehlerrechnung*. Dazu sollen zuerst einige
Begriffe erläutert werden. Fast alle Größen, mit denen man rechnet, sind *Näherungswerte*, sei
es, dass sie durch Messungen erzeugt werden oder durch Rundung entstehen, beispielsweise
aus unendlichen Dezimalbrüchen. Daher ist der *wahre Wert* x einer Größe entweder nicht
bekannt oder man kann mit ihm nicht rechnen. Ein Näherungswert von x sei x_0 . Als *Fehler*
wird dann die Größe $\varepsilon = |x - x_0|$ bezeichnet. Da x in der Regel nicht bekannt ist, kann auch ε
nicht exakt angegeben werden. Daher sucht man den Fehler nach oben abzuschätzen, also
einen möglichst kleinen Wert Δx zu finden, für den $\varepsilon = |x - x_0| < \Delta x$ gilt. Δx wird dann als
Fehlerschranke oder auch als Fehler für x bezeichnet. Andere Schreibweisen für die letzte
Formel sind

$$x_0 - \Delta x < x < x_0 + \Delta x \qquad \text{oder} \qquad x = x_0 \pm \Delta x \,. \tag{5.11}$$

Dadurch wird ausgesagt, dass x jeden Wert zwischen $x_0 - \Delta x$ und $x_0 + \Delta x$ annehmen kann.

Beispiel 5.9: *Fehlerschranke für* π

Eine Fehlerschranke für den auf zwei Stellen nach dem Komma gerundeten Wert $x_0 = 3.14$ von $x = \pi$ ist zu bestimmen. Aus der Kenntnis weiterer Stellen von π kann als Fehlerschranke $\Delta x = 0.002$ angegeben werden. Wäre dagegen nur bekannt, dass 3.14 der auf zwei Stellen nach dem Komma gerundete Wert ist, müssten als Schranken für x die kleinste und größte Zahl gewählt werden, die gerundet 3.14 ergeben. Das sind 3.135 und 3.145. Daraus folgt $3.14 - 0.005 < x < 3.14 + 0.005$ und damit $\Delta x = 0.005$. ♦

Da der absolute Fehler alleine nichts über die Güte einer Näherung aussagt, wird der Begriff des relativen Fehlers eingeführt. Er ist als $\delta = \dfrac{\Delta x}{|x_0|}$ bzw. $\delta = \dfrac{\Delta x}{|x_0|} \cdot 100\%$ definiert.

Ist x_0 eine Näherung für x, so ist auch $y_0 = f(x_0)$ eine Näherung für den wahren Wert $y = f(x)$. Eine Fehlerschranke für y kann dann durch folgende Überlegungen berechnet werden. Da $x = x_0 \pm \Delta x$, folgt aus (5.10)

$$f(x) = f(x_0 \pm \Delta x) \approx f(x_0) \pm dy = f(x_0) \pm f'(x_0)\Delta x \,,$$

also gilt $\left| f(x) - f(x_0) \right| = \left| f(x_0) \right| \cdot \Delta x$ und damit ist

$$\Delta y = \left| f'(x_0) \right| \cdot \Delta x$$

eine Fehlerschranke für $y = f(x)$, so dass

$$y = f(x_0) \pm \left| f'(x_0) \right| \cdot \Delta x \,. \tag{5.12}$$

Beispiel 5.10: *Fehlerschranke für Kehrwert von* π

Eine Fehlerschranke des Kehrwertes von π ist zu berechnen, wenn π durch den Näherungswert $x_0 = 3.14$ ersetzt werden soll. Als Fehlerschranke werde $\Delta \pi = 0.002$ gewählt. Die Funktion $y = \dfrac{1}{x}$ ergibt differenziert $y' = -\dfrac{1}{x^2}$. Dann errechnet sich $y_0 = \dfrac{1}{3.14} = 0.3185$ und nach (5.12) $\Delta y = \dfrac{1}{3.14^2} \cdot 0.002 = 0.00020$. Daher gilt $\dfrac{1}{\pi} = 0.3185 \pm 0.0002$. Der relative Fehler ist $\dfrac{\Delta y}{y_0} = \dfrac{0.0002}{0.3185} = 0.00063$ bzw. 0.063%. ♦

5.3.2 TAYLORpolynom und TAYLORreihe

Die ganzrationalen Funktionen zeichnen sich gegenüber anderen Funktionen durch ihre Einfachheit aus. Daher liegt der Gedanke nahe, kompliziertere Funktionen durch ganzrationale Funktionen anzunähern. Dieses Problem wurde durch Brook TAYLOR (1685-1731) und Colin MACLAURIN (1698-1746) gelöst.

TAYLORpolynom

Der folgende Satz gibt darüber Auskunft, wie eine Funktion durch ein Polynom angenähert werden kann.

Satz 5.3: *TAYLORpolynom*

Für eine hinreichend oft differenzierbare Funktion $y = f(x)$ gilt:

$$f(x) = f(x_0) + \frac{f'(x_0)}{1!}(x - x_0) + \frac{f''(x_0)}{2!}(x - x_0)^2 + \ldots + \frac{f^{(n)}(x_0)}{n!}(x - x_0)^n + R_n, \quad (5.13)$$

wobei x_0 ein innerer Punkt des Definitionsbereiches und das Restglied R_n durch

$$R_n = \frac{f^{(n+1)}(\xi)}{(n+1)!}(x - x_0)^{n+1} \tag{5.14}$$

gegeben ist. ξ ist eine Zahl, von der nur bekannt ist, dass sie zwischen x_0 und x liegt. Die rechte Seite von (5.13) ohne das Restglied ist eine ganzrationale Funktion n. Grades, die als TAYLORpolynom $p_n(x)$ bezeichnet wird. ◆

Mit Hilfe des Restgliedes (5.14) kann der Fehler abgeschätzt werden, wenn eine Funktion durch eine ganzrationale Funktion angenähert wird.

Beispiel 5.11: *Exponentialfunktion*

Die Funktion $y = e^x$ ist in dem Intervall $(-1,1)$ durch ein TAYLORpolynom um $x_0 = 0$ so darzustellen, dass der Fehler kleiner als 0.005 bleibt. Da die Ableitungen der Funktion $y = e^x$ alle gleich der ursprünglichen Funktion sind und $e^0 = 1$ gilt, folgt aus (5.13)

$$e^x = p_n(x) + R_n = 1 + \frac{x}{1!} + \frac{x^2}{2!} + \frac{x^3}{3!} + \frac{x^4}{4!} + \ldots + \frac{x^n}{n!} + R_n. \tag{5.15}$$

Die Untersuchung des Restgliedes (5.14) ergibt wegen $|x| < 1$ und damit $|\xi| < 1$

$$\left|e^x - p_n(x)\right| = \left|R_n\right| = \frac{e^\xi}{(n+1)!} x^{n+1} \leq \frac{3}{(n+1)!}.$$

Für $n = 5$ folgt, dass $|R_5| < 0.005$, so dass $p_5(x)$ die e-Funktion in $(-1,1)$ auf mindestens zwei Stellen nach dem Komma genau berechnet. ◆

Beispiel 5.12: *Sinusfunktion*

Das TAYLORpolynom für die Funktion $y = \sin x$ um $x_0 = 0$ ist zu berechnen.

Da $\quad y = \sin x$, $y' = \cos x$, $y'' = -\sin x$, $y''' = -\cos x$ und $y'''' = \sin x$, wiederholen sich die Ableitungen. Aus $\sin 0 = 0$ und $\cos 0 = 1$ folgt

$$\sin x = x - \frac{x^3}{3!} + \frac{x^5}{5!} - \frac{x^7}{7!} + \frac{x^9}{9!} - + \ldots + (-1)^n \frac{x^{2n+1}}{(2n+1)!} + R_{2n+1}. \; ◆ \tag{5.16}$$

Die Restglieder in den Beispielen 5.11 und 5.12 werden für beliebige x und wachsende n immer kleiner, es gilt also

$$\lim_{n \to \infty} R_n = 0 \,.$$

Daher können diese Funktionen durch ein TAYLORpolynom für jedes x beliebig genau angenähert werden. Die Anzahl der Glieder, die bei vorgegebener Genauigkeit gewählt werden müssen, ist von x abhängig. Um diese Anzahl gering zu halten, ist eine Funktion um ein x_0 zu entwickeln, das in der Nähe des interessierenden Bereichs der x-Werte liegt.

Oft strebt das Restglied nur für alle x aus einer Umgebung von x_0 gegen Null. Für diese können die Funktionen wieder durch die TAYLORpolynome angenähert werden. Für andere x-Werte muss versucht werden, die Funktion durch ein TAYLORpolynom für einen anderen x_0-Wert zu ersetzen.

Technische Probleme sind oft nur zu lösen, wenn kompliziertere Ausdrücke durch TAYLORpolynome ersetzt werden. Es sei an den Abschnitt 4.5.2 erinnert, in dem ein statisches Problem betrachtet wurde. Die Rechnung konnte ohne Verlust an Genauigkeit gelöst werden, indem die trigonometrischen Funktionen durch ihre TAYLORpolynome zweiten Grades ersetzt wurden. Das sind nach Tabelle 5.2

$$\sin x \approx x \,, \qquad \cos x \approx 1 - \frac{x^2}{2} \,, \qquad \tan x \approx x \,.$$

Beispiel 5.13: $\sin x \approx x$

Der Fehler ist abzuschätzen, wenn $\sin x$ durch x für $|x| < 10°$ ersetzt wird. Die Winkel sind natürlich im Bogenmaß einzusetzen. Das Bogenmaß des Winkels $10°$ ist 0.175. Wird die TAYLORformel für $n = 2$ aufgeschrieben, folgt $\sin x = x + \dfrac{f'''(\xi)}{3!} x^3$ und damit

$$|\sin x - x| = \left| \frac{-\cos \xi}{3!} x^3 \right| \le \frac{|x|^3}{6} \le \frac{0.175^3}{6} = 0.00089 \quad \text{für den absoluten Fehler. Der relative Feh-}$$

ler ist $\dfrac{0.00089}{\sin(0.175)} = 0.0051$ oder 0.51% . $\blacklozenge$

Wird für das TAYLORpolynom $n = 0$ gewählt, so gilt

$$f(x) = f(x_0) + f'(\xi)(x - x_0) \tag{5.17}$$

Dieser Ausdruck wird als Mittelwertsatz der Differentialrechnung bezeichnet.

TAYLORsche Reihe

Der in Abschnitt 4.2.1 eingeführte Grenzwertbegriff für Zahlenfolgen lässt sich auf Summen übertragen. Die Reihe

$$a_0 + a_1 + a_2 + a_3 + ... + a_n + ... = \sum_{i=0}^{\infty} a_i$$

heißt konvergent mit dem Grenzwert s, wenn die Zahlenfolge der Partialsummen $s_n = \sum\limits_{i=0}^{n} a_i$

im Sinne der Definition 4.3 gegen s konvergiert.

Beispiel 5.14: *Geometrische Reihe*

Die Reihe $\sum\limits_{i=0}^{\infty} \dfrac{1}{2^n}$ ist zu untersuchen. Für die Partialsummen gilt nach der Summenformel für

die geometrische Reihe $\quad s_n = \sum\limits_{i=0}^{n} \dfrac{1}{2^n} = \dfrac{1 - 0.5^{n+1}}{1 - 0.5} = 2 - 2 \cdot 0.5^{n+1}$. $\quad$ Daraus $\quad$ folgt

$s = \lim\limits_{n \to \infty} s_n = 2$. ♦

$y = f(x)$ sei eine unendlich oft differenzierbare Funktion. Naheliegend ist dann die Frage, was mit dem TAYLORpolynom passiert, wenn n gegen ∞ strebt. Darüber gibt der folgende Satz Auskunft.

Satz 5.4: *TAYLORreihe*

Für eine unendlich oft differenzierbare Funktion $y = f(x)$ gilt

$$f(x) = \sum_{k=0}^{\infty} \frac{f^{(k)}(x_0)}{k!} (x - x_0)^k \tag{5.18}$$

für alle x, für die das Restglied R_n nach (5.14) für $n \to \infty$ gegen 0 strebt. Die Reihe (5.18) wird als TAYLORreihe bezeichnet. ♦

Wichtige Anwendungen der TAYLORreihen sind die Berechnung von Integralen, die nicht durch elementare Funktionen ausdrückbar sind, und die Lösung von Differentialgleichungen. Daher ist von Interesse, ob sich TAYLORsche Reihen gliedweise differenzieren oder integrieren lassen.

Differentiation und Integration von TAYLORreihen

Für alle x mit $|x - x_0| < r$ gilt

$$f(x) = \sum_{k=0}^{\infty} \frac{f^{(k)}(x_0)}{k!} (x - x_0)^k \ . \tag{5.19}$$

Dann kann (5.19) gliedweise differenziert bzw. integriert werden, d.h., es gilt für alle x mit $|x - x_0| < r$ auch

$$f'(x) = \sum_{k=0}^{\infty} \frac{d}{dx}\left(\frac{f^{(k)}(x_0)}{k!} (x - x_0)^k \right) = \sum_{k=0}^{\infty} \frac{f^{(k+1)}(x_0)}{k!} (x - x_0)^k \tag{5.20}$$

$$\int f(x)dx = \sum_{k=0}^{\infty} \int \frac{f^{(k)}(x_0)}{k!} (x - x_0)^k \, dx = \sum_{k=0}^{\infty} \frac{f^{(k)}(x_0)}{(k+1)!} (x - x_0)^{k+1} \ . \tag{5.21}$$

Mit dieser Aussage ist es möglich TAYLORsche Reihen zu berechnen, ohne den Weg über die TAYLORsche Formel zu gehen.

Beispiel 5.15: *TAYLORreihe für* $y = \cos x$

Die TAYLORreihe für $y = \cos x$ um $x_0 = 0$ ist zu berechnen. Da für alle $x \in R$

$$\sin x = x - \frac{x^3}{3!} + \frac{x^5}{5!} - \frac{x^7}{7!} + \frac{x^9}{9!} - + ... + (-1)^n \frac{x^{2n+1}}{(2n+1)!} + ... ,$$

gilt, folgt durch Differentiation nach (5.20) auch für alle $x \in R$

$$(\sin x)' = \cos x = 1 - \frac{x^2}{2!} + \frac{x^4}{4!} - + ... + (-1)^n \frac{x^{2n}}{(2n)!} + ... \; \blacklozenge$$

Beispiel 5.16: *TAYLORreihe für* $y = \ln(1+x)$

Die TAYLORreihe für $y = \ln(1+x)$ um $x_0 = 0$ ist zu berechnen.

Aus der geometrischen Reihe

$$1 - x + x^2 - x^3 + ... + (-1)^n x^n + ... = \frac{1}{1+x}$$

für $|x| < 1$ folgt durch Integration nach (5.21)

$$\ln(1+x) = \int \frac{1}{1+x} dx = x - \frac{x^2}{2} + \frac{x^3}{3} - \frac{x^4}{4} + ... + (-1)^n \frac{x^{n+1}}{n+1} + ...$$

für $|x| < 1$. $\blacklozenge$

Neben den in den letzten Beispielen gezeigten Möglichkeiten der Berechnung der TAYLORschen Reihen, ist es auch möglich die Reihen zu berechnen, indem die vier Grundrechenoperationen und die Verkettung auf zwei TAYLORreihen angewendet werden.

Beispiel 5.17: *TAYLORreihe für* $y = \cosh x$

Die TAYLORreihe für die Funktion $y = \cosh x = \frac{1}{2}\left(e^x + e^{-x}\right)$ um $x_0 = 0$ ist zu berechnen. Mit (5.15) folgt

$$\cosh x = \frac{1}{2}\left(1 + \frac{x}{1!} + \frac{x^2}{2!} + \frac{x^3}{3!} + ... + \frac{x^n}{n!} + ...\right) + \frac{1}{2}\left(1 - \frac{x}{1!} + \frac{x^2}{2!} - \frac{x^3}{3!} + ... + (-1)^n \frac{x^n}{n!} + ...\right)$$

$$= 1 + \frac{x^2}{2!} + \frac{x^4}{4!} + \frac{x^6}{6!} + ... \; \blacklozenge$$

Die TAYLORschen Reihen für die wichtigsten Funktionen sind in der Tabelle 5.2 zusammengefasst.

Tabelle 5.2 TAYLORreihen

Funktion	TAYLORreihe	Restglied	
e^x	$1+\dfrac{x}{1!}+\dfrac{x^2}{2!}+\dfrac{x^3}{3!}+\dfrac{x^4}{4!}+...+\dfrac{x^n}{n!}+...$	$\dfrac{e^\xi}{(n+1)!}x^{n+1}$	$\lvert x\rvert<\infty$
$\sin x$	$x-\dfrac{x^3}{3!}+\dfrac{x^5}{5!}-\dfrac{x^7}{7!}+...+(-1)^{n-1}\dfrac{x^{2n-1}}{(2n-1)!}+...$	$(-1)^n\dfrac{\cos\xi\cdot x^{2n+1}}{(2n+1)!}$	$\lvert x\rvert<\infty$
$\cos x$	$1-\dfrac{x^2}{2!}+\dfrac{x^4}{4!}-\dfrac{x^6}{6!}+...+(-1)^{n-1}\dfrac{x^{2n-2}}{(2n-2)!}+...$	$(-1)^n\dfrac{\cos\xi\cdot x^{2n}}{(2n)!}$	$\lvert x\rvert<\infty$
$\tan x$	$x+\dfrac{x^3}{3}+\dfrac{2x^5}{15}+\dfrac{17x^7}{315}+\dfrac{62x^9}{2835}+...$		$\lvert x\rvert<\dfrac{\pi}{2}$
$\ln(1+x)$	$x-\dfrac{x^2}{2}+\dfrac{x^3}{3}-\dfrac{x^4}{4}+...+(-1)^{n-1}\dfrac{x^n}{n}+...$	$(-1)^n\dfrac{x^{n+1}}{(n+1)(1+\xi)^{n+1}}$	$\lvert x\rvert<1$
$\arctan x$	$x-\dfrac{x^3}{3}+\dfrac{x^5}{5}-\dfrac{x^7}{7}+...+(-1)^{n-1}\dfrac{x^{2n-1}}{2n-1}+...$	$(-1)^n\dfrac{x^{2n+1}}{(2n+1)(1+\xi^2)}$	$\lvert x\rvert<1$
$(1+x)^\alpha$	$1+\dfrac{\alpha}{1!}x+\dfrac{\alpha(\alpha-1)}{2!}x^2+\dfrac{\alpha(\alpha-1)(\alpha-2)}{3!}x^3+...$	$\dbinom{\alpha}{n+1}\dfrac{x^{n+1}}{(1+\xi)^{n+1-\alpha}}$	$\lvert x\rvert<1$

Beispiel 5.18: *TAYLORreihe für* $y=e^{-x}\sin x$

Die TAYLORreihe für $y=e^{-x}\sin x$ um $x_0=0$ ist zu berechnen. Aus den TAYLORreihen für $y=e^{-x}$ und $y=\sin x$ folgt

$$e^{-x}\sin x=\left(1-\frac{x}{1!}+\frac{x^2}{2!}-\frac{x^3}{3!}...+(-1)^n\frac{x^n}{n!}+...\right)\cdot\left(x-\frac{x^3}{3!}+\frac{x^5}{5!}-...+(-1)^n\frac{x^{2n+1}}{(2n+1)!}+...\right).$$

Ausmultipliziert ergibt sich

$$e^{-x}\sin x=x-x^2+\frac{x^3}{3}-\frac{x^5}{30}+\frac{x^6}{90}+....\ \blacklozenge$$

5.3.3 NEWTONsches Verfahren

Im 4. Kapitel wurde an verschiedenen Stellen auf Lösungen von Gleichungen hingewiesen, die nur mit einem Näherungsverfahren zu berechnen sind. Es soll jetzt eines der gebräuchlichsten, das *NEWTONsche Verfahren*, dargestellt werden.

Die Gleichung $f(x) = 0$ soll gelöst werden. Ausgehend von einer „geeigneten Stelle" x_0 wird eine Stelle x_1 als Schnittpunkt der Tangente an $y = f(x)$ im Punkt x_0 berechnet.

Tangente: $y = f'(x_0)(x - x_0) + f(x_0)$ (vgl. 5.8)

Nullstelle: $0 = f'(x_0)(x_1 - x_0) + f(x_0)$

$$x_1 = x_0 - \frac{f(x_0)}{f'(x_0)} = x_0 - \frac{y_0}{y_0'}$$

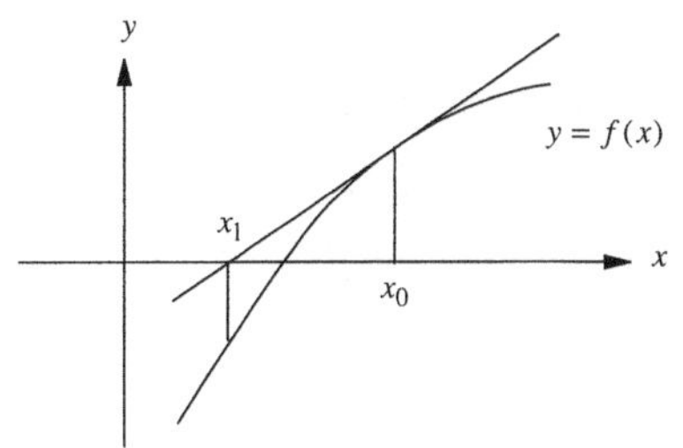

Bild 5.4 NEWTONsches Verfahren

Die gleiche Rechnung wird dann mit x_1 anstelle von x_0 und so weiter fortgesetzt. Es entsteht eine Zahlenfolge

$$x_n = x_{n-1} - \frac{f(x_{n-1})}{f'(x_{n-1})} = x_{n-1} - \frac{y_{n-1}}{y_{n-1}'}, \tag{5.22}$$

die in der Regel gegen eine Nullstelle von $y = f(x)$ konvergiert.

Beispiel 5.19: *Ganzrationale Funktion*

Eine Nullstelle der Funktion $y = x^3 - 2x^2 + 3x - 1$ ist zu berechnen. Da $y(0) = -1$ und $y(1) = 1$, muss zwischen 0 und 1 eine Nullstelle liegen. Daher soll $x_0 = 0.5$ gewählt werden.

Mit $y'(x) = 3x^2 - 4x + 3$ folgt

$$x_0 = 0.5 \qquad y_0 = y(x_0) = 0.125 \qquad y_0' = y'(x_0) = 1.750$$

$$x_1 = 0.429 \qquad y_1 = y(x_1) = -0.0021 \qquad y_1' = y'(x_1) = 1.836$$

$$x_2 = 0.430 \qquad y_2 = y(x_2) = -0.0003 \,.$$

Der Funktionswert y_2 an der Stelle x_2 ist so klein, dass $x = 0.430$ als sehr gute Näherung einer Nullstelle angesehen werden kann. ♦

Das NEWTONsche Verfahren ist, wie oben erwähnt, von der geeigneten Wahl eines *Anfangswertes* x_0 abhängig. Bei ungünstiger Wahl kann es vorkommen, dass die Folge nicht gegen die gewünschte Nullstelle konvergiert. Was geeignet heißt, lässt sich nicht generell beschreiben. Es ist sinnvoll, die Lager der Nullstelle möglichst genau abzuschätzen. Bei praktischen Problemen ist das oft möglich. Andererseits lässt sich auch nicht genau beschreiben, wann der Algorithmus abgebrochen werden kann. Das hängt sehr stark von der gewünschten Genauigkeit ab, mit der die Nullstelle berechnet werden soll. Soll die Nullstelle auf m Stellen nach dem Komma genau berechnet werden, wird oft abgebrochen, wenn $|x_n - x_{n-1}| < 0.5 \cdot 10^{-m}$, d.h. für $m = 2$ (2 Stellen nach dem Komma), wenn $|x_n - x_{n-1}| < 0.005$ wird.

Beispiel 5.20: *Transzendente Gleichung*

Es ist die Nullstelle der Funktion $y = 2x\sinh\left(\frac{25}{x}\right) - 72.28$ auf 2 Stellen nach dem Komma genau zu berechnen. Diese Gleichung trat im Beispiel 4.29 im Zusammenhang mit Ketten und Seilen auf. Wegen der Lösung wurde dort auf diesen Abschnitt verwiesen. Da $y(10) = 48.724$ und $y(20) = -8.203$, muss zwischen 10 und 20 eine Nullstelle liegen. Daher soll $x_0 = 15$ gewählt werden.

Mit $y'(x) = 2\sinh\left(\frac{25}{x}\right) - \frac{50}{x}\cosh\left(\frac{25}{x}\right)$ folgt:

$$x_0 = 15 \qquad y_0 = 4.304 \qquad y_0' = -4.033$$

$$x_1 = 16.067 \qquad y_1 = 0.484 \qquad y_1' = -3.174$$

$$x_2 = 16.219 \qquad y_2 = 0.009 \qquad y_2' = -3.073$$

$$x_3 = 16.222 \qquad y_3 = 0.000 \,.$$

Da $|x_3 - x_2| = 0.003 < 0.005$, ist die obige Abbruchbedingung erfüllt und $x = 16.22$ eine geeignete Näherung der Nullstelle. ♦

In Maple stehen zur Berechnung von Nullstellen die Anweisungen `solve` und `fsolve` zur Verfügung. Diese wurden im Abschnitt 4.3.4 beschrieben.

5.3.4 Regel von L'HOSPITAL

In 4.2.2 wurde erwähnt, dass Grenzwerte, die auf einen unbestimmten Ausdruck $\frac{0}{0}$, $\frac{\infty}{\infty}$, $\infty - \infty$, $0 \cdot \infty$, 1^{∞}, 0^0 oder ∞^0 führen, oft mit Hilfe der *L'HOSPITALschen Regel* berechnet werden können. Die Regel wurde von Antoine de L'HOSPITAL (1661-1704) und Johann BERNOULLI (1667-1748) gefunden.

Satz 5.5: *Regel von L'HOSPITAL*

Führt der Grenzwert $\lim\limits_{x \to x_0} \frac{f(x)}{g(x)}$ zu einem unbestimmten Ausdruck der Form $\frac{0}{0}$ oder $\frac{\infty}{\infty}$, dann gilt

$$\lim_{x \to x_0} \frac{f(x)}{g(x)} = \lim_{x \to x_0} \frac{f'(x)}{g'(x)}, \tag{5.23}$$

falls der rechts stehende Grenzwert existiert. Die Aussage gilt auch für $x \to \pm\infty$ oder einseitige Grenzwerte. ♦

Beispiele 5.21: *Einfache unbestimmte Ausdrücke*
Die folgenden Grenzwerte sind zu berechnen.

a) $\lim\limits_{x \to 1} \dfrac{x^2 - 1}{x^3 + 2x - 3} = \dfrac{0}{0} = \lim\limits_{x \to 1} \dfrac{2x}{3x^2 + 2} = \dfrac{2}{5}$.

b) $\displaystyle\lim_{x\to\infty}\frac{x}{e^x}=\frac{\infty}{\infty}=\lim_{x\to\infty}\frac{1}{e^x}=\frac{1}{\infty}=0$.

c) $\displaystyle\lim_{x\to0}\frac{\ln(1+x)}{x}=\frac{0}{0}=\lim_{x\to0}\frac{1}{1+x}=1$. $\blacklozenge$

Sollte der Grenzwert wieder auf einen unbestimmten Ausdruck führen, kann die Anwendung der Regel wiederholt werden.

Die anderen unbestimmten Ausdrücke können durch folgende Überlegungen in solche, für die die l'Hospitalsche Regel anwendbar ist, überführt werden.

$$\infty-\infty=\lim_{x\to x_0}f(x)-g(x)=\lim_{x\to x_0}\frac{1}{\dfrac{1}{f(x)}}-\frac{1}{\dfrac{1}{g(x)}}=\lim_{x\to x_0}\frac{\dfrac{1}{g(x)}-\dfrac{1}{f(x)}}{\dfrac{1}{f(x)}\cdot\dfrac{1}{g(x)}}=\frac{0}{0}$$

$$0\cdot\infty=\lim_{x\to x_0}f(x)\cdot g(x)=\lim_{x\to x_0}\frac{g(x)}{\dfrac{1}{f(x)}}=\frac{\infty}{\infty}$$

Mit Hilfe des letzten Grenzwertes können die unbestimmten Ausdrücke der folgenden Formen berechnet werden

$$\left.\begin{array}{r}1^{\infty}\\[4pt]0^0\\[4pt]\infty^0\end{array}\right\}=\lim_{x\to x_0}f(x)^{g(x)}=\lim_{x\to x_0}e^{g(x)\cdot\ln f(x)}=e^{\displaystyle\lim_{x\to x_0}g(x)\cdot\ln f(x)}=e^{0\cdot\infty}.$$

Beispiele 5.22: *Kompliziertere unbestimmte Ausdrücke*
Die folgenden Grenzwerte sind zu berechnen.

a) $\displaystyle\lim_{x\to0+0}x\cdot\ln x=0\cdot\infty=\lim_{x\to0+0}\frac{\ln x}{\dfrac{1}{x}}=\frac{\infty}{\infty}=\lim_{x\to0+0}\frac{\dfrac{1}{x}}{-\dfrac{1}{x^2}}=\lim_{x\to0+0}-x=0$.

b) $\displaystyle\lim_{x\to\infty}\left(\frac{x+1}{x-1}\right)^x=1^{\infty}=\lim_{x\to\infty}e^{\displaystyle x\cdot\ln\left(\frac{x+1}{x-1}\right)}=e^2$, da

$$\lim_{x\to\infty}\frac{\ln\left(\dfrac{x+1}{x-1}\right)}{\dfrac{1}{x}}=\lim_{x\to\infty}\frac{2x^2(x-1)}{(x-1)^2(x+1)}=\lim_{x\to\infty}\frac{2x^2}{x^2-1}=2.\ \blacklozenge$$

5.3.5 Anwendungen in Maple

Die Berechnung der TAYLORpolynome mit Maple soll jetzt besprochen werden. Die Nullstellen- und Grenzwertberechnung wurden schon in 4.3.4 und 4.2.4 behandelt.

Maple berechnet das TAYLORpolynom vom Grade n um einen beliebig vorgegeben Wert x_0. Das Restglied wird als $O(x^n)$ angegeben.

Syntax

TAYLORpolynom (n-1). Grades um x_0 `>taylor(f(x),x=x_0,n);`

Beispiele

1. $y = e^x$, $x_0 = 0$, $n = 3$

`>taylor(exp(x),x=0,4);` $1 + x + \dfrac{1}{2}x^2 + \dfrac{1}{6}x^3 + O(x^4)$

2. $y = e^x$, $x_0 = 3$, $n = 3$

`>taylor(exp(x),x=3,4);` $e^3 + e^3(x-3) + \dfrac{1}{2}e^3(x-3)^2 + \dfrac{1}{6}e^3(x-3)^3 + O(x^4)$

3. $y = e^{-x}\sin x$, $x_0 = 0$, $n = 6$

`>taylor(exp(-x)*sin(x),x=0,7);` $x - x^2 + \dfrac{1}{3}x^3 - \dfrac{1}{30}x^5 + \dfrac{1}{90}x^6 + O(x^7)$

5.3.6 Übungsaufgaben

5.9: Die Kantenlänge x eines Würfels wird mit $x_0 = 11.6 \pm 0.1$ cm angegeben. Das Volumen und eine Fehlerschranke für das Volumen sind zu berechnen.

5.10: Die TAYLORpolynome $p_5(x)$ der folgenden Funktionen sind zu berechnen.

a) $y = x^3 - 2x^2 + 5x - 1$ um $x_0 = 1$

b) $y = \arcsin x$ um $x_0 = 0$

5.11: Wie groß muss n mindestens gewählt werden, damit das TAYLORpolynom um $x_0=0$ die Funktion $y = \cosh x$ in $(-2, 2)$ auf mindestens eine Stelle nach dem Komma genau darstellt.

5.12: Die Nullstellen der folgenden Funktionen sind zu berechnen.

a) $y = x^3 - 5x^2 - 2x + 3$ b) $y = x^2 - \cos x$ c) $y = e^{-x} - \cos x$

5.13: Die folgenden Grenzwerte sind zu berechnen.

a) $\displaystyle\lim_{x \to 1} \frac{x^2 - x}{x^2 - 4x + 3}$ b) $\displaystyle\lim_{x \to \infty} \frac{3x^3 + 1}{x^3 - 2x + 1}$ c) $\displaystyle\lim_{x \to \infty} \frac{\ln x}{x^n}$

d) $\displaystyle\lim_{x \to 0} \frac{1 - \cos x}{\ln(1 + x^2)}$ e) $\displaystyle\lim_{x \to 0+0} x^n \ln x$ f) $\displaystyle\lim_{x \to 0} \frac{4}{x^2}\left(1 - \frac{1}{\cos x}\right)$

5.14: Der Fehler ist abzuschätzen, wenn $\cos x$ durch $1 - \dfrac{x^2}{2}$ für $|x| < 5°$ ersetzt wird.

5.4 Untersuchung von Funktionen und Kurven

5.4.1 Monotonie und Krümmung

Monotonie

In diesem Abschnitt werden Begriffe eingeführt, die die Veränderung der Funktionswerte näher beschreiben.

Definition 5.3: *Monotonie*
Eine Funktion $y = f(x)$ heißt in einem Intervall (a,b) *monoton wachsend* bzw. *monoton fallend*, wenn für zwei Punkte x_1 und x_2 aus (a,b) mit $x_1 < x_2$ folgt:

$$f(x_1) < f(x_2) \text{ bzw. } f(x_1) > f(x_2). \blacklozenge$$

Es soll vorausgesetzt werden, dass die untersuchten Funktionen genügend oft differenzierbar sind. Aus Bild 5.5 und der geometrischen Interpretation der Ableitung als Anstieg der Tangente leiten sich folgende Aussagen ab.

Satz 5.6: Eine Funktion $y = f(x)$ ist in (a,b) monoton wachsend bzw. monoton fallend, wenn

$$f'(x) > 0 \text{ bzw. } f'(x) < 0. \blacklozenge$$

Beispiel 5.23: *Monotonie*
Die Funktion $y = x^3 + x^2 - 4x + 2$ ist auf Monotonie zu untersuchen.

Ableitung: $\qquad y' = 3x^2 + 2x - 4$

Die erste Ableitung ist eine Parabel, die zwischen ihren Nullstellen $x_1 = -1.5352$ und $x_2 = 0.8685$ negative Werte annimmt. Also gilt:

$(-\infty, -1.5353) \qquad y = f(x)$ monoton wachsend,

$(-1.5352, 0.8685) \quad y = f(x)$ monoton fallend,

$(0.8685, \infty) \qquad\quad y = f(x)$ monoton wachsend. $\blacklozenge$

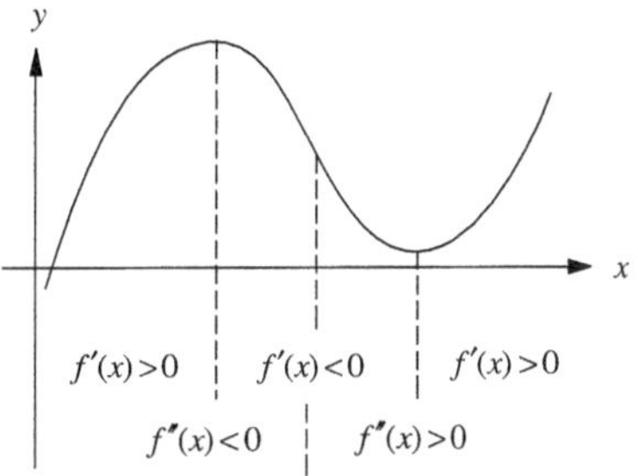

Bild 5.5 Monotonie

Konvexität und Konkavität

Definition 5.4: *Konvexität und Konkavität*
Eine Funktion $y = f(x)$ heißt in einem Intervall (a,b) *konvex* bzw. *konkav*, wenn die erste Ableitung der Funktion monoton wachsend bzw. monoton fallend ist. $\blacklozenge$
Aus Bild 5.5 und Satz 5.6 leitet sich die folgende Aussage ab.

Satz 5.7: Eine Funktion $y = f(x)$ ist in (a,b) konvex bzw. konkav, wenn

$$f''(x) > 0 \ \text{ bzw. } f''(x) < 0 \,. \blacklozenge$$

Beispiel 5.24: *Konvexität und Konkavität*

Die Funktion $y = x^3 + x^2 - 4x + 2$ von Beispiel 5.23 ist auf Konvexität zu untersuchen. Die 2. Ableitung lautet $y'' = 6x + 2$. Das ist eine Gerade mit positivem Anstieg, die rechts der Nullstelle $x_3 = -0.333$ positive Werte annimmt. Also gilt:

$$(-\infty, -0.333) \qquad\qquad y = f(x) \ \text{konkav}$$

$$(-0.333, \infty) \qquad\qquad y = f(x) \ \text{konvex.} \blacklozenge$$

Krümmung

Die *Krümmung* ist eine Begriffsbildung, die mit der Konkavität und Konvexität in Verbindung steht und für die technische Mechanik von großer Bedeutung ist. Werden die Tangenten längs des Kurvenverlaufs einer Funktion $y = f(x)$ beobachtet (s. Bild 5.6), so kann festgestellt werden, dass, außer bei einer Geraden, die Tangenten mehr oder minder stark ihre Richtung ändern. Als Maß für die Richtungsänderung wird die Krümmung k definiert.

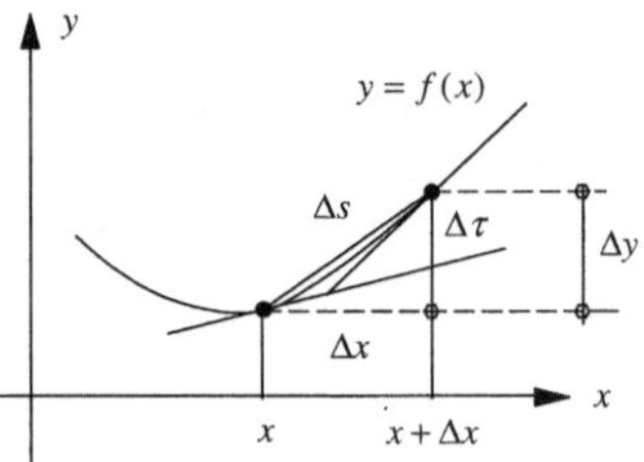

Bild 5.6 Krümmung

Definition 5.5: *Krümmung*

Die Krümmung einer Funktion $y = f(x)$ wird durch den Grenzwert (s. Bild 5.6)

$$k = \lim_{\Delta x \to 0} \frac{\Delta \tau}{\Delta s} = \frac{d\tau}{ds} \tag{5.24}$$

definiert. $\blacklozenge$

Die Krümmung ist nach (5.24) durch implizite Größen definiert. Diese sollen jetzt durch $y = f(x)$ ausgedrückt werden. Aus (5.24) folgt

$$k = \frac{d\tau}{ds} = \frac{\dfrac{d\tau}{dx}}{\dfrac{ds}{dx}} \,.$$

Der Zähler und der Nenner des letzten Ausdruckes werden für sich betrachtet.

$$\frac{ds}{dx} = \lim_{\Delta x \to 0} \frac{\Delta s}{\Delta x} = \lim_{\Delta x \to 0} \frac{\sqrt{(\Delta x)^2 + (\Delta y)^2}}{\Delta x} = \lim_{\Delta x \to 0} \sqrt{1 + \left(\frac{\Delta y}{\Delta x}\right)^2} = \sqrt{1 + (f'(x))^2} = \sqrt{1 + y'^2}$$

$$\frac{d\tau}{dx} = \lim_{\Delta x \to 0} \frac{\Delta \tau}{\Delta x} = \lim_{\Delta x \to 0} \frac{\arctan(f'(x + \Delta x)) - \arctan(f'(x))}{\Delta x} = \left(\arctan(f'(x))\right)'$$

Der rechts stehende Ausdruck ergibt nach der Kettenregel

$$\frac{d\tau}{dx} = \left(\arctan(f'(x))\right)' = \frac{f''(x)}{1+\left(f'(x)\right)^2} = \frac{y''}{1+y'^2}.$$

Also folgt

$$k = \frac{\dfrac{d\tau}{dx}}{\dfrac{ds}{dx}} = \frac{\dfrac{y''}{1+y'^2}}{\sqrt{1+y'^2}} = \frac{y''}{\sqrt{\left(1+y'^2\right)^3}}.$$

Damit ergibt sich der folgende Satz.

Satz 5.8: Die Krümmung k einer Funktion $y = f(x)$ berechnet sich aus

$$k = \frac{y''}{\sqrt{\left(1+y'^2\right)^3}}. \; \blacklozenge \qquad\qquad (5.25)$$

Oft wird nur der Betrag von k als Krümmung bezeichnet. Nach Satz 5.7 ist die Krümmung einer Funktion in einem Punkt positiv bzw. negativ, wenn sie in einer Umgebung dieses Punktes konvex bzw. konkav ist.

Beispiel 5.25: *Krümmung eines Kreises*

Die Krümmung des Kreisbogens $y = \sqrt{r^2 - x^2}$ mit dem Radius r ist zu berechnen.

1. Ableitung $\quad y' = \dfrac{-x}{\sqrt{r^2 - x^2}} = -\dfrac{x}{y}$

2. Ableitung $\quad y'' = \dfrac{-\sqrt{r^2 - x^2} - \dfrac{x^2}{\sqrt{r^2 - x^2}}}{r^2 - x^2} = \dfrac{-r^2}{\left(\sqrt{r^2 - x^2}\right)^3} = -\dfrac{r^2}{y^3}$

Krümmung $\quad k = \dfrac{-r^2}{y^3 \sqrt{\left(1+\dfrac{x^2}{y^2}\right)^3}} = \dfrac{-r^2}{\sqrt{\left(y^2 + x^2\right)^3}} = \dfrac{-r^2}{\sqrt{r^6}} = -\dfrac{1}{r}. \; \blacklozenge$

Die Krümmung des Kreises ist also betragsmäßig in jedem Punkt des Kreises gleich dem Kehrwert des Radiuses und damit konstant. Daher wird der Kehrwert R des Betrages der Krümmung in einem Punkt P_0 auch als *Krümmungsradius* bezeichnet. Der *Krümmungskreis* ist nun der Kreis, der diesen Radius R hat, die Kurve in P_0 berührt und auf der gleichen Seite wie die Kurve von der Tangente aus gesehen liegt. Um die Gleichung eines Krümmungskreises aufstellen zu können, müssen die Koordinaten des Mittelpunktes (x_M, y_M) berechnet werden.

Die Formeln dafür sollen hier angegeben werden.

$$x_M = x_0 - \frac{y_0'}{y_0''}\left(1 + y_0'^2\right) \qquad\qquad y_M = y_0 + \frac{1}{y_0''}\left(1 + y_0'^2\right) \tag{5.26}$$

Beispiel 5.26: *Krümmungskreis*

Der Krümmungskreis an die Kurve $y = x^2$ für $x_0 = 1$ ist zu berechnen.

Da $y_0 = 1$, $y_0' = 2$ und $y_0'' = 2$ sind, folgt aus (5.25) und (5.26)

$$k = \frac{2}{\sqrt{(1+4)^3}} = 0.179, \ R = 5.590, \ x_M = 1 - \frac{2}{2}(1+4) = -4 \ \text{ und } \ y_M = 1 + \frac{1}{2}(1+4) = 3.5.$$

Die Gleichung des Krümmungskreises lautet dann $(x+4)^2 + (y-3.5)^2 = 5.590^2$. ◆

5.4.2 Extremwerte

Grundlegende Begriffe

Eine wichtige Problemstellung besteht darin, unter einer Vielzahl möglicher Varianten die günstigste zu finden. Mathematisch laufen solche Probleme darauf hinaus *Extremwerte*, also *Maximal-* und *Minimalwerte* von Funktionen zu bestimmen.

An dieser Stelle soll an den Begriff der Umgebung eines Punktes erinnert werden. In 4.1.1 wurden die Umgebungsbegriffe $U(x_0)$, $U_+(x_0)$ und $U_-(x_0)$ definiert.

Definition 5.6: *Extremwerte*

Eine Funktion $y = f(x)$ besitzt an einer Stelle x_0 des Definitionsbereiches ein *lokales Maximum* bzw. ein *lokales Minimum*, wenn für alle x aus einer Umgebung $U(x_0)$ gilt:

$$f(x) < f(x_0) \ \text{ bzw. } \ f(x) > f(x_0). \tag{5.27}$$

Ist x_0 ein rechter Randpunkt des Definitionsbereiches und gilt (5.27) für alle x aus $U_-(x_0)$, so heißt x_0 ein *lokales Randmaximum* bzw. *lokales Randminimum*. Ist x_0 ein linker Randpunkt des Definitionsbereiches und gilt (5.27) für alle x aus $U_+(x_0)$, so heißt x_0 ein *lokales Randmaximum* bzw. *lokales Randminimum*. Die Extremwerte heißen *global*, wenn (5.27) für alle x aus dem Definitionsbereich gilt. ◆

Bild 5.7 veranschaulicht die möglichen Arten von Extremwerten.

Es sind Extremwerte in den folgenden Positionen zu erkennen.

	Maxima	Minima
lokale Extremwerte	3	1, 2, 6
lokale Randextremwerte	5	4
globale Extremwerte		2

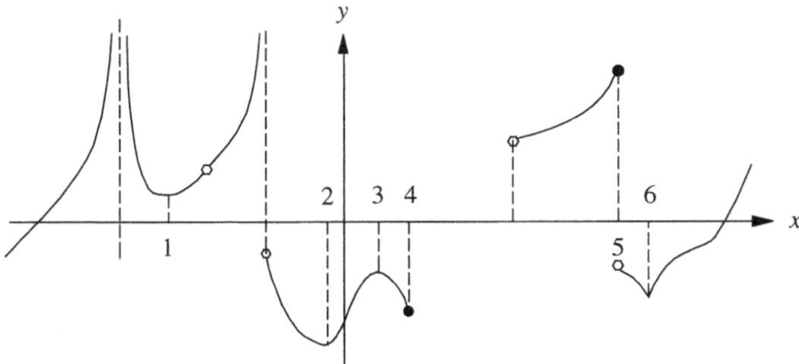

Bild 5.7 Extremwerte

Es soll jetzt beschrieben werden, wie die einzelnen Typen von Extremstellen berechnet werden können. Die folgenden Aussagen können streng mathematisch aus der TAYLORschen Formel oder anschaulich aus der Interpretation der Ableitung als Anstieg der Tangente geschlossen werden.

Lokale Extremwerte

Es soll zuerst vorausgesetzt werden, dass die zu betrachtende Funktion $y = f(x)$ mindestens zweimal stetig differenzierbar ist. Liegt in x_0 ein lokaler Extremwert, so verläuft die Tangente in x_0 horizontal, es gilt also $f'(x_0) = 0$. Ist die Funktion in einer Nachbarschaft von x_0 außerdem konvex bzw. konkav, gilt also $f''(x_0) > 0$ bzw. $f''(x_0) < 0$, so liegt ein lokales Minimum bzw. ein lokales Maximum vor.

Satz 5.9: *Lokaler Extremwert – 1. Kriterium*
Die Funktion $y = f(x)$ hat in x_0 ein lokales Minimum bzw. ein lokales Maximum, wenn gilt:

$$f'(x_0) = 0 \quad \text{und} \quad f''(x_0) > 0 \quad \text{bzw.} \quad f''(x_0) < 0. \blacklozenge \tag{5.28}$$

Beispiel 5.27: *1. Kriterium*
Die lokalen Extremwerte der Funktion $y = x^3 - 2x^2 + x + 1$ sind zu berechnen.

1. Ableitung: $\qquad\qquad\qquad y' = 3x^2 - 4x + 1$

2. Ableitung: $\qquad\qquad\qquad y'' = 6x - 4$

Nullstellen der 1. Ableitung: $\qquad x_1 = 1 \quad$ und $\quad x_2 = 0.333$

2. Ableitung in x_1 und x_2: $\qquad y''(1) = 2 > 0$

$$y''(0.333) = -2 < 0$$

Nach (5.28) hat die Funktion in x_1 ein lokales Minimum und in x_2 ein lokales Maximum. $\blacklozenge$

Das Kriterium ist nicht anwendbar, wenn die benötigten Ableitungen nicht existieren. Hier soll nur der in technischen Problemen häufiger auftretende Fall behandelt werden, dass die Funktion zwar in einer Nachbarschaft von x_0 differenzierbar ist, in x_0 selbst jedoch nicht (s. Bild 5.8). Aus der Skizze ist erkennbar, dass ein Minimum vorliegt, wenn die Funktion links von x_0 monoton fällt und recht von x_0 monoton wächst. Es gilt also das folgende Kriterium.

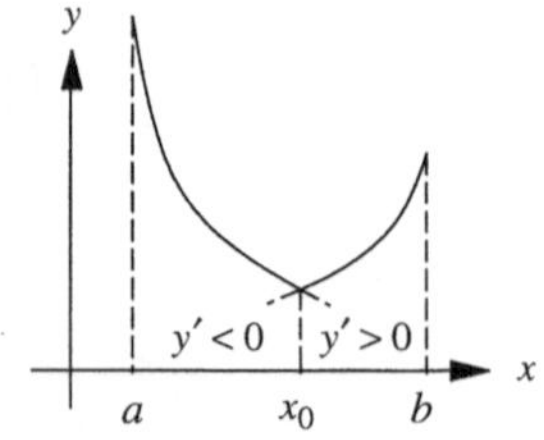

Bild 5.8 Knick

Satz 5.10: *Lokaler Extremwert – 2. Kriterium*
Die Funktion hat in x_0 ein lokales Maximum bzw. ein lokales Minimum, wenn gilt:

$$f'(x) > 0 \text{ bzw. } f'(x) < 0 \text{ in } U_-(x_0) \text{ und } f'(x) < 0 \text{ bzw. } f'(x) > 0 \text{ in } U_+(x_0). \blacklozenge \qquad (5.29)$$

Beispiel 5.28: *2. Kriterium*

Es ist zu untersuchen, ob die Funktion $y = x^2 - 2|x| + 1$ in $x_0 = 0$ einen Extremwert hat. Die Funktion ist an dieser Stelle nicht differenzierbar.

1. Ableitung für $x > 0$ $\qquad y' = 2x - 2$, da $y = x^2 - 2x + 1$

1. Ableitung für $x < 0$ $\qquad y' = 2x + 2$, da $y = x^2 + 2x + 1$

Damit ist $y' < 0$ in einer rechtsseitigen Nachbarschaft von 0 und $y' > 0$ in einer linksseitigen Nachbarschaft. In $x_0 = 0$ hat die Funktion wegen (5.29) ein lokales Maximum. $\blacklozenge$

Randextremwerte

Es sei x_0 ein Randpunkt eines der Definitionsintervalle, der selbst zum Definitionsbereich gehört. Das angeführte 2. Kriterium lässt sich leicht auf die Randextremwerte übertragen. Der Unterschied liegt darin, dass nur eine rechtsseitige oder eine linksseitige Umgebung von x_0 untersucht werden muss.

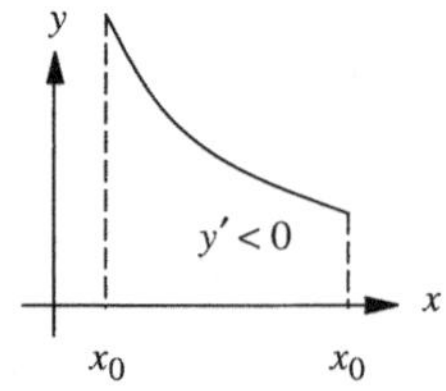

Bild 5.9 Randextrema

Satz 5.11: *Lokaler Randextremwert*
Die Funktion hat in einem linken- bzw. einem rechten Randpunkt x_0 ein Randmaximum, wenn gilt:

$$f'(x) < 0 \text{ in } U_+(x_0) \text{ bzw. } f'(x) > 0 \text{ in } U_-(x_0). \qquad (5.30)$$

Für ein lokales Randminimum drehen sich die Vorzeichen der Ableitungen um. $\blacklozenge$

Beispiel 5.29: *Randextremwert*

Es ist zu untersuchen, ob die Funktion $y = \sqrt{x - 3}$ an der Stelle $x_0 = 3$ einen Randextremwert hat. Der Definitionsbereich der Funktion ist $D_f = [3, \infty)$. Da $y' = \dfrac{1}{2\sqrt{x - 3}}$ in einer rechten Umgebung von $x_0 = 3$ positiv ist, liegt in $x_0 = 3$ wegen (5.30) ein Randminimum vor. $\blacklozenge$

Globale Extremwerte

Hat eine Funktion einen globalen Extremwert, so ist er auch lokaler Extremwert. Umgekehrt muss jedoch kein globaler Extremwert existieren, obwohl entsprechende lokale Extremwerte vorhanden sind. Sollen die globalen Extremwerte bestimmt werden, müssen

- die lokalen Extremwerte,
- die Randextremwerte und
- die Grenzwerte in den Randpunkten des Definitionsbereiches

verglichen werden.

Beispiel 5.30: *Globaler Extremwert*

Die globalen Extremwerte der Funktion $y = \sqrt{x-3}$ sind zu bestimmen. Nach Beispiel 5.29 hat die Funktion in $x = 3$ ein lokales Randminimum. Weitere Extremwerte existieren nicht. Da als Grenzwerte in den Randpunkten nur $\lim_{x \to \infty} \sqrt{x-3} = \infty$ in Frage kommt, liegt in $x = 3$ das globale Minimum. Ein globales Maximum existiert wegen des angegebenen Grenzwertes nicht. ♦

Anwendungen

Im Bauwesen treten Extremwertaufgaben häufig auf. Daher sollen einige charakteristische Beispiele betrachtet werden. Bei angewandten Aufgaben ist meist ein globaler Extremwert gesucht. Zuerst soll das einführende Beispiel dieses Kapitels betrachtet werden.

Beispiel 5.31: *Maximales Moment*

Für welchen Abstand x der Kraft F des in Bild 5.10 abgebildeten Trägers wird das Feldmoment extremal. Aus einem bautechnischen Tabellenbuch entnimmt man die Formel für das Feldmoment:

$$M(x) = \frac{F \cdot x (l-x)^2 (2l+x)}{2l^3}$$

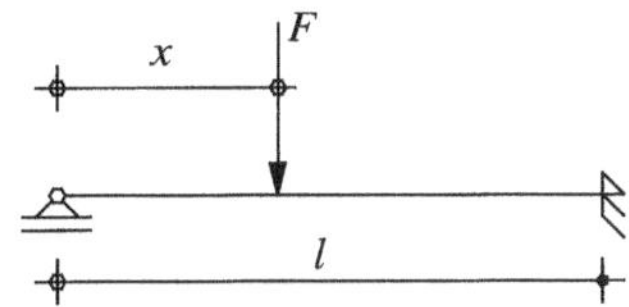

Bild 5.10 Träger

Von Interesse sind die Werte in dem Intervall $(0, l)$. Daher wird diese Menge als Definitionsbereich gewählt. Werden die Klammern ausmultipliziert, folgt:

$$M(x) = \frac{F}{2l^3}\left(x^4 - 3l^2 x^2 + 2l^3 x\right) = \frac{F \cdot l}{2}\left(\left(\frac{x}{l}\right)^4 - 3\left(\frac{x}{l}\right)^2 + 2\left(\frac{x}{l}\right)\right).$$

Der Vorfaktor spielt bei der Berechnung der Extremstelle keine Rolle, kann also weggelassen werde. Wird dann noch x/l durch u substituiert, bleibt die Funktion $y = u^4 - 3u^2 + 2u$ in $(0,1)$ zu untersuchen. Die erste Ableitung Null gesetzt, liefert die Gleichung

$$4u^3 - 6u + 2 = 0,$$

welche die Nullstellen $u_1 = 1$, $u_2 = 0.366$ und $u_3 = -1.366$ hat. Da $y''(0.366) < 0$ liegt in u_2 ein lokales Maximum vor. Die erste und die dritte Lösung sind uninteressant, da sie außerhalb des Definitionsbereiches liegen. Nach Rücksubstitution folgt, dass das Feldmoment an der Stelle $x = 0.366 \cdot l$ am größten wird. Der Maximalwert errechnet sich zu $M(0.366l) = 0.174 \cdot F \cdot l$. ♦

Beispiel 5.32: *Maximales Widerstandsmoment*

Aus einem Baumstamm soll ein Balken mit rechteckigem Querschnitt herausgeschnitten werden. Es sind die Abmessungen des Balkens so zu berechnen, dass dieser möglichst große Biegetragfähigkeit hat. Der Querschnitt des Stammes werde wie in Bild 5.11 als kreisförmig mit dem Durchmesser d angenommen. Die Biegetragfähigkeit des Balkens ist durch das Widerstandsmoment W

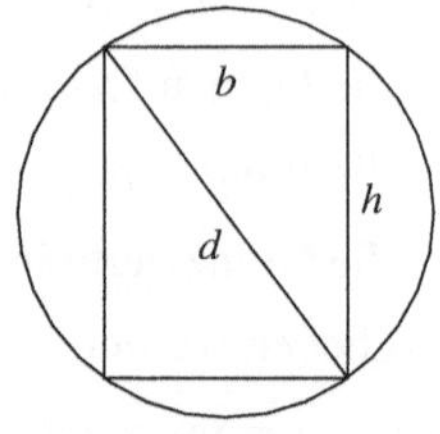

$$W = \frac{b \cdot h^2}{6}.$$

Bild 5.11 Balken

bestimmt. Da $h^2 + b^2 = d^2$, folgt

$$W = \frac{1}{6}b\left(d^2 - b^2\right) = \frac{1}{6}b \cdot d^2 - \frac{1}{6}b^3$$

$$W'(b) = \frac{1}{6}d^2 - \frac{1}{2}b^2 \text{ und } W''(b) = -b.$$

Aus $W'(b) = 0$ errechnet sich

$$b = \frac{d}{\sqrt{3}} \text{ und damit } h = \frac{\sqrt{2}d}{\sqrt{3}} \text{ sowie } h:b = \sqrt{2}:1.$$

Die zweite Ableitung ist dort negativ, so dass nach (5.28) ein Maximum vorliegt. ♦

Beispiel 5.33: *Kabel*

Von A nach B soll wie in Bild 5.11 ein Kabel über C verlegt werden. Die Kosten für den laufenden Meter längs $\overline{AC}$ betragen k_1 Euro und längs $\overline{CB}$ k_2 Euro. Wie ist x zu wählen, damit die Gesamtkosten möglichst klein werden.

Wird $k = k_2 / k_1$ gesetzt, folgt für die Gesamtkosten

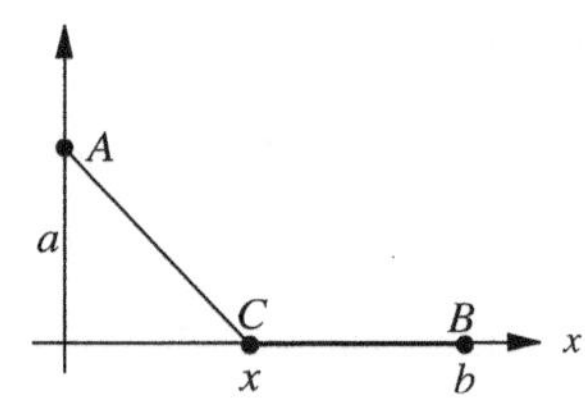

Bild 5.12 Kabel

$$K(x) = k_1\left(k(b - x) + \sqrt{x^2 + a^2}\right).$$

Da für x nur Werte zwischen 0 und b vernünftig sind, ist als Definitionsbereich $D_K = [0, b]$ zu wählen.

$$K'(x) = k_1\left(-k + \frac{x}{\sqrt{x^2 + a^2}}\right) = 0 \quad \rightarrow \quad x_0 = \frac{a \cdot k}{\sqrt{1 - k^2}}$$

Im Fall $k \geq 1$ ist x_0 nicht definiert. In diesem Fall hat $K'(x)$ keine Nullstelle. Außerdem liegt im Definitionsbereich nur dann ein lokales Minimum vor, wenn x_0 im Definitionsbereich liegt, also $x_0 \le b$ gilt. Wird diese Ungleichung gelöst, folgt $k \le \dfrac{b}{\sqrt{a^2 + b^2}}$. $K'(x)$ ist in $[0, x_0)$ negativ, sonst positiv. Also ist $K(x)$ in $[0, x_0)$ monoton fallend, sonst steigend. Damit ergeben sich folgende Lösungen:

$$0 < k < \frac{b}{\sqrt{a^2 + b^2}} \qquad \text{globales Minimum bei } x_0 = \frac{a \cdot k}{\sqrt{1 - k^2}}$$

$$k = 0 \qquad \text{globales Minimum bei } x_0 = 0$$

$$k \ge \frac{b}{\sqrt{a^2 + b^2}} \qquad \text{globales Minimum bei } x_0 = b.$$

Wird $K(x)$ für $a = 100$ und $b = 200$ grafisch dargestellt, so ergeben sich die dargestellten drei Fälle

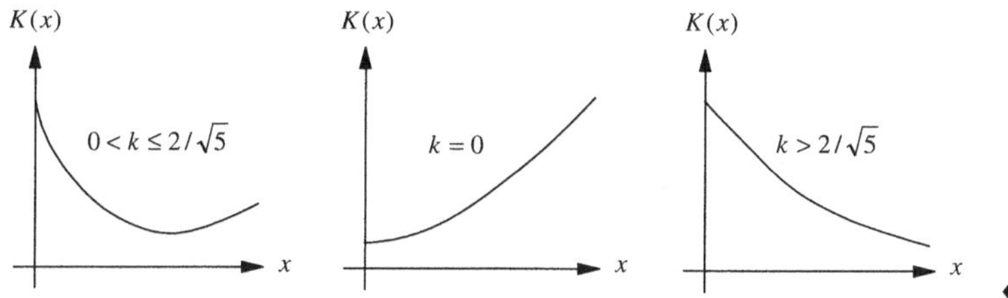

Bild 5.13 Extremwerte

5.4.3 Kurvendiskussion

In den zurückliegenden Abschnitten wurde gezeigt, wie bestimmte Eigenschaften von Funktionen mit Hilfe der Differentialrechnung bestimmt werden können. Diese und weitere Eigenschaften einer Funktion können dazu dienen, den Graphen zu skizzieren. Das Zusammenstellen der Eigenschaften wird als Kurvendiskussion bezeichnet. Was im Einzelnen berechnet werden muss, hängt von der konkreten Aufgabenstellung ab.

Es sollen hier die folgenden Eigenschaften von Funktionen untersucht werden, wobei sich diese Liste erweitern ließe:

1) Definitionsbereich,

2) Stetigkeit und Verhalten in den Randpunkten des Definitionsbereiches,

3) Nullstellen,

4) Monotonie,

5) Konvexität und Konkavität,

6) Extremwerte,

7) Skizze.

Beispiel 5.34: *Kurvendiskussion*

Die Funktion $y = (x+2)e^{\frac{1}{x}}$ ist zu diskutieren.

1) Definitionsbereich

$$D_f = (-\infty, 0) \cup (0, \infty)$$

2) Stetigkeit und Verhalten in den Randpunkten des Definitionsbereiches

$$\lim_{x \to \infty} (x+2)e^{\frac{1}{x}} = \infty \qquad\qquad \lim_{x \to -\infty} (x+2)e^{\frac{1}{x}} = -\infty$$

$$\lim_{x \to 0+0} (x+2)e^{\frac{1}{x}} = \infty \qquad\qquad \lim_{x \to 0-0} (x+2)e^{\frac{1}{x}} = 0$$

Die Funktion ist in den inneren Punkten des Definitionsbereiches stetig.

3) Nullstellen

$$x_0 = -2$$

4) Monotonie und Extremwerte

$$y' = \frac{x^2 - x - 2}{x^2} e^{\frac{1}{x}}$$

Nullstellen der 1. Ableitung: $x_1 = -1$ und $x_2 = 2$.

$(-\infty, -1)$	$(-1, 0)$	$(0, 2)$	$(2, \infty)$
> 0	< 0	< 0	> 0
wachsend	fallend	fallend	wachsend

5) Konvexität und Konkavität

$$y'' = \frac{5x + 2}{x^4} e^{\frac{1}{x}}$$

Nullstellen der 2. Ableitung $x_3 = -0.4$.

$(-\infty, -0.4)$	$(-0.4, 0)$	$(0, \infty)$
< 0	> 0	> 0
konkav	konvex	konvex

6) Extremwerte

Aus der Monotonie ergibt sich, dass in $x_1 = -1$ ein lokales Maximum und in $x_2 = 2$ ein lokales Minimum liegt. Aus 2) folgt, dass es keine globalen Extremwerte gibt.

7) Skizze siehe Bild 5.14.

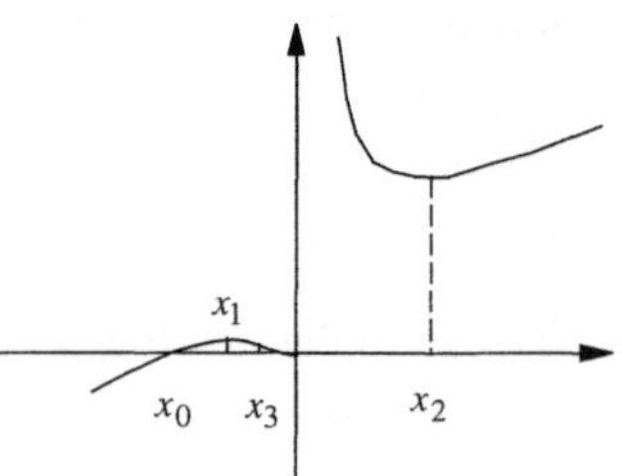

Bild 5.14 Kurvendiskussion

Beispiel 5.35: *Biegelinie*
Es ist die Biegelinie des in Bild 5.15 dargestellten Trägers
zu diskutieren.

$$z = w(x) = \frac{ql^4}{48EI}\left(2\left(\frac{x}{l}\right)^4 - 3\left(\frac{x}{l}\right)^3 + \left(\frac{x}{l}\right)\right)$$

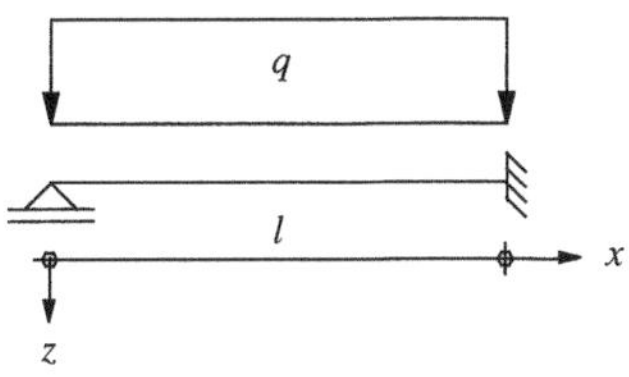

Bild 5.15 Träger

Dazu soll x/l vorerst durch u substituiert und der konstante
Faktor weggelassen werden. Dann muss nur noch die Funktion

$$z = f(u) = 2u^4 - 3u^3 + u$$

diskutiert werden. Die berechneten u-Werte müssen dann mit l und die berechneten $f(u)$-
Werte mit dem Vorfaktor multipliziert werden, um die tatsächlichen Werte für x und $w(x)$ zu
erhalten.

1) Definitionsbereich
   $D_f = [0,1]$, außerhalb dieses Intervalls ist die Funktion uninteressant.

2) Stetigkeit und Verhalten in den Randpunkten des Definitionsbereiches
   Die Funktion ist in $[0,1]$ stetig.

3) Nullstellen
   Aufgrund des technischen Hintergrunds müssen $u_1 = 0$ und $u_2 = 1$ Nullstellen sein. Nach

   Division durch u und Partialdivision durch $u-1$ ergibt sich die Gleichung $2u^2 - u - 1 = 0$,
   welche die Nullstellen $u_3 = 1$ und $u_4 = -0.5$ hat. Die letzte Nullstelle liegt außerhalb des
   · Definitionsbereiches.

4) Monotonie

   $$f'(u) = 8u^3 - 9u^2 + 1$$

   Aufgrund des technischen Hintergrunds muss $u_5 = 1$ Nullstelle sein. Nach Partialdivision

   durch $u-1$ ergibt sich die Gleichung $8u^2 - u - 1 = 0$, die Nullstellen bei $u_6 = 0.4215$ und

   $u_7 = -0.2965$ hat. Die letzte Nullstelle liegt außerhalb des Definitionsbereiches.

$$(0, 0.4215) \qquad (0.4215, 1)$$

$$> 0 \qquad\qquad < 0$$

wachsend   fallend

5) Konvexität und Konkavität

   $$f''(u) = 24u^2 - 18u$$

Nullstellen der 2. Ableitung sind $u_8 = 0.75$ und $u_9 = 0$.

$$(0, 0.75) \qquad (0.75, 1)$$

$$< 0 \qquad\qquad > 0$$

$$\text{konkav} \qquad \text{konvex}$$

6) Extremwerte

Aus der Monotonie ist ersichtlich, dass in $u_6 = 0.4215$ ein lokales Maximum liegt. Globale Extremwerte können dann nur noch in den Randpunkten liegen. Da $w(0) = 0$ und $w(1) = 0$, liegt in u_6 auch das globale Maximum $w(u_6) = w(0.4215) = 0.2600$. Das globale Minimum liegt bei $u = 0$ bzw. $u = 1$.

7) Skizze siehe Bild 5.16

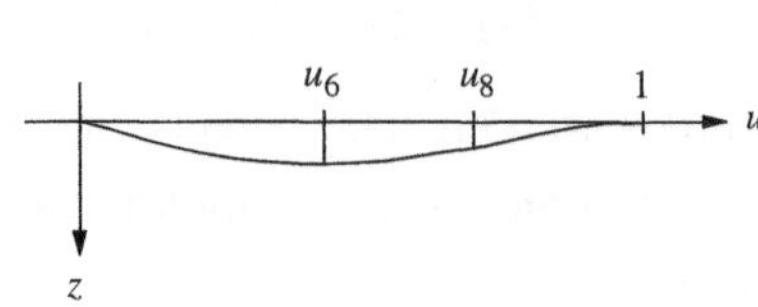

Bild 5.16 Biegelinie

5.4.4 Kurven in impliziter Form, Parameterdarstellung und Polarkoordinaten

Kurven könne, wie in (4.1.1) beschrieben, in Teile zerlegt werden, so dass sie Graphen von Funktionen sind. Also können auf diese Teile die beschriebenen Methoden der Differentialrechnung angewendet werden. Die kritischen Punkte, in denen die Teile aneinander treffen, ergeben sich meist dadurch, dass die 1. Ableitungen dort nicht existieren. Diese Punkte müssen extra untersucht werden. Es soll jetzt beschrieben werden, wie die Ableitungen $y'(x)$, $y''(x)$ oder auch die Krümmung berechnet werden können.

Kurven in impliziter Form

Es sollen Kurven untersucht werden, die durch einen impliziten Ausdruck $F(x, y) = 0$ beschrieben werden. Die Ableitung $y'(x)$ kann dann berechnet werden, indem $F(x, y(x)) = 0$ nach x abgeleitet wird. Da $y(x)$ explizit nicht bekannt ist, wird für ihre Ableitung $y'(x)$ gesetzt. Die Vorgehensweise wird am besten an einem Beispiel illustriert.

Beispiel 5.36: *Kreisgleichung*

Die Kreisgleichung $x^2 + y^2 = 1$ soll betrachtet werden. Für die Ableitung ergibt sich

$$2x + 2y(x)y'(x) = 0 \quad \text{und damit} \quad y'(x) = \frac{-x}{y(x)}.$$ Ist $y(x) = 0$, d.h. in den Punkten $(1, 0)$ und $(-1, 0)$, gibt es keine Ableitung. Dort verlaufen die Tangenten vertikal. ♦

Die 1. Ableitung einer implizit gegebenen Funktion $F(x, y) = 0$ kann im Vorgriff auf den Begriff der partiellen Ableitung, der im folgenden Abschnitt 5.4.5 behandelt wird, als

$$F_x(x, y) + y'F_y(x, y) = 0 \tag{5.31}$$

geschrieben werden.

Beispiel 5.37: *Implizite Form*

Die Tangente an die Kurve $e^y + y - x = 0$ für $x_0 = 0$ ist zu berechnen. Aus 4.1.1 ist bekannt, dass durch diesen Ausdruck eine Funktion gegeben ist.

y_0 berechnen: $\qquad\qquad e^y + y = 0 \qquad \rightarrow \qquad y_0 = -0.567$

y_0' berechnen: $\qquad\qquad e^y y' + y' - 1 = 0 \quad \rightarrow \quad y' = \dfrac{1}{1+e^y} \quad \rightarrow \quad y_0' = \dfrac{1}{1+e^{-0.567}} = 0.638$

Tangentengleichung: $\qquad y = 0.638x - 0.567$. $\blacklozenge$

Kurven in Parameterdarstellung

Kurven in Parameterdarstellung werden durch zwei Funktionen $x = x(t)$ und $y = y(t)$ beschrieben. Ableitungen nach dem Parameter sollen stets durch einen Punkt und nicht durch einen Strich gekennzeichnet werden. Dann gelten für die erste und zweite Ableitung die folgenden Formeln:

$$y'(x) = \frac{dy}{dx} = \frac{dy}{dt} \cdot \frac{dt}{dx} = \frac{\dot{y}}{\dot{x}} \tag{5.32}$$

$$y''(x) = \frac{d^2 y}{dx^2} = \frac{d\left(\dfrac{\dot{y}}{\dot{x}}\right)}{dx} = \frac{d\left(\dfrac{\dot{y}}{\dot{x}}\right)}{dt} \cdot \frac{dt}{dx} = \frac{\ddot{y}\dot{x} - \dot{y}\ddot{x}}{\dot{x}^3} \tag{5.33}$$

$$k = \frac{\left|\dot{x}\ddot{y} - \dot{y}\ddot{x}\right|}{\sqrt{\left(\dot{x}^2 + \dot{y}^2\right)^3}} \tag{5.34}$$

Beispiel 5.38: *Parameterdarstellung*

Die 1. Ableitung für die durch $x = t^2$ und $y = t^3$ gegebene Kurve ist zu berechnen. Wegen (5.32) gilt

$$y'(x) = \frac{\dot{y}}{\dot{x}} = \frac{3t^2}{2t} = 1.5t \ \text{ für } t \neq 0 \, .$$

Es kann also in allen Punkten die Tangente berechnet werden. Ausnahme ist der Punkt $P = (0,0)$, der $t = 0$ entspricht. $\blacklozenge$

Kurven in Polarkoordinaten

Kurven in Polarkoordinaten werden durch eine Funktion $r = r(\varphi)$ beschrieben. Durch den bekannten Zusammenhang zwischen rechtwinkligen und Polarkoordinaten kann dann $x = r(\varphi)\cos\varphi$ und $y = r(\varphi)\sin\varphi$ geschrieben werden. Das ist aber die Parameterdarstellung einer Kurve mit dem Parameter φ. Werden die Formeln (5.32) - (5.34) auf diese Parameterdarstellung angewendet, folgen für die erste und zweite Ableitung und die Krümmung:

$$y'(x) = \frac{dy}{dx} = \frac{\dot{y}}{\dot{x}} = \frac{\dot{r}(\varphi)\sin\varphi + r(\varphi)\cos\varphi}{\dot{r}(\varphi)\cos\varphi - r(\varphi)\sin\varphi} \tag{5.35}$$

$$y''(x) = \frac{d^2 y}{dx^2} = \frac{r^2 + 2\dot{r}^2 - r\ddot{r}}{(\dot{r}\cos\varphi - r\sin\varphi)^3} \tag{5.36}$$

$$k = \frac{r^2 + 2\dot{r}^2 - r\ddot{r}}{\sqrt{\left(r^2 + \dot{r}^2\right)^3}} \tag{5.37}$$

Beispiel 5.39: *Polarkoordinaten*
Es sind die Extremwerte der *archimedische Spirale* $r = 0.2\varphi$ für $\varphi-$Werte zwischen 0 und π zu berechnen. Die zugehörige Kurve ist in 3.2.6 dargestellt. Nach (5.35) und (5.36) gilt

$$y'(x) = \frac{0.2\sin\varphi + 0.2\varphi\cos\varphi}{0.2\cos\varphi - 0.2\varphi\sin\varphi} \quad \text{und} \quad y''(x) = \frac{0.04\varphi^2 + 0.08}{\left(0.2\cos\varphi - 0.2\varphi\sin\varphi\right)^3}.$$

Die erste Ableitung wird Null, wenn

$$0.2\sin\varphi + 0.2\varphi\cos\varphi = 0.$$

Nach Division durch $\cos\varphi$ ergibt sich die zu lösende Gleichung $\tan\varphi + \varphi = 0$. Mit dem NEWTONschen Verfahren ergibt sich die Nullstelle $\varphi_0 = 2.028 \; rad = 116.2°$. An dieser Stelle liegt ein Maximum vor, da $y''(2.028) = -2.64 < 0$ ist. ♦

5.4.5 Funktionen mehrerer Variabler

Bisher wurden Funktionen $y = f(x)$ untersucht, in denen die abhängige Variable y von einer unabhängigen Variablen x abhing. Jetzt soll der Funktionsbegriff auf mehrere unabhängige Variable erweitert werden. Es werden also Funktionen $y = f(x_1, x_2, ..., x_n)$ betrachtet, bei denen y von $x_1, x_2, ..., x_n$ abhängt. Treten nur zwei unabhängige Variable auf, soll auch $z = f(x, y)$ geschrieben werden. Die Funktionen einer unabhängigen Variablen haben nur deshalb eine herausragende Bedeutung, da die dort eingeführten Begriffsbildungen und Aussagen sich weitgehend auf Funktionen mehrerer Variabler übertragen lassen.

Beispiel 5.40: *Funktion mehrerer Variabler*
Der in Bild 5.17 dargestellte Träger hat in der Mitte die größte Durchbiegung f, die sich nach der Formel

$$E \cdot I \cdot f = \tfrac{1}{48} F \cdot l^3$$

Bild 5.17 Träger

berechnet. f ist also eine Funktion der Variablen E, I, F und l. ♦

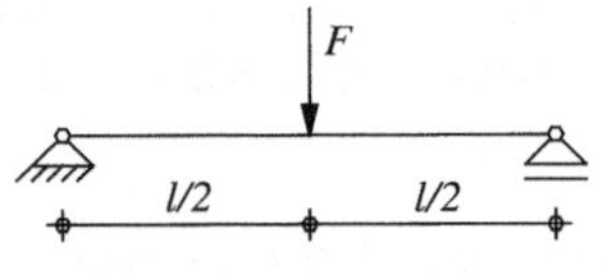

Funktionen mehrerer Variabler werden nicht ausführlich behandelt werden. Es wird nur das unbedingt Notwendige dargestellt, um einige wichtige Aufgabenstellungen lösen zu können. Als Erstes soll der Ableitungsbegriff erweitert werden.

Partielle Ableitungen

Ist $y = f(x_1, x_2, ..., x_n)$ eine Funktion von n Variablen, so heißt die Ableitung der Funktion nach einer der Variablen x_i, wobei alle anderen Variablen als Konstante angesehen werden,

partielle Ableitung nach x_i. Dafür wird y_{x_i}, $f_{x_i}(x_1, x_2, ..., x_n)$ oder $\dfrac{\partial f}{\partial x_i}$ geschrieben. Zu

einer Funktion von n Variablen können also n verschiedene partielle Ableitungen gebildet werden. Partielle Ableitungen wieder partiell differenziert, führen zu höheren partiellen Ableitungen. So bedeutet $f_{x_1 x_2}$ die partielle Ableitung von f_{x_1} nach x_2. Für die praktisch wichtigsten Funktionen gilt, dass die Reihenfolge der Ableitungen keine Rolle spielt. Es gilt also beispielsweise $f_{x_1 x_2} = f_{x_2 x_1}$.

Beispiel 5.41: *Partielle Ableitungen*

Die partiellen Ableitungen der Funktion $y = x_1^2 + x_2 - 3e^{x_1 \cdot x_2}$ sind bis zur zweiten Ordnung zu berechnen. Für y_{x_1} ist die Funktion nach x_1 zu differenzieren, wobei x_2 wie eine Konstante zu behandeln ist. Für $y_{x_1 x_2}$ ist die Funktion y_{x_1} nach x_2 zu differenzieren, wobei x_1 wie eine Konstante zu behandeln ist. Damit errechnen sich folgende Ableitungen:

$$y_{x_1} = 2x_1 - 3x_2 e^{x_1 \cdot x_2}, \qquad y_{x_2} = 1 - 3x_1 e^{x_1 \cdot x_2},$$

$$y_{x_1 x_1} = 2 - 3x_2^2 e^{x_1 \cdot x_2}, \qquad y_{x_2 x_2} = -3x_1^2 e^{x_1 \cdot x_2},$$

$$y_{x_1 x_2} = -3e^{x_1 \cdot x_2} - 3x_1 x_2 e^{x_1 x_2}, \qquad y_{x_2 x_1} = -3e^{x_1 \cdot x_2} - 3x_1 x_2 e^{x_1 x_2}. \blacklozenge$$

Extremwerte

Analog wie bei Funktionen einer Variablen, wird der Begriff des lokalen Extremwertes definiert. Die Funktion $y = f(x_1, x_2, ..., x_n)$ hat im Punkt $P_0 = (x_{10}, x_{20}, ..., x_{n0})$ ein lokales Minimum bzw. ein lokales Maximum, wenn $f(x_1, x_2, ..., x_n) > f(x_{10}, x_{20}, ..., x_{n0})$ bzw. $f(x_1, x_2, ..., x_n) < f(x_{10}, x_{20}, ..., x_{n0})$ für alle Punkte $P = (x_1, x_2, ..., x_n)$, die in einer Umgebung von $P_0 = (x_{10}, x_{20}, ..., x_{n0})$ liegen.

Hat die Funktion $y = f(x_1, x_2, ..., x_n)$ in P_0 ein lokales Minimum oder ein lokales Maximum, so muss notwendiger Weise $f_{x_i}(x_{10}, x_{20}, ..., x_{n0}) = 0$ für alle $i = 1, 2, ..., n$ gelten. Hat die Matrix $A = (a_{ij})_{n,n}$ mit $a_{ij} = f_{x_i x_j}(x_{10}, x_{20}, ..., x_{n0})$ nur positive Eigenwerte, so liegt ein Minimum vor. Für ein lokales Maximum müssen alle Eigenwerte negativ sein.

Beispiel 5.42: *Extremwertaufgabe*

Die relativen Extremwerte der Funktion $z = x^4 - 2x^2 + 4xy + 2y^2 + 5x$ sind zu berechnen. Die notwendigen Bedingungen für einen Extremwert sind $f_x = 4x^3 - 4x + 4y + 5 = 0$ und $f_y = 4x + 4y = 0$. Daraus folgt $x = -1.6593$ und $y = 1.6593$. Da $f_{xx} = 12x^2 - 4$, $f_{yy} = 4$, und $f_{xy} = f_{yx} = 4$, ist die Matrix $A = \begin{bmatrix} 29.04 & 4 \\ 4 & 4 \end{bmatrix}$ zu untersuchen. Als Eigenwerte errechnen sich 29.663 und 3.377. Da beide Eigenwerte positiv sind, hat die Funktion in $P_0 = (-1.6593, 1.6592)$ ein relatives Minimum. $\blacklozenge$

Totales Differential

Unter dem totalen Differential einer Funktion $y = f(x_1, x_2, ..., x_n)$ wird der Ausdruck

$$dy = f_{x_1}(x_1, x_2, ..., x_n)dx_1 + f_{x_2}(x_1, x_2, ..., x_n)dx_2 + ... + f_{x_n}(x_1, x_2, ..., x_n)dx_n \tag{5.38}$$

verstanden. Ist $\Delta x_i = dx_i$ für alle i, so ist wie bei Funktionen einer Variablen das totale Differential eine Näherung für

$$\Delta y = f(x_1 + \Delta x_1, x_2 + \Delta x_2, ..., x_n + \Delta x_n) - f(x_1, x_2, ..., x_n) ,$$

wenn alle Δx_i hinreichend klein sind. Eine wichtige Anwendung des totalen Differentials ist die Fehlerrechnung.

Fehlerrechnung

Eine Funktion $y = f(x_1, x_2, ..., x_n)$ werde betrachtet. Der y-Wert soll für $(x_1, x_2, ..., x_n)$ berechnet werden. Die wahren Werte der x_i sind jedoch nicht bekannt, sondern nur Näherungswerte x_{i0} mit ihren absoluten Fehlerschranken Δx_i. Wie im Abschnitt 5.3.1 ist eine Fehlerschranke für Δy gesucht, so dass für den wahren Wert von y gilt $y = f(x_{10}, x_{20}, ..., x_{n0}) \pm \Delta y = y_0 \pm \Delta y$. Da dy eine Näherung für Δy ist, folgt aus (5.38)

$$\Delta y \leq \left| f_{x_1}(x_{01}, x_{02}, ..., x_{0n}) \right| \Delta x_1 + ... + \left| f_{x_n}(x_{01}, x_{02}, ..., x_{0n}) \right| \Delta x_n \tag{5.39}$$

Der rechts stehende Ausdruck wird als absoluter Fehler bezeichnet. Damit gilt

$$y = f(x_{01}, x_{02}, ..., x_{0n}) \pm \left| f_{x_1}(x_{01}, x_{02}, ..., x_{0n}) \right| \Delta x_1 + ... + \left| f_{x_n}(x_{01}, x_{02}, ..., x_{0n}) \right| \Delta x_n . \tag{5.40}$$

Beispiel 5.43: *Fehlerrechnung*
Der Träger aus Bild 5.17 besteht aus einem Kantholz mit quadratischem Querschnitt. Die Länge $l = 205 \pm 1$ cm, die belastende Kraft $F = 900 \pm 5$ N, die Kantenlänge $a = 98 \pm 1$ mm und die Durchbiegung in der Mitte $f = 9.2 \pm 0.2$ mm wurden gemessen. Aus den Angaben soll der Elastizitätsmodul berechnet werden. Da für einen quadratischen Querschnitt $I = \frac{1}{12}a^4$ gilt, folgt

$$E = \frac{F \cdot l^3}{4 \cdot a^4 f} = \frac{900 \cdot 2050^3}{4 \cdot 98^4 \cdot 9.2} \frac{N}{mm^2} = 2284 \frac{N}{mm^2} .$$

Mit

$$E_F = \frac{l^3}{4a^4 f} = \frac{2050^3}{4 \cdot 98^4 \cdot 9.2} = 2.54 , \qquad E_l = \frac{3Fl^2}{4a^4 f} = \frac{3 \cdot 900 \cdot 2050^2}{4 \cdot 98^4 \cdot 9.2} = 3.34 ,$$

$$E_a = \frac{-Fl^3}{a^5 f} = \frac{-900 \cdot 2050^3}{98^5 \cdot 9.2} = -93.24, \qquad E_f = \frac{-Fl^3}{4a^4 f^2} = \frac{-900 \cdot 2050^3}{4 \cdot 98^4 \cdot 9.2^2} = -248.29$$

folgt für den absoluten Fehler

$$\Delta E = |E_F| \Delta F + |E_l| \Delta l + |E_a| \Delta a + |E_f| \Delta f = 2.5 \cdot 5 + 3.3 \cdot 10 + 93.2 \cdot 5 + 248.3 \cdot 1 = 189$$

Damit gilt $E = 2284 \pm 189 \dfrac{N}{mm^2}$ und der relative Fehler beträgt $\delta = \dfrac{189}{2284} = 0.083$ bzw. 8.3%. $\blacklozenge$

5.4.6 Implizite Funktionen in Maple

Es soll angegeben werden, wie implizite Funktionen in Maple differenziert werden können.

Syntax

1. Ableitung von $f(x, y) = 0$ nach x `>implicitdiff(f(x,y),y,x);`

Beispiele

1. $x^2 - 5y^2 + 2xy = 0$ nach x

`>implicitdiff(x^2-5*y^2+2*x*y=0,y,x);` $-\dfrac{x+y}{-5x+x}$

2. $e^y + y + x = 2$ nach x

`>implicitdiff(exp(y)+y+x=2,y.x);` $-\dfrac{1}{1+e^y}$

5.4.7 Übungsaufgaben

5.15: Die Funktionen sind auf Monotonie zu untersuchen.

a) $y = x^3 + 4x^2 - 5x - 14$ b) $y = \sqrt{x^2 + x - 6}$ c) $y = \dfrac{e^x}{x}$

5.16: Die Krümmung der Funktion $y = \cosh x$ ist in einem beliebigen Punkt zu berechnen.

5.17: Der Krümmungskreis an die Funktion $y = e^x$ ist für $x_0 = 0$ zu berechnen.

5.18: Die Extremwerte sind zu berechnen.

a) $y = x^3 + 2x^2 - 5x - 6$ b) $y = (x^2 + 3x - 4)e^x$ c) $y = x^2 - 3|x| - 3$

5.19: Die Funktionen sind zu diskutieren.

a) $y = x^4 + 5x^3 - 5x - 5$ b) $y = x^2 + x - 3|x| + 3$ c) $y = \dfrac{e^x}{x^2 - 1}$

d) $y = \dfrac{x^3 - 5x + 13}{x^2 - 4}$ e) $y = x^2 \ln x$ f) $y = \sin x + 2 \cos x$

5.20: Aus einem Baumstamm soll ein Balken mit rechteckigem Querschnitt herausgeschnitten werden. Es sind die Abmessungen des Balkens so zu berechnen, damit er eine möglichst geringe Verformung aufweist. Der Querschnitt des Stammes werde als kreisförmig mit dem Durchmesser d angenommen. Die Verformung des Balkens ist durch das Moment zweiten Grades I_y bestimmt.

5.21: Es werde der in Bild 5.10 skizzierte Einfeldträger betrachtet. Für welche Position x der Kraft F wird das Einspannmoment extremal.

5.22: Der Querschnitt eines Kanals besteht aus einem Rechteck und einem aufgesetzten Halbkreis. Bei vorgegebener Querschnittsfläche sind die Abmessungen so zu wählen, dass der Umfang minimal wird. Wie sind die Abmessungen zu wählen.

5.23: Differenzieren Sie die Funktionen implizit.

a) $x^3 - y^3 + 3y = 0$ b) $x \ln y + y = x$

5.24: Die Extremwerte der in Parameterdarstellung gegebenen Funktion $x = r(t - \sin t)$, $y = r(1 - \cos t)$ sind zu berechnen.

5.25: Die Tangente an die in Polarkoordinaten gegebene Funktion $r = \dfrac{1}{\varphi}$ ist für $\varphi = 0.3$ zu berechnen.

5.26: Die Tangente an die implizit gegebene Kurve $y^3 - 2xy^2 = \dfrac{1}{x}$ ist für $x = 1$ zu berechnen.

5.27: Der Flächeninhalt eines Dreieckes $A = \frac{1}{2}ab\sin\gamma$ und eine Fehlerschranke ΔA sind zu berechnen. Die vorkommenden Größen $a = 37.2 + 0.5$, $b = 45.6 + 0.5$ und $\gamma = 52.3° + 1°$ wurden gemessen.

5.5 Anwendung

Durch die Trassenführung soll im Straßenbau erreicht werden, dass sich auftretende Zentrifugalkräfte stetig ändern. Da diese proportional von der Krümmung abhängen, erfüllen Geraden und Kreisbögen diese Bedingung nicht, da es an den Übergangsstellen zu einer sprunghaften Veränderung der Krümmung käme. Daher werden Geraden und Kreisbögen durch Kurven verbunden, die einen stetigen Übergang der Krümmung gewährleisten. Solche Kurven, deren Krümmung sich linear mit der Bogenlänge ändern, heißen *Klothoiden*.

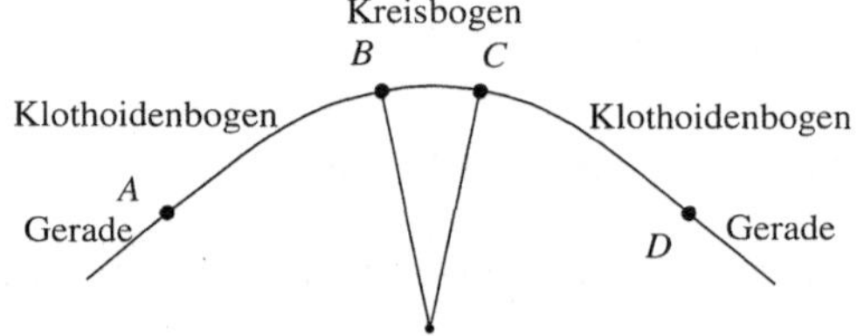

Bild 5.18 Straßenverlauf

In 5.4.1 wurde die Krümmung durch

$$k = \frac{d\tau}{ds}$$

definiert. Es soll jetzt eine Kurve in Parameterdarstellung $x(\tau)$ und $y(\tau)$ beschrieben werden, deren Krümmung linear wächst, für die also

$$k = \frac{d\tau}{ds} = \frac{s}{a^2} \tag{5.41}$$

gilt. Der Anstieg wurde dabei wie üblich als $1/a^2$ gewählt. Außerdem soll, damit die Kurve eindeutig bestimmt ist, $x(0) = 0$, $y(0) = 0$, $s(\tau = 0) = 0$ und $\tau(s = 0) = 0$ erfüllt sein. Aus (5.41) ergibt sich

$$\tau(s) = \frac{s^2}{2a^2} \, . \tag{5.42}$$

Im Bild 5.19 sind die folgenden Beziehungen ersichtlich

$$dx = \cos\tau \cdot ds = \cos\frac{s^2}{2a^2} \cdot ds$$

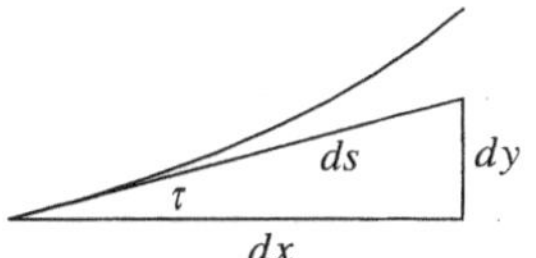

Bild 5.19 Bogenlänge

$$dy = \sin\tau \cdot ds = \sin\frac{s^2}{2a^2} \cdot ds \, .$$

Durch Integration folgen

$$x(s) = \int_0^s \cos\frac{s^2}{2a^2}\,ds \quad \text{und} \quad y(s) = \int_0^s \sin\frac{s^2}{2a^2}\,ds \, .$$

Wird $t^2 = \dfrac{s^2}{2a^2}$ substituiert, ergeben sich

$$x(t) = \sqrt{2}a\int_0^t \cos t^2\,dt \quad \text{und} \quad y(t) = \sqrt{2}a\int_0^t \sin t^2\,dt \, .$$

Diese Integrale sind nicht geschlossen lösbar, d.h. es gibt keine elementaren Funktionen, deren erste Ableitungen $\cos t^2$ bzw. $\sin t^2$ sind. Zur näherungsweisen Berechnung werden die Integranden durch ihre TAYLORreihen ersetzt.

Aus den TAYLORreihen für $\sin x$ und $\cos x$ folgen

$$\cos t^2 = 1 - \frac{t^4}{2!} + \frac{t^8}{4!} - \frac{t^{12}}{6!} + -\ldots \qquad \sin t^2 = t^2 - \frac{t^6}{3!} + \frac{t^{10}}{5!} - \frac{t^{14}}{7!} + -\ldots \, .$$

Integriert ergibt sich

$$x(t) = \sqrt{2} \cdot a \cdot \left(t - \frac{t^5}{5\cdot 2!} + \frac{t^9}{9\cdot 4!} - \frac{t^{13}}{13\cdot 6!} + -\ldots \right),$$

$$y(t) = \sqrt{2} \cdot a \cdot \left(\frac{t^3}{3} - \frac{t^7}{7\cdot 3!} + \frac{t^{11}}{11\cdot 5!} - \frac{t^{15}}{15\cdot 7!} + -\ldots \right).$$

Da $\tau = \dfrac{s^2}{2a^2} = t^2$, also $t = \sqrt{\tau}$, folgt die Parameterdarstellung der Klothoide

$$x(\tau) = \sqrt{2\tau} \cdot a \cdot \left(1 - \frac{\tau^2}{5\cdot 2!} + \frac{\tau^4}{9\cdot 4!} - \frac{\tau^6}{13\cdot 6!} + -\ldots \right) \qquad (5.43)$$

$$y(\tau) = \sqrt{2\tau} \cdot a \cdot \left(\frac{\tau}{3} - \frac{\tau^3}{7\cdot 3!} + \frac{\tau^5}{11\cdot 5!} - \frac{\tau^7}{15\cdot 7!} + -\ldots \right). \qquad (5.44)$$

In Bild 5.20 ist die Klothoide für positive τ-Werte dargestellt. Für die Praxis sind die angegebenen vier Glieder meist ausreichend, da diese für die τ-Werte, die praktisch wichtig sind, sehr gute Näherungen ergeben.

Beispiel 5.44: *Klothoide*
Zwei Straßen (Bild 5.21), deren Fortsetzungen sich unter einem Winkel $\gamma = 80°$ schneiden würden, sind durch einen Kreisbogen mit dem Radius $r = 300\,\text{m}$ und zwei Klothoidenbögen mit $a = 250\,\text{m}$ zu verbinden. Es sind die Länge des Kreisbogen $\overset{\frown}{BC}$, die Länge l eines Klothoidenbogens, der Mittelpunkt $M = (x_M, y_M)$ des Kreisbogens, die Tangentenlänge T und die Winkel τ, α sowie β zu berechnen.

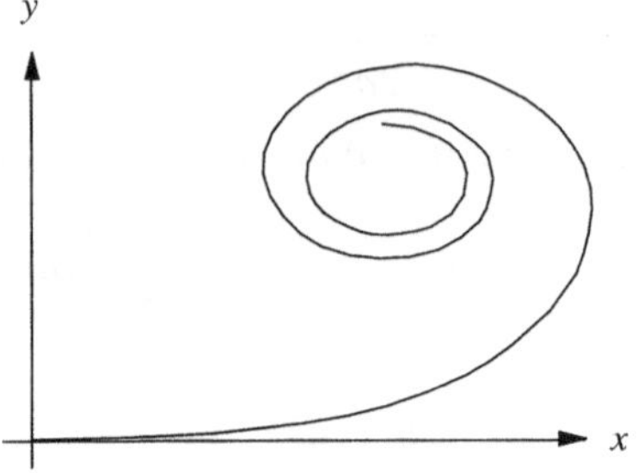

Bild 5.20 *Klothoide*

Im Punkt B gilt wegen (5.41)

$$k = \frac{1}{r} = \frac{1}{300} = \frac{s}{a^2} = \frac{l}{250^2}$$

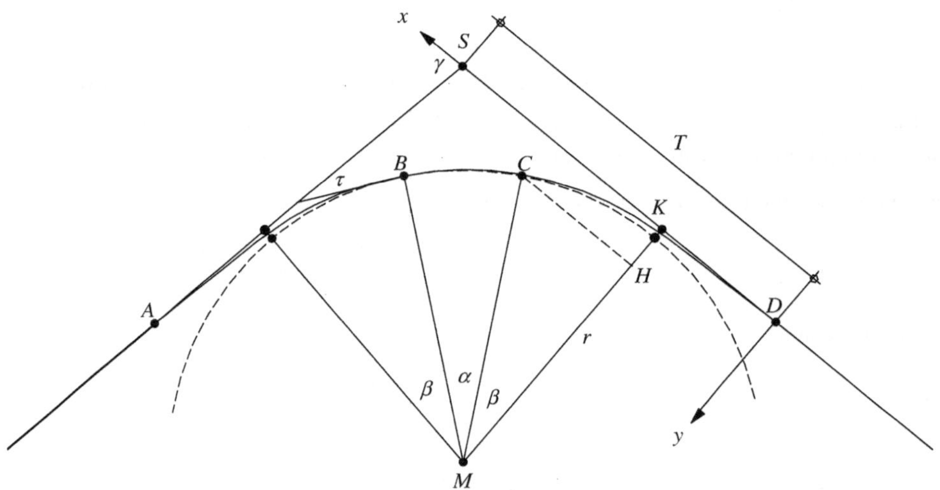

Bild 5.21 Gerade, Klothoidenbogen, Kreis, Klothoidenbogen, Gerade

Daraus folgt für die Länge l des Klothoidenbogens $l = 208.333$ m. Wegen (5.42) berechnet sich

$$\tau = \frac{l^2}{2a^2} = \frac{208.333^2}{2 \cdot 250^2} = 0.347 \; rad \; = 19.88°\,.$$

Da die Schenkel von β paarweise senkrecht auf denen von τ stehen, gilt $\beta = \tau = 19.88°$. Wird der Winkel $\alpha + 2\beta$ betrachtet, so stehen die Schenkel paarweise senkrecht auf den Geraden, die γ bilden, also gilt $\alpha = \gamma - 2\beta = \gamma - 2\tau = 40.24°$.

Die Koordinaten des Punktes C werden aus (5.43) und (5.44) berechnet.

$$x_C = 250\sqrt{2 \cdot 0.347}\left(1 - \frac{0.347^2}{5 \cdot 2!} + \frac{0.347^4}{9 \cdot 4!} - \frac{0.347^6}{13 \cdot 6!}\right) = 205.77 \text{ m.}$$

$$y_C = 250\sqrt{2 \cdot 0.347}\left(\frac{0.347}{3} - \frac{0.347^3}{7 \cdot 3!} + \frac{0.347^5}{11 \cdot 5!} - \frac{0.347^7}{15 \cdot 7!}\right) = 23.88 \text{ m}$$

Es werde das Dreieck ΔMCH betrachtet. Dann gilt

$$x_M = x_C - r \cdot \sin\beta = 205.77 - 300 \cdot \sin 0.347 = 103.75$$

$$y_M = y_C + r \cdot \cos\beta = 23.88 + 300 \cdot \cos 0.347 = 306.00$$

Die Tangentenlänge T ergibt sich, wenn das Dreieck ΔMSK betrachtet wird. Dann gilt

$$\tan\left(\beta + \frac{\alpha}{2}\right) = \frac{T - x_M}{y_M}\,.$$

Daraus berechnet sich

$$T = x_M + y_M \cdot \tan\left(\beta + \frac{\alpha}{2}\right) = 103.75 + 306.00 \cdot 0.841 = 361.10$$

Für die Länge des Kreisbogen $\overparen{BC}$ ergibt sich

$$\overparen{BC} = r \cdot \overparen{\alpha} = 300 \cdot \frac{40.24\pi}{180} = 210.70 \; m. \blacklozenge$$

6 Integralrechnung

Um eine Baustelle einrichten zu können, soll ein fließendes Gewässer durch ein Wehr vorübergehend in ein neues Bett umgeleitet werden. Dazu muss das Wasser bis zur Höhe h_w aufgestaut werden. In diesem Zusammenhang interessiert die Kraft F, die Wasser auf ein Wehr mit rechteckigem Querschnitt (Höhe h_w, Breite b) ausübt. Den Ausgangspunkt zur Behandlung dieser Frage stellt die bekannte Definition des Drucks p dar. Sie liefert für F die Formel $F = pA$, $A = h_w b$. Obwohl diese Gleichung sehr einfach zu sein scheint, stößt ihre Anwendung auf Schwierigkeiten. Der hydrostatische Druck $p = \rho g h$, ρ Dichte, nimmt nämlich mit der Entfernung h von der Wasseroberfläche nach unten zu. Daher ist nicht klar, welcher Wert für p einzusetzen ist. Wie die Integralrechnung zur Beantwortung dieser Frage beiträgt, wird in diesem Kapitel (Abschnitt 6.3.1) dargestellt.

6.1 Das unbestimmte Integral

6.1.1 Die Stammfunktion

Einführung

Für den freien Fall in der Nähe der Erdoberfläche gilt das GALILEIsche Weg-Zeitgesetz $s = \frac{1}{2} g t^2$. Die erste Ableitung liefert die Geschwindigkeit $v = gt$, als Beschleunigung folgt $a = \frac{dv}{dt} = g$. Obwohl der Zusammenhang zwischen s, v und a zumeist unter diesem Blickwinkel dargestellt wird, liegt in der Mechanik gewöhnlich eine andere Situation vor. Hier ist die auf einen Körper der Masse m wirkende Kraft F bekannt und seine Geschwindigkeit v sowie der zurückgelegte Weg s sind gesucht. Das dynamische Grundgesetz $F = m \cdot a$ liefert a. Daraus muss dann v und s berechnet werden. Offenbar geht es dabei in *Umkehrung* der Differentiation um den Übergang $a \rightarrow v \rightarrow s$. Die Bedeutung dieser Aufgabe reicht weit über das Beispiel hinaus. Es ist vielmehr eine *Grundaufgabe* der Mathematik, zu einer gegebenen Funktion $f(x)$ jene differenzierbare Funktion $F(x)$ zu ermitteln, deren Ableitung $F'(x)$ mit $f(x)$ übereinstimmt.

Die Stammfunktion

Eine Grundlage zur begrifflichen Fassung dieser mechanischen Aufgabe liefert die

Definition 6.1: *Stammfunktion*
Vorgegeben ist eine Funktion $f(x)$, die auf einem Intervall I definiert ist. Dann heißt eine Funktion $F(x)$, welche für alle $x \in I$ der Beziehung $F'(x) = f(x)$ genügt, eine *Stammfunktion* von $f(x)$ auf I. ♦

Die Ermittlung der Stammfunktion zu einer vorgegebenen Funktion $f(x)$ ist die *erste* Grundaufgabe der Integralrechnung.

Beispiel 6.1: *Funktion und Stammfunktion*

a) $f(t) = g \cdot t, \quad F(t) = \frac{1}{2} g \cdot t^2$ b) $f(x) = \cos \omega x, \quad F(x) = \frac{1}{\omega} \sin \omega x$

c) $f(x) = e^{\lambda x} \quad F(x) = \frac{1}{\lambda} e^{\lambda x}$ d) $f(x) = \sqrt{x}, \; F(x) = \frac{2}{3} \sqrt{x^3}$ e) $f(x) = \frac{1}{x}, \; F(x) = \ln x.$ ◆

6.1.2 Das unbestimmte Integral

Begriffsbestimmung

Da eine additive Konstante beim Differenzieren Null ergibt, ist eine Stammfunktion nicht eindeutig bestimmt. Ist nämlich $F(x)$ irgendeine Stammfunktion zu $f(x)$, dann erhält man mit einer beliebigen *Integrationskonstanten* C in Gestalt der Summe $F(x) + C$ sämtliche Stammfunktionen von $f(x)$ auf dem betrachteten Intervall. Dies führt zur

Definition 6.2: *Unbestimmtes Integral*
Ist $F(x)$ irgendeine Stammfunktion von $f(x)$ auf dem Intervall I, so nennt man $F(x) + C$ mit der beliebig wählbaren Konstanten C das *unbestimmte Integral* von $f(x)$ auf I und bezeichnet es mit $\int f(x)dx$. ◆

Die Funktion $f(x)$ heißt *Integrand*. Das Integralzeichen wurde 1675 von G.W. LEIBNIZ eingeführt. Das Wort Integral geht auf die Gebrüder BERNOULLI zurück. Die Berechnung eines unbestimmten Integrals ist eine der beiden *Grundaufgaben* der Integralrechnung.

Zum Verhältnis von Differentiation und Integration

Nach der Definition 6.2 ist das unbestimmte Integral die Menge aller Stammfunktionen von $f(x)$ und es gilt

$$\int f(x)dx = F(x) + C \,. \tag{6.1}$$

Wird diese Gleichung differenziert, so folgt

$$\frac{d}{dx} \int f(x)dx = \frac{d}{dx}\big(F(x) + C\big) = \frac{dF}{dx} = f(x) \,. \tag{6.2a}$$

Andererseits ergibt sich mit Definition 6.1 aus Gleichung (6.1) auch

$$\int F'(x)dx = F(x) + C \,. \tag{6.2b}$$

Differentiation und Integration heben sich also nach (6.2a) in dieser Reihenfolge auf. Die Differentiation ist die *Umkehrung* der Integration. Folgt die Differentiation auf die Integration, so gilt das im Prinzip auch. Jedoch muss dann zu $F(x)$ eine Konstante addiert werden (6.2b).

Zur Tabelle der Grundintegrale

Als Umkehrung der Differentiation stellt die unbestimmte Integration nichts grundsätzlich Neues dar. Weil über die Forderung $F'(x) = f(x)$ geprüft werden kann ob das unbestimmte Integral der Funktion $f(x)$ richtig berechnet worden ist, kann ein Integral ausgewertet werden, wenn man den Integranden als Ableitung einer Funktion erkennt. Allerdings ist dieser Weg nur in besonders einfachen Fällen gangbar. Er erfordert viel Erfahrung und die Kenntnis von Integralen, die erfahrungsgemäß häufig auftreten. Die besonders wichtigen Standardfunktionen $y = F(x)$ und ihre Ableitungen $y' = f(x)$ sind im Abschnitt 5.1.2 zusammengestellt.

Eine Bemerkung zur Rolle der Integrationskonstanten

Die Lösung der Aufgabe, die Geschwindigkeit einer Bewegung auf gerader Bahn bei vorgegebener Beschleunigung zu bestimmen, ist nach dem bisher gesagten durch

$$v = \int a(t)dt$$

gegeben. Zur Auswertung des Integrals muss a als Funktion der Zeit bekannt sein. Im einfachen Fall der gleichförmig beschleunigten Bewegung ist $a = const.$ und es folgt $v = at + C$. Man könnte vermuten, dass die mit dem Auftreten einer willkürlich wählbaren Konstanten C verbundene Unbestimmtheit die praktische Bedeutung der Integration in Frage stellt. Dieser Eindruck trügt. Das unvermeidbare C ist vielmehr in den Anwendungen willkommen. Mit seiner Hilfe wird die *allgemeine* Formel an die *konkrete* Situation angepasst. Besitzt z.B. der Körper zum Zeitpunkt $t = t_0 = 0$, an dem die Kraftwirkung einsetzt, bereits die Geschwindigkeit $v = v_0$, dann gilt $v(0) = v_0 = a \cdot 0 + C$, also $C = v_0$. Das Geschwindigkeits-Zeit-Gesetz der Bewegung mit dieser speziellen *Anfangsbedingung* lautet dann $v(t) = at + v_0$ und die ursprünglich vorhandene Unbestimmtheit ist nicht mehr vorhanden.

Erste Integrationsregeln

Weil die Integration einer Funktion gewöhnlich schwieriger als ihre Differentiation ist, kann eine Vereinfachung des Integranden die Suche nach einer Stammfunktion erleichtern. Erste Regeln ergeben sich, wenn einfache Differentiationsregeln auf den neuen Sachverhalt übertragen werden. Auf diese Weise entstehen

Integrationsregel 6.1: *Behandlung eines konstanten Faktors*
Ein konstanter Faktor k darf beim Integrieren vor das Integralzeichen gesetzt werden:
$\int k \cdot f(x)dx = k\int f(x)dx$. ◆

Integrationsregel 6.2: *Integration einer Summe*
Das Integaral einer Summe von Funktionen ist gleich der Summe der Integrale dieser Funktionen: $\int (f(x) + g(x))dx = \int f(x)dx + \int g(x)dx$. ◆

Die Regel 6.2 gilt natürlich auch für Differenzen. Vergleicht man sie mit dem distributiven Gesetz $A \cdot (B + C) = AB + AC$ der Multiplikation, so zeigt sich, dass auch die Integration distributiven Charakter besitzt.

Beispiel 6.2: *Anwendung einfacher Integrationsregeln*
a) $\int 3x^3 dx = 3\int x^3 dx = \frac{3}{4}x^4 + C$,   b) $\int (3x^3 - 6x^2 + 2x + 7)dx = 3\int x^3 dx - 6\int x^2 dx + 2\int x dx +$

$+ 7\int dx = \frac{3}{4}x^4 - 2x^3 + x^2 + 7x + C$,   c) $\int \sqrt{x}dx = \int x^{\frac{1}{2}}dx = \frac{2}{3}x^{\frac{3}{2}} + C$, $x \geq 0$.

d) $\int \dfrac{x^2 - 3x + \sqrt[3]{x^2} + 3}{x}dx = \frac{1}{2}x^2 - 3x + \frac{3}{2}\sqrt[3]{x^2} + 3\ln x + C$ ◆

6.2 Integrationsmethoden

6.2.1 Integration nach der Methode der Substitution

Einführung

Funktionen, die sich mit Hilfe der rationalen Rechenoperationen und durch Bildung mittelbarer Funktionen aus Konstanten und den Standardfunktionen (s. 5.1.2) sowie ihren Umkehrfunktionen zusammensetzen lassen, nennt man *elementare* Funktionen und sagt, sie seien in *geschlossener Form* darstellbar. Aus der Differentialrechnung ist bekannt, dass die Ableitung einer elementaren Funktion wieder eine elementare Funktion ist. Da in der Praxis auftretende Funktionen gewöhnlich diese Eigenschaft besitzen, stehen der Berechnung von Ableitungen keine grundsätzlichen Schwierigkeiten entgegen. Man verfügt über Regeln, deren formale Anwendung die Ableitung jeder elementaren Funktion liefert. So einfache Verhältnisse liegen in der Integralrechnung nicht vor. Hier gilt *nicht*, dass das Integral einer Funktion in geschlossener Form wieder eine geschlossene Darstellung besitzen muss. Tritt dieser Fall ein, so heißt das nicht, dass das Integral nicht existiert. Vielmehr kann die Integration aus der Klasse der elementaren Funktionen herausführen. In solchen Fällen ist man auf Näherungsmethoden angewiesen (vgl. Beispiel 6.5). Somit sind Regeln, die in ihrer Einfachheit und Allgemeinheit denen der Differentialrechnung gleichen, nur für die Integration einer Summe und des Produktes einer Funktion mit einer Konstanten verfügbar. Ansonsten lassen sich nur gewisse Klassen von Funktionen definieren, für die spezielle Verfahren zu einem Integral in geschlossener Darstellung führen. Allerdings bilden diese Vorschriften und Kunstgriffe ein weit verzweigtes und nur schwer überschaubares System. In dieser Situation sind Hilfsmittel nützlich, die dem Praktiker die Berechnung von Integralen erleichtern. In erster Linie handelt es sich dabei um Integralverzeichnisse in Formelsammlungen (z.B. [1]). Daneben stehen neuerdings auch Computeralgebra-Systeme zur Verfügung. Benutzer von Integraltafeln sollten aber nicht erwarten, dort jedes beliebige Integral zu finden. Vielmehr sind nur Grundtypen vertafelt und gewöhnlich muss ein vorgelegtes Integral so umgeformt werden, dass es mit einer dieser Grundtypen übereinstimmt. Dabei kann die Methode der *Substitution* nützlich sein.

Integration durch Substitution der Veränderlichen

Mit Hilfe dieser Methode lässt sich beispielsweise das Integral $\int f(x)dx = \int x^3 dx$ in ein anderes Integral überführen. Ersetzt man nämlich x gemäß $x = \sin u$ durch die neue Variable u dann gilt $\cos u\, du = dx$ und an die Stelle des vorgegebenen Integrals tritt $\int \sin^3 u \cdot \cos u\, du$. Umgekehrt lässt sich $\int \sin^3 u \cdot \cos u\, du$ durch die Substitution $x = \sin u$ in das einfachere Integral $\int x^3 dx = x^4/4 + C$ überführen, dessen Lösung bekannt ist. Kehrt man danach zur ursprünglichen Variablen u zurück, so ergibt sich $\int \sin^3 u \cdot \cos u\, du = \sin^4 u/4 + C$. Die Verallgemeinerung dieses Beispiels führt zur

Integrationsregel 6.3: *Integration durch Substitution*
Ersetzt man in $\int f(u)du$ die Variable u durch eine Funktion $u = \omega(x)$ einer neuen Variablen x, so gilt $\int f(u)du = \int f(\omega(x)) \cdot \omega'(x)dx$. ♦

Die durch die Regel 6.3 beschriebene Methode überträgt die Kettenregel der Differentialrechnung. Unter Umständen entsteht ein einfacheres Integral, wobei man die maßgebende Formel sowohl von links nach rechts als auch in umgekehrter Richtung lesen kann. Vorausgesetzt werden muss die Existenz von Ableitung ω' und Umkehrfunktion ω^{-1} der Substitution $u = \omega(x)$.

Beispiele und Spezialfälle

Weil man bei der Wahl der Substitutionsfunktion in gewissen Grenzen freie Hand hat, lässt sie sich an die Gegebenheiten der jeweiligen Aufgabe anpassen. Dem steht als Nachteil gegenüber, dass die große Vielzahl der Möglichkeiten viel Erfahrung bei der Auswahl einer vorteilhaften Substitution voraussetzt. Zur Orientierung sollen einige Spezialfälle mit dafür passenden Substitutionen vorgestellt werden.

a) Für Integrale der Form $\int f(ax+b)dx$, $a \neq 0$ eignet sich die Substitution $u = \omega(x) = ax+b$:

$$\int f(ax+b)dx = \frac{1}{a}\int f(u)du \, , \, \frac{du}{dx} = a \, , \, dx = \frac{du}{a} \tag{6.3}$$

b) Beim Integral $\int f(x)f'(x)dx$ liefert die Substitution $u = \omega(x) = f(x)$

$$\int f(x)f'(x)dx = \int u\,du = \frac{1}{2}u^2 + C = \frac{1}{2}f^2(x) + C \, , \, dx = \frac{du}{f'(x)} \tag{6.4}$$

c) Integrale der Form $\int \frac{f'(x)}{f(x)}dx$ lassen sich mit $u = \omega(x) = f(x)$ vereinfachen:

$$\int \frac{f'(x)}{f(x)}dx = \int \frac{du}{u} = \ln|u| + C = \ln|f(x)| + C \, , \, dx = \frac{du}{f'(x)} \, , \, f'(x) \neq 0 \tag{6.5}$$

Beispiel 6.3: *Integration durch Substitution*
Beim Integral $I = \int \tan(3x+5)dx$ ergibt die erste Substitution $u = 3x+5$ $I = \frac{1}{3}\int \tan u\,du$. Im Weiteren wird über die Beziehung $\tan u = \frac{\sin u}{\cos u}$ der Anschluss an Fall c) hergestellt:

$$I = \frac{1}{3}\int \tan u\,du = \frac{1}{3}\int \frac{\sin u}{\cos u}du \, .$$

Die zweite Substitution $v = \cos u$ mit $\frac{dv}{du} = -\sin u$ und $du = -\frac{dv}{\sin u}$ liefert schließlich

$$I = -\frac{1}{3}\int \frac{dv}{v} = -\frac{1}{3}\ln|v| + C = -\frac{1}{3}\ln|\cos u| + C = -\frac{1}{3}\ln|\cos(3x+5)| + C \, . \, \blacklozenge$$

Im Beispiele 6.3 sind die Voraussetzungen der Substitutionsmethode nicht geprüft worden. Es empfiehlt sich eine Probe durch Differenzieren.

6.2.2 Die partielle Integration

Die Ableitung eines Produkts zweier stetig differenzierbarer Funktionen u, v von x liefert die Produktregel $(u \cdot v)' = u' \cdot v + u \cdot v'$. Wird diese Gleichung integriert, so gelangt man zur

Integrationsregel 6.4: *Regel der partiellen Integration.* $\int u \cdot v'dx = u \cdot v - \int u' \cdot v\,dx$. $\blacklozenge$

Sie führt das Integral $\int u \cdot v' dx$ auf $\int u' \cdot v dx$ zurück. Nützlich ist diese Regel dann, wenn sich die Auswertung des zweiten Integrals als einfacher erweist.

Beispiel 6.4: *Partielle Integration*
Um das Integral $I = \int x^2 \cos x\, dx$ zu berechnen, wird $u = x^2$ und $v' = \cos x$ gesetzt. Dann gilt

$$u' = 2x \text{ und } v = \sin x \qquad \text{und es resultiert}$$

$$I = x^2 \sin x - 2\int x \sin x\, dx \, .$$

Beim rechts stehenden Integral ist der Exponent der Potenzfunktion auf Eins reduziert. Daher ist es einfacher als das Ausgangsintegral. Allerdings muss nochmals partiell integriert werden. Mit $u = x$, $v' = \sin x$ entsteht schließlich

$$I = x^2 \sin x - 2\left(- x\cos x + \int \cos x\, dx\right) = x^2 \sin x + 2x\cos x - 2\sin x + C. \; \blacklozenge$$

Beim partiellen Integrieren müssen die Faktoren u und v mit Bedacht gewählt werden. Im Beispiel ist selbstverständlich auch $u = \cos x$ und $v' = x^2$ mit der Formel vereinbar. Allerdings führt das nicht zur Vereinfachung der Integrale.

6.2.3 Zur Integration mit Hilfe von Potenzreihen

Obwohl es zu jeder in einem Intervall stetigen Funktion dort eine Stammfunktion gibt, kann der Versuch, ein vorgelegtes Integral in geschlossener Form anzugeben, auf erhebliche Schwierigkeiten stoßen und manchmal sogar völlig scheitern. In solchen Fällen (s. z.B. 5.5) ist man darauf angewiesen, den Integranden möglichst genau durch eine einfachere Funktion anzunähern und diese zu integrieren. Zu diesem Zweck bieten sich Potenzreihen an. Ein Beispiel soll auf Gesichtspunkte hinweisen, die dabei zu beachten sind.

Beispiel 6.5: *Integration nach Approximation durch eine TAYLORreihe*
Ein Beispiel ist die in der Wahrscheinlichkeitsrechnung sehr wichtige Funktion

$$f(x) = e^{-x^2} \, .$$

Wird sie an der Stelle $x_0 = 0$ in eine TAYLORreihe entwickelt, so folgt

$$f(x) = 1 - \frac{x^2}{1!} + \frac{x^4}{2!} - \frac{x^6}{3!} \pm \cdots + (-1)^n \frac{x^{2n}}{n!} \pm \cdots$$

Diese Reihe ist für alle $x \in R$ konvergent. Da eine Potenzreihe im Inneren des Konvergenzbereiches gliedweise integriert (und differenziert) werden darf, ergibt sich durch Integration der Potenzreihe

$$\int e^{-x^2} dx = x - \frac{x^3}{3 \cdot 1!} + \frac{x^5}{5 \cdot 2!} \pm \cdots + (-1)^n \frac{x^{2n+1}}{(2n+1) \cdot n!} \pm \cdots + C$$

Da auch diese Reihe für alle x konvergent ist, stellt sie das gesuchte Integral dar. $\blacklozenge$

6.2.4 Übungsaufgaben

6.1: Mit Hilfe der Regeln (6.3) - (6.5) sind die Integrale zu lösen:

a) $\int \sin(2x+3)dx$,   b) $\int e^{3v-4}dv$,   c) $\int \frac{dx}{2x+5}$,   d) $\int \frac{x}{2x^2+5}dx$,   e) $\int \frac{\cos u}{2+3\sin u}du$,

f) $\int \frac{e^{2x+5}}{1+3e^{2x}}dx$,   g) $\int x\sin(x^2+5)dx$,   h) $\int \frac{\ln(3r)}{r}dr$,   i) $\int \sin x \cdot \cos^3 x\, dx$.

6.2: Man integriere mit Hilfe der Methode der partiellen Integration:

a) $\int x\sin(2x-5)dx$,   b) $\int x^2 \sin x\, dx$,   c) $\int \sin^2 x\, dx$,   d) $\int x^3 e^{ax}dx$,

e) $\int \ln(2x+5)dx$,   f) $\int \arctan x\, dx$ g) $\int \cos^2 x\, dx$,   h) $\int e^x \sin x\, dx$

6.3: Die folgenden Integrale sind in einer Integraltafel nachzuschlagen:

a) $\int \frac{x}{(3x+5)^3}dx$ b) $\int \frac{x^3}{3x+5}dx$ c) $\int \frac{du}{u^2(3u+5)}$ d) $\int x^2\sqrt{4-x^2}dx$

e) $\int x^2\sqrt{x^2+4}dx$ f) $\int \frac{\sqrt{x^2-3}}{x^2}dx$ g) $\int \sin^2(\omega t+\varphi)dt$ h) $\int \frac{x}{1+\cos 3x}dx$

i) $\int \frac{dx}{\cos^4(3x+5)}$ j) $\int x \cdot 4^{3x}dx$ k) $\int e^{3x}\cos 2x\, dx$ l) $\int e^{2x}\ln(x+4)dx$

6.4: Man approximiere die Integranden der folgenden Integrale durch ein TAYLORpolynom vierter Ordnung und ermittel das Integral.

a) $\int \sin\sqrt{x}\, dx$,   b) $\int \frac{\sin x}{x}dx$,   c) $\int \sqrt{1-0{,}1\sin x^2}\, dx$

6.5: Man überlege sich die Funktionen F, deren Differentiale gegeben sind durch

a) $dF = 2x\, dx$,   b) $dF = x^5 dx$,   c) $dF = \cosh x$,

d) $dF = \frac{1}{\cos^2 x}dx$,   e) $dF = \frac{dx}{1+x}$,   f) $dF = \frac{dx}{x^2}$

und berechne danach die Integrale $\int 2x\, dx$, $\int x^5 dx$ usw.

6.6: Ein Körper unterliegt der Wirkung einer Kraft, die eine Bewegung entlang der x-Achse mit der zeitlich veränderlichen Beschleunigung $a = -2\sin\frac{t}{2}$ erzeugt. Die Kraftwirkung setzt im Zeitpunkt $t_0 = 0$ ein, in dem sich der Körper mit der Geschwindigkeit $v(0) = v_0 = 4$ am Ort $x(0) = 0$ befindet.

a) Man berechne Geschwindigkeit $v(t)$ und Lage $x(t)$ des Körpers.

b) Nach welcher Zeit erreicht der Körper zum ersten Mal seine größte Entfernung vom Punkt $x = 0$?

c) Wann kehrt der Körper zum ersten Mal zum Punkt $x = 0$ zurück?

d) Man stelle $a(t)$, $v(t)$ und $x(t)$ graphisch dar. Hinweis: Zur Behandlung von c) nutze man den *plot*-Befehl von Maple.

6.3 Das bestimmte Integral

6.3.1 Definition und Grundeigenschaften

Einführung

Um bei der in der Kapitel-Einleitung aufgeworfenen Frage nach dem Wasserdruck auf ein Wehr zu einem Resultat zu gelangen, wird eine Vorstellung benutzt, deren Bedeutung weit über das Beispiel hinausgeht und die zum Begriff des bestimmten Integrals führt. Danach wird die Fläche A des Wehres gedanklich in eine große Zahl horizontal gelegener Rechtecke der vollen Breite b und einer Höhe zerlegt, die so außerordentlich gering ist, dass die an sich vorhandene Variation des Drucks unberücksichtigt bleiben kann. Auf das i-te Rechteck der Höhe Δh_i im Abstand h_i von der Wasseroberfläche wirkt dann der Druck $p_i = \rho g h_i$ und sein Anteil an der Druckkraft ist durch

$$\Delta F_i = p_i \cdot \Delta A_i = \rho g h_i b \Delta h_i$$

gegeben. Die Gesamtkraft ergibt sich näherungsweise durch Addition aller Beiträge zu

$$F \approx \sum_{i=1}^{n} \Delta F_i = \rho g b \sum_{i=1}^{n} h_i \Delta h_i \ ,$$

wenn man insgesamt n derartige Flächenelemente in Rechnung setzt. Die Genauigkeit der Approximation wächst mit steigender Zahl der Flächenelemente.

Integralsumme und bestimmtes Integral

Der einführend skizzierte Zugang zur mathematischen Beschreibung eines naturwissenschaftlich-technischen Problems bewährt sich auch in vielen anderen Fällen. Beispielsweise bei der Berechnung eines krummlinig begrenzten ebenen Flächenstücks oder der Länge einer ebenen Kurve. Es ist daher erforderlich, diesen Vorstellungen eine strenge Form zu geben. Der geschichtlichen Entwicklung folgend, soll das an Hand der Flächenberechnung geschehen. Dazu sei auf dem abgeschlossenen Intervall $I = [a,b]$ eine beschränkte Funktion $f(x)$ gegeben, deren Werte vorerst positiv sein sollen. Um zum Flächeninhalt A des in Bild 6.1 gezeigten Bereiches zu gelangen, wird I durch die Zwischenpunkte $x_1 < x_2 < \cdots < x_{n-1}$ in eine endliche Zahl von Teilintervallen

$$[a,x_1], \ [x_1,x_2], \ \cdots, [x_{n-1},b]$$

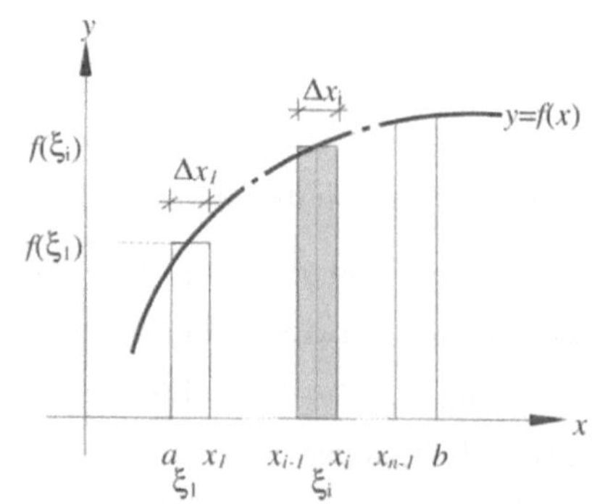

Bild 6.1 Definition des bestimmten Integrals

aufgeteilt. So erhält man eine Zerlegung Z von I, bei der die Teilintervalle das Intervall I vollständig überdecken, zwei verschiedene Teilintervalle aber höchstens einen Randpunkt gemeinsam haben. Der Durchmesser eines Teilintervalls ist durch $\Delta x_i = x_i - x_{i-1}$ gegeben. Dabei ist

$x_0 = a$ und $x_n = b$. Die Δx_i müssen nicht alle gleich groß sein. Der Durchmesser des größten Teilintervalls wird nachfolgend mit δ bezeichnet. Eine Zerlegung Z_1 ist feiner als die Zerlegung Z_2, wenn $\delta_1 < \delta_2$ ist. Um nun näherungsweise den Flächeninhalt zu erhalten, wird in jedem Teilintervall ein Punkt $\xi_i \in [x_{i-1}; x_i]$ herausgegriffen und der zugehörige Funktionswert $f(\xi_i)$ als Höhe eines rechteckigen Flächenelements mit der Grundlinie Δx_i aufgefasst. Die Summe

$$S(Z) = \sum_{i=1}^{n} f(\xi_i)\Delta x_i \qquad (6.6)$$

heißt die zu Z gehörende *Integralsumme*. Sie ist abhängig von Z und den jeweils gewählten Zwischenpunkten ξ_i. Auf diesen Umstand soll das Symbol $S(Z)$ hinweisen. $S(Z)$ stellt näherungsweise den Inhalt des ebenen Flächenstücks in Bild 6.1 dar, wobei sich die Güte der Näherung durch Verwendung einer wachsenden Zahl von Teilintervallen steigern lässt. Da dem Übergang zu immer feineren Zerlegungen gedanklich keine Grenzen gesetzt sind, ist eine Folge Z_1, $Z_2, \cdots$ von Zerlegungen vorstellbar, für die δ gegen Null strebt. Ihr entspricht die Folge $S(Z_1)$, $S(Z_2), \cdots$ von Integralsummen, von der vermutet werden darf, dass sie dem wahren Inhalt des Flächenstücks immer näher kommen. Der genaue Wert von A wäre dann der Grenzwert der Integralsumme für $\delta \to 0$. Weil dann auch alle Δx_i *gleichzeitig* gegen Null streben, kann der genaue Wert von A auch ausgedrückt werden durch

$$A = \lim_{\Delta x_i \to 0} \sum_{i=1}^{n} f(\xi_i)\Delta x_i \qquad (6.7)$$

Grenzwerte der Art (6.7) spielen in der Mathematik und ihren Anwendungen eine äußerst wichtige Rolle. Sie führen zum *bestimmten Integral*, das auf folgende Weise erklärt wird:

Definition 6.3: *Bestimmtes Integral*

Der endliche Grenzwert I_G der Folge der Integralsummen für $\delta \to 0$ heißt das bestimmte Integral der Funktion $f(x)$ über dem Intervall $I = [a, b]$. Es wird mit dem Symbol $\int_a^b f(x)dx$ bezeichnet. I heißt *Integrationsintervall.* ♦

Dabei wird stillschweigend vorausgesetzt, dass I endlich und die Funktion $f(x)$ auf I beschränkt ist. Die Berechnung bestimmter Integrale ist als *zweite Grundaufgabe* der Integralrechnung für die mathematischen Behandlung naturwissenschaftlich-technischer Probleme von zentraler Bedeutung. Nach der Definition gilt

$$\int_a^b f(x)dx = \lim_{\delta \to 0} \sum_{i=1}^{n} f(\xi_i)\Delta x_i \, . \qquad (6.8)$$

Die Zahlen a bzw. b werden als *untere* bzw. *obere* Integrationsgrenze und $f(x)$ als *Integrand* bezeichnet. Falls I_G existiert, heißt $f(x)$ im Intervall $[a; b]$ *integrierbar*. Es gilt der

Satz 6.1: Jede auf dem Intervall $[a, b]$ stetige bzw. stückweise stetige Funktion $f(x)$ ist auf diesem Intervall integrierbar. ♦

Beispiel 6.6: *Berechnung eines Integrals über den Grenzwert der Integralsumme*

Um auf dem Weg über die Integralsumme das Integral $\int_0^1 x\,dx$ der Funktion $f(x) = x$ auszuwerten, ist zunächst das Integrationsintervall $[0,1]$ zu zerlegen. Werden dazu der Einfachheit halber die äquidistanten Teilpunkte $x_i = \frac{i}{n}$, $i = 1, \cdots, n-1$, eingeführt, so entstehen n Teilintervalle $\left[0, \frac{1}{n}\right]$, $\left[\frac{1}{n}, \frac{2}{n}\right]$, $\cdots, \left[\frac{n-1}{n}, 1\right]$ der gleichen Länge $\Delta x_i = \frac{1}{n}$. Danach ist in jedem Teilintervall ein beliebiger Punkt ξ_i herauszugreifen. Hier soll $\xi_i = \frac{i}{n}$, $i = 1, \cdots, n$ der jeweils obere Randpunkt sein. Dann gilt $f(\xi_i) = \frac{i}{n}$ und als Integralsumme folgt

$$S = \sum_{i=1}^n f(\xi_i)\Delta x_i = \sum_{i=1}^n \frac{i}{n^2} = \frac{1}{n^2} \sum_{i=1}^n i \ .$$

Bei diesem Beispiel ist es möglich, die rechts stehende Summe mit der Summenformel der arithmetischen Reihe auszudrücken. Es ergibt sich $S = \frac{1}{n^2} \frac{n(n+1)}{2} = \frac{1}{2}\left(1 + \frac{1}{n}\right)$. Daraus folgt

$$\int_0^1 x\,dx = \lim_{n \to \infty} \frac{1}{2}\left(1 + \frac{1}{n}\right) = \frac{1}{2} \ . \quad \blacklozenge$$

Da das Ergebnis mit Hilfe vereinfachender Annahmen erzielt wurde, müsste es an sich durch den Nachweis abgesichert werden, dass andere Zerlegungen und andere Zwischenpunkte ξ_i zum gleichen Resultat führen. Selbst wenn man auf diese strenge Behandlung verzichtet, stößt man offensichtlich schon beim Versuch, einfachste Integrale als Grenzwert der Integralsumme zu berechnen, auf erhebliche Schwierigkeiten. So interessiert ein Berechnungsverfahren, das nicht direkt auf die Integralsumme zurückgreift. Seine Einführung soll nun vorbereitet werden.

Grundeigenschaften des bestimmten Integrals

Als mathematischer Begriff wird das bestimmte Integral erst fassbar, wenn seine wesentlichen Eigenschaften bekannt sind. Sie ergeben sich aus der Definition und werden zur, von der Integralsumme unabhängigen Berechnung bestimmter Integrale benötigt.

Satz 6.2: Ist eine Funktion $f(x)$ im Intervall $[a,b]$ integrierbar, so ist sie auch im Intervall $[b,a]$ integrierbar und es gilt $\int_a^b f(x)dx = -\int_b^a f(x)dx$. $\blacklozenge$

Im Spezialfall $a = b$ wird festgelegt

$$\int_a^a f(x)dx = 0 \ . \tag{6.9}$$

Satz 6.3: Sind $f_1(x)$ und $f_2(x)$ im Intervall $[a,b]$ integrierbare Funktionen, so ist auch die mit den beiden Konstanten c_1, c_2 gebildete Funktion $c_1 f_1(x) + c_2 f_2(x)$ in $[a,b]$ integrierbar und es gilt $\int_a^b \left(c_1 f_1(x) + c_2 f_2(x)\right)dx = c_1 \int_a^b f_1(x)dx + c_2 \int_a^b f_2(x)dx$. $\blacklozenge$

Satz 6.4: Ist $f(x)$ im Intervall $[a,b]$ integrierbar und c ein Punkt aus dem Inneren des Intervalls, so gilt $\int_a^b f(x)dx = \int_a^c f(x)dx + \int_c^b f(x)dx$. $\blacklozenge$

Schließlich soll noch der erste Mittelwertsatz der Integralrechnung angeführt werden. Ihm liegt die im Bild 6.2 dargestellte geometrische Situation zugrunde. Der Flächeninhalt des durch die stetige Funktion $f(x) \geq 0$ begrenzten krummlinigen Trapezes ist $A = \int_a^b f(x)dx$. Durch passende Wahl der Höhe ist es möglich, ein flächengleiches Rechteck mit der gleichen Basis $b - a$ zu finden. Beispielsweise kommt als Höhe der Funktionswert $f(\xi)$ an der Stelle ξ in Frage. Die Fläche des Rechtecks ist dann $A = (b - a)f(\xi)$. Die Verallgemeinerung dieser Überlegung führt zum

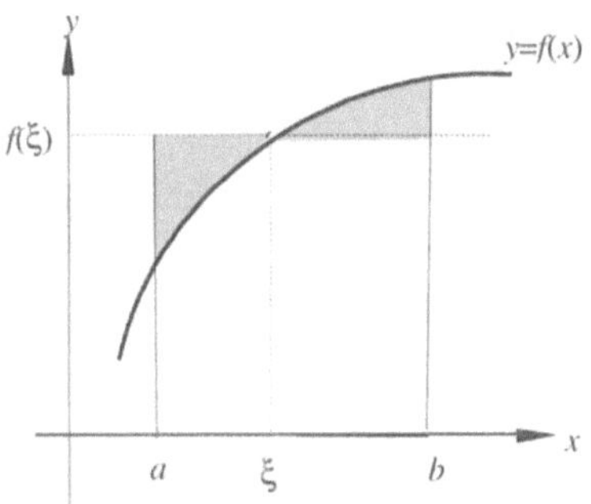

Bild 6.2 Mittelwertsatz

Satz 6.5: *Erster Mittelwertsatz der Integralrechnung*

Ist $f(x)$ auf $[a,b]$ stetig, so existiert mindestens ein $\xi \in [a,b]$ mit der Eigenschaft $\int_a^b f(x)dx = (b - a)f(\xi)$. ♦

6.3.2 Der Hauptsatz der Differential- und Integralrechnung

Einführung

Für die mathematische Modellierung technischer Gesetzmäßigkeiten ist die Darstellung des bestimmten Integrals als Grenzwert einer Summe unverzichtbar. Deshalb ist diese Vorstellung für die Anwendung sehr wichtig. Dagegen ist sie (s. Beispiel 6.6) kaum geeignet, ein bestimmtes Integral praktisch zu berechnen. Die Bestimmung des Grenzwertes der Folge der Integralsummen ist zu aufwändig, um bestimmte Integrale auf direktem Wege auswerten zu können. Vielmehr benutzt man dazu als erstes brauchbares Mittel einen Zusammenhang zu den unbestimmten Integralen, der wegen seiner zentralen Bedeutung *Haupsatz* der Differential- und Integralrechnung heißt.

Das bestimmte Integral als Funktion der oberen Grenze

Zur Vorbereitung auf die Herleitung des Hauptsatzes wird ein bestimmtes Integral der Art

$$\Phi(x) = \int_a^x f(\tau)d\tau \tag{6.10}$$

betrachtet, dessen obere Grenze x variabel ist. Ist die Funktion f stetig, so sichert Satz 6.1 die Existenz des Integrals und damit der Funktion $\Phi(x)$. Diese Funktion besitzt eine Ableitung. Sie ergibt sich aus der Funktionswertdifferenz

$$\Delta\Phi = \Phi(x) - \Phi(x_0) = \int_a^x f(\tau)d\tau - \int_a^{x_0} f(\tau)d\tau = \int_{x_0}^x f(\tau)d\tau$$

Nach dem Satz 6.5 folgt daraus $\Delta\Phi = (x - x_0)f(\xi)$, wobei ξ ein Punkt des Intervalls $[x_0;x]$ ist. Damit nimmt der Differenzenquotient die Gestalt

$$\frac{\Delta\Phi}{\Delta x} = \frac{\Phi(x) - \Phi(x_0)}{x - x_0} = f(\xi)$$

an. Die Ableitung ist der Grenzwert des Differenzenquotienten für $x \to x_0$. Daher interessiert der Grenzwert $\lim\limits_{x \to x_0} f(\xi)$. Für stetige Funktion gilt $\lim\limits_{x \to x_0} f(\xi) = f(\lim\limits_{x \to x_0} \xi)$. Da für $x \to x_0$ der Punkt ξ gegen x_0 strebt, folgt als Ableitung der Funktion $\Phi(x)$

$$\Phi'(x) = \lim_{\Delta x \to 0} \frac{\Delta \Phi}{\Delta x} = f(x_0) \,.$$

Damit ist die Funktion $\Phi(x)$ eine Stammfunktion von $f(x)$.

Der Hauptsatz der Differential- und Integralrechnung

Mit diesem Resultat lässt sich der angekündigte Zusammenhang zwischen dem bestimmten und dem unbestimmten Integral einer Funktion beschreiben. Es gilt der

Satz 6.6: *Hauptsatz der Differential- und Integralrechnung*
Ist $f(x)$ auf dem Intervall $I = [a,b]$ stetig und $F(x)$ irgendeine Stammfunktion von $f(x)$ auf I, so gilt $\int_a^b f(x)dx = F(b) - F(a)$.

Beweis: Bekanntlich ist $\Phi(x)$ nach Gl. (6.10) eine Stammfunktion von $f(x)$ auf I. Eine andere, durch unbestimmten Integration ermittelte Stammfunktion $F(x) = \int f(x)dx$ kann sich von $\Phi(x)$ nur durch eine additive Konstante unterscheiden. Es gilt $\Phi(x) = F(x) + C$. Die Konstante C lässt sich aber leicht bestimmen. Dazu setzt man $x = a$. Wegen Gl. (6.9) ist $\Phi(a) = 0$ und es folgt $C = -F(a)$. Damit ergibt sich

$$\Phi(x) = \int\limits_a^x f(\tau)d\tau = F(x) - F(a) \,.$$

Für $x = b$ folgt schließlich die Behauptung des Satzes. $\blacklozenge$

Bei der praktischen Rechnung schreibt man zur Abkürzung gewöhnlich $F(b) - F(a) = F(x)\big|_a^b$. Soll ein bestimmtes Integral mit Hilfe der Substitutionsmethode ausgewertet werden, sind im Unterschied zur entsprechenden Behandlung unbestimmter Integrale auch die Grenzen zu beachten. An sich ist es erforderlich, auch sie in die neue Integrationsvariable umzurechnen. Gewöhnlich vermeidet man das jedoch, indem das vorgelegte Integral zunächst als unbestimmtes Integral aufgefasst wird und die Grenzen erst dann berücksichtigt werden, wenn das Ergebnis in der ursprünglichen Variablen vorliegt. Auf diese Weise ist es möglich, eine Probe durch Differenzieren zu machen.

Beispiel 6.7: *Bestimmte Integration durch Substitution*

Zur Auswertung des Integrals $I = \int\limits_0^\pi \frac{x\sin x}{1+\cos^2 x}\,dx$ wird zunächst das unbestimmte Integral

$I_1 = \int \frac{x\sin x}{1+\cos^2 x}\,dx$ behandelt. Die Substitution $x = u + \pi$, $dx = du$ liefert

$$I_1 = \int \frac{x\sin x}{1+\cos^2 x}\,dx = \int \frac{(u+\pi)\sin(u+\pi)}{1+\cos^2(u+\pi)}\,du = -\int \frac{(u+\pi)\sin u}{1+\cos^2 u}\,du = -\int \frac{u\sin u}{1+\cos^2 u}\,du - \pi\int \frac{\sin u}{1+\cos^2 u}\,du \,.$$

Bei dieser Umformung spielen die Additionstheoreme der trigonometrischen Funktionen eine Rolle. Sie liefern $\sin(u+\pi) = -\sin u$ und $\cos(u+\pi) = -\cos u$. Zum Fortgang der Rechnung wird nun beachtet, dass das Ergebnis einer Integration nicht von der willkürlich wählbaren Bezeichnung der Integrationsvariablen abhängt. Daher darf man die Integrale $\int \dfrac{x\sin x}{1+\cos^2 x}\,dx$ und $\int \dfrac{u\sin u}{1+\cos^2 u}\,du$ zusammenfassen und erhält als Zwischenergebnis

$$2\int \frac{x\sin x}{1+\cos^2 x}\,dx = -\pi\int \frac{\sin u}{1+\cos^2 u}\,du\;.$$

Die zweite Substitution $t = \cos u$, $dt = -\sin u\,du$ führt schließlich auf

$$\int \frac{x\sin x}{1+\cos^2 x}\,dx = \frac{\pi}{2}\int \frac{1}{1+t^2}\,dt = \frac{\pi}{2}\arctan t + C = \frac{\pi}{2}\arctan(\cos(x-\pi)) + C\;.$$

Da nun eine Stammfunktion vorliegt, lässt sich das vorgelegte Integral auswerten. Erst jetzt werden also die Integrationsgrenzen berücksichtigt. Es gilt

$$\int_0^\pi \frac{x\sin x}{1+\cos^2 x}\,dx = \frac{\pi}{2}\arctan(\cos(x-\pi))\Big|_0^\pi = \frac{\pi}{2}\left(\arctan 1 - \arctan(-1)\right) = \frac{\pi^2}{4}\;.\;\blacklozenge$$

Dieses Beispiel zeigt, wie kompliziert die Auswertung von Integralen sein kann und wie sorgsam dabei vorgegangen werden muss. Auch die Substitution wirkt sich in subtiler Weise aus. Wie man sich überzeugen kann, führt beispielsweise $x = \pi - u$ nicht zum richtigen Ergebnis.

Eine Bemerkung über uneigentliche Integrale

Bisher wurde der Begriff des bestimmten Integrals nur für den Fall untersucht, dass das Integrationsintervall endlich und der Integrand beschränkt ist. In den Anwendungen sind diese Voraussetzungen zumeist erfüllt. Gelegentlich stößt man jedoch auf Integrale, die ihnen nicht genügen. Beispielsweise interessiert im Abschnitt 8.5.2 bei Aussagen über die mittlere Lebensdauer einer technischen Anlage das Integral

$$I = \int_0^\infty \lambda t \cdot e^{-\lambda t}\,dt\;.$$

Im Unterschied zu den bisher betrachteten Integralen wird es über ein unendliches Intervall erstreckt, während der Integrand eine endliche Funktion ist. Integrale mit einem unendlichen Integrationsintervall und/oder einem unbeschränkten Integranden heißen *uneigentliche* Integrale. Eine Behandlung aller mit uneigentlichen Integralen zusammenhängenden Fragen ist hier aus Platzgründen nicht möglich (s. dazu [2]). Angesprochen werden sollen lediglich Integrale der Art

$$I = \int_a^\infty f(x)\,dx$$

mit einem beschränkten Integranden $f(x)$. Derartige Integrale werden gemäß

$$I = \lim_{b\to\infty} I(b)\;,\quad I(b) = \int_a^b f(x)\,dx \tag{6.11}$$

unter der Voraussetzung erklärt und ausgewertet, dass der Grenzwert existiert.

6.3.3 Erste Anwendungen der Integralrechnung in der Geometrie

Einfache Quadraturen

Im Zuge der historischen Entwicklung ist die Integralrechnung im Wesentlichen aus der Frage nach dem Inhalt *ebener* Flächenstücke hervorgegangen. Demgemäß ist es üblich, das bestimmte Integral an Hand der Flächenberechnung einzuführen und die dazu erforderliche Auswertung eines Integrals als *Quadratur* zu bezeichnen. Wird ein ebenes Flächenstück als Punktmenge aufgefasst, so geht es bei einer Quadratur offenbar darum, der Punktmenge einen Inhalt als kennzeichnende Größe oder Maß zuzuweisen. Eine solche Aufgabe ist i. A. nur bei beschränkten und zusammenhängenden Punktmengen sinnvoll. Solche Punktmenge heißen *beschränkte Bereiche*. Der Flächeninhalt A eines beschränkten Bereiches

$$B = \left\{(x, y)\,\middle|\,a \le x \le b, 0 \le y \le f(x)\right\},$$

der begrenzt wird von der Abszisse, den Parallelen $x = a$, $x = b$, $a < b$ zur Ordinate und dem Graphen der Funktion $f(x)$ mit $f(x) \ge 0$ für alle $x \in [a;b]$ ist gegeben durch

$$A = \int_a^b f(x)dx . \tag{6.12}$$

Auf Besonderheiten, die bei einem Vorzeichenwechsel des Integranden im Intervall $[a;b]$ eintreten, weist Beispiel 6.8 hin (s. unten).

Der Flächeninhalt eines ebenen Normalbereichs

Die Gleichung (6.12) lässt sich leicht auf Bereiche verallgemeinern, die auch nach unten von einer Kurve begrenzt werden. Da solche Bereiche nicht nur hier, sondern auch bei anderen Gelegenheiten eine Rolle spielen, sollen sie eine besondere Bezeichnung erhalten.

Definition 6.4: *Ebener Normalbereich*
Ein Bereich B der x,y-Ebene, der durch die Parallelen $x = a$, $x = b$, $a < b$ zur Ordinate und durch stetige Funktionen $f_o(x)$, $f_u(x)$ mit $f_o(x) \ge f_u(x)$ für alle $x \in [a,b]$ heißt *ebener Normalbereich* (bezüglich der x-Achse)

$$B = \left\{(x, y)\,\middle|\,a \le x \le b, \quad f_u(x) \le y \le f_o(x)\right\}. \;\blacklozenge \tag{6.13}$$

Werden die Rollen von x und y vertauscht, ergibt sich ein Normalbereich bezüglich der y-Achse. Der Flächeninhalt eines ebenen Normalbereiches nach Definition 6.4 ist gegeben durch

$$A = \int_a^b \left[f_o(x) - f_u(x)\right]\cdot dx . \tag{6.14}$$

Die Formel gilt auch für Kurven, die ganz oder teilweise unterhalb der x-Achse verlaufen.

Beispiel 6.8: *Zur Berücksichtigung einer Nullstelle im Integrationsintervall*
Berechnet werden soll der Inhalt der Fläche, den die kubischen Parabel $y = x^3 - 2x^2 - 5x + 6$ mit der x-Achse im Intervall $I = \left[-1/3;3\right]$ einschließt.

Wird dazu die Gleichung (6.12) herangezogen, so führt das auf das bestimmte Integral

$$\tilde{A} = \int_{-\frac{1}{3}}^{3}(x^3 - 2x^2 - 5x + 6)dx = \frac{1}{4}x^4 - \frac{2}{3}x^3 - \frac{5}{2}x^2 + 6x\Big|_{-\frac{1}{3}}^{3},$$

dessen Wert Null ist. Obwohl die bestimmte Integration formal richtig ist, liefert sie vermutlich nicht den wahren Wert des Flächeninhalts. Wer diesem Verdacht auf den Grund geht, stößt auf die in I gelegene Nullstelle $x_0 = 1$ des Integranden. Ein Teil der Fläche liegt daher unterhalb der x-Achse. Es liegt in der Natur der Sache, dass er beim Integrieren mit negativem Vorzeichen berücksichtigt und von den (oberhalb der x-Achse gelegenen) positiven Anteilen subtrahiert wird. Um diesen Effekt auszuschließen, muss das Integrationsintervall zerlegt werden.

$$A_1 = \int_{-\frac{1}{3}}^{x_0}\left(x^3 - 2x^2 - 5x + 6\right)dx = \frac{16}{3}, \quad A_2 = \int_{x_0}^{3}\left(x^3 - 2x^2 - 5x + 6\right)dx = -\frac{16}{3}.$$

Der Flächeninhalt ergibt sich dann zu $A = A_1 + |A_2| = \frac{32}{3}$. Als *Schlussfolgerung* ist festzuhalten: Zwischen der Auswertung eines bestimmten Integrals und der Berechnung eines Flächeninhalts ist genau zu unterscheiden.

Die Bogenlänge eines ebenen Kurvenstücks

Mittels der stetigen Funktion $y = f(x)$ sei ein Kurvenstück K auf dem Intervall $[a;b]$ gegeben, dessen Länge zu ermittelt ist. Auch bei dieser Aufgabe bewährt sich das Konzept der Zerlegung in Teilintervalle als die tragende Idee der Integralrechnung. Innerhalb eines Teilintervalls $[x_{i-1};x_i]$ $i = 1, \cdots, n$ mit der Länge Δx_i wird die Kurve durch eine Sehne der Länge Δs_i linear approximiert. Insgesamt wird auf diese Weise die Kurve durch ein Sehnenpolygon ersetzt. Seine Länge s_P lässt sich elementargeometrisch berechnen. Zunächst gilt (vgl. Bild 6.3)

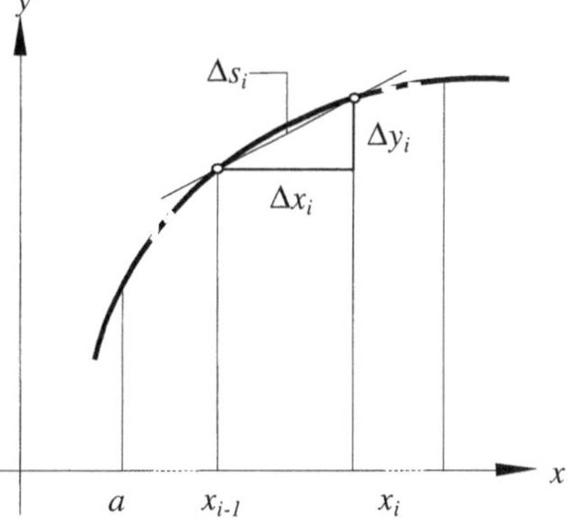

Bild 6.3 Zur Berechnung der Bogenlänge

$$\Delta s_i = \sqrt{(\Delta x_i)^2 + (\Delta y_i)^2} = \Delta x_i\sqrt{1 + \left(\frac{\Delta y_i}{\Delta x_i}\right)^2}.$$

Die Länge des Sehnenpolygons ist dann gleich der Integralsumme

$$s_P = \sum_{i=1}^{n}\Delta s_i = \sum_{i=1}^{n}\sqrt{1 + \left(\frac{\Delta y_i}{\Delta x_i}\right)^2}\,\Delta x_i.$$

Für unbegrenzt feiner werdende Zerlegungen, also für $\Delta x_i \to 0$, kann diese Summe einem bestimmten Integral als Grenzwert s zustreben. Auch ohne tiefer gehende Begründung leuchtet unmittelbar ein, dass es sich dabei um das Integral

$$s = \int_{a}^{b}\sqrt{1 + (f'(x))^2}\,dx \qquad\qquad (6.15)$$

handelt. Existiert der Grenzwert, so heißt die Kurve *rektifizierbar*. Die Rektifizierbarkeit ist gesichert, wenn die Funktion eine stetige Ableitung besitzt. Gl. (6.15) lässt sich außerdem nur auf doppelpunktfrei Kurven anwenden. Demnach dürfen zwei Teilstücke der Kurve außer dem Punkt, an dem sie aneinander anschließen, keinen weiteren Punkt gemeinsam haben.

Beispiel 6.9: *Bogenlänge einer Kettenlinie*
Eine Leitung überquert ein schiffbares Gewässer. Sie wird getragen von zwei Masten im Abstand $2b = 200\,m$. In welcher Höhe muss ein Seil mit der Länge $l_S = 203\,m$ an den Masten befestigt werden, wenn es in seinem tiefsten Punkt einen Mindestabstand von $20\,m$ zur Wasserfläche besitzen soll?

Da ein Seil unter dem Einfluss seines Gewichtes die Gestalt der Kettenlinie

$$y(x) = a\cosh\frac{x}{a}$$

annimmt, muss der Parameter a dieser Funktion so bestimmt werden, dass sich die vorgesehene Länge l_S ergibt. Aus der Gleichung (6.15) folgt mit $y' = \sinh\frac{x}{a}$ für die halbe Bogenlänge

$$\frac{1}{2}s = \int_0^b \sqrt{1 + \sinh^2\frac{x}{a}}\,dx = \int_0^b \sqrt{\cosh^2\frac{x}{a}}\,dx = \int_0^b \cosh\frac{x}{a}\,dx = a\sinh\frac{x}{a}\Big|_0^b = a\sinh\frac{b}{a}$$

Zur Bestimmung von a ergibt sich daraus die Gleichung

$$a\sinh\frac{b}{a} = \frac{1}{2}l_S\,,$$

deren (z.B. mit dem Befehl `fsolve` von Maple bestimmbare) Lösung $a = 334.08\,m$ ist. Die Pfeilhöhe der Absenkung zwischen höchsten und tiefsten Punkt des Seiles ist damit

$$f = y(b) - y(0) = a\left(\cosh\frac{b}{a} - \cosh 0\right) = 15.1\,m.$$

Die Befestigungspunkte des Seiles an den Masten müssen sich also mindestens $35.1\,m$ über der Wasserfläche befinden. ♦

Beispiel 6.10: *Längenänderung eines Zugstabes*
Die Längenänderung, die ein Zugstab unter Belastung erfährt, hängt von den Materialeigenschaften, seinen geometrischen Abmessungen und natürlich auch von der Belastung ab. Im einfachen Fall eines Stabes der konstanten Querschnittsfläche A und der Länge l_0, der durch die in Richtung seiner Längsachse wirkende Kraft F gedehnt wird, tritt nach dem HOOKEschen Gesetz eine Längenänderung Δl ein, die durch die Gleichung

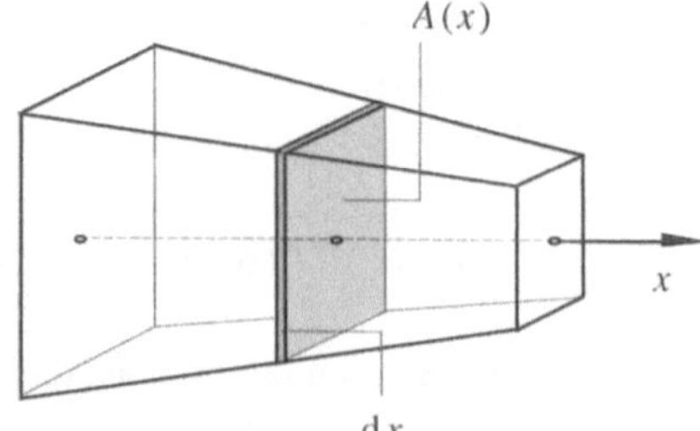

Bild 6.4 Längenänderung beim Zugstab

$$\sigma = \frac{F}{A} = E\frac{\Delta l}{l_0} \tag{6.16}$$

gegeben ist. Dabei ist der Elastizitätsmodul E eine Materialkonstante. Diese Gleichung gilt *nicht*, wenn sich der Stabquerschnitt entlang der Achse ändert. In diesem Fall kann das HOOKEsche Gesetz nur auf ein scheibenförmiges Stabelement angewandt werden, das sich an der

Stelle x, $0 \le x \le l_0$ befindet und dessen Dicke dx so gering ist, dass sich der Querschnitt praktisch nicht ändert. Seine Längenänderung Δdx ergibt sich nach (6.16) zu

$$\frac{F}{A(x)} = E\frac{\Delta dx}{dx} \; .$$

Die insgesamt eintretende Längenänderung, die sich aus den Beiträgen aller Stabelemente zusammensetzt, folgt aus dieser Gleichung durch Integration zu

$$\Delta l = \frac{F}{E}\int\limits_0^{l_0}\frac{dx}{A(x)} \; . \blacklozenge$$

6.3.4 Numerische Integration

Einführung

Der Satz 6.6 ist ein wirksames Hilfsmittel zur Berechnung von bestimmten Integralen. Seine Anwendung setzt voraus, dass sich das unbestimmte Integral in *geschlossener* Form darstellen lässt. Außerdem muss der Integrand *analytisch* durch eine Formel gegeben sein. Obwohl diese Voraussetzung bisher bei allen Beispielen erfüllt war, ist sie keineswegs selbstverständlich. In den Anwendungen interessieren vielmehr auch bestimmte Integrale von Funktionen, welche nur als Wertetabelle vorliegen. In solchen Fällen muss zur Auswertung bestimmter Integrale auf Näherungsmethoden zurückgegriffen werden.

Die Rechteckmethode

Eine besonders einfache Näherungsmethode zur Integration der Funktion $f(x)$ geht direkt von der Definition des bestimmten Integrals aus (vgl. Bild 6.1). Zerlegt man das Intervall $[a,b]$ durch die Teilpunkte $x_1 < x_2 < \cdots < x_{n-1}$ in n gleiche Teilintervalle der Länge h und wählt als Punkt ξ_i jeweils die unteren Intervallenden $a = x_0$, $x_1, \cdots, x_{n-1}$, dann besteht die Integralsumme (6.7) aus rechteckigen Flächenelementen der Höhen $f(x_0), f(x_1), \cdots, f(x_{n-1})$ und der Grundlinie h. Das bestimmte Integral ist durch die Näherungsformel

$$\int\limits_a^b f(x)dx \approx h\big(f(x_0) + f(x_1) + \cdots + f(x_{n-1})\big), \; h = \frac{b-a}{n}, \; a = x_0 \tag{6.17}$$

gegeben. Zur Anwendung dieser Formel ist die analytische Darstellung der Funktion nicht zwingend erforderlich. Vielmehr liefert sie auch dann ein Ergebnis, wenn nur die Funktionswerte $f(x_0), \cdots, f(x_{n-1})$ an den äquidistanten Stellen $x_0, \cdots, x_{n-1}$ vorliegen.

Die KEPLERsche Regel und ihre Verallgemeinerung zur SIMPSONschen Regel

Wie Bild 6.1 zeigt, wird bei der Rechteckmethode der Integrand $f(x)$ durch eine in Stufen verlaufende sog. Stufenfunktion ersetzt. Eine solche Approximation ist recht grob. Daher führt Gl.(6.17) nur dann zu einer akzeptablen Genauigkeit, wenn das Integrationsintervall sehr fein zerlegt und ein hoher numerischer Aufwand betrieben wird. Darüber hinaus könnte die Genauigkeit der Rechteckmethode noch durch eine der jeweiligen Aufgabe besser angepasste Wahl der Punkte ξ_i gesteigert werden. Wirksamer ist es jedoch, den Integranden $f(x)$ sorgfältiger zu approximieren. Dementsprechend wird $f(x)$ bei der *KEPLERschen Regel* durch eine Parabel $y(x) = a_2 x^2 + a_1 x + a_0$ ersetzt. Das Intervall $[a;b]$ wird dagegen nur in zwei Teilintervalle gleicher Länge h zerlegt. Der Teilungspunkt ist dann $x_1 = (a+b)/2$, die Länge $h = (b-a)/2$. Die unbekannten Koeffizienten a_0, a_1, a_2 des Polynoms müssen bestimmt werden. Dazu wird gefordert, Integrand $f(x)$ und Näherungsfunktion $y(x)$ mögen an den Stellen a, x_1 und b übereinstimmen. Die Lösung des entstehenden Gleichungssystem liefert eine Funktion $y(x)$, die sich enger an den Verlauf des Integranden $f(x)$ anschmiegt, als das bei einer Stufenfunktion der Fall ist. Die Rechnung kann wegen ihres Umfangs hier nicht wiedergegeben werden. Sie liefert die als *KEPLERsche Regel* bekannte Formel

$$\int_a^b f(x)dx = \tfrac{1}{6}(b-a)\big(f(a) + 4f(x_1) + f(b)\big) + R, \quad x_1 = \tfrac{1}{2}(a+b), \tag{6.18a}$$

deren *Güte* mit Hilfe des Restgliedes R beurteilt werden kann. Es gilt

$$R = -\tfrac{1}{90} h^5 f^{(4)}(\xi), \quad \xi \in [a;b], \tag{6.18b}$$

wobei ξ eine Zahl aus $[a;b]$ ist, die die Theorie nicht liefert. Man muss sich daher mit einer Aussage darüber begnügen, wie groß der Fehler höchsten sein kann. Ist M eine obere Schranke von $\left| f^{(4)}(x) \right|$ auf $[a;b]$, dann gilt die Abschätzung $|R| \le \tfrac{1}{90} h^5 M$. Da in der Fehlerabschätzung die vierte Ableitung des Integranden auftritt, integriert die KEPLERsche Regel ein Polynom dritten Grades noch fehlerfrei.

Die *SIMPSONsche Regel* ist eine Weiterentwicklung der KEPLERschen Regel, bei der eine feinere Zerlegung des Integrationsintervalls $[a,b]$ die Genauigkeit weiter steigert. Dazu wird $[a,b]$ in die *gerade* Anzahl $n = 2m$ von Teilintervallen *gleicher* Länge zerlegt und auf jeweils zwei unmittelbar benachbarte Intervalle die KEPLERsche Regel angewandt. Man erhält dann

$$\int_a^b f(x)dx = \tfrac{h}{3}\big[f(a) + 4f(x_1) + 2f(x_2) + 4f(x_3) + \cdots + 2f(x_{n-2}) + 4f(x_{n-1}) + f(b)\big] + R \tag{6.19a}$$

Die zur Auswertung erforderlichen Größen x_i und h ergeben sich aus

$$x_i = a + \tfrac{i}{n}(b-a), \quad i = 1,2,\cdots,n-1, \quad h = \tfrac{b-a}{n}, \quad n \text{ gerade.} \tag{6.19b}$$

Auch der Fehler der SIMPSONschen Regel kann mit dem Restglied

$$R = -\frac{(b-a)h^4}{180} f^{(4)}(\xi) \tag{6.19c}$$

beurteilt werden. Im Vergleich mit dem Fehler der KEPLERschen Regel fällt vor allem die Verkleinerung von h ins Gewicht.

Beispiel 6.11: *Verfahren der numerischen Integration im Vergleich*
An Hand der für die Wahrscheinlichkeitsrechnung sehr wichtigen *Fehlerfunktion*

$$erf(x) = \frac{2}{\sqrt{\pi}} \int_0^x e^{-t^2}\, dt, \quad f(x) = e^{-x^2}$$

sollen die Verfahren der numerischen Integration illustriert werden. Die Fehlerfunktion eignet sich deshalb als Beispiel, weil $f(x)$ nicht in geschlossener Form integriert werden kann (vgl. Beispiel 6.5). Zwar existiert das Integral. Es lässt sich aber nicht durch eine elementare Funktion darstellen. Daher ist man grundsätzlich auf eine Näherungsmethode angewiesen. Berechnet werden soll jeweils

$$erf(1) = \frac{2}{\sqrt{\pi}} \int_0^1 e^{-x^2}\, dx \,,\quad f(x) = e^{-x^2}$$

Um mit der *Rechteckregel* zu einem Näherungswert für $erf(1)$ zu gelangen, wird das Integrationsintervall $[0.0, 1.0]$ in $n = 5$ Teilintervalle zerlegt. Dann ist $h = 0.2$ und die Teilpunkte als untere Intervallenden sind $x_1 = 0.2$, $x_2 = 0.4$, $x_3 = 0.6$ und $x_4 = 0.8$. Man erhält

$$erf(1) \approx 0.2 \cdot \left[f(0) + f(0.2) + f(0.4) + f(0.6) + f(0.8) \right] = 0.9113.$$

Die zur Auswertung der *KEPLERschen Regel* erforderlichen Werte x_1 und h ergeben sich mit $a = 0$, $b = 1$ zu $x_1 = 0.5$ und $h = 0.5$. Das liefert

$$erf(1) \approx \tfrac{1}{6} \left[f(0) + 4 f(x_1) + f(1) \right] = \tfrac{1}{6} (1.1284 + 4 \cdot 0.8788 + 0.4151) = 0.8431.$$

Für die Fehlerabschätzung wird eine obere Schranke M für den Betrag der vierten Ableitung $\left| f^{(4)}(x) \right|$ des Integranden benötigt. Wie man sich überzeugen kann, nimmt $f^{(4)}$ auf $[0.0, 1.0]$ für $x = 0$ den Größtwert $M = 13.5406$ an. Damit folgt bei der KEPLERschen Regel $|R| \leq 0.0047$. Da die Fehlerfunktion wegen ihrer Bedeutung selbstverständlich wesentlich genauer bekannt ist, lässt sich der tatsächlich eingetretenen Fehler durch Gegenüberstellung mit dem exakteren Wert $erf(1) = 0.8427007929$ beurteilen.

Um das gleiche Integral mit der *SIMPSONschen Regel* auszuwerten, muss zunächst die (*gerade*) Zahl der Teilintervalle festgelegt werden. Sei $n = 4$. Der Durchmesser eines Teilintervalls ist dann $h = 0.25$ und die Teilpunkte sind $x_1 = 0.25$, $x_2 = 0.5$, $x_3 = 0.75$. Damit ergibt sich

$$erf(1) \approx \tfrac{h}{3} \left[f(a) + 4 f(x_1) + 2 f(x_2) + 4 f(x_3) + f(b) \right] = 0.842736.$$

Als Fehlerabschätzung folgt $|R| \leq 0.000294$. ♦

Im Vergleich der vorgestellten Methoden erfordert die Rechteckregel den größten Aufwand. Um zu einer Integration mit der Genauigkeit der KEPLERschen Regel zu gelangen, müssen bei Anwendung der Rechteckregel etwa 900 Teilintervalle berücksichtigt werden.

Beispiel 6.12: *Zur Berechnung der Setzung eines Bauwerks*
Bei der Planung und dem Bau eines Gebäudes muss berücksichtigt werden, dass es den Boden zusammendrückt und geringfügig einsinkt. Die zu erwartende Setzung s wird nach der Formel

$$s = \frac{A_\sigma}{E_s}$$

berechnet. Dabei ist E_s der experimentell zu bestimmende *Steifemodul* des Bodens und A_σ die sog. *Spannungsfläche*.

Sie ergibt sich im Prinzip gemäß

$$A_\sigma = \int_0^{z_{max}} \sigma(z)\,dz$$

durch Integration über die von der Gebäudelast im Boden hervorgerufene Druckspannung $\sigma(z)$. Hier ist z_{max} der nach unten positiv gerechnete Abstand zum Fundament, von dem an $\sigma(z)$ so gering ist, dass der Einfluss des Bauwerks auf den Baugrund nicht mehr berücksichtigt werden muss. Die Spannung hängt von der Tiefe z ab und wird nach einem komplizierten Verfahren in Abhängigkeit vom Gewicht des Gebäudes und der Konstruktion der Bodenplatte ermittelt. Daher steht $\sigma(z)$ nur als Tabelle zur Verfügung. Für ein bestimmtes Bauwerk seien die folgenden Spannungen ermittelt worden: $\sigma(0) = 218$, $\sigma(6.5) = 109$, $\sigma(13) = 66$ (alle Angaben in kNm^{-2}). Man berechne s für $E_s = 19MNm^{-2}$ und $z_{max} = 13m$.

Das Integral über eine tabellarisch gegebene Funktion kann mit Hilfe eines Näherungsverfahrens berechnet werden. Da die Spannungswerte an drei äquidistanten z-Werten bekannt sind, kommt das KEPLERsche Verfahren in Frage. Das liefert

$$A_\sigma = \tfrac{1}{6} z_{max}\,(\sigma(0) + 4\sigma(6.5) + \sigma(13)) = 1560 kNm^{-1}.$$

Daraus folgt für die Setzung

$$s = \frac{A_\sigma}{E_s} = \frac{1560}{19000} = 0.082m.\;\blacklozenge$$

6.3.5 Übungsaufgaben

6.7: Es sind die folgenden bestimmten Integrale zu berechnen:

a) $\int_{-2}^{1}(2x^3 + 3x^2 - 3x + 10)dx$, b) $\int_{-1}^{3}(6x^2 - 2x + 15)dx$, c) $\int_{1}^{8}\left(\sqrt{x^3} + \sqrt[3]{x^2}\right)dx$,

d) $\int_{1}^{32}\left(\sqrt[5]{z} - \frac{1}{\sqrt[5]{z}}\right)dz$, e) $\int_{0}^{64}\left(\sqrt{u} + \sqrt[3]{u}\right)du$, f) $\int_{81}^{16}\left(\frac{3}{2}\sqrt{v} - \frac{3}{4\sqrt[4]{x}}\right)dv$

6.8: Durch eine Substitution sind die folgenden bestimmten Integrale zu berechnen:

a) $\int_{0}^{\frac{\pi}{2}}\cos ax\,dx$ $\left(\frac{1}{a}\sin\frac{a\pi}{2}\right)$, b) $\int_{0}^{\frac{\pi}{2}}\frac{\sin x}{3 + 2\cos x}dx$ $\left(\frac{1}{2}\ln\frac{5}{3}\right)$, c) $\int_{0}^{1}\frac{\arctan x}{1 + x^2}dx$,

d) $\int_{1}^{2}\frac{(\ln x)^2}{x}dx$, e) $\int_{-2}^{2}\sqrt[3]{4 + 2t}\,dt$, f) $\int_{0}^{\frac{\pi}{2}}\sin^2\omega t \cdot \cos\omega t\,dt$

6.9: Ein Zugstab besitzt die Form eines Kegelstumpfes, der sich bei einer Länge $l_0 = 4m$ vom Durchmesser $d_0 = 40mm$ auf $d_1 = 20mm$ verjüngt. Er besteht aus Stahl mit dem Elastizitätsmodul $E = 2{,}1\cdot10^8 kNm^{-2}$ und wird (in axialer Richtung) durch die Kraft $F = 100kN$ belastet. Man berechne die Längenänderung des Stabes. *Lösung:* $\Delta l = 3{,}0mm$.

6.10: Ein Seil, das dazu bestimmt ist eine Hängebrücke zu tragen, wird an zwei Punkten gleicher Höhe im Abstand $2b = 400\,m$ befestigt. Welche Länge l_S muss das Seil besitzen, wenn es seinen tiefsten Punkt $50\,m$ unterhalb der Aufhängungspunkte erreichen soll? (vgl. Beispiel 6.9) *Lösung:* $a = 408{,}207\,m$, $l_S = 416{,}21\,m$.

6.11: Eine Feder wird gedehnt. Dabei wächst ihre Länge s von s_0 auf $s_1 > s_0$ an. Man berechne die Arbeit W, die dafür aufgewandt werden muss, wenn der Zusammenhang zwischen einer Längenänderung Δs und der dafür erforderlichen Federkraft ΔF durch

a) $\Delta F = k_0 \Delta s$,   b) $\Delta F = k_0 \left(1 + \alpha \dfrac{s}{s_0} \right)$,   c) $\Delta F = k_0 \left[1 + \alpha \left(\dfrac{s}{s_0} \right)^{1+\alpha} \right] \Delta s$

gegeben ist. Zahlenwerte: $s_0 = 0.2\,m$, $s_1 = 0.21\,m$, $k_0 = 10^5\,Nm^{-1}$, $\alpha = 0.15$.
Lösung: $W_a = 1000\,Nm$, $W_b = 1153.8\,Nm$, $W_c = 1154.3\,Nm$.

6.12: Ein Bauteil soll nach Bild 6.5 aus Beton gefertigt werden. Der Querschnitt wird begrenzt von den Achsen des Koordinatensystems, einem Kreis K mit dem Mittelpunkt $M(0;3)$ und dem Radius $r = 2$ sowie einer Geraden g, die im Punkt $P_0(\sqrt{2}; y_0)$ zum Kreis orthogonal ist. Zu berechnen ist die Masse des Körpers (Dichte des Betons $\rho = 2.7\,gcm^{-3}$). *Lösung:* 12.2 t.

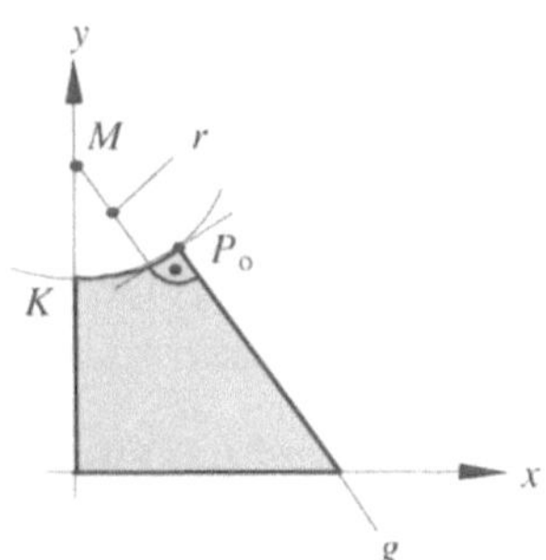

Bild 6.5 Zu Aufgabe 6.12

6.13: Wird ein ortsfester Träger der Länge l belastet, so biegt er sich und nimmt eine andere Form an. Dabei verrichtet die äußere Belastung eine Formänderungsarbeit W, die sich bei der Balkenbiegung aus dem Biegemoment $M(x)$ über die Gleichung

$$W = \frac{1}{2EI} \int\limits_0^l \left(M(x) \right)^2 dx$$

berechnen lässt. Ist ein horizontaler Träger an einem Ende eingespannt und wirkt an seinem anderen Ende eine vertikale Kraft vom Betrag F, so gilt $M(x) = F(l - x)$. Man berechne W für diesen Fall. Die Größe EI heißt Biegesteifigkeit des Trägers und ist eine Konstante.

6.14: Das Volumen V_x eines Rotationskörpers, der durch Rotation eines Normalbereiches (vgl. Definition 6.4) mit $f_u(x) \equiv 0$ um die x-Achse entsteht, wird nach der Formel

$$V_X = \int\limits_a^b \pi f_o^{\,2}(x)\,dx \tag{6.20}$$

bestimmt. Man fertige eine Skizze an und berechne das Volumen für
a) $f_o(x) \cdot x = 4$, $a = 0.2$, $b = 5$,

b) $f_o(x) = \alpha \cosh \dfrac{x}{\alpha}$, $a = -\alpha$, $b = +\alpha$.

6.4 Über ebene Bereichsintegrale

6.4.1 Einführung

Im Bauingenieurwesen spielen solche Kennwerte ebener Bereiche wie der Schwerpunkt und die statischen Momente eine große Rolle (s. Abschnitt 6.6.1). Sie werden mit Hilfsmitteln der Integralrechnung ermittelt. Dazu betrachtet man einen ebenen Bereich B und stellt sich vor, er sei mit Masse belegt, die eine gewisse Flächendichte ρ besitzt. Falls die Massenverteilung homogen ist ($\rho = const.$) reichen zur Berechnung der Kennwerte gewöhnliche Integrale aus. Ein neues Problem entsteht jedoch, wenn ρ ortsabhängig ist. In diesem Fall entspricht jedem Punkt $P \in B$ eine bestimmte Flächendichte $\rho = \rho(P)$ oder, etwas allgemeiner, eine Funktion $f(P)$. Die Berechnung der Flächenkennwerte erfordert dann die Verallgemeinerung des bestimmten Integrals zum ebenen *Bereichsintegral*. Auf dieses Problem führt auch die geometrische Aufgabe, das Volumen eines Körpers zu bestimmen, dessen Grundriss ein Bereich B der x,y-Ebene ist und der in jedem Punkt $P(x,y)$ die Höhe $f(P) = f(x, y) \geq 0$ besitzt. Die Definition derartiger Integrale erfolgt in enger Anlehnung an die Einführung des bestimmten Integrals im Abschnitt 6.3.1: Zunächst wird wieder der ebene Bereich B in Teilbereiche ΔB_i zerlegt. Dann wird die Integralsumme gebildet und deren Verhalten für immer feiner werdende Zerlegungen untersucht.

Zerlegung und Integralsumme

Als Zerlegung eines beschränkten ebenen Bereiches B wird ein System von endlich vielen Teilbereichen $\Delta B_1, \Delta B_2, \cdots, \Delta B_n$ bezeichnet, wenn sie zusammen B überdecken und zwei verschiedene Teilmengen höchstens Randpunkte gemeinsam haben (Bild 6.6). Die Durchmesser $\varnothing \Delta B_i$ der ΔB_i werden natürlich verschieden sein. Die Feinheit der Zerlegung wird durch

$$\delta = \max_{i=1,\cdots,n} \varnothing \Delta B_i$$

gekennzeichnet und die zu einer Zerlegung Z von B gehörende Integralsumme ist

$$S(Z) = \sum_{i=1}^{n} f(P_i)\Delta A_i \ .$$

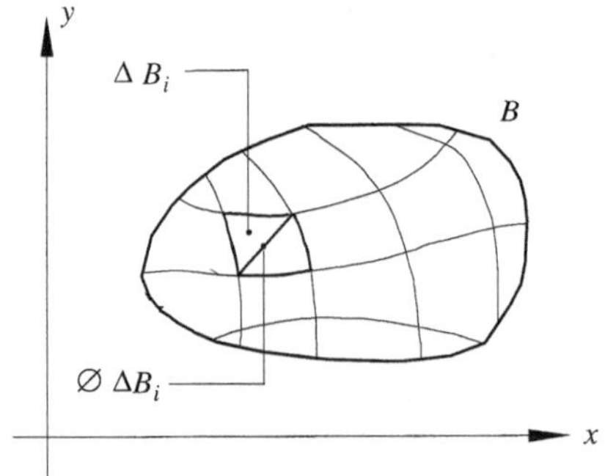

Bild 6.6 Zerlegung eines ebenen Bereiches

Dabei ist P_i ein beliebiger Punkt und ΔA_i die Fläche eines Teilbereiches ΔB_i (Bild 6.6). Die Funktion f muss auf B beschränkt sein. Ist f, so wie oben angenommen, eine Dichte, so lässt sich die Integralsumme als Näherung für die Masse des Bereiches B deuten. Die Güte der Approximation wird beim Übergang zu feiner werdenden Zerlegungen besser. Auf diese Weise gelangt man in völliger Analogie zur Definition des bestimmten Integrals zum *Bereichsintegral*.

6.4.2 Das Bereichsintegral und seine Berechnung

Definition 6.5: *Bereichsintegral*
Unter dem *Bereichsintegral* über eine auf dem ebenen Bereich B definierten reellwertigen Funktion $f(P)$ versteht man den Grenzwert der Integralsumme für eine Folge unbegrenzt feiner werdender Zerlegungen. Man nennt es auch *Flächen-* oder *Gebietsintegral* und symbolisiert es mit $\iint_B f(P)dA$. ♦

Nach dieser Definition gilt also

$$\iint_B f(P)dA = \lim_{\delta \to 0} \sum_i f(P_i)dA_i \ . \tag{6.21}$$

Der Grenzwert existiert, wenn $f(P)$ auf B stetig ist und B gewisse Eigenschaften besitzt. So muss B beschränkt sein und einen Flächeninhalt besitzen. Gewöhnlich ist B ein Bereich der x,y-Ebene. In diesem Fall ist die Schreibweise $\iint_B f(x, y)dA$ üblich. Gilt auf B $f(P) = 1$, so stellt das Bereichsintegral den Flächeninhalt des ebenen Bereiches dar. Für $f(P) \geq 0$ kann es geometrisch als Volumen eines zylindrischen Körpers gedeutet werden, dessen Erzeugende parallel zur z-Achse entlang des Randes von B bewegt wird und der nach oben von der Funktion f begrenzt wird.

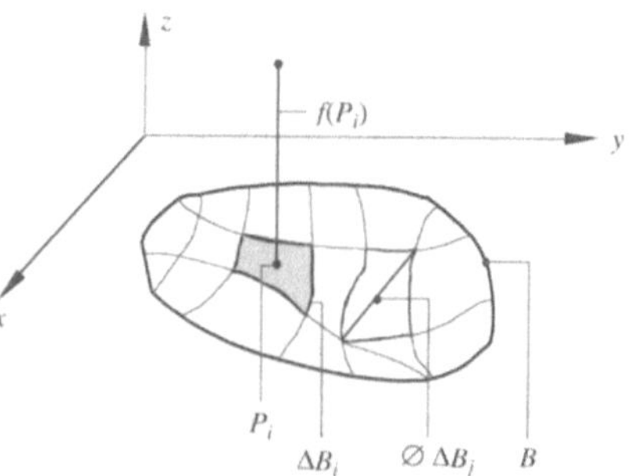

Bild 6.7 Zur Definition ebener Bereichsintegrale

Grundeigenschaften der Bereichsintegrale

In ihren wesentlichen Eigenschaften stimmen Bereichsintegrale mit gewöhnlichen Integralen überein. So gilt:

    a) $\iint_B cf(P)dA = c\iint_B f(P)dA$ und

    b) $\iint_B \big(c_1 f_1(P) + c_2 f_2(P)\big)dA = c_1\iint_B f_1(P)dA + c_2\iint_B f_2(P)dA$.

Außerdem lässt sich der Integrationsbereich B in Teilbereiche zerlegen. Wird B gemäß $B = B_1 \cup B_2$ in die Bereiche B_1, B_2 zerlegt, die höchstens Randpunkte gemeinsam haben, gilt

    c) $\iint_B f(P)dA = \iint_{B_1} f(P)dA + \iint_{B_2} f(P)dA$.

Die Berechnung von Bereichsintegralen

Die Darstellung eines ebenen Bereichsintegrals als Grenzwert einer Summe wird bei der mathematische Analyse technischer Zusammenhänge häufig angewandt. Daraus resultiert ihre Bedeutung. Dagegen ist die Berechnung eines Integrals auf diesem Wege auch in einfachen Fällen sehr schwierig. Daher interessiert ein Verfahren, nach dem sich ein ebenes Bereichsintegral durch die aufeinander folgende Auswertung zweier Integrale, also über ein Doppelintegral, auswerten lässt. Dies ermöglicht der

Satz 6.7: Ist B ein Normalbereich nach Definition 6.4 und $f(P) = f(x, y)$ eine auf B stetige Funktion, so gilt

$$\iint_B f(P)dA = \int_a^b \left(\int_{f_u(x)}^{f_o(x)} f(x, y)dy \right) dx . \; \blacklozenge \tag{6.22}$$

Demnach lässt sich jedes Bereichsintegral über ein Doppelintegral berechnen, falls der Integrationsbereich B ein Normalbereich ist. Diese Einschränkung ist nicht erheblich. Sie lässt sich in allen praktisch vorkommenden Fällen überwinden indem B in Normalbereiche zerlegt wird.

Beispiel 6.13: *Flächenberechnung mit Bereichsintegralen*
Ist speziell $f(P) \equiv 1$, so liefert das Integral (6.22) den Flächeninhalt des Normalbereiches B.

Handelt es sich um ein durch $B = \left\{ (x, y) \middle| 0 \le x \le 4, \; 0 \le y \le -x + 4 \right\}$ gegebenes gleichschenkliges Dreieck, dann gilt

$$A = \int_0^4 \int_0^{-x+4} dydx = \int_0^4 (-x + 4)dx = 8 . \; \blacklozenge$$

Beispiel 6.14: *Volumenberechnung mit Bereichsintegralen*
Um dem Wasser und dem von ihm mitgeführten Treibgut eine geringe Angriffsfläche zu bieten, soll der stromauf gerichtete Abschluss eines Brückenpfeilers einen Grundriss B erhalten, der dem oberhalb der x-Achse gelegenen Durchschnitt der Kreise

$$K_1: \; (x + 3)^2 + y^2 = 16 ,$$

$$K_2: \; (x - 3)^2 + y^2 = 16$$

entspricht. Zu berechnen ist das Volumen des Körpers bei eine Höhe $h = 3.75 \, m$.

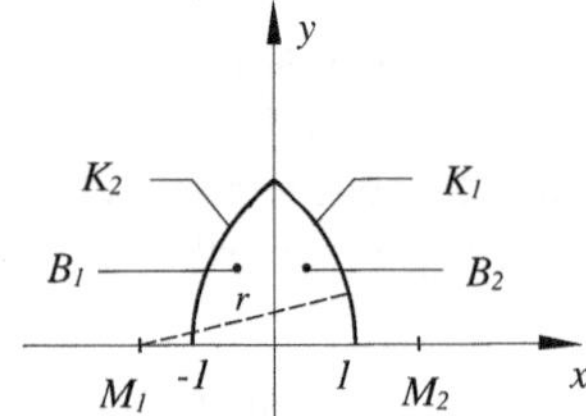

Bild 6.8 Teil eines Brückenpfeilers

Stellt man die explizite Darstellung der Kreise her, so gilt

$$y_1(x) = \sqrt{16 - (x + 3)^2} , \; y_2(x) = \sqrt{16 - (x - 3)^2} .$$

Damit lässt sich der Integrationsbereich (vgl. Bild 6.8) in die Normalbereiche

$$B_1 = \left\{ (x, y) \middle| -1 \le x \le 0, \; 0 \le y \le y_1(x) \right\}, \; B_2 = \left\{ (x, y) \middle| 0 \le x \le 1, \; 0 \le y \le y_2(x) \right\}$$

zerlegen. Hierbei wird berücksichtigt, dass K_1 bzw. K_2 die Abszisse bei $x_1 = 1$ bzw. $x_2 = -1$ schneiden. Dem Normalbereich B_1 entspricht das Volumen

$$V_1 = h \int_{x=-1}^0 \int_{y=0}^{\sqrt{16-(x+3)^2}} dydx = h \int_{-1}^0 \sqrt{16 - (x + 3)^2} \, dx = h \int_2^3 \sqrt{16 - u^2} \, du = 3.1 \cdot h$$

Aus Symmetriegründen ist das Volumen des Baukörpers insgesamt $V_{ges} = 2 \cdot 3.1 \cdot h = 20.2 m^3 . \; \blacklozenge$

6.5 Zur Integration mit Maple

Die unbestimmte Integration

Mit Maple können die unbestimmte, die bestimmte und die numerische Integration ausgeführt werden. Dank dieser Unterstützung gelangt man in vielen Fällen schneller zum Ziel als bei einer Rechnung von Hand oder mit Hilfe einer Integraltafel. Dessen ungeachtet ist jedoch auch ein so kraftvolles Hilfsmittel nicht in der Lage, prinzipielle Schwierigkeiten auszuräumen, die mit der Integration verbunden sein können (vgl. 6.2.1).

Maple führt eine *unbestimmte* Integration über den Befehl `int(Integrand, Variable)` aus. Soll der Integrand $f(x)$ nach x integriert werden, so hat man `int(f(x),x)` zu schreiben und mit einem ; abzuschließen. Die Funktion kann vorher über `f:=x->...` definiert werden. Es ist aber auch möglich, sie direkt in die Anweisung zu schreiben. Kann Maple eine geschlossene Darstellung des Integrals nicht finden, so erscheint das unbearbeitete Integral auf dem Bildschirm. Zu beachten ist ferner, dass Maple die Integrationskonstante nicht ausgibt.

Die bestimmte Integration

Die *bestimmte* Integration der Funktion einer Funktion $f(x)$ nach x in den Grenzen von a bis b erfolgt mit dem Maple-Befehl `int(f(x),x = a..b)`. Dabei wird automatisch überprüft, ob der Integrand im Integrationsintervall $[a,b]$ stetig ist. Falls die Suche nach einer geschlossenen Darstellung fehlschlägt, erscheint wieder das unausgewertete Integral auf dem Bildschirm. In manchen Fällen, z.B. bei der im Beispiel 6.11 erwähnten Fehlerfunktion, haben sich für derartige Integrale Namen eingebürgert. Auch auf sie weist Maple hin.

Die numerische Integration

Die *numerische* Auswertung des Integrals einer Funktion $f(x)$ wird mit dem Befehl `evalf(Int (f(x),x = a..b))` veranlasst und ist vor allem dann von Interesse, wenn eine geschlossene Darstellung des bestimmten Integrals nicht gelingt. Der durch den Befehl ausgelöste Rechenprozess ist weitgehend automatisiert. So muss der Nutzer an sich keine Verfügung über die Rechengenauigkeit R und das zum Einsatz kommende numerische Verfahren V treffen. Bei Bedarf kann er aber Einfluss nehmen. Dies geschieht über Optionen, die dann anzusprechen sind. Der vollständige Befehl lautet `evalf(Int(f(x),x = a..b, digits, flags))`. Die Rechengenauigkeit wird durch die Zahl der Stellen (`digits`) gekennzeichnet. Dafür ist eine *natürliche* Zahl n einzusetzen. Unterbleibt das, d.h. wird die Option nicht in Anspruch genommen, so gilt 10 als Standard. Mit der Option `flags` wird V gewählt. Zur Verfügung stehen das Newton-Cotes-(`_NCrule`, das Clenshaw-Curtis-(`_CCquad`) und das doppelt-exponentielle Verfahren(`_Dexp`. Die in Klammern angegebenen Schlüsselworte sind anstelle von `flags` einzutragen. Einzelheiten über diese Verfahren, deren Spezifik vor allem in der Art und Weise besteht, wie der Integrand approximiert wird, findet man in [3].

Bereichsintegrale

Integrale über ebene Bereiche werden in der üblichen Weise berechnet. Ist B ein Normalbereich nach Definition 6.4, so liefert der Befehl `int(int(f(x,y),y=fu..fo),x=a..b);` das Integral.

Hinweis auf das student-Paket

Vor allem mit dem Ziel, Grundkenntnisse der Differential- und Integralrechnung im experimentellen Umgang mit mathematischen Objekten lebendig zu machen, steht Maple-Nutzern das `student`-Paket zur Verfügung. Es muss mit den Befehl `with(student)` erschlossen werden. Mit den danach verfügbaren Mitteln kann man insbesondere den Begriff des bestimmten Integrals mit Rechnerunterstützung so entwickeln, wie das im Abschnitt 6.3.1 beschrieben worden ist. Die Approximation des bestimmten Integrals $\int_a^b f(x)dx$ der (zuvor definierten) Funktion $f(x)$ durch die Zerlegung von $[a,b]$ in n Teilintervalle und die Bildung von Rechtecken lässt sich z.B. mit dem Befehl `leftbox(f(x),x = a..b, n)` graphisch veranschaulichen. Dabei weist die Bezeichnung `leftbox` darauf hin, dass als Höhen der Rechtecke die Werte von $f(x)$ an den *linken* Intervallgrenzen verwendet werden. Der Befehl `leftsum(f(x),x = a..b, n)` bewirkt die Bildung der Integralsumme und liefert eine Näherung des bestimmten Integrals. Man kann sich experimentell überzeugen, dass ein wachsendes n die Näherung verbessert. Neben vielen anderen Befehlen steht auch die SIMPSONsche Regel zur Verfügung. Sie wird durch `simpson(f(x), x = a..b, n)` aktiviert. Dabei bedeutet die *gerade* natürliche Zahl n die Zahl der Teilintervalle. Wird darüber nicht verfügt, setzt der Rechner automatisch $n = 4$.

Beispiel 6.15: *Berechnung unbestimmter Integrale*
Zur Erläuterung wird auf die Beispiele 6.3 und 6.4 zurückgegriffen. Zunächst werden die Integranden definiert, wobei zwei Möglichkeiten gegenüber gestellt werden. Zu beachten ist, dass sie im Integrationsbefehl eine unterschiedliche Behandlung erfordern.

```
> f3:=x->tan(3*x+5):
> f4:=x^2*cos(x):
> int(f3(x),x);
```

$$\frac{1}{6}\ln(3 + 3\tan(3x + 5)^2)$$

```
> int(f4,x);
```

$$x^2 \sin(x) - 2\sin(x) + 2x\cos(x)$$

Entsprechend seiner Herkunft verwendet Maple bei der Ausgabe von Ergebnissen eine Notation, die nicht immer den hiesigen Gepflogenheiten entspricht. So auch beim Integral über `f3`. Um Missverständnisse zu vermeiden, soll darauf hingewiesen werden, dass mit $\tan(3x + 5)^2$ die Funktion $\left(\tan(3x + 5)\right)^2 = \tan^2(3x + 5)$ gemeint ist.

Beispiel 6.16: *Berechnung bestimmter Integrale*
Zur Erläuterung wird das Beispiel 6.7 benutzt. Zunächst scheitert der Versuch, das Integral mit dem Befehl `int` auszuwerten. Man erkennt das daran, dass als Reflex auf `int` das zu lösende Integral ohne weitere Angaben auf dem Bildschirm erscheint. Um in einem solchen Fall dennoch weiter zu kommen, kann über den Befehl `Int` eine numerische Integration veranlasst werden. Dabei sorgt der `evalf`-Befehl dafür, dass eine zahlenmäßige Auswertung erfolgt.

```
> f6:=x*sin(x)/(1+(cos(x))^2):
> int(f6,x=0..Pi);
```

$$\int\limits_{0}^{\pi} \frac{x\sin(x)}{1+\cos(x)^2}\, dx$$

```
> evalf(Int(f6,x=0..Pi));
```

$$2.467401100$$

6.6 Ausgewählte Anwendungen

6.6.1 Einführung

Während es für den Alltagsgebrauch gewöhnlich ausreicht, eine Fläche, d.h. einen Bereich B der x,y-Ebene, durch ihren *Flächeninhalt A* zu kennzeichnen, kommt man in der Statik mit dieser Kenngröße allein nicht mehr aus. Hier ist es vielmehr erforderlich, auch die geometrische Gestalt von B näher zu beschreiben. Soll z.B. berechnet werden, wie sich ein Träger mit dem Querschnitt B unter der Wirkung von Kräften verformt, werden neben A als weitere Kenngrößen noch die *statischen Momente* und die *Trägheitsmomente* benötigt. Von den einfachen Sonderfällen des Abschnitts 3.3 abgesehen, müssen dazu Integrale ausgewertet werden. In den Abschnitten 6.6.2 bis 6.6.4 werden die Begriffe definiert, in Formeln gefasst und auf Beispiele angewandt.

6.6.2 Statisches Moment und Schwerpunkt ebener Flächenstücke

Einführung

Wirkt die Einzelkraft $\vec{F}$ auf einen drehbar gelagerten flächenhaften Körper, so entsteht das Drehmoment $\vec{M} = \vec{r} \times \vec{F}$, wobei der Hebelarm $\vec{r}$ den Drehpunkt mit dem Angriffspunkt der Kraft verbindet (s. Abschnitt 2.4.5). Von besonderer Bedeutung ist der Fall, bei dem als Kraft die Schwerkraft $\vec{F} = m\vec{g}$ wirkt. Formales Einsetzen liefert dann $\vec{M} = m\vec{r} \times \vec{g}$ und es entsteht die Frage nach dem Angriffspunkt dieser Kraft. Dieses Problem hängt mit dem besonderen Charakter der Schwere als Massenkraft zusammen. Sie resultiert aus den Beiträgen der faktisch kontinuierlich verteilten atomaren Bausteine des Körpers und besitzt daher im Gegensatz zu einer Einzelkraft keinen von vornherein klar definierten Angriffspunkt. Nach einem in der Praxis vielfach bestätigten und von der Theorie untermauerten Befund lässt sich das Verhalten eines Körpers unter der Wirkung der Schwere oder anderer Massenkräfte dadurch beschreiben, dass der reale Körper durch einen punktförmigen fiktiven Körper gleicher Masse im *Schwerpunkt S* des realen Körpers ersetzt wird, wobei die Resultierende der Kräfte in S angreift. Besitzt S den Ortsvektor $\vec{r}_S$, so kann die Gleichung für das Drehmoment der Schwerkraft daher zu

$$\vec{M} = m\vec{r}_S \times \vec{g} \tag{6.23}$$

präzisiert werden.

Das statische Moment eines Massenpunktes

Eine praktische Bedeutung erlangt das Schwerpunkt-Konzept natürlich erst dann, wenn es gelingt, die Lage von S zu bestimmen. Die Berechnung des Ortsvektors $\vec{r}_S$ von S stellt das eigentliche Problem bei der Ermittlung des Drehmoments einer Massenkraft dar und führt über den Begriff des statischen Moments. Die Einführung dieser mechanischen Größe lässt sich durch die Feststellung motivieren, dass für das Drehmoment der Schwerkraft nach Gl. (6.23) in erster Linie der Vektor $m\vec{r}_S$ spezifisch ist. Zwar tritt auch die Erdbeschleunigung $\vec{g}$ auf, sie ist aber für alle Körper gleich und stellt daher kein individuelles Merkmal des Körpers dar.

Definition 6.6: *Statisches Moment*
Ist m die Masse eines als Punkt idealisierten Körpers mit dem Ortsvektor $\vec{r} = x\vec{e}_1 + y\vec{e}_2$, so nennt man den Vektor $m\vec{r}$ *statisches Moment* des Körpers bezüglich des Koordinatenursprungs. Insbesondere heißen die durch

$$m\vec{r} = m(x\vec{e}_1 + y\vec{e}_2) = mx\vec{e}_1 + my\vec{e}_2 = m_y\vec{e}_1 + m_x\vec{e}_2$$

gegebenen Koordinaten m_y bzw. m_x statische Momente bezüglich der y- bzw. der x-Achse. ♦

Das statische Moment eines Bereiches in Bezug auf die y-Achse

Der Bereich B, in den Anwendungen handelt es sich häufig um den Querschnitt eines Trägers, werde begrenzt von der x-Achse, zwei Parallelen zur y-Achse im Abstand a, b und dem Graphen der Funktion $y = f_o(x)$. Ferner sei zunächst $f_o(x) \geq 0$ im Intervall $[a,b]$. Um das statische Moment von B zu ermitteln, wird der Bereich nach Bild 6.1 in Streifen parallel zur y-Achse zerlegt. Das Moment der Fläche setzt sich additiv aus den Beiträgen der Flächenelemente zusammen. Letztere sind am oberen Rand krummlinig begrenzt. Betrachtet man sie näherungsweise als Rechtecke, deren Masse Δm_i im Schwerpunkt konzentriert ist, stellt $\Delta m_{yi} = x_i \Delta m_i$ das statische Moment eines Flächenelements dar. Besitzt B die Flächendichte ρ, so gilt weiter $\Delta m_i = \rho \cdot \Delta A_i$, wobei $\Delta A_i = f_o(x_i)\Delta x_i$ der Inhalt des rechteckigen Flächenelements ist. Bei einem homogenen Körper, dessen Dichte konstant ist, kann man vereinfachend auf die Berücksichtigung von ρ verzichten. Als statisches Moment des Flächenelements folgt dann (in geringfügiger Abänderung der Begriffsbestimmung aber bei Beibehaltung der bisherigen Bezeichnungsweise)

$$\Delta m_{yi} = x_i f_o(x_i)\Delta x_i \,.$$

Für das statische Moment der gesamten Fläche gilt näherungsweise

$$m_y \approx \sum_{i=1}^{n} x_i f_o(x_i)\Delta x_i \,.$$

Eine feinere Zerlegung führt zu einer besseren Näherung. Mit unbegrenzt feiner werdender Zerlegung des Intervalls $[a,b]$ entsteht aus der Integralsumme das bestimmte Integral

$$m_y = \int_a^b x f_o(x)dx \,. \tag{6.24a}$$

Die Verallgemeinerung auf Flächenstücke, die unten nicht durch die x-Achse, sondern durch eine zweite Funktion $f_u(x)$ begrenzt werden, liegt auf der Hand. Ist für alle x aus $[a,b]$ immer $f_o(x) \geq f_u(x)$, so gilt

$$m_y = \int_a^b x\bigl(f_o(x) - f_u(x)\bigr)dx \ . \tag{6.24b}$$

Da in das so definierte statische Moment die Dichte ρ als Ausdruck der Stoffeigenschaften des Bereichs B nicht eingeht, ist m_y eine rein geometrische Größe. Sie wird in der Mechanik benutzt, um B über die bloße Angabe des Inhalts hinaus genauer zu kennzeichnen. Das statische Moment m_y lässt sich selbstverständlich auch als Bereichsintegral darstellen. Man erhält dann die einprägsame und physikalisch aussagekräftige Formel

$$m_y = \iint_B x\,dA \ . \tag{6.25}$$

Das statische Moment eines Flächenstücks bezüglich der x-Achse

In analoger Weise gilt für das statische Moment eines Bereiches B bezüglich der x-Achse bei konstanter Flächendichte die Formel

$$m_x = \iint_B y\,dA \ . \tag{6.26}$$

Handelt es sich um den Normalbereich nach Definition 6.4, so kann das Bereichsintegral in das Doppelintegral

$$m_x = \int_a^b \int_{f_u(x)}^{f_o(x)} y \cdot dy\,dx = \frac{1}{2}\int_a^b y^2 \Big|_{f_u}^{f_o} dx = \frac{1}{2}\int_a^b \bigl(f_o^2(x) - f_u^2(x)\bigr)\cdot dx$$

überführt werden.

Beispiel 6.17: *Statische Momente und Doppelintegrale*
Für den Querschnitt nach Bild 6.9 sind die statischen Momente in Bezug auf die Achsen eines kartesischen Koordinatensystems zu berechnen, dessen Ursprung im Scheitel der Parabel $y = ax^2$ liegt und dessen y-Achse mit der Symmetrieachse zusammenfällt.

Der Integrationsbereich besitzt die Darstellung

$$B = \Bigl\{(x, y)\Big| -0{,}1 \leq x \leq 0{,}1, \quad ax^2 \leq y \leq 0{,}2 \Bigr\},$$

wobei sich der Parameter aus dem Punkt $P(0.1, 0.2)$ zu $a = 20$ ergibt. Für m_y folgt über

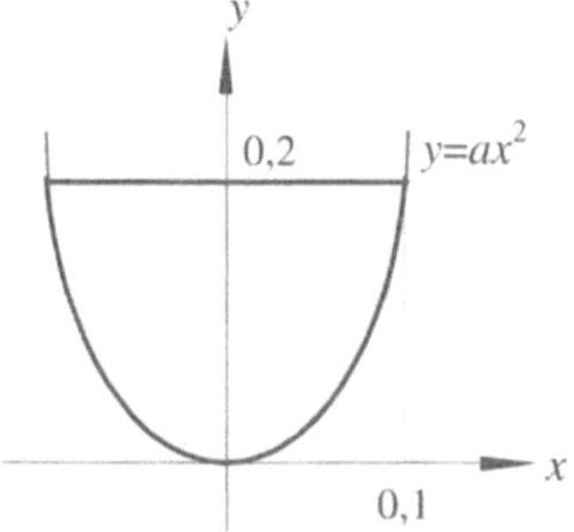

Bild 6.9 Querschnitt eines Trägers

$$m_y = \iint_B x \cdot dA = \int_{-0.1}^{0.1} \int_{20x^2}^{0.2} x \cdot dy\,dx = \int_{-0.1}^{0.1} x\bigl(0.2 - 20x^2\bigr)\cdot dx = 0$$

ein Ergebnis, das aufgrund der *Symmetrieverhältnisse* von B zu erwarten war. Als statisches Moment bezüglich der x-Achse ergibt sich

$$m_x = \iint_B y \cdot dA = \frac{1}{2} \int_{-0.1}^{0.1} \left(0.04 - 400x^4 \right) dx = 3.2 \cdot 10^{-3} \, m^3 \, . \; \blacklozenge$$

Momente erster Ordnung

Die äußere Gestalt der Formeln (6.25) und (6.26) für die statischen Momente m_x und m_y unterscheidet sich erheblich. Dessen ungeachtet ist ihnen eine Eigenschaft gemeinsam, die vor allem in der Darstellung als Bereichsintegrale deutlich hervortritt: Die Abstände zur Bezugsachse gehen jeweils in der ersten Potenz ein. Wegen dieser Eigenschaft heißen die statischen Momente auch *Momente erster Ordnung*. Als physikalische Größen haben die Momente eine *Dimension*. Da sie aus dem Produkt eines Abstandes mit einer Fläche hervorgehen, ist es die Dimension eines Volumens. Wird als Längeneinheit das Meter (m) benutzt, so ist die *Maßeinheit* der statischen Momente m^3. Sie sind für die Tragwerksstatik von großer Bedeutung und werden dort u. a. zur Bestimmung des Schwerpunktes einer Querschnittsfläche benötigt.

Der Schwerpunkt

Bei vielen Fragestellungen der Mechanik kann ein ausgedehnter realer Körper gedanklich durch den fiktiven Massenpunkt S, seinen Schwerpunkt, ersetzt werden. Um zu einer quantitativen Fassung des Begriffs zu gelangen, wird gefordert, dass das statische Moment von S bezüglich eines beliebigen Bezugspunktes dem des realen Körpers bezüglich des gleichen Punktes entspricht. Sind x_s, y_s die (unbekannten) Koordinaten des Schwerpunkts S eines flächenhaften Körpers B mit dem Flächeninhalt A, so ergeben sich aus dieser Forderung im Spezialfall konstanter Dichte die definierenden Gleichungen

$$A \cdot x_s = m_y \, , \; A \cdot y_s = m_x \, , \tag{6.27}$$

die mit einer der angegebenen Formeln für die Momente m_x, m_y eines Bereiches auszuwerten sind. Als wichtige Schlussfolgerung folgt daraus, dass die Momente m_{xs}, m_{ys} von B bezüglich des Schwerpunktes Null sind. Dies soll für das Moment m_{ys} gezeigt werden. Eine Umformung der definierenden Gleichung liefert

$$0 = m_y - x_s A = \iint_B x dA - x_s A = \iint_B x dA - \iint_B x_s dA = \iint_B (x - x_s) dA \, .$$

Da $x - x_s$ der Abstand eines Flächenelements dA vom Schwerpunkt ist, stellt das rechte Integral das Moment m_{ys} dar. Eine analoge Rechnung ist auch bei m_{xs} möglich.

Beispiel 6.18: *Schwerpunktberechnung mit Doppelintegralen*
Um den Schwerpunkt des Flächenstücks aus dem Beispiel 6.17 zu ermitteln, wird neben den bereits bekannten Momenten noch der Flächeninhalt

$$A = \iint_B dA = \int_{-0.1}^{0.1} \int_{20x^2}^{0.2} dy dx = \int_{-0.1}^{0.1} (0.2 - 20x^2) dx = \frac{8}{3} \cdot 10^{-2} m^2$$

benötigt. Damit ergeben sich die Schwerpunktskoordinaten zu

$$x_S = \frac{m_y}{A} = 0 \, , \quad y_S = \frac{m_x}{A} = 0.12 \, m .$$

6.6.3 Das Flächenträgheitsmoment

Einführung

Wird ein Träger belastet, so verformt er sich.
Dabei werden gewisse Schichten gedehnt und
andere zusammengedrückt. Wenn keine Kräfte in
Längsrichtung wirken, so existiert eine Schicht,
die ihre Länge nicht ändert. Sie heißt *Nullschicht*
N. Das Bild 6.10 veranschaulicht die Verhältnisse, wenn als äußere Belastung nur ein Drehmoment M_x um die *x*-Achse wirkt und der Ursprung des Koordinatensystems im Schwerpunkt
der Fläche liegt. Die elastischen Verformung ruft
im Körper eine Biegespannung σ hervor. Zur
Berechnung von σ benötigt man das Flächenträgheitsmoment als weitere Flächenkenngröße.
Es soll nun an Hand der in Bild 6.10 gezeigten
Situation eingeführt werden.

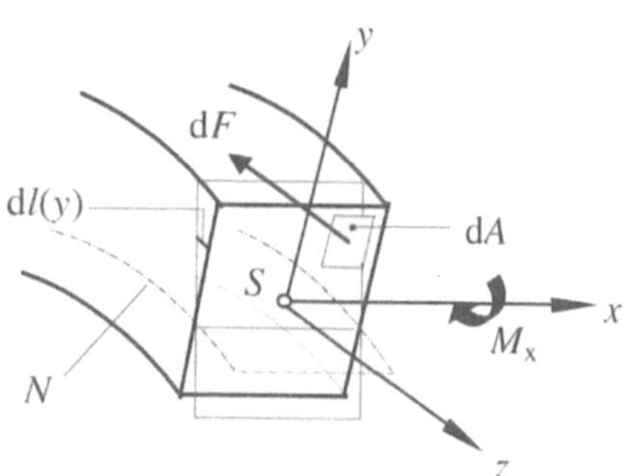

Bild 6.10 Flächenträgheitsmoment

Die Biegespannung σ erzeugt ihrerseits ein Drehmoment, das M_x einen Widerstand entge-
gensetzt. Die Verformung schreitet bei wachsendem σ so lange fort, bis dieses Moment mit
dem von außen aufgeprägten Moment im Gleichgewicht steht. Es leuchtet ein, dass das innere
Moment nicht nur von der stofflichen Beschaffenheit des Trägers, sondern auch von der Quer-
schnittsgeometrie abhängt. Daher interessiert die Frage, welche Geometriegrößen für die Wi-
derstandsfähigkeit eines Trägers maßgebend sind. Die Grundlage dafür bietet das HOOKEsche
Gesetz (6.16). Danach ist die in einen bestimmten Punkt des Querschnitts auftretende Spannung $\sigma(y)$ gemäß $\sigma(y) \sim dl(y)$ proportional zur dort eingetretenen Längenänderung $dl(y)$.
Bei kleinen Verformungen bleibt der Querschnitt des Trägers eben (BERNOULLIsche Hypothese). Dann ist die Längenänderung

$$dl(y) = \alpha_0 + \alpha_1 y$$

eine lineare Funktion von *y*. Das überträgt sich auf σ. Mit einem durch das HOOKEsche Gesetz gegebenen Proportionalitätsfaktor *K* gilt

$$\sigma(y) = K dl(y) = K(\alpha_0 + \alpha_1 y) .$$

Diese lineare Abhängigkeit von *y* ist auch für die mit der Verformung einhergehenden Kräfte
kennzeichnend. Für die auf das Flächenelement dA wirkende Kraft dF erhält man

$$dF = \sigma(y) dA = K(\alpha_0 + \alpha_1 y) dA \, ,$$

wobei die Kraft dF zu dA orthogonal ist. Nach Voraussetzung wirkt keine äußere Kraft in Richtung der Trägerachse. Daher muss die auf den Querschnitt wirkende Gesamtkraft

$$\iint_B dF = \iint_B \sigma \cdot dA = K\alpha_0 \iint_B dA + K\alpha_1 \iint_B y \cdot dA = 0$$

verschwinden. Beim Integral $\iint y \cdot dA$ handelt es sich um das statische Moment m_{xs} des Querschnitts B bezüglich der x-Achse. Sie verläuft durch den Schwerpunkt. Daher trägt dieses Integral nicht zur Summe bei. Dann aber muss auch der erste Anteil gleich Null sein. Und dies bedeutet $\alpha_0 = 0$. Damit verläuft die Nullschicht durch den Schwerpunkt des Querschnitts. Für das von dF erzeugte Drehmoment dM gilt dann $dM = ydF = y\sigma \cdot dA = K\alpha_1 y^2 \cdot dA$. Das Gesamtmoment ergibt sich durch Integration über den Träger-Querschnitt B. Es wird maßgebend durch die nur von der Gestalt von B abhängige Größe

$$I_x = \iint_B y^2 dA \tag{6.28}$$

bestimmt. Sie heißt *Trägheitsmoment* bezüglich der x-Achse.

Beispiel 6.19: *Trägheitsmoment eines Doppel-T-Trägers bezüglich der x-Achse*
Da das Profil symmetrisch zur x-Achse ist, reicht es aus, die obere Hälfte B zu betrachten. Wird diese in elementefremde Teilbereiche

$$B_1 = \{(x,y),\ -a_1 \le x \le a_1,\ 0 \le y \le h_1\},$$

$$B_2 = \{(x,y),\ -a_2 \le x \le a_2,\ h_1 \le y \le h_1 + h_2\}$$

mit $B = B_1 \cup B_2$ zerlegt, dann gilt nach Gl. (6.28)

$$\tfrac{1}{2}I_x = \iint_B y^2 dA = \iint_{B_1} y^2 dA + \iint_{B_2} y^2 dA .$$

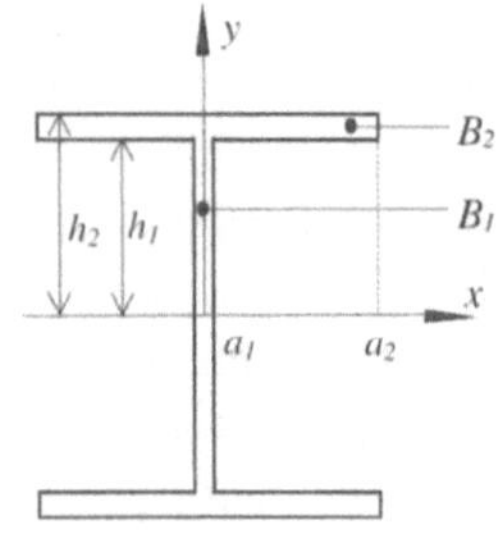

Bild 6.11 Doppel-T-Profil

Damit ergibt sich

$$I_{x1} = \iint_{B_1} y^2 dA = \int_{-a_1}^{a_1}\int_0^{h_1} y^2 dy\,dx = \tfrac{2}{3}a_1 h_1^3 ,\quad I_{x2} = \iint_{B_2} y^2 dA = \int_{-a_2}^{a_2}\int_{h_1}^{h_2} y^2 dy\,dx = \tfrac{2}{3}a_2\left(h_2^3 - h_1^3\right).$$

Insgesamt folgt

$$I_x = \tfrac{4}{3}a_1 h_1^3\left[1 + \frac{a_2}{a_1}\left(\frac{h_2^3}{h_1^3} - 1\right)\right].$$

Da sich h_2 nur wenig von h_1 unterscheidet, wird das Trägheitsmoment I_x des Profils vor allem vom vertikalen Bereich B_1 (dem Steg) bestimmt.

Flächenträgheitsmomente und ihre Grundeigenschaften

Werden die einleitenden Überlegungen auf eine Biegung um die y-Achse übertragen, so tritt als dafür maßgebender Flächenkennwert das Flächenträgheitsmoment

$$I_y = \iint_B x^2 \, dA \tag{6.29}$$

in Erscheinung. Bei der Biegung um eine in der Querschnittsebene gelegene aber sonst beliebige Achse kommt schließlich noch das *Deviationsmoment* I_{xy} hinzu (s. Abschnitt 3.3). Insgesamt gelangt man zur

Definition 6.7: *Flächenträgheitsmomente*
Als *axiale* Trägheitsmomente der beschränkten ebenen Fläche B bezeichnet man die Größen

$$I_x = \iint_B y^2 \, dA \,, \quad I_y = \iint_B x^2 \, dA \,.$$

Sie beziehen sich auf die x- bzw. y-Achse. Das *Deviationsmoment* ist gegeben durch

$$I_{xy} = \iint_B xy \, dA \,. \blacklozenge$$

Diese Definitionen gelten an sich für eine beliebige Lage des Koordinatensystems. Daher sind die Trägheitsmomente sowohl von der Gestalt von B als auch von der Wahl des Koordinatensystems abhängig. Für die Biegespannungen in einem Träger sind allerdings diejenigen Flächenträgheitsmomente maßgebend, die auf ein Koordinatensystem mit dem Ursprung im Schwerpunkt S bezogen sind. Durch geeignete Drehung des Koordinatensystems lässt sich dann erreichen, dass das Deviationsmoment Null ist. Die auf diese Achsen bezogenen axialen Trägheitsmomente nennt man *Hauptträgheitsmomente*. Trägheitsmomente besitzen die folgenden Grundeigenschaften:

a) Für Trägheitsmomente ist entweder das Quadrat des Abstandes eines Flächenelements von der Bezugsachse oder das Produkt der Abstände von den Bezugsachsen maßgebend. Sie stellen daher *Momente zweiter Ordnung* dar. Axiale Trägheitsmomente sind immer positiv.

b) Das Trägheitsmoment einer durch Geraden begrenzten Fläche kann aus den Koordinaten der Eckpunkte berechnet werden (vgl. Abschnitt 3.3).

c) Da sich der Integrationsbereich B eines Bereichsintegrals in Teilbereiche zerlegen lässt, kann das Trägheitsmoment einer Fläche durch Addition der Trägheitsmomente von Teilflächen ermittelt werden. Dabei müssen alle beteiligten Trägheitsmomente die gleiche Bezugsachse besitzen. Dieser Umstand ermöglicht es dem Praktiker, das Trägheitsmoment eines Profils aus den bekannten Trägheitsmomenten einfacherer Bestandteile aufzubauen. Da gewöhnlich die Hauptträgheitsmomente zur Verfügung stehen (bzw. nachgeschlagen werden können), muss die Verlagerung der Bezugsache in Rechnung gesetzt werden.

d) Dazu dient der von J. STEINER (1796-1863) angegebene

Satz 6.8: Das Flächenträgheitsmoment I eines ebenen Bereiches bezüglich einer beliebigen Achse ist gleich dem Hauptträgheitsmoment I_S bezüglich einer dazu parallelen Achse (durch den Schwerpunkt) vermehrt um das Produkt von Gesamtfläche und dem Quadrat des Abstands

$$a \text{ beider Achsen: } I = I_S + a^2 A \,. \blacklozenge \tag{6.30}$$

Beispiel 6.20: *Zur Anwendung des STEINERschen Satzes*
Das Flächenträgheitsmoment des Profils aus dem Beispiel 6.19 ist bezüglich der x-Achse aus den vorgegebenen Hauptträgheitsmomenten zu berechnen.

Das Hauptträgheitsmoment eines Rechtecks der Breite b und der Höhe h ist gegeben durch

$$I_{xS} = \frac{1}{12} b \cdot h^3 .$$
(6.31)

Bezugsachse BA ist die Symmetrieachse des Profils. Da der Schwerpunkt in beiden Fällen außerhalb von BA liegt, kann die angegebene Formel nicht direkt angewandt werden. Vielmehr muss der STEINERsche Satz (6.30) berücksichtigt werden. Das liefert beim Bereich B_1 (es handelt sich um die Hälfte des Steges, dessen Schwerpunkt den Abstand $0.5 \cdot h_1$ zu BA besitzt)

$$I_{x1} = \frac{1}{6} a_1 h_1^3 + \left(\frac{h_1}{2}\right)^2 2a_1 h_1 = \frac{2}{3} a_1 h_1^3 .$$

Für den Bereich 2 erhält man

$$I_{x2} = \frac{1}{6} a_2 (h_2 - h_1)^3 + \frac{1}{4}(h_1 + h_2)^2 2a_2 (h_2 - h_1) = \frac{2}{3} a_2 \left(h_2^3 - h_1^3\right).$$

Damit ergibt sich als Trägheitsmoment des Profils

$$I_{ges} = 2(I_{x1} + I_{x2}) = \frac{2}{3} a_1 h_1^3 \left[1 + \frac{a_2}{a_1}\left(\frac{h_2^3}{h_1^3} - 1\right)\right] . \; \blacklozenge$$

6.6.4 Übungsaufgaben

6.15: Eine Fläche wird begrenzt durch die Parabel $f_u(x) = x^2$ und die Gerade $f_o(x) = 1$. Man berechne:
a) Die Koordinaten des Schwerpunkts,
b) die axialen Hauptträgheitsmomente.
Lösung: $S(0, \frac{3}{5})$, $I_{xs} = \frac{16}{175}$, $I_{ys} = \frac{4}{15}$.

6.16: Ein quadratisches Profil besitzt die Kantenlänge $a_0 = 0.1\,m$. Man vergleiche sein axiales Hauptträgheitsmoment I_{xs} mit dem eines quadratischen Hohlprofils, welches bei einer Wanddicke von $d = 8 \cdot 10^{-3}\,m$ bei gleichem Materialeinsatz pro Längeneinheit gefertigt wird. Man ermittle dazu zunächst die Kantenlänge a_1 des Hohlprofils.
Lösung: $a_1 = 0.3205\,m$, $I_{xs0} = 8.3333 \cdot 10^{-6}\,m^4$, $I_{sx1} = 1.6287 \cdot 10^{-4}\,m^4$.

6.17: Nach der zweiten GULDINschen Regel ergibt sich das Volumen V eines Körpers, der durch Rotation eines ebenen Gebietes B um eine B nicht schneidende Achse entsteht, gemäß $V = 2\pi r \cdot A$ aus der Fläche A von B und dem Umfang $2\pi r$ des Kreises, den der Schwerpunkt von B bei der Drehung beschreibt. Der Bereich B wird von den Funktionen $f_u(x) = (x - 2)^2 + 3.5$ und $f_o(x) = 4\sqrt{x}$ begrenzt.
Man berechne das Volumen des Körpers, der durch Rotation von B um die x-Achse entsteht.
Lösung: Abszissen der Schnittpunkte der Kurven $a = 1.131$, $b = 4.158$, $A = 5.24$, $m_x = 28.28$, $y_s = r = 5.39$, $V = 177.66$.

7 Differentialgleichungen

Technische Problemstellungen lassen sich oft durch Gleichungen beschreiben, die eine zu berechnende Funktion und ihre Ableitungen enthält. So genügt die Funktion $y(x)$, welche die Form einer durchhängenden Kette beschreibt, der Gleichung

$$y'' = \frac{1}{a}\sqrt{1 + y'^2} \qquad (7.1)$$

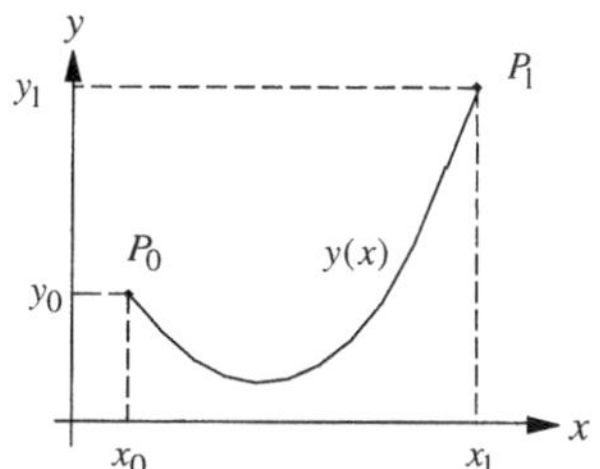

Bild 7.1 Kettenlinie

Eine solche Gleichung wird als *Differentialgleichung* bezeichnet. Durch die Gleichung ist die gesuchte Funktion aber nicht eindeutig beschrieben. Das geschieht erst durch die Vorgabe weiterer Bedingungen. Im Falle der Kettenlinie könnten das

$$y(x_0) = y_0 \quad \text{und} \quad y(x_1) = y_1 \qquad (7.2)$$

sein, wenn die gesuchte Funktion durch die Punkte P_0 und P_1 verlaufen soll, in denen die Kette aufgehängt ist.

7.1 Einführung

Die Anwendung der Differentialrechnung auf Probleme der Mechanik führt oft, wie im nächsten Abschnitt gezeigt wird, auf Differentialgleichungen. Im Zusammenhang mit solchen Problemen wurde eine Theorie der Differentialgleichungen vor allem von Leonard EULER (1707-1783) und den Brüdern Jakob *Bernoulli* (1654-1705) und Johann *Bernoulli* (1667-1748) entwickelt.

Definition 7.1: *Differentialgleichung*
Als Differentialgleichung wird eine Gleichung der Form

$$f\left(x, y(x), y'(x), ..., y^{(n)}(x)\right) = 0 \qquad (7.3)$$

bezeichnet. Die natürliche Zahl n heißt die Ordnung der Differentialgleichung. ♦

Eine Differentialgleichung *lösen* heißt, Funktionen $y(x)$ zu finden, die (7.3) erfüllen. Die vollständige Lösung einer Differentialgleichung wird nur in wenigen speziellen Fällen möglich sein. Einige davon werden in diesem Kapitel betrachtet. Darüber hinaus gibt es eine Vielzahl von *numerischen Lösungsmethoden*, von denen zwei beschrieben werden.

Beispiel 7.1: $y' = y$

Offensichtlich erfüllt die Funktion $y = ce^x$, wobei c eine beliebige reelle Zahl ist, die Gleichung, denn es gilt auch $y' = ce^x$. Weitere Lösungen der Differentialgleichung existieren nicht. ♦

Eine Differentialgleichung hat, wie in dem Beispiel 7.1, meist *unendlich viele* Lösungen. Daher wird als *allgemeine Lösung* die Gesamtheit aller Lösungen bezeichnet. Oft kann man die allgemeine Lösung in der Form $y = y(x, c_1, c_2, ..., c_n)$ aufschreiben, wobei $c_1, c_2, ..., c_n$ als *Integrationskonstanten* bezeichnet werden. In der Regel wird nur eine *spezielle Lösung* gesucht, die neben der Differentialgleichung auch noch sogenannte *Anfangs-* oder *Randbedingungen* erfüllt. Zur Berechnung der Integrationskonstanten werden n Bedingungen benötigt. Beziehen sich diese nur auf eine Stelle $x = x_0$, wird von Anfangsbedingungen gesprochen. Diese haben oft die Form

$$y(x_0) = y_0, \ y'(x_0) = y_0', ..., y^{(n-1)}(x_0) = y_0^{(n-1)}.$$

Von Randbedingungen wird gesprochen, wenn sich die Bedingungen auf mindestens zwei Stellen beziehen. Beispiele dafür sind

$$y(x_0) = y_0, \ y(x_1) = y_1$$

oder

$$y(x_0) = y(x_1), \ y'(x_0) = y'(x_1).$$

Die einfachste Form einer Differentialgleichung ist

$$y^{(n)}(x) = g(x). \tag{7.4}$$

In ihr kommt nur *eine* Ableitung der gesuchten Funktion vor. Solche Differentialgleichungen können durch n-malige Integration gelöst werden, wenn die Funktion $y = g(x)$ hinreichend oft integrierbar ist.

Die Begriffsbildungen sollen jetzt an einer konkreten Aufgabenstellung erläutert werden. Dazu werde ein Träger, wie in Bild 7.2 dargestellt, betrachtet. Beziehungen zwischen einer *stetigen Belastung* $q(x)$, der *Querkraftfunktion* $Q(x)$ und der *Momentenfunktion* $M(x)$ sollen hergeleitet werden. Dazu wird ein hinreichend kleiner Trägerteil der Länge $\Delta x = dx$ herausgeschnitten. Die Herleitung der Formeln soll einmal über Differenzen und einmal über Differentiale erfolgen. In 5.3.1 wurde gezeigt, dass für hinreichend kleine Δx $\Delta f = f(x + \Delta x) - f(x) \approx df$ bzw. $f(x + \Delta x) \approx f(x) + df$ gilt.

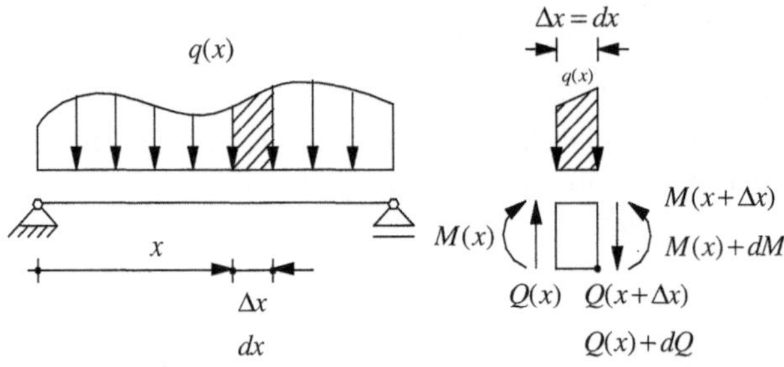

Bild 7.2 Schnittgrößen

Die *Gleichgewichtsbedingungen* ergeben

$$Q(x+\Delta x)-Q(x)+q(x)\Delta x=0\,, \qquad\qquad Q(x)+dQ-Q(x)+q(x)dx=0\,,$$

$$M(x+\Delta x)-M(x)-Q(x)\Delta x+\tfrac{1}{2}q(x)\Delta x^2=0\,. \qquad M(x)+dM-M(x)-Q(x)dx+\tfrac{1}{2}q(x)dx^2=0\,.$$

Werden beide Gleichung durch Δx bzw. dx dividiert, folgen

$$\frac{Q(x+\Delta x)-Q(x)}{\Delta x}=-q(x)\,, \qquad\qquad \frac{dQ}{dx}=-q(x)\,,$$

$$\frac{M(x+\Delta x)-M(x)}{\Delta x}=Q(x)-\tfrac{1}{2}q(x)\Delta x\,. \qquad\qquad \frac{dM}{dx}=Q(x)-\tfrac{1}{2}q(x)dx\,.$$

Der Grenzwert $\Delta x\to 0$ liefert

Da dx hinreichend klein gewählt wurde, kann das Glied mit dx vernachlässigt werden.

$$Q'(x)=-q(x)\,, \qquad\qquad\qquad Q'(x)=-q(x)$$

$$M'(x)=Q(x)\,. \qquad\qquad\qquad M'(x)=Q(x)$$

Damit gelten die folgenden Zusammenhänge:

$$Q'(x)=-q(x)\,, \qquad\qquad M'(x)=Q(x)\,, \qquad\qquad M''(x)=-q(x)\,. \qquad (7.5)$$

Die Momentenfunktionen der in Bildern 7.3 und 7.4 dargestellten Träger sollen jetzt berechnet werden.

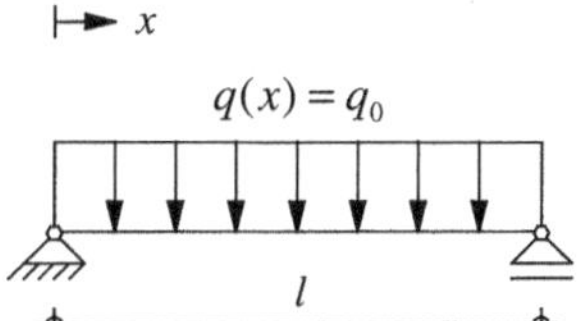

Bild 7.3 Einfeldträger

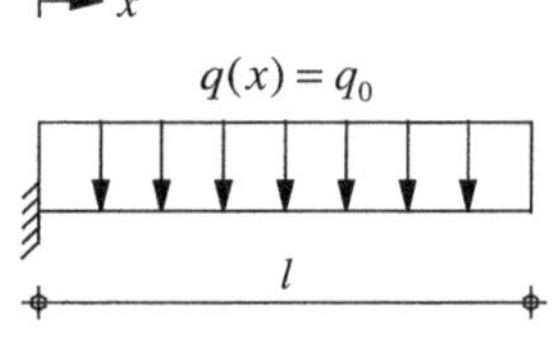

Bild 7.4 Kragträger

Die skizzierten Träger unterscheiden sich nur in der Art der Lagerung. Es ist in beiden Fällen die Differentialgleichung $M''(x)=-q_0$ zu lösen. Die allgemeine Lösung kann durch zweimaliges Integrieren bestimmt werden.

Bei jeder Integration tritt eine neue Integrationskonstante auf:

$$M'(x)=-q_0 x+c_1 \qquad\text{und}\qquad M(x)=-\tfrac{1}{2}q_0 x^2+c_1 x+c_2\,.$$

Die spezielle Lösung hängt von der jeweiligen Lagerungsart ab. Die Randbedingungen sind

$$M(0)=0 \ \text{und}\ M(l)=0\,. \qquad\qquad M(l)=0 \ \text{und}\ M'(l)=0\,.$$

Daraus errechnen sich die Integrationskonstanten:

$$M(0)=c_2=0\,, \qquad\qquad M(l)=-\tfrac{1}{2}q_0 l^2+c_1 l+c_2=0\,,$$

$$M(l)=-\tfrac{1}{2}q_0 l^2+c_1 l+c_2=0\,, \qquad\qquad M'(l)=-q_0 l+c_1=0\,,$$

$$c_1=\tfrac{1}{2}q_0 l \ \text{und}\ c_2=0\,. \qquad\qquad c_1=q_0 l \ \text{und}\ c_2=-\tfrac{1}{2}q_0 l^2\,.$$

Die Momentenfunktion lautet dann

$$M(x) = \tfrac{1}{2} q_0 x (l - x). \qquad\qquad\qquad M(x) = -\tfrac{1}{2} q_0 \left(x^2 - 2lx + l^2 \right).$$

Die Lösung einer Differentialgleichung erfolgt in der Regel, wie gerade gezeigt, in folgenden Schritten:

1. Aufstellen der Differentialgleichung.

2. Bestimmen der allgemeinen Lösung $y = y(x, c_1, c_2, ..., c_n)$.

3. Aufstellen von n Randbedingungen.

4. Einsetzen der allgemeinen Lösung in die Randbedingungen und Lösen des dabei entstehenden Gleichungssystems in $c_1, c_2, ..., c_n$.

5. Integrationskonstanten in die allgemeine Lösung eingesetzt, ergibt die spezielle Lösung des Problems.

7.2 Aufstellen

In diesem Abschnitt soll an zwei Beispielen gezeigt werden, wie Differentialgleichungen aufgestellt werden können. Im Abschnitt 7.1 wurde das Vorgehen an der Differentialgleichung für die Momentenfunktion demonstriert. In vielen Fällen geschieht das auf ähnliche Weise, es werden hinreichend kleine Teilstücke oder hinreichend kleine Zeiträume herausgegriffen, die dann näher untersucht werden. Durch einen Grenzübergang wird eine Differentialgleichung erhalten.

Beispiel 7.2: *Stütze*
Eine kreisförmige Stütze der Höhe h hat außer ihrer Eigenlast ρ eine konstante Auflast F_0 aufzunehmen. Unter der Voraussetzung gleicher Normalspannungen in jedem Querschnitt ist die Begrenzungsfunktion $y = f(x)$ zu berechnen. Das Problem des Stabknickens soll unberücksichtigt bleiben.

Für jeden Querschnitt der Stütze muss mit der Kraft $G(x)$ (F_0 und Gewichtskraft) an einer beliebigen Stelle x gelten:

$$\frac{G(x)}{A(x)} = \sigma_0 \quad \text{und speziell} \quad \frac{F_0}{A_0} = \sigma_0.$$

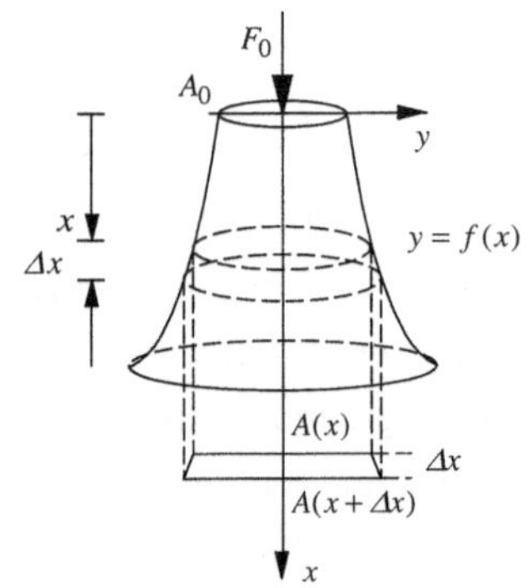

Bild 7.5 Stütze

Aus der Stütze werde eine Scheibe der Höhe Δx herausgeschnitten. Δx sei hinreichend klein gewählt, damit die Scheibe näherungsweise als Zylinder angesehen werden kann. Für die Gewichtskraft des Zylinders und die Flächenzunahme muss ebenfalls

$$\frac{\Delta G}{\Delta A} = \sigma_0$$

gelten.

Da

$$\Delta G = \pi \cdot \rho \cdot \Delta x \cdot f^2(x)$$

und

$$\Delta A = \pi \left(f^2(x+\Delta x) - f^2(x) \right) = \pi \left(f(x+\Delta x) - f(x) \right)\left(f(x+\Delta x) + f(x) \right)$$

folgt

$$\Delta G = \pi \cdot \rho \cdot \Delta x \cdot f^2(x) = \sigma_0 \pi \left(f(x+\Delta x) - f(x) \right)\left(f(x+\Delta x) + f(x) \right).$$

Daraus ergibt sich

$$\frac{f(x+\Delta x) - f(x)}{\Delta x} = \frac{\rho}{\sigma_0}\left(\frac{f^2(x)}{f(x+\Delta x) + f(x)} \right).$$

Der Grenzübergang $\Delta x \to 0$ liefert dann die gesuchte Gleichung

$$f'(x) = \frac{\rho}{2\sigma_0} f(x). \tag{7.6}$$

Die Differentialgleichung wird im nächsten Abschnitt gelöst. ♦

Die letzte Differentialgleichung wurde über Differenzenquotienten aufgestellt. Ein Grenzübergang führte dann zu der Differentialgleichung. Eine andere Vorgehensweise besteht darin, mit Differentialen zu rechnen. Nach 5.3.1 gilt für hinreichend kleine Δx

$$\Delta f = f(x+\Delta x) - f(x) \approx df \qquad \text{bzw.} \qquad f(x+\Delta x) \approx f(x) + df .$$

Beispiel 7.3: *Kettenlinie*
Die Differentialgleichung der *Kettenlinie* nach Bild 7.1 soll hergeleitet werden. *Ketten* und *Seile* zeichnen sich dadurch aus, dass sie in guter Näherung nur *Zugkräfte* übertragen, die in jedem Punkt tangential wirken. Um die Differentialgleichung der Kettenlinie unter Eigenlast herzuleiten, wird aus der Kettenlinie ein infinitesimales Element der Länge ds herausgeschnitten.
Aus Bild 7.6 ergeben sich dann die Gleichgewichtsbedingungen

$$H + dH - H = 0 ,$$

$$V + dV - V - qds = 0 ,$$

$$-Vdx + Hdy - qds\,\frac{dx}{2} = 0 .$$

Nach Division durch dx folgen die Differentialgleichungen

$$H' = 0 ,$$

$$V' = q \cdot \frac{ds}{dx} = q \cdot \sqrt{1 + y'^2} ,$$

$$y' = \frac{V}{H} .$$

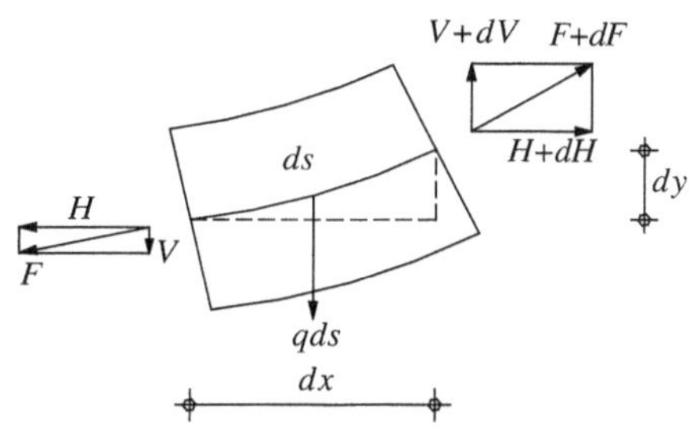

Bild 7.6 Kettenelement

Die Ableitung der dritten Gleichung nach x ergibt mit dem Parameter a und $H = q \cdot a$

$$y'' = \frac{V'}{H} = \frac{q}{H}\sqrt{1+y'^2} = \frac{1}{a}\sqrt{1+y'^2} \, , \tag{7.7}$$

die Differentialgleichung der Kettenlinie. ♦

7.3 Analytische Lösungsmethoden

7.3.1 Differentialgleichungen 1. Ordnung

In diesem Abschnitt sollen die Differentialgleichungen mit getrennten Variablen und die linearen Differentialgleichungen 1. Ordnung mit nicht konstanten Koeffizienten behandelt werden.

Differentialgleichungen mit getrennten Variablen

Definition 7.2: *Getrennte Variable*
Eine Differentialgleichung der Form

$$y'(x) = f(x) \cdot g(y) \tag{7.8}$$

heißt Differentialgleichung mit getrennten Variablen. ♦

Um eine solche Differentialgleichung zu lösen, wird die Gleichung durch $g(y)$ dividiert und anschließend nach x integriert.

$$\int \frac{y'(x)}{g(y)}\,dx = \int f(x)dx \, .$$

Da für das Differential $dy = y'(x)dx$ gilt, ergibt sich die folgende Aussage.

Satz 7.1: Die Lösung einer Differentialgleichung $y'(x) = f(x) \cdot g(y)$ errechnet sich aus

$$\int \frac{dy}{g(y)} = \int f(x)dx \, . ♦ \tag{7.9}$$

Beispiel 7.4: $y' = x \cdot y$

Aus $\displaystyle\int \frac{dy}{y} = \int xdx$ folgt $\ln|y| = \frac{1}{2}x^2 + c$. Nach $|y|$ aufgelöst, ergibt sich $|y| = e^c \cdot e^{\frac{x^2}{2}}$ bzw.

$y = \pm e^c \cdot e^{\frac{x^2}{2}}$. Dafür lässt sich mit einer anderen Konstanten c auch $y = c e^{\frac{x^2}{2}}$ schreiben. ♦

Beispiel 7.5: *Stütze*

Es ist die begrenzende Funktion $y = f(x)$ der Stütze nach Bild 7.5 zu berechnen, die in jedem Querschnitt gleiche Spannung σ_0 haben soll. Im Beispiel 7.2 wurde gezeigt, dass die Differentialgleichung (7.6)

$$\frac{\rho}{2\sigma_0}\, y = y'(x)$$

erfüllt sein muss. Die Anfangsbedingung ergibt sich daraus, dass für $x = 0$

$$F_0 = \sigma_0 A_0 = \sigma_0 \pi y^2(0) \qquad \text{und damit} \qquad y(0) = \sqrt{\frac{F_0}{\pi \cdot \sigma_0}}$$

gelten muss. Nach Satz 7.1 ist

$$\int \frac{dy}{y} = \int \frac{\rho}{2\sigma_0}\, dx$$

zu lösen. Daraus folgt

$$\ln|y| = \frac{\rho}{2\sigma_0}\, x + c \qquad \text{bzw.} \qquad y = c\, e^{\frac{\rho}{2\sigma_0}x}.$$

Diese Funktion in die Anfangsbedingung eingesetzt, ergibt

$$y(0) = c = \sqrt{\frac{F_0}{\pi \cdot \sigma_0}}.$$

Damit lautet die gesuchte Funktion

$$y = \sqrt{\frac{F_0}{\pi \cdot \sigma_0}} \cdot e^{\frac{\rho}{2\sigma_0}x}. \quad \blacklozenge$$

Beispiel 7.6: *Kettenlinie*
Es ist die allgemeine Lösung der Differentialgleichung der Kettenlinie zu bestimmen. In Beispiel 7.3 wurde die Differentialgleichung aufgestellt. Sie lautete nach (7.7)

$$y'' = \frac{V'}{H} = \frac{q}{H}\sqrt{1 + y'^2} = \frac{1}{a}\sqrt{1 + y'^2}.$$

Wird $y' = z$ gesetzt, ist die verbleibende Differentialgleichung vom Typ mit getrennten Variablen.

$$\frac{dz}{\sqrt{1 + z^2}} = \frac{1}{a}\, dx$$

Durch Integration folgt

$$\ln\left|z + \sqrt{1 + z^2}\right| = \operatorname{arsinh} z = \frac{1}{a}x + c_1$$

$$z = y' = \sinh\left(\frac{1}{a}x + c_1\right)$$

$$y = a \cdot \cosh\left(\frac{1}{a}x + c_1\right) + c_2.$$

Die Anpassung der allgemeinen Lösung der Differentialgleichung der Kettenlinie an Randbedingungen wurde schon in 4.5.1 behandelt. ♦

Lineare Differentialgleichungen 1. Ordnung mit nicht konstanten Koeffizienten

Unter der angegebenen Bezeichnung sollen Differentialgleichungen verstanden werden, in denen die unbekannte Funktion und ihre Ableitung nur in der ersten Potenz vorkommen.

Definition 7.3: *Lineare Differentialgleichung 1. Ordnung*
Eine Differentialgleichung

$$y' + p(x)y = q(x) \tag{7.10}$$

heißt lineare Differentialgleichung 1. Ordnung. Ist $q(x)$ gleich Null, so heißt sie homogen, sonst inhomogen. ♦

Diese Differentialgleichungen werden gelöst, indem zuerst die allgemeine Lösung der zugeordneten homogenen Differentialgleichung und dann eine spezielle Lösung der inhomogenen Differentialgleichung bestimmt wird. Die Summe dieser beiden Funktionen ergibt die allgemeine Lösung der vorgegeben Differentialgleichung. Die homogene Differentialgleichung ist eine Differentialgleichung mit getrennten Variablen, die, wie oben angegeben, gelöst werden kann. Eine spezielle Lösung der inhomogenen Differentialgleichung wird durch Variation der Integrationskonstanten der allgemeinen Lösung der homogenen Differentialgleichung gewonnen. Ist $y(x,c)$ die allgemeine Lösung der homogenen Differentialgleichung, so wird für die spezielle Lösung der inhomogenen Differentialgleichung ein Ansatz in der Form $y(x,c(x))$ gemacht. Es wird dann versucht, $c(x)$ so zu bestimmen, dass die inhomogene Differentialgleichung erfüllt ist.

Das beschriebene Vorgehen soll an einem konkreten Beispiel demonstriert werden.

Beispiel 7.7: $y' + \dfrac{y}{1+x} = e^x$

Die Lösung der homogene Differentialgleichung $y' + \dfrac{y}{1+x} = 0$ ergibt sich nach (7.9) aus

$\displaystyle\int \dfrac{dy}{y} = -\int \dfrac{dx}{1+x}$. Daraus errechnet sich $\ln|y| = -\ln|x+1| + c$. Wird auf die Gleichung die Exponentialfunktion angewendet, folgt $y_{\text{hom}} = \dfrac{c}{1+x}$. Damit wird der Ansatz $y = \dfrac{c(x)}{1+x}$ für eine spezielle Lösung der inhomogenen Differentialgleichung gemacht. Die erste Ableitung von

$y(x)$ ergibt $y' = \dfrac{c'(x)(1+x) - c(x)}{(1+x)^2}$. Es folgt, wenn $y(x)$ und $y'(x)$ in die inhomogene Gleichung eingesetzt werden, $y' + \dfrac{y}{1+x} = \dfrac{c'(x)(1+x) - c(x)}{(1+x)^2} + \dfrac{c(x)}{(1+x)^2} = \dfrac{c'(x)}{1+x} = e^x$. Daraus folgt

$c(x) = \displaystyle\int (1+x)e^x dx = xe^x$.

Eine spezielle Lösung ist dann $y_{\text{spez}} = \dfrac{xe^x}{1+x}$ und die allgemeine Lösung der inhomogenen Differentialgleichung lautet

$$y_{\text{inhom}} = y_{\text{hom}} + y_{\text{spez}} = \frac{c}{1+x} + \frac{xe^x}{1+x} . \blacklozenge$$

7.3.2 Lineare Differentialgleichungen mit konstanten Koeffizienten

In diesem Abschnitt sollen lineare Differentialgleichungen behandelt werden. Besondere Bedeutung haben die mit konstanten Koeffizienten, für die ein Algorithmus zur Lösung angegeben wird.

Definition 7.4: *Lineare Differentialgleichungen.*
Eine Differentialgleichung der Form

$$L[y] = a_n(x)y^{(n)}(x) + a_{n-1}(x)y^{(n-1)}(x) + ... + a_1(x)y'(x) + a_0(x)y(x) = f_0(x) \qquad (7.11)$$

heißt lineare Differentialgleichung n. Ordnung. $\blacklozenge$

Die Differentialgleichung (7.11) heißt homogen, wenn $f_0(x) \equiv 0$ ist. Ist das nicht der Fall, heißt sie inhomogen.

Superposition

Lineare Differentialgleichungen zeichnen sich gegenüber anderen durch eine besondere Eigenschaft aus, dem *Superpositionsprinzip*. Sind y_1, y_2 und y_3 Lösungen der Differentialgleichungen

$$L[y_1] = f_1(x), \qquad\qquad L[y_2] = f_2(x), \qquad\qquad L[y_3] = 0,$$

so sind $y_1 + y_2$, $y_1 + y_3$ und cy_1 Lösungen der Differentialgleichungen

$$L[y_1 + y_2] = f_1(x) + f_2(x), \qquad L[y_1 + y_3] = f_1(x), \qquad L[cy_1] = cf_1(x).$$

Damit wird auch die grundlegende Aussage über die Lösung von (7.11) klar, denn es gilt die gleiche, wie für die lineare Differentialgleichung erster Ordnung.

Satz 7.2: Die allgemeine Lösung der inhomogenen Differentialgleichung

$$L[y] = a_n(x)y^{(n)}(x) + a_{n-1}(x)y^{(n-1)}(x) + ... + a_1(x)y'(x) + a_0(x)y(x) = f_0(x)$$

ergibt sich als Summe aus der allgemeinen Lösung der homogenen Differentialgleichung und einer speziellen Lösung der inhomogenen Differentialgleichung.

$$y_{\text{inhom}}(x, c_1, c_2, ..., c_n) = y_{\text{hom}}(x, c_1, c_2, ..., c_n) + y_{\text{spez}}(x) \blacklozenge \qquad\qquad (7.12)$$

Wird die allgemeine Lösung in die Anfangs- bzw. Randbedingungen eingesetzt, entsteht ein Gleichungssystem für $c_1, c_2, ..., c_n$, das in der Regel eindeutig nach $c_1, c_2, ..., c_n$ auflösbar ist. Ein Fall, für den diese Aussage nicht gilt, wird im nächsten Abschnitt behandelt.

Lineare Differentialgleichungen mit konstanten Koeffizienten

Ist mindestens eine der Funktionen $a_i(x)$ tatsächlich von x abhängig, ist (7.11) nur in sehr speziellen Fällen geschlossen lösbar. Daher sollen solche Differentialgleichungen später durch Näherungsverfahren behandelt werden. Sind dagegen alle $a_i(x)$ konstant, also von x unabhängig, gibt es einen Algorithmus, nach dem solche Differentialgleichungen oft geschlossen gelöst werden können. Daher soll nur dieser Fall behandelt werden. Grundlage ist wieder der Satz 7.2.

Die homogene Differentialgleichung

Die allgemeine Lösung einer homogenen Differentialgleichung mit konstanten Koeffizienten wird durch den folgenden Algorithmus erhalten:

1. Der Differentialgleichung

$$a_n y^{(n)}(x) + a_{n-1} y^{(n-1)}(x) + ... + a_1 y'(x) + a_0 y = 0$$

   wird die sogenannte charakteristische Gleichung zugeordnet.

$$a_n z^n + a_{n-1} z^{n-1} + ... + a_1 z + a_0 = 0 \tag{7.13}$$

2. Die ganzrationale Funktion (7.13) wird wie in Abschnitt 4.3.1 behandelt, vollständig in lineare und quadratische Faktoren zerlegt.

$$a_n \left(z - z_1\right)^{\alpha_1} \cdot \left(z - z_2\right)^{\alpha_2} \cdot ... \cdot \left(z^2 + p_1 z + q_1\right)^{\beta_1} \cdot \left(z^2 + p_2 z + q_2\right)^{\beta_2} \cdot ... = 0 \tag{7.14}$$

3. Jedem Faktor der Zerlegung (7.14) werden eine oder mehrere Funktionen $\varphi_i(x)$ entsprechend folgender Vorschrift zugeordnet.

$$\alpha_i = 1 \quad \rightarrow \quad e^{z_i x}$$

$$\alpha_i = 2 \quad \rightarrow \quad e^{z_i x} \qquad x e^{z_i x}$$

$$\alpha_i = 3 \quad \rightarrow \quad e^{z_i x} \qquad x e^{z_i x} \qquad x^2 e^{z_i x}$$

$$\beta_i = 1 \quad \rightarrow \quad e^{s_i x} \cos t_i x \qquad e^{s_i x} \sin t_i x$$

$$\beta_i = 2 \quad \rightarrow \quad e^{s_i x} \cos t_i x \qquad e^{s_i x} \sin t_i x \qquad x e^{s_i x} \cos t_i x \qquad x e^{s_i x} \sin t_i x$$

   Dabei sind $s_i = -\dfrac{p_i}{2}$ und $t_i = \sqrt{q_i - \dfrac{p_i^2}{4}}$. Sind α bzw. β größer als 3 bzw. 2, erfolgt die Zuordnung entsprechend.

4. Die Summe der zugeordneten Funktionen $\varphi_i(x)$, wobei jede Funktion vorher mit einer Integrationskonstanten multipliziert wird, ergibt die allgemeine Lösung der homogenen Differentialgleichung

$$y_{\text{hom}} = c_1 \varphi_1(x) + c_2 \varphi_2(x) + ... + c_n \varphi_n(x) . \tag{7.15}$$

Beispiel 7.8: $y'' + 2y' + 5y = 0$, $y(0) = 0$, $y'(0) = 1$

Zuerst ist die allgemeine Lösung der Differentialgleichung zu berechnen. Die charakteristische Gleichung $z^2 + 2z + 5 = 0$ hat keine Nullstellen, so dass das Polynom nicht zerlegt werden kann. Mit $s = -1$ und $t = 2$ werden die Funktionen $y_1 = e^{-x} \sin 2x$ und $y_2 = e^{-x} \cos 2x$ zugeordnet. Damit lautet die allgemeine Lösung der homogenen Differentialgleichung $y_{\text{hom}} = c_1 e^{-x} \sin 2x + c_2 e^{-x} \cos 2x$. Die Anpassung an die Randbedingung $y(0) = 0$ ergibt $y(0) = c_1 e^{-0} \sin 0 + c_2 e^{-0} \cos 0 = c_2 = 0$. Aus $y'(x) = -c_1 e^{-x} \sin 2x + 2c_1 e^{-x} \cos 2x$ und der zweiten Randbedingung errechnet sich $y'(0) = -c_1 e^{-0} \sin 0 + 2c_1 e^{-0} \cos 0 = 2c_1 = 1$. Damit ist $c_1 = 0.5$ und die Lösung der Differentialgleichung lautet $y = 0.5 e^{-x} \sin 2x$. Für $x = 0.5$ errechnet sich beispielsweise $y(0.5) = 0.255$. ♦

Eine spezielle Lösung

Für die allgemeine Lösung der inhomogenen Differentialgleichung muss noch eine spezielle Lösung der inhomogenen Differentialgleichung gefunden werden. Das kann wieder durch Variation der Konstanten geschehen. In vielen praktischen Fällen hat die rechte Seite $f_0(x)$ von (7.11) jedoch eine spezielle Form, so dass durch geeignete Ansätze leichter eine Lösung gefunden werden kann. In der folgenden Tabelle sind die wichtigsten Fälle aufgeführt.

Tabelle 7.1 Ansätze

$f_0(x)$	Ansatz	Bedingungen
$b_0 + b_1 x + \ldots + b_m x^m$	$x^{\alpha} \left(B_0 + B_1 x + \ldots + B_m x^m \right)$	z^{α} ist Faktor der charakteristischen Gleichung, sonst $\alpha = 0$
$\left(b_0 + b_1 x + \ldots + b_m x^m \right) e^{sx}$	$x^{\alpha} \left(B_0 + B_1 x + \ldots + B_m x^m \right) e^{sx}$	$(z - s)^{\alpha}$ ist Faktor der charakteristischen Gleichung, sonst $\alpha = 0$.
$\left(b_0 + b_1 x + \ldots + b_m x^m \right) e^{sx}$ $\cdot \left(d_1 \sin tx + d_2 \cos tx \right)$	$x^{\beta} \left(B_0 + B_1 x + \ldots + B_m x^m \right) e^{sx}$ $\cdot \left(D_1 \sin tx + D_2 \cos tx \right)$	$\left(x^2 - 2sx + t^2 + s^2 \right)^{\beta}$ ist Faktor der charakteristischen Gleichung, sonst $\beta = 0$.

Die Ansatzfunktion wird in die Differentialgleichung eingesetzt und die B_i werden so bestimmt, dass die Differentialgleichung erfüllt ist. Dabei ist ein lineares Gleichungssystem in den B_i zu lösen.

Beispiel 7.9: $y''' + 4y'' + 6y' + 4y = 2x$

Zuerst werde die allgemeine Lösung der homogenen Differentialgleichung bestimmt. Die charakteristische Gleichung $z^3 + 4z^2 + 6z + 4 = 0$ hat die eindeutige Zerlegung

$(z+2)\left(z^2+2z+2\right)=0$. Dem ersten Faktor wird die Funktion $y_1 = e^{-2x}$ und dem zweiten Faktor mit $s=-1$ und $t=1$ die Funktionen $y_2 = e^{-x}\sin x$ und $y_3 = e^{-x}\cos x$ zugeordnet. Damit lautet die allgemeine Lösung der homogenen Differentialgleichung $y = c_1 e^{-2x} + c_2 e^{-x}\sin x + c_3 e^{-x}\cos x$. Nun muss noch eine spezielle Lösung der inhomogenen Differentialgleichung $y''' + 4y'' + 6y' + 4y = 2x$ berechnet werden. Der Ansatz $y = B_0 + B_1 x$ und seine Ableitungen $y' = B_1$, $y'' = 0$ und $y''' = 0$ in die Differentialgleichung eingesetzt, ergeben $6B_1 + 4B_0 + 4B_1 x = 2x$. Da diese Gleichung für beliebige x gelten muss, müssen die rechts bzw. links von der Gleichung stehenden Funktionen gleich sein. Das ist nur der Fall, wenn $4B_1 = 2$ und $4B_0 + 6B_1 = 0$ sind. Damit ergeben sich $B_1 = 0.5$ und $B_0 = -0.75$, die spezielle Lösung ist $y = -0.75 + 0.5x$. Die allgemeine Lösung der inhomogenen Differentialgleichung ist

$$y = c_1 e^{-2x} + c_2 e^{-x}\sin x + c_3 e^{-x}\cos x - 0.75 + 0.5x . \blacklozenge$$

Die Differentialgleichung $y''' + 4y'' + 6y' + 4y = f_0(x)$ des Beispiels 7.9 werde mit verschiedenen rechten Seite betrachtet. Die charakteristische Gleichung war $(z+2)\left(z^2+2z+2\right)=0$. In der folgenden Tabelle sind die Ansatzfunktionen entsprechend Tabelle 7.1 angegeben.

Tabelle 7.2 Beispiele

$f_0(x)$	Ansatz	Bedingungen
$1+x^2$	$B_0 + B_1 x + B_2 x^2$	$\alpha = 0$, da z^α kein Faktor der charakteristischen Gleichung.
e^{-2x} $s = -2$	$xB_0 e^{-2x}$	$\alpha = 1$, da $z+2$ Faktor der charakteristischen Gleichung.
$2\sin 3x$ $s = 0$, $t = 3$	$B_1 \sin 3x + B_2 \cos 3x$	$\beta = 0$, da $\left(x^2+9\right)^\beta$ kein Faktor der charakteristischen Gleichung.
$(2\sin x + 3\cos x)e^{-x}$ $s = -1$, $t = 1$	$x\left(B_1 \sin x + B_2 \cos x\right)e^{-x}$	$\beta = 1$, da $x^2 + 2x + 2$ Faktor der charakteristischen Gleichung.

Im Normalfall sind in den Ansatzfunktionen α und β Null zu setzen. Nur in dem sogenannten Resonanzfall müssen α oder β von Null verschieden gewählt werden.

Es müssen stets die kompletten Ansätze, die in der mittleren Spalte der Tabelle 7.1 angegeben sind, gemacht werden. Ist also $g(x) = x^2$, muss der Ansatz $B_0 + B_1 x + B_2 x^2$ gewählt werden. Der Ansatz $B_2 x^2$ führt in der Regel nicht zum Ziel.

Beispiel 7.10: *Balken auf nachgiebiger Unterlage*
Die Untersuchung eines Balkens auf nachgiebiger Unterlage führt auf die Untersuchung der Differentialgleichung

$$EIw''''+Kw(x)=q_0.$$

Es soll zuerst die homogene Differentialgleichung gelöst werden. Mit der abkürzenden Bezeichnung $\dfrac{K}{EI}=4a^4$ lautet die charakteristische Gleichung

$$z^4+4a^4=0.$$

Daraus folgt die Zerlegung

$$\left(z^2+2az+2a^2\right)\left(z^2-2az+2a^2\right)=0.$$

Mit $s_1=-a$, $t_1=a$ und $s_2=a$, $t_2=a$ ergibt sich die allgemeine Lösung der homogenen Differentialgleichung

$$w=e^{-ax}\left(c_1\sin ax+c_2\cos ax\right)+e^{ax}\left(c_3\sin ax+c_4\cos ax\right).$$

Eine spezielle Lösung der inhomogenen Differentialgleichung ist offensichtlich $w=\dfrac{q_0}{K}$. Damit ist

$$w=e^{-ax}\left(c_1\sin ax+c_2\cos ax\right)+e^{ax}\left(c_3\sin ax+c_4\cos ax\right)+\dfrac{q_0}{K}$$

die allgemeine Lösung der Differentialgleichung. ♦

7.3.3 Eigenwertprobleme

Bei Stabilitäts- und Schwingungsproblemen treten lineare Differentialgleichungen mit konstanten Koeffizienten besonderer Art auf, die als Eigenwertprobleme bezeichnet werden. Zur Einführung soll ein charakteristisches Beispiel für eine solche Aufgabe gelöst werden.

Beispiel 7.11: $y''+\lambda^2 y=0$, $y(0)=0$, $y(1)=0$

$y=0$ ist Lösung des Problems, denn diese Funktion erfüllt die Differentialgleichung und die Randbedingungen. Diese Lösung wird triviale Lösung des Eigenwertproblems genannt. Gibt es nun weitere, nichttriviale Lösungen der Differentialgleichung. Aus der charakteristischen Gleichung $z^2+\lambda^2=0$ folgt die allgemeine Lösung der Differentialgleichung

$$y=c_1\sin\lambda x+c_2\cos\lambda x.$$

Aus den Randbedingungen ergibt sich

$$y(0)=0 \qquad\qquad y(0)=c_2=0$$

$$y(1)=0 \qquad\qquad y(1)=c_1\sin\lambda=0.$$

Aus der letzten Gleichung folgt, dass entweder $c_1=0$ oder $\sin\lambda=0$ sein muss. Im ersten Fall wird die triviale Lösung erhalten. Bleibt also der zweite Fall zu untersuchen. Der zweite Faktor wird nur an den Nullstellen der Sinusfunktion Null, wenn $\lambda_k = k \cdot \pi$ gilt. Diese λ-Werte heißen die Eigenwerte und die zugehörigen Lösungen $y_k = c_1 \sin \lambda_k x$ die Eigenfunktionen. Da c_1 beliebige Werte annehmen kann, gibt es zu jedem Eigenwert unendlich viele Eigenfunktionen. ♦

Beispiel 7.11 ist für ein Eigenwertwertproblem charakteristisch, denn es zeichnet sich in der Regel dadurch aus, dass die Differentialgleichung und die Randbedingungen homogen und linear mit konstanten Koeffizienten sind und ein noch freier Parameter λ auftritt. Die allgemeine Lösung der Differentialgleichung hat dann entsprechend (7.15) die Form

$$y = c_1 \varphi_1(x,\lambda) + c_2 \varphi_2(x,\lambda) + \ldots + c_n \varphi_n(x,\lambda)\,.$$

Diese in die Nebenbedingungen eingesetzt, liefert ein homogenes lineares Gleichungssystem in $c_1, c_2, \ldots, c_n$, das in Abhängigkeit von λ entweder nur die Nulllösung $c_1 = 0$, $c_2 = 0, \ldots, c_n = 0$ oder unendlich viele Lösungen hat. Die Werte für λ, für die unendlich viele Lösungen existieren, heißen die Eigenwerte und die zugehörigen Lösungen der Differentialgleichung die Eigenfunktionen.

Beispiel 7.12: *Schwingungsproblem*
Bei der Untersuchung von Schwingungen des in Bild 7.7 dargestellten Balkens, muss das Eigenwertproblem

$$w'''' - \lambda^4 w = 0$$

mit den Randbedingungen

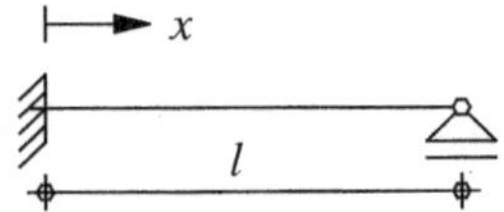

Bild 7.7 Schwingungen

$$w(0) = 0\,, \qquad w'(0) = 0\,, \qquad w(l) = 0\,, \qquad w''(l) = 0$$

gelöst werden. Es sollen die ersten positiven Eigenwerte berechnet werden. Die allgemeine Lösung ist

$$w = c_1 \sin \lambda x + c_2 \cos \lambda x + c_3 e^{\lambda x} + c_4 e^{-\lambda x}\,.$$

Aus den beiden ersten Randbedingungen folgt:

$$w(0) = 0 \quad \rightarrow \quad c_2 + c_3 + c_4 = 0 \quad \rightarrow \quad c_2 = -c_3 - c_4\,,$$

$$w'(0) = 0 \quad \rightarrow \quad c_1 + c_3 - c_4 = 0 \quad \rightarrow \quad c_1 = -c_3 + c_4\,.$$

Damit ergibt sich aus den weiteren Randbedingungen

$$w(l) = 0 \quad \rightarrow \quad c_3\left(e^{\lambda l} - \cos \lambda l - \sin \lambda l\right) + c_4\left(e^{-\lambda l} - \cos \lambda l + \sin \lambda l\right) = 0\,,$$

$$w''(l) = 0 \quad \rightarrow \quad c_3\left(e^{\lambda l} + \cos \lambda l + \sin \lambda l\right) + c_4\left(e^{-\lambda l} + \cos \lambda l - \sin \lambda l\right) = 0\,.$$

Die letzte Gleichung nach c_3 aufgelöst und in die vorletzte eingesetzt, ergibt

$$c_4\left(e^{\lambda l}\left(\cos \lambda l - \sin \lambda l\right) + e^{-\lambda l}\left(\cos \lambda l - \sin \lambda l\right)\right) = 0\,.$$

Als erste Eigenwerte berechnen sich mit Hilfe des NEWTONschen Verfahrens

$$\lambda_1 l = 3.927 \qquad \lambda_2 l = 7.069 \qquad \lambda_3 l = 22.777\,. ♦$$

7.4 Numerische Lösungsmethoden

Bei technischen Problemen gelangt man erst durch mehr oder minder einschneidende vereinfachende Annahmen zu Differentialgleichungen, die geschlossen lösbar sind. So wurde in 7.1 die Differentialgleichung der Momentenfunktion unter der Annahme hergeleitet, dass sich der Träger nicht verformt, bzw. die Verformungen so gering sind, dass sie vernachlässigt werden können. Sind solche Annahmen nicht erfüllt, entstehen meist kompliziertere Differentialgleichungen, deren Lösungen nicht durch elementare Funktionen ausgedrückt werden können. In diesen Fällen muss auf numerische Verfahren zurückgegriffen werden. In diesem Abschnitt sollen zwei Verfahren vorgestellt werden, die sich besonders für Randwertaufgaben eignen. Für Anfangswertaufgaben gibt es relativ einfache und effektive Verfahren, wie beispielsweise das von RUNGE und KUTTA.

7.4.1 Differenzenverfahren

Das Differenzenverfahren beruht darauf, dass die Differentialgleichung nur in endlich vielen Punkten des interessierenden Bereiches $[a,b]$ betrachtet und die gesuchte Funktion auch nur in diesen Punkten berechnet wird. Dazu wird das Intervall $[a,b]$ in n gleiche Teile der Länge $h = (b-a)/n$ zerlegt. Die Teilpunkte werden als x_i $(i = 0,...,n)$ bezeichnet. In ihnen sollen die Funktionswerte y_i berechnet werden. Für die x_i wird die Differentialgleichung aufgeschrieben, wobei die Ableitungen in diesen Punkten durch Differenzenquotienten ersetzt werden. Dabei entsteht ein Gleichungssystem, in dem die Unbekannten y_i auftreten. Die erste Ableitung $y'(x_i) = y_i'$ wird beispielsweise durch die Differenzenquotienten

$$y_i' = \frac{y_{i+1} - y_i}{h} \, , \; y_i' = \frac{y_i - y_{i-1}}{h} \; \text{oder} \; y_i' = \frac{y_{i+1} - y_{i-1}}{2h}$$

ersetzt. Ebenso können auch für höhere Ableitungen unterschiedliche Differenzenquotienten gebildet werden. Die folgenden Differenzenquotienten haben sich jedoch in vielen Fällen bewährt.

$$y_i' = \frac{y_{i+1} - y_{i-1}}{2h} \tag{7.16}$$

$$y_i'' = \frac{y_{i+1} - 2y_i + y_{i-1}}{h^2} \tag{7.17}$$

$$y_i''' = \frac{y_{i+2} - 2y_{i+1} + 2y_{i-1} - y_{i-2}}{2h^3} \tag{7.18}$$

$$y_i'''' = \frac{y_{i+2} - 4y_{i+1} + 6y_i - 4y_{i-1} + y_{i-2}}{h^4} \tag{7.19}$$

Dabei ist h der gleiche Abstand zwischen den Punkten x_i und y_i, y_i', y_i'', y_i''', y_i'''' stehen für $y(x_i)$, $y'(x_i)$, $y''(x_i)$, $y'''(x_i)$, $y''''(x_i)$.

Man wird das Differenzenverfahren immer dann anwenden, wenn eine Differentialgleichung nicht oder nur mit unvertretbar hohem Aufwand geschlossen gelöst werden kann. Zur Demonstration sollen hier jedoch zwei Differentialgleichungen gelöst werden, die mit den früher beschriebenen Methoden auch exakt gelöst werden können. In diesen Beispielen sind die Differentialgleichungen und die Randbedingungen linear, so dass das zu lösende lineare Gleichungssystem auch linear wird und damit nach dem GAUSSschen-Algorithmus gelöst werden kann. Ist das Gleichungssystem nicht linear, ist die Lösung nur mit einem Computerprogramm möglich.

Beispiel 7.13: $y'' + 2y' + 5y = 0$, $y(0) = 0$, $y'(0) = 1$

Die Formeln (7.16) und (7.17) in die Differentialgleichung eingesetzt, ergibt

$$\frac{y_{i+1} - 2y_i + y_{i-1}}{h^2} + 2\frac{y_{i+1} - y_{i-1}}{2h} + 5y_i = 0 \; .$$

Wird diese Gleichung mit h^2 durchmultipliziert und nach y_{i+1} aufgelöst, ergibt sich

$$y_{i+1} = \frac{2 - 5h^2}{h + 1}y_i + \frac{h - 1}{h + 1}y_{i-1} \; . \tag{7.20}$$

Das ist eine Iterationsformel, aus der sich die y_i berechnen lassen. Dazu notwendig sind jedoch zwei Anfangswerte y_0 und y_1, aus denen sich dann die restlichen Funktionswerte ergeben. Wegen $y(0) = 0$ ist $y_0 = 0$. Aus $y'(0) = 1$ folgt

$$y'(0) = y_0' = \frac{y_1 - y_{-1}}{2h} = 1 \; .$$

Damit ist $y_{-1} = y_1 - 2h$. Die Gleichung (7.20) für $i = 0$ aufgeschrieben, ergibt mit $y_0 = 0$

$$y_1 = \frac{h - 1}{h + 1}y_{-1} = \frac{h - 1}{h + 1}(y_1 - 2h) \; .$$

Aus dieser Gleichung errechnet sich $y_1 = (1 - h)h$. Mit $y_0 = 0$ und diesem Wert können dann aus (7.20) y_2, y_3 usw. berechnet werden. Für das Intervall $[0,1]$ ergeben sich für $n = 4$ und damit für $h = 0.25$ die folgenden Werte:

$y_0 = 0$, $y_1 = (1 - h)h = 0.75 \cdot 0.25 = 0.1875$, $y_2 = 0.2531$, $y_3 = 0.2292$, $y_4 = 0.1576$.

Die exakte Lösung der Aufgabe wurde in Beispiel 7.8 berechnet. Der Vergleich ergibt, trotz Zerlegung in nur vier Intervalle, schon recht gute Näherungen. Der exakte Wert für $x_2 = 0.5$ war $y_2 = 0.255$. ◆

Beispiel 7.14: $y'' + \lambda^2 y = 0$, $y(0) = 0$, $y(1) = 0$

Die Differenzengleichung lautet dann

$$y_{i+1} - 2y_i + y_{i-1} + \lambda^2 h^2 y_i = 0 \; \text{ mit } y_0 = 0 \text{ und } y_n = 0 \; .$$

Diese Gleichung für $i = 1, ..., n - 1$ hingeschrieben, ergibt ein Matrizeneigenwertproblem. Es soll jetzt wie in Beispiel 7.11 interessieren, für welche λ nichttriviale Lösungen existieren. Für $n = 4$ lautet das lineare Gleichungssystem

$$-\left(2-0.0625\lambda^2\right)y_1 \qquad\qquad +y_2 \qquad\qquad\qquad = 0$$

$$y_1 \quad -\left(2-0.0625\lambda^2\right)y_2 \qquad\qquad +y_3 \;= 0$$

$$y_2 \quad -\left(2-0.0625\lambda^2\right)y_3 \;= 0$$

Dieses lineare Gleichungssystem hat nur nichttriviale Lösungen für die Eigenwerte $\mu = 2 - 0.0625\lambda^2$ der Matrix

$$\begin{bmatrix} 0 & 1 & 0 \\ 1 & 0 & 1 \\ 0 & 1 & 0 \end{bmatrix}.$$

Die Eigenwerte der Matrix sind -1.414, 1.414 und 0. Daraus errechnen sich die λ-Werte 3.062, 7.391 und 5.657. Der erste Eigenwert war nach Beispiel 7.11 exakt $\lambda = \pi = 3.142$. ♦

7.4.2 GALERKINsches Verfahren

Ein vielseitig einsetzbares Berechnungsverfahren zur Lösung mechanischer Problemstellungen ist die *Finite Elemente Methode* (FEM), die durch maßgebliche Beteiligung von Bauingenieuren in den sechziger Jahren entstanden ist. Das mathematische Fundament dieser Methode bildet einmal die *Matrizenrechnung* und zum Anderen die Methode von GALERKIN bzw. RITZ zur angenäherten Lösung von Differentialgleichungen. Das GALERKINsche Verfahren soll hier beschrieben werden.

Es werde wieder eine lineare Differentialgleichung der Form

$$L[y] = a_n(x)y^{(n)}(x) + a_{n-1}(x)y^{(n-1)}(x) + \ldots + a_1(x)y'(x) + a_0(x)y(x) = f_0(x) \qquad (7.21)$$

betrachtet. Für die gesuchte Funktion $y(x)$ wird ein Näherungsansatz der Form

$$y(x) = g_0(x) + d_1 g_1(x) + d_2 g_2(x) + \ldots + d_m g_m(x) \qquad (7.22)$$

gemacht, wobei die Ansatzfunktion alle Anfangs- bzw. Randbedingungen erfüllen muss. Um das zu gewährleisten, werden auch die Randbedingungen als linear angenommen, so dass es nach dem Superpositionsprinzip genügt zu fordern, dass die Funktion $g_0(x)$ alle Anfangs- bzw. Randbedingungen erfüllt und die Funktionen $g_i(x)$ an den Stellen, an denen Anfangs- bzw. Randbedingungen vorgegeben sind, verschwinden. Wird der Ansatz in (7.21) eingesetzt, ergibt sich ein Defekt

$$r(x, d_1, d_2, \ldots, d_m) = L[y] - f_0(x). \qquad (7.23)$$

Die noch freien Parameter $d_1, d_2, \ldots, d_m$ sind dann so zu wählen, dass der Defekt „möglichst klein", also die Differentialgleichung „möglichst gut" erfüllt wird. Je nachdem, was unter „möglichst klein" verstanden wird, werden verschiedene Methoden unterschieden. Das Galerkinsche Verfahren beruht darauf, dass die $d_1, d_2, \ldots, d_m$ so zu bestimmen sind, dass

$$\int_a^b r(x, d_1, \ldots, d_m) g_i(x)dx = 0 \qquad (7.24)$$

für alle i gilt. Das Intervall $[a,b]$ ist dabei der Bereich, in dem die Lösung der Differentialgleichung gesucht wird. Nach Integration entsteht aus (7.24) ein lineares Gleichungssystem für $d_1, d_2, ..., d_m$.

Das Galerkinsche Verfahren ist von der Grundidee her recht einfach. Das Problem besteht jedoch darin, geeignete Ansatzfunktionen, welche alle Anfangs- und Randbedingungen erfüllen, zu finden. Außerdem ist der numerische Rechenaufwand oft erheblich.

Beispiel 7.15: $y'' - 3xy' + 5y = x$, $y(0) = 0$, $y(1) = 1$

Der Ansatz $y = x + d_1 x(x-1) + d_2 x^2(x-1)$ mit $g_0(x) = 1$, $g_1(x) = x(x-1)$ und $g_2(x) = x^2(x-1)$ erfüllt die Randbedingungen und liefert den Defekt

$$r(x, d_1, d_2) = y'' - 3xy' + 5y - x = 2d_1 - 2d_2 + (6d_2 - 2d_1 + 1)x + (d_2 - d_1)x^2 - 4d_2 x^3.$$

Aus (7.24) folgen dann die Gleichungen zur Berechnung von d_1 und d_2:

$$\int_a^b r(x, d_1, d_2) x(x-1)\, dx = -\frac{7}{60} d_1 - \frac{1}{12} d_2 - \frac{1}{12} = 0,$$

$$\int_a^b r(x, d_1, d_2) x^2(x-1)\, dx = -\frac{1}{30} d_1 - \frac{1}{14} d_2 - \frac{1}{20} = 0.$$

Die Lösung des linearen Gleichungssystems ergibt $d_1 = -\frac{9}{28}$ und $d_2 = -\frac{11}{20}$. Damit lautet die Näherungslösung $y = x - \frac{9}{28} x(x-1) - \frac{11}{20} x^2(x-1)$. ♦

Beispiel 7.16: *Eigenwertaufgabe* $y'' + \lambda y = 0$, $y(0) = 0$, $y(1) = 0$

Die einfachste Funktion, welche die Randbedingungen erfüllt, ist $x(x-1)$. Daraus ergibt sich ein möglicher Ansatz $y = d_1 x(x-1) + d_2 x^2(x-1)$. Mit den Ableitungen

$$y' = -d_1 + 2d_1 x - 2d_2 x + 3d_2 x^2 \quad \text{und} \quad y'' = 2d_1 + 6d_2 x - 2d_2$$

folgt für den Defekt

$$r(x, d_1, d_2) = 2d_1 + 6d_2 x - 2d_2 + \lambda d_1 x^2 + \lambda d_2 x^3 - \lambda d_1 x - \lambda d_2 x^2.$$

Dann folgt aus

$$\int_0^1 \left(2d_1 + 6d_2 x - 2d_2 + \lambda d_1 x^2 + \lambda d_2 x^3 - \lambda d_1 x - \lambda d_2 x^2\right) x(x-1)\, dx = 0$$

$$\int_0^1 \left(2d_1 + 6d_2 x - 2d_2 + \lambda d_1 x^2 + \lambda d_2 x^3 - \lambda d_1 x - \lambda d_2 x^2\right) x^2(x-1)\, dx = 0$$

das Gleichungssystem

$$\frac{\lambda}{30} d_1 + \frac{\lambda}{60} d_2 - \frac{1}{3} d_1 - \frac{1}{6} d_2 = 0 \quad \text{und} \quad \frac{\lambda}{60} d_1 + \frac{\lambda}{105} d_2 - \frac{1}{6} d_1 - \frac{2}{15} d_2 = 0$$

bzw. nach Multiplikation mit 60 bzw. 420

$$2\lambda d_1 + \lambda d_2 - 20 d_1 - 10 d_2 = 0 \quad \text{und} \quad 7\lambda d_1 + 4\lambda d_2 - 70 d_1 - 56 d_2 = 0$$

Mit $A = \begin{bmatrix} 2 & 1 \\ 7 & 4 \end{bmatrix}$, $B = \begin{bmatrix} 20 & 10 \\ 70 & 56 \end{bmatrix}$ und $\vec{d} = \begin{bmatrix} d_1 \\ d_2 \end{bmatrix}$ lautet das Gleichungssystem dann

$(B - \lambda A) \cdot \vec{d} = 0$. Nach Multiplikation mit A^{-1} von links folgt daraus $\left(A^{-1}B - \lambda E\right) \cdot \vec{d} = 0$ mit der zweireihigen Einheitsmatrix E. Dieses Gleichungssystem hat nichttriviale Lösungen für die Eigenwerte der Matrix $A^{-1}B$. Da

$$A^{-1} = \begin{bmatrix} 4 & -1 \\ -7 & 2 \end{bmatrix}, \text{ folgt } A^{-1}B = \begin{bmatrix} 10 & -16 \\ 0 & 42 \end{bmatrix}.$$

Die Eigenwerte dieser Matrix sind 10 und 42. Damit ist 10 eine schon recht gute Näherung des exakten Eigenwertes $\pi^2 = 9.8696$ (vgl. Aufgabe 7.11). ◆

7.5 Anwendungen

7.5.1 Differentialgleichung der Biegelinie

In diesem Abschnitt sollen die Durchbiegung $w(x)$, die Momentenfunktion $M(x)$ und der Querkraftfunktion $Q(x)$ eines Trägers berechnet werden. In 7.1 wurde gezeigt, dass zwischen $q(x)$, $Q(x)$ und $M(x)$ die Beziehungen

$$M''(x) = -q(x) \text{ und } M'(x) = Q(x) \tag{7.25}$$

bestehen. Ohne Herleitung soll hier die Differentialgleichung

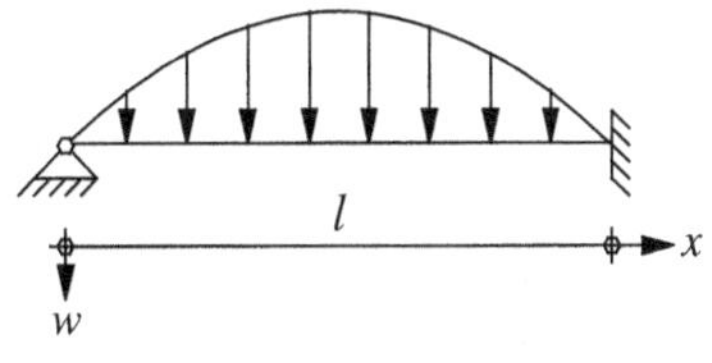

Bild 7.8 Belastungsfunktion

$$\frac{EI w''(x)}{\sqrt{\left(1 + w'^2(x)\right)^3}} = -M(x) \tag{7.26}$$

angegeben werden, der die Biegelinie $w(x)$ genügt.

Im Falle kleiner Durchbiegungen ist die Ableitung $w'(x)$ gegen die Größe 1 hinreichend klein, so dass sie vernachlässigt werden kann. Dann folgt

$$EI \cdot w''(x) = -M(x) \tag{7.27}$$

Es soll weiter angenommen werden, dass die Biegesteifigkeit $E \cdot I$ konstant ist. Dann folgt aus (7.25) und (7.27)

$$EI \cdot w'''' = q(x). \tag{7.28}$$

Diese Differentialgleichung soll Ausgangspunkt der weiteren Betrachtungen sein. Aus (7.27) und (7.25) folgen dann

$$M(x) = -EI \cdot w''(x) \qquad \text{und} \qquad Q(x) = M'(x) = -EI w'''(x). \tag{7.29}$$

Zur Lösung der Differentialgleichung (7.28) werden vier Randbedingungen benötigt. Diese ergeben sich aus der Lagerung des Trägers und sind in Tabelle 7.3 für die wichtigsten Fälle zusammengefasst.

Tabelle 7.3 Randbedingungen

Lagerung		Randbedingungen	
Auflager		$w(\cdot) = 0$	$w''(\cdot) = 0$
Einspannung		$w(\cdot) = 0$	$w'(\cdot) = 0$
freies Ende		$w''(\cdot) = 0$	$w'''(\cdot) = 0$
gefedert		$w''(\cdot) = 0$	$EIw'''(\cdot) = -kw(\cdot)$

Der Punkt im Argument der Funktionen soll andeuten, dass diese Bedingungen sowohl am linken als auch am rechten Ende des Trägers, also für $x = 0$ und $x = l$ entsprechend der Lagerung gelten können. Aus (7.29) folgt, dass die Randbedingungen $w''(\cdot) = 0$ und $w'''(\cdot) = 0$ auch durch $M(\cdot) = 0$ und $Q(\cdot) = 0$ ersetzt werden können.

Sollen für einen statisch bestimmten Träger nur $M(x)$ und $Q(x)$ berechnet werden, also nicht die Biegelinie, so reicht es aus, die Differentialgleichung (7.25) mit den Randbedingungen für $M(x)$ bzw. $Q(x)$ zu betrachten. Für statisch unbestimmte Träger ist dagegen die Berechnung der Schnittgrößen nur über die Biegelinie möglich.

Beispiel 7.17: *Träger mit Dreieckslast*
Die Biegelinie des abgebildeten Trägers ist zu berechnen. Die Belastungsfunktion ist eine lineare Funktion und errechnet sich zu $q(x) = q_0 \dfrac{x}{l}$. Damit lautet die Differentialgleichung der Biegelinie mit den Randbedingungen:

$$EI \cdot w'''' = q_0 \frac{x}{l},$$

$$w(0) = 0, \quad w''(0) = 0, \quad w(l) = 0, \quad w'(l) = 0.$$

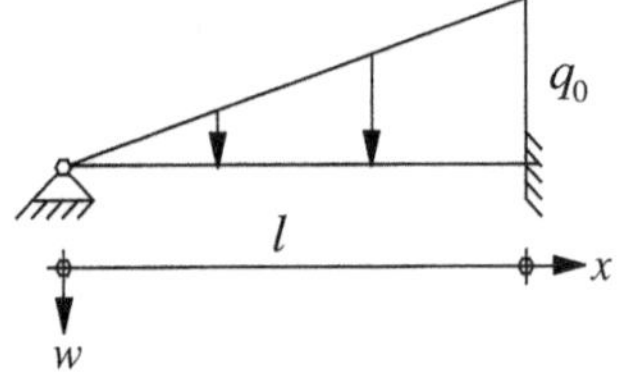

Bild 7.9 Dreieckslast

Durch Integration berechnen sich

$$EI \cdot w''' = \frac{q_0}{2l} x^2 + c_1,$$

$$EI \cdot w'' = \frac{q_0}{6l} x^3 + c_1 x + c_2,$$

$$EI \cdot w' = \frac{q_0}{24l} x^4 + \frac{1}{2} c_1 x^2 + c_2 x + c_3,$$

$$EI \cdot w = \frac{q_0}{120l} x^5 + \frac{1}{6} c_1 x^3 + \frac{1}{2} c_2 x^2 + c_3 x + c_4.$$

Die ersten beiden Randbedingungen ergeben $c_4 = 0$ und $c_2 = 0$, die beiden anderen

$$\frac{1}{120} q_0 l^4 + \frac{1}{6} c_1 l^3 + c_3 l = 0\,,$$

$$\frac{1}{24} q_0 l^3 + \frac{1}{2} c_1 l^2 + c_3 = 0\,.$$

Das lineare Gleichungssystem in c_1 und c_2 hat die Lösungen $c_1 = -\frac{1}{10} q_0 l$ und $c_3 = \frac{1}{120} q_0 l^3$.

Damit lautet die Biegelinie

$$EI \cdot w = \frac{q_0 l^4}{120} \left(\frac{x^5}{l^5} - 2 \frac{x^3}{l^3} + \frac{x}{l} \right). \blacklozenge$$

Die Differentialgleichung (7.28) ist wie im vorigen Beispiel nur dann lösbar, wenn die Belastungsfunktion $q(x)$ durch *einen* analytischen Ausdruck gegeben ist. Das trifft schon auf den im Bild 7.10 abgebildeten Träger nicht mehr zu. In diesen Fällen muss über die Trägerteile mit unterschiedlicher Belastung getrennt integriert werden. Für den abgebildeten Träger sind die Differentialgleichungen

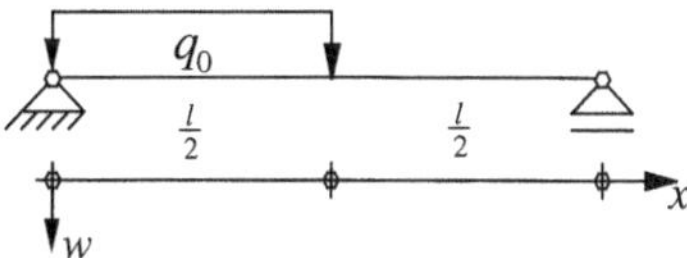

Bild 7.10 Unstete Belastung

$$EI \cdot w_1'''(x) = q_0 \qquad \text{für } 0 \le x \le \frac{l}{2}$$

und

$$EI \cdot w_2'''(x) = 0 \qquad \text{für } \frac{l}{2} \le x \le l$$

zu lösen. Durch die Integration beider Differentialgleichungen entstehen acht Integrationskonstanten. Diese müssen einerseits aus den Randbedingungen, die sich aus der Lagerungsart ergeben,

$$w_1(0) = 0\,, \quad w_1''(0) = 0 \qquad \text{und}$$

$$w_2(l) = 0\,, \quad w_2''(l) = 0$$

sowie den Übergangsbedingungen

$$w_1(x_0) = w_2(x_0)\,,$$

$$w_1{}'(x_0) = w_2{}'(x_0)\,,$$

$$w_1{}''(x_0) = w_2{}''(x_0)\,,$$

$$w_1{}'''(x_0) = w_2{}'''(x_0)$$

berechnet werden. Die Übergangsbedingungen bedeuten, dass $w(x)$, $Q(x)$ und $M(x)$ in x_0 stetig sind und die Biegelinie keinen Knick hat.

Beispiel 7.18: *Träger mit unsteter Belastung*

Die Momentenfunktion des in Bild 7.10 abgebildeten Trägers ist zu berechnen.

Da der Träger statisch bestimmt ist, genügt es, die Differentialgleichungen

$$M_1''(x) = -q_0 \qquad M_1(0) = 0$$

$$M_2''(x) = 0 \qquad M_2(l) = 0$$

mit den Übergangsbedingungen

$$M_1\left(\tfrac{l}{2}\right) = M_2\left(\tfrac{l}{2}\right) \quad \text{und} \quad Q_1\left(\tfrac{l}{2}\right) = Q_2\left(\tfrac{l}{2}\right)$$

zu lösen. Durch Integration folgt

$$M_1' = -q_0 x + c_1 \qquad M_2' = c_3$$

$$M_1 = -\tfrac{1}{2} q_0 x^2 + c_1 x + c_2 \qquad M_2 = c_3 x + c_4\,.$$

Die Rand- und Übergangsbedingungen ergeben das folgende lineare Gleichungssystem

$$M_1(0) = 0 \quad \rightarrow \quad c_2 = 0\,,$$

$$M_2(l) = 0 \quad \rightarrow \quad c_3 l + c_4 = 0\,,$$

$$M_1\left(\tfrac{l}{2}\right) = M_2\left(\tfrac{l}{2}\right) \quad \rightarrow \quad -\tfrac{1}{8} q_0 l^2 + \tfrac{1}{2} c_1 l = \tfrac{1}{2} c_3 l + c_4\,,$$

$$Q_1\left(\tfrac{l}{2}\right) = Q_2\left(\tfrac{l}{2}\right) \quad \rightarrow \quad -\tfrac{1}{2} q_0 l + c_1 = c_3\,.$$

Daraus errechnen sich $c_1 = \frac{3}{8} q_0 l$, $c_2 = 0$, $c_3 = -\frac{1}{8} q_0 l$ und $c_4 = \frac{1}{8} q_0 l^2$. Das Ergebnis ist dann

$$M_1(x) = \tfrac{q_0}{8}\left(-4x^2 + 3lx\right) \quad \text{und} \quad M_2(x) = \tfrac{q_0}{8}\left(-lx + l^2\right).\ \blacklozenge$$

Tabelle 7.4 Übergangsbedingungen

Übergang	Bedingungen	
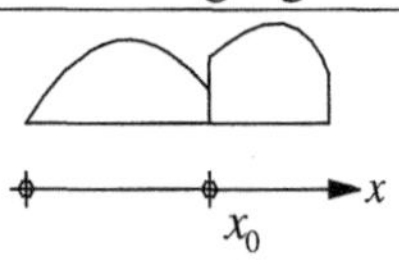	$w_1(x_0) = w_2(x_0)$ $w_1'(x_0) = w_2'(x_0)$	$w_1''(x_0) = w_2''(x_0)$ $w_1'''(x_0) = w_2'''(x_0)$
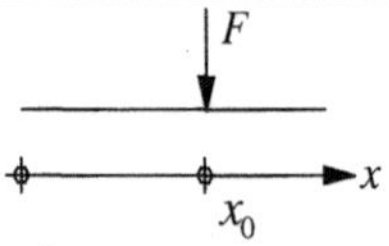	$w_1(x_0) = w_2(x_0)$ $w_1'(x_0) = w_2'(x_0)$	$w_1''(x_0) = w_2''(x_0)$ $EIw_1'''(x_0) = EIw_2'''(x_0) - F$
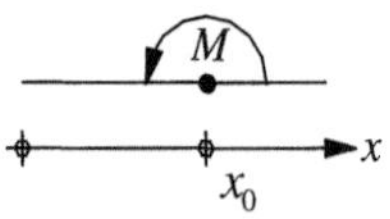	$w_1(x_0) = w_2(x_0)$ $w_1'(x_0) = w_2'(x_0)$	$w_1'''(x_0) = w_2'''(x_0)$ $EIw_1''(x_0) = EIw_2''(x_0) - M$
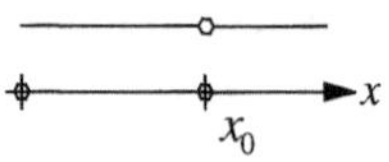	$w_1(x_0) = w_2(x_0)$	$w_1''(x_0) = w_2''(x_0) = 0$ $w_1'''(x_0) = w_2'''(x_0)$
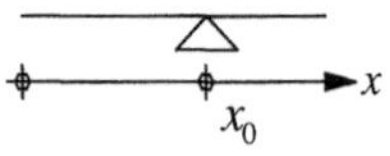	$w_1''(x_0) = w_2''(x_0)$ $w_1'(x_0) = w_2'(x_0)$	$w_1(x_0) = w_2(x_0) = 0$

In ganz ähnlicher Weise wird vorgegangen, wenn ein Träger durch eine Einzellast bzw. ein Einzelmoment belastet wird oder der Träger Innenstützen bzw. Gelenke aufweist. Über diese Stellen kann nicht hinweg integriert werden. Daher wird der Träger wieder in Teile zerlegt und für jeden Teil die Differentialgleichung (7.28) gelöst. Die Übergangsbedingungen müssen, je nachdem welcher Fall von Unstetigkeit vorliegt, modifiziert werden. Einige mögliche Fälle sind in der Tabelle 7.4 zusammengefasst.

Wie schon am Beispiel 7.18 zu ersehen, ist der numerische Rechenaufwand bei diesen Problemen erheblich. Er kann etwas reduziert werden, indem für jedes Trägerteil ein eigenes lokales Koordinatensystem gewählt wird und die Biegelinie bzw. die Schnittgrößen auf das lokale System bezogen werden. Durch Koordinatentransformation können die Größen, wenn Bedarf besteht, auf ein globales Koordinatensystem zurückgeführt werden.

Beispiel 7.19: *Träger mit Einzellast*
Die größte Durchbiegung des im Bild 7.11 dargestellten Trägers ist zu berechnen. Die Biegelinie ergibt sich aus den Lösungen der beiden Differentialgleichungen, bezogen jeweils auf die lokalen Koordinatensysteme,

$$EI \cdot w_1''' = 0 \qquad\qquad EI \cdot w_2''' = 0$$

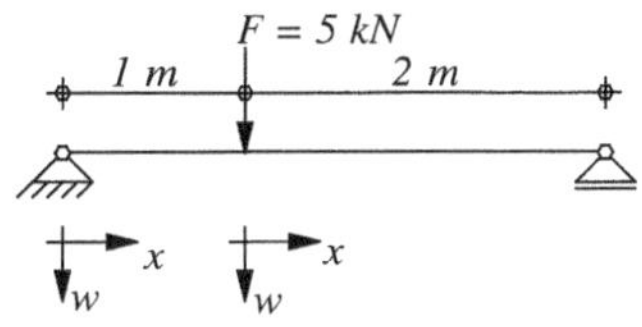

Bild 7.11 Einzellast

mit den Randbedingungen

$$w_1(0) = 0, \; w_1''(0) = 0, \; w_2(2) = 0, \; w_2''(2) = 0.$$

Die Übergangsbedingungen sind entsprechend Tabelle 7.4

$$w_1(1) = w_2(0), \; w_1'(1) = w_2'(0), \; w_1''(1) = w_2''(0), \; EIw_1'''(1) = EIw_2'''(0) - F.$$

Die Integration der Differentialgleichungen ergibt:

$$EIw_1''' = c_1 \qquad\qquad EIw_2''' = c_5$$

$$EIw_1'' = c_1 x + c_2 \qquad\qquad EIw_2'' = c_5 x + c_6$$

$$EIw_1' = \tfrac{1}{2} c_1 x^2 + c_2 x + c_3 \qquad\qquad EIw_2' = \tfrac{1}{2} c_5 x^2 + c_6 x + c_7$$

$$EIw_1 = \tfrac{1}{6} c_1 x^3 + \tfrac{1}{2} c_2 x^2 + c_3 x + c_4 \qquad\qquad EIw_2 = \tfrac{1}{6} c_5 x^3 + \tfrac{1}{2} c_6 x^2 + c_7 x + c_8.$$

Die Rand- und Übergangsbedingungen ergeben das Gleichungssystem

$$w_1(0) = 0 \qquad\qquad\qquad c_4 = 0$$

$$w_1''(0) = 0 \qquad\qquad\qquad c_2 = 0$$

$$w_2(2) = 0 \qquad\qquad\qquad \tfrac{4}{3} c_5 + 2c_6 + 2c_7 + c_8 = 0$$

$$w_2''(2) = 0 \qquad\qquad\qquad 2c_5 + c_6 = 0$$

$$w_1(1) = w_2(0) \qquad\qquad \tfrac{1}{6} c_1 + c_3 - c_8 = 0$$

$$w_1'(1) = w_2'(0) \qquad\qquad \tfrac{1}{2} c_1 + c_3 - c_7 = 0$$

$$w_1''(1) = w_2''(0) \qquad\qquad c_1 - c_6 = 0$$

$$EIw_1'''(1) = EIw_2'''(0) - F \qquad\qquad c_1 - c_5 = -5.$$

Lösungen des linearen Gleichungssystems sind

$$c_1 = -\tfrac{10}{3}, \; c_2 = 0, \; c_3 = \tfrac{25}{9}, \; c_4 = 0, \; c_5 = \tfrac{5}{3}, \; c_6 = -\tfrac{10}{3}, \; c_7 = \tfrac{10}{9}, \; c_8 = \tfrac{20}{9}$$

und damit

$$EI \cdot w_1 = \tfrac{1}{18}\left(-10x^3 + 50x\right) \text{ für } [0,1] \text{ und}$$

$$EI \cdot w_2 = \tfrac{1}{18}\left(5x^3 - 30x^2 + 20x + 40\right) \text{ für } [0,2].$$

Jetzt soll noch die größte Durchbiegung des Trägers ausgerechnet werden. $w_1(x)$ hat in $[0,1]$ keinen lokalen Extremwert. Aus $w_2'(x) = 0$ in $[0,2]$ folgt die Stelle $x = 0.367$. In dieser muss die größte Durchbiegung liegen. Es ergibt sich

$$w_2(0.367) = \frac{2.419}{EI}. \blacklozenge$$

Superposition

Es werde der linke Träger nach Bild 7.12 belastet.

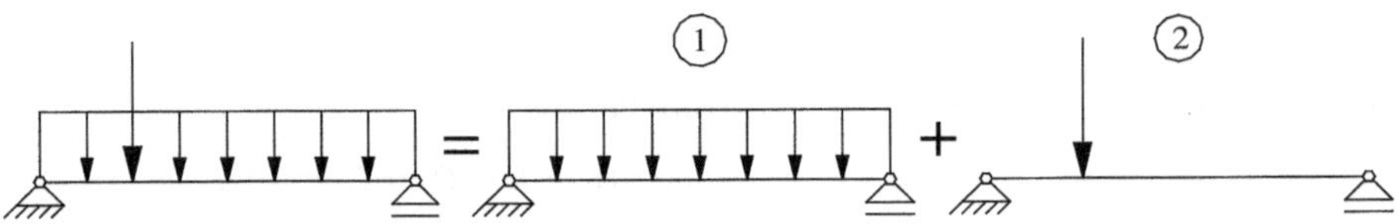

Bild 7.12 Superposition der Belastungen

Da die Belastung in den linearen Differentialgleichungen für $Q(x)$, $M(x)$ und $w(x)$ nur in die rechten Seiten eingehen, können Träger, die mehreren unterschiedlichen Belastungen ausgesetzt sind, durch Superposition der Belastungen gelöst werden. Für den in Bild 7.12 dargestellten Fall heißt das

$$Q(x) = Q_1(x) + Q_2(x) \qquad M(x) = M_1(x) + M_2(x) \qquad w(x) = w_1(x) + w_2(x),$$

wenn $Q_i(x)$, $M_i(x)$ und $w_i(x)$ die Größen für die Träger 1 und 2 sind.

7.5.2 EULERsche Knicklasten

In 7.3.3 wurden Eigenwertprobleme behandelt. Es sollen jetzt solche Probleme besprochen werden, die bei Stabilitätsuntersuchungen auftreten.

Beispiel 7.20: *Knickstab EULER-Fall III*
Die Biegelinie des in Bild 7.13 dargestellten Stabes soll betrachtet werden. Infolge der Kraft F wird sich der Stab, wie dargestellt, ausbiegen. Das Moment an einer beliebigen Stelle x berechnet sich zu $M(x) = F \cdot w(x) + B \cdot (l - x)$. Aus der Differentialgleichung der Biegelinie (7.27) folgt dann

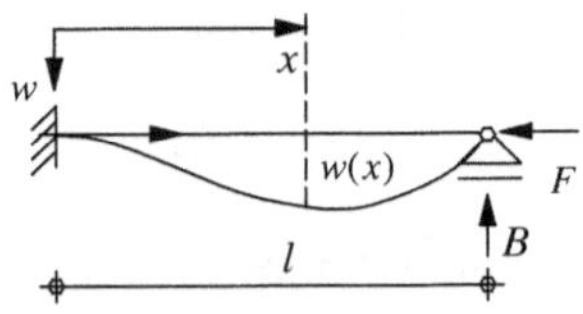

Bild 7.13 Knickstab

$$EI \cdot w'' = -M(x) = -F \cdot w(x) - B \cdot (l - x)$$

und nach zweimaligem Differenzieren

$$EI \cdot w'''' = -M''(x) = -F \cdot w''(x) \qquad \text{bzw.}$$

$$w'''' + \lambda^2 w'' = 0 \quad \text{mit} \quad \lambda^2 = \frac{F}{EI}.$$

Die Randbedingungen lauten aufgrund der Lagerung

$$w(0) = 0 \qquad w'(0) = 0 \qquad w(l) = 0 \qquad w''(l) = 0.$$

Aus der charakteristischen Gleichung $z^4 + \lambda^2 z^2 = z^2\left(z^2 + \lambda^2\right) = 0$ errechnet sich die allgemeine Lösung der Differentialgleichung.

$$w = c_1 \sin \lambda x + c_2 \cos \lambda x + c_3 + c_4 x.$$

Daraus folgt:

$$w'(x) = \lambda c_1 \cos \lambda x - \lambda c_2 \sin \lambda x + c_4,$$

$$w''(x) = -\lambda^2 c_1 \sin \lambda x - \lambda^2 c_2 \cos \lambda x.$$

Aus den Randbedingungen ergibt sich dann:

$$w(0) = 0 \qquad \rightarrow \qquad c_2 + c_3 = 0 \qquad \rightarrow \qquad c_3 = -c_2,$$

$$w'(0) = 0 \qquad \rightarrow \qquad \lambda c_1 + c_4 = 0 \qquad \rightarrow \qquad c_4 = -\lambda c_1,$$

$$w(l) = 0 \qquad \rightarrow \qquad c_1(\sin \lambda l - \lambda l) + c_2(\cos \lambda l - 1) = 0,$$

$$w''(l) = 0 \qquad \rightarrow \qquad -c_1 \sin \lambda l - c_2 \cos \lambda l = 0.$$

Die letzte Gleichung nach c_2 aufgelöst und dann in die vorletzte eingesetzt, liefert

$$c_1\left(-\lambda l + \tan \lambda l\right) = 0.$$

Damit existieren nur nichttriviale Lösungen, wenn $\tan \lambda l = \lambda l$. Mit dem NEWTONschen Verfahren errechnet sich die kleinste positive Lösung zu $\lambda l = 4{,}4934$. Daraus folgt, dass dieser Fall eintritt, wenn

$$4.4934 = \lambda l = \sqrt{\frac{F}{EI}} \cdot l \quad \text{bzw.} \quad F = EI \cdot \lambda^2 = \frac{20.19}{l^2} EI \approx \frac{\pi^2 EI}{\left(0.7l\right)^2}.$$

Dieser kleinste Wert für F, für den eine nichttriviale Lösung des Eigenwertproblems existiert, heißt EULERsche Knicklast. ◆

Für Druckstäbe nach Bild 7.13, jedoch mit anderer Lagerung, gilt die gleiche Differentialgleichung wie in Beispiel 7.20

$$w'''' + \lambda^2 w'' = 0 \qquad \text{mit} \qquad \lambda^2 = \frac{F}{EI}. \tag{7.30}$$

In dem folgenden Beispiel soll ein weiterer wichtiger Fall gelöst werden. Einfachere Fälle werden als Übungsaufgaben gestellt.

Beispiel 7.21: *Knickstab EULER-Fall I*
Es soll für den in Bild 7.14 dargestellten Stab die Eulersche Knicklast berechnet werden. Dazu muss die Differentialgleichung (7.30)

$$w'''' + \lambda^2 w'' = 0 \qquad \text{mit} \qquad \lambda^2 = \frac{F}{EI} \, .$$

für bestimmte Randbedingungen gelöst werden. Da die Ordnung der Differentialgleichung vier beträgt, sind vier Randbedingungen nötig. Die Randbedingungen sind wieder durch die Lagerung des Trägers bestimmt. Drei Randbedingungen sind durch

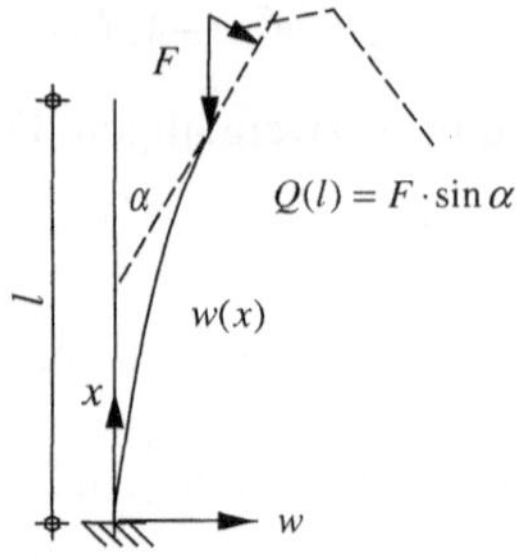

Bild 7.14 Knickstab

$$w(0) = 0 \qquad w'(0) = 0 \qquad w''(l) = 0$$

gegeben. Die vierte Randbedingung sagt etwas über $Q(l)$ aus. Nach Bild 7.14 gilt $Q(l) = F \sin \alpha$, wobei α der Anstiegswinkel der Tangente an die Biegelinie für $x = l$ ist. Da α als klein angenommen werden kann, gilt nach Tabelle 5.1, wenn in der Taylorformel nur die Glieder bis zur ersten Ordnung berücksichtigt werden, $\sin \alpha \approx \alpha \approx \tan \alpha$. Daraus folgt $Q(l) = -EIw'''(l) = F \sin \alpha = F \tan \alpha = Fw'(l)$. Damit lautet die vierte Randbedingung

$$Fw'(l) + EIw'''(l) = 0 \, .$$

Wie in Beispiel 7.20 ist die allgemeine Lösung der Differentialgleichung

$$w = c_1 \sin \lambda x + c_2 \cos \lambda x + c_3 + c_4 x \, .$$

Daraus folgt:

$$w'(x) = \lambda c_1 \cos \lambda x - \lambda c_2 \sin \lambda x + c_4 \, ,$$

$$w''(x) = -\lambda^2 c_1 \sin \lambda x - \lambda^2 c_2 \cos \lambda x \, ,$$

$$w'''(x) = -\lambda^3 c_1 \cos \lambda x + \lambda^3 c_2 \sin \lambda x \, .$$

In die Randbedingungen eingesetzt ergibt sich:

$$w(0) = 0 \qquad \rightarrow \qquad c_2 + c_3 = 0 \qquad \rightarrow \qquad c_3 = -c_2 \, ,$$

$$w'(0) = 0 \qquad \rightarrow \qquad \lambda c_1 + c_4 = 0 \qquad \rightarrow \qquad c_4 = -\lambda c_1 \, ,$$

$$w''(l) = 0 \qquad \rightarrow \qquad -c_1 \sin \lambda l - c_2 \cos \lambda l = 0 \, ,$$

$$Fw'(l) + EIw'''(l) = 0 \rightarrow F\left(c_1 \cos \lambda l - c_2 \sin \lambda l + c_4\right) + EI\lambda^2 \left(-c_1 \cos \lambda l + c_2 \sin \lambda l\right) = 0 \, .$$

Da $F = \lambda^2 EI$ ist, folgt aus der letzten Gleichung $F \cdot c_4 = 0$ und damit $c_4 = 0$ und $c_1 = 0$. Aus der vorletzten Gleichung ergibt sich dann $c_2 \cos \lambda l = 0$. Eine nichttriviale Lösung existiert dann, wenn $\lambda l = \frac{\pi}{2} + k\pi$. Für den kleinsten positiven Wert $\frac{\pi}{2}$ folgt dann $\lambda^2 = \frac{\pi^2}{4l^2} = \frac{F}{EI}$ und

damit für die EULERsche Knicklast $F = \dfrac{\pi^2 EI}{(2l)^2} \, .$ ◆

7.6 Differentialgleichungen mit Maple

Maple stellt eine Vielzahl von Anweisungen zur Behandlung von Differentialgleichungen, insbesondere im `package Odtools`, bereit. Für die, in diesem Buch behandelten Fälle, genügt die Anweisung `dsolve`. Als Beispiele sind solche angegeben, die in diesem Kapitel gelöst wurden. Wird der Befehl auf ein Eigenwertproblem angewandt, liefert er nur die triviale Lösung. Sollen die Eigenwerte berechnet werden, so empfiehlt sich eine Randbedingung nicht anzugeben. Darauf wird eine Lösung, die noch von einer Integrationsvariablen abhängt, angezeigt. Wird diese in die weggelassene Randbedingung eingesetzt, können in der Regel die Eigenwerte berechnet werden.

Ableitungen von Funktionen in der Differentialgleichung (Dgl) bzw. den Randbedingungen (Rbd) werden wie folgt geschrieben:

$$y^{(n)}(x) = \texttt{diff(y(x),x\$n)}, \quad y'(a) = \texttt{D(y)(a)} \quad \text{und} \quad y''(a) = \texttt{(D@@2)(y)(a)}$$

Syntax

allgemeine Lösung

```
>dsolve(Dgl,y(x));
```

spezielle Lösung

```
>dsolve({Dgl,Rbd1,...,Rbdn},y(x));
```

Beispiele

1. $y''' + 4y'' + 6y' + 4y = 2x$

```
>dsolve(diff(y(x),x$3)+4*diff(y(x),x$2)+6*diff(y(x),x)+4*y(x)=2*x,y(x));
```

$$y(x) = -\frac{3}{4} + \frac{1}{2}x + \_C1e^{(-2x)} + \_C2e^{(-x)}\cos(x) + \_C3e^{(-x)}\sin(x)$$

2. $y' + \dfrac{y}{1+x} = e^x$, $\quad y(0) = 1$

```
>dsolve({diff(y(x),x)+y(x)/(1+x)=exp(x),y(0)=1},y(x));
```

$$y(x) = \frac{e^x x}{1+x} + \frac{1}{1+x}$$

3. $EI \cdot w'''' = -\dfrac{q}{l}x + q$, $w(0) = 0$, $w'(0) = 0$, $w(l) = 0$, $w''(l) = 0$

```
>dsolve({diff(E*J*w(x),x$4)=-q/l*x+q,w(0)=0,
w(l)=0, D(w)(0)=0, (D@@2)(w)(l)=0}, w(x));
```

$$w(x) = -\frac{1}{120}\frac{qx^5}{EI \cdot l} + \frac{1}{24}\frac{qx^4}{EI} - \frac{1}{15}\frac{qlx^3}{EI} + \frac{1}{30}\frac{ql^2x^2}{EI}$$

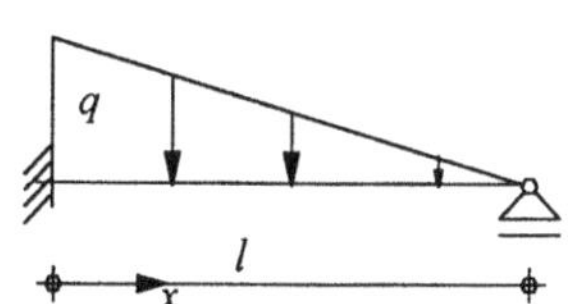

4. $EIw''''(x) = \begin{cases} q & x \le 2 \\ 2q & x > 2 \end{cases}$, $\quad \begin{matrix} w(0) = 0 & w(5) = 0 \\ w''(0) = 0 & w''(5) = 0 \end{matrix}$

```
>fu:=x->piecewise(x<2,q,2*q):
```

```
>dsolve({diff(E*J*w(x),x$4)=fu(x),w(0)=0,w(5)=0,
(D@@2)(w)(0)=0, (D@@2)(w)(5)=0}, w(x));
```

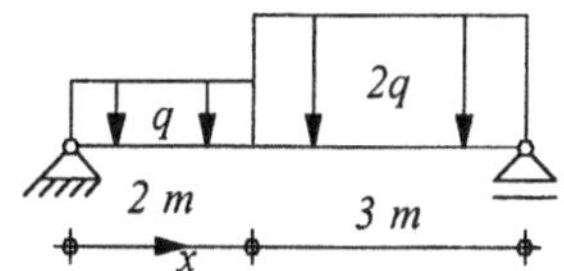

$$w(x) = \begin{cases} \dfrac{1}{24}\dfrac{qx^4}{EI} - \dfrac{17}{30}\dfrac{qx^3}{EI} + \dfrac{497}{60}\dfrac{qx}{EI} & x \le 2 \\[3ex] \dfrac{1}{12}\dfrac{qx^4}{EI} - \dfrac{9}{10}\dfrac{qx^3}{EI} + \dfrac{qx^2}{EI} + \dfrac{139}{20}\dfrac{qx}{EI} + \dfrac{2}{3}\dfrac{q}{EI} & x > 2 \end{cases}$$

5. $w'' + \lambda^2 w = 0$, $w(0) = 0$, $w(1) = 0$

```
> dsolve({diff(w(x),x$2)+a^2*w(x)=0,w(0)=0,w(1)=0},w(x));
```

$$w(x) = 0$$

6. $w'' + \lambda^2 w = 0$, $w(0) = 0$,

```
>dsolve({diff(w(x),x$2)+a^2*w(x)=0,w(0)=0},w(x));
```

$$w(x) = \_C1\sin(ax)$$

7.7 Übungsaufgaben

7.1: Die allgemeinen Lösungen der Differentialgleichungen sind zu berechnen.

a) $y' = x^2$ 　　　　　　　　　　 b) $y''' = 3 + x$

c) $y'' = x^{-2}$ 　　　　　　　　　 d) $y' = x \cdot y$

e) $y' = y^2$ 　　　　　　　　　　 f) $x \cdot y' + y = 2$

7.2: Die allgemeinen Lösungen der Differentialgleichungen sind zu berechnen.

a) $y' + 3y = e^x$ 　　　　　　　 b) $y'' + y = x^2 - e^{-x}$

c) $y''' - 4y'' + 5y' - 2y = 2x$ 　 d) $y''' - 2y'' = 2x$

e) $y''' - y'' - 4y' - 6y = \sin x$ 　 f) $y'''' + y''' - 4y'' + 2y' - 12y = x$

7.3: Die Lösungen der Anfangs- bzw. Randwertprobleme sind zu berechnen.

a) $y' = e^x$, $y(1) = 2$ 　　　　　 b) $y'' = 2 + x$, $y(0) = 0$, $y(1) = 0$

c) $y' = x \cdot y^2$, $y(1) = 2$ 　　　　 d) $y' - 2y = e^{2x}$, $y(0) = 2$

e) $y'' + 4y' + 4y = 0$ 　　　　　 f) $y''' + y'' = 2x$

　　$y(0) = 0$, $y'(0) = 1$ 　　　　　　$y(0) = 0$, $y'(0) = 1$, $y(2) = 1$

7.4: Die Eigenwerte der Eigenwertaufgaben sind zu berechnen.

a) $y'' + \lambda^2 y = 0$, $y(0) = 0$, $y'(1) = 0$

b) $y'''' - \lambda^4 y = 0$, $y(0) = 0$, $y''(0) = 0$, $y(1) = 0$, $y''(1) = 0$

7.5: Die Eulerschen Knicklasten der Träger sind zu berechnen.

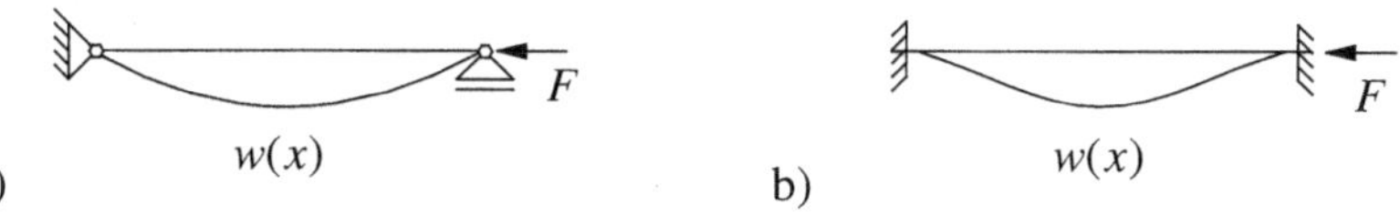

7.6: Die Differentialgleichungen sind durch das Differenzenverfahren und das Galerkinsche Verfahren angenähert zu berechnen. Beim Differenzenverfahren sind $h = 0.25$ oder $h = 0.5$ zu wählen. Beim Galerkinschen Verfahren ist mit einem zwei oder dreigliedrigem Ansatz zu rechnen

a) $y' - 2y = e^{2x}$, $y(0) = 2$

b) $y'' + 4y' + 4y = 0$, $y(0) = 0$, $y(1) = 1$

c) $y''' + y'' = 2x$

$y(0) = 0$, $y'(0) = 1$, $y(2) = 1$

d) $y'' + (x+3)y' + x^2 y = 3$

$y(-1) = 0$, $y(1) = 0$

7.7: Berechnen Sie die Biegelinien der Träger:

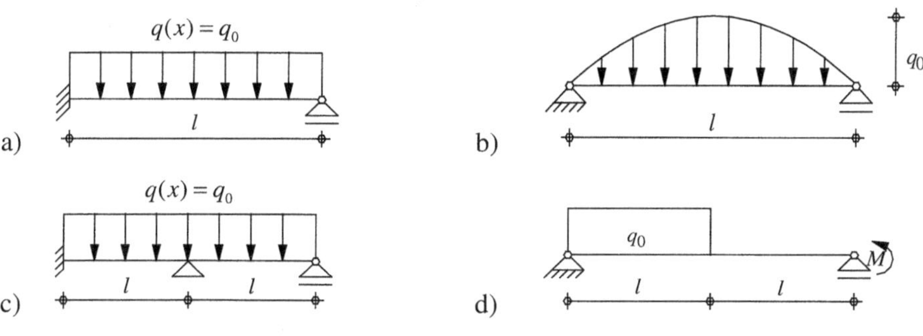

7.8: Lösen Sie Aufgabe 7b) auch mit dem Differenzenverfahren ($n = 4$) und dem Galerkinschen Verfahren (dreigliedriger Ansatz).

8 Stochastik

Wie aus langjährigen meteorologischen Aufzeichnungen bekannt ist, genügt die jährliche maximale Schneelast auf Gebäude im norddeutschen Flachland einer Extremwertverteilung mit dem Erwartungswert $\mu = 0.30\ kNm^{-2}$ und der Standardabweichung $\sigma = 0.29\ kNm^{-2}$. Wie groß ist die Versagenswahrscheinlichkeit P_f eines Bauwerks, wenn es für die Schneelast von $0.75\ kNm^{-2}$ ausgelegt wird?

8.1 Zufallsversuche

8.1.1 Einführung

Über den Ursprung zufälliger Einwirkungen auf technische Systeme

Wie von G. GALILEI um das Jahr 1590 beim freien Fall als neue Methode der Erkenntnisgewinnung erstmalig angewandt, erfordert das Studium naturwissenschaftlicher oder technischer Vorgänge eine Verbindung von Experiment und Theorie. Dabei ist es ein wichtiges Ziel, die wesentlichen Zusammenhänge durch Gleichungen zu erfassen. Liegen diese vor, verfügt man über die theoretische Grundlage um Messergebnisse auszuwerten und den Vorgang in der Absicht nachzubilden, Vorhersagen über sein Verhalten zu machen. Auch beim freien Fall ist es bereits GALILEI gelungen, die wesentlichen Gesetzmäßigkeiten in einem Satz von Formeln widerzuspiegeln. Man kann daher diese Formeln als *mathematisches Modell* des Phänomens ansprechen. Zu beachten ist allerdings, dass es auf vereinfachenden Annahmen beruht. So wird der Luftwiderstand nicht berücksichtigt und die Erdbeschleunigung als konstant betrachtet. Bei genauer Untersuchung stößt man daher auf Diskrepanzen zwischen Experiment und Modell-Vorhersagen. Wenn solche Unwägbarkeiten bereits beim einfachen Vorgang des freien Falls auftreten, dann sind sie erst recht bei komplexen technischen Systemen zu erwarten. Sie sind aber auch hier von gleicher Art. Um eine Lösung zu erhalten, müssen die Gleichungen gewöhnlich vereinfacht werden. Dazu werden Einflussgrößen von geringerer Bedeutung im Modell beiseite gelassen. Da sie aber in der Realität nie gänzlich ausgeschaltet werden können, überlagert ein von unkontrollierbaren Schwankungen geprägtes äußeres Bild der Erscheinung die tieferliegenden gesetzmäßigen Zusammenhänge. Hinzu kommen Messfehler. In der Konsequenz sind nicht reproduzierbare Abweichungen zwischen Rechnung und Versuch etwas sehr alltägliches. Damit ist eine Hauptquelle zufälliger Erscheinungen in technischen Systemen in der Unmöglichkeit zu sehen, alle Einflussgrößen zu erfassen und angemessen zu berücksichtigen. Andererseits wird aus dieser Überlegung auch klar, dass vom Zufall beeinflusste Erscheinungen nicht völlig regellos ablaufen. Man kann daher die Frage nach Vorhersagen über ihren Ausgang aufwerfen. Die *Stochastik*, d.h. die Wahrscheinlichkeitsrechnung und mathematische Statistik stellt dazu Hilfsmittel bereit.

Zur Rolle des Zufalls im Bauwesen

Auch im Bauingenieurwesen sind zufällige Wirkungen häufig anzutreffen. Sie müssen bei der Analyse von Verkehrsströmen ebenso berücksichtigt werden wie im Wasserbau oder der Messung von *Stoffgrößen* im Labor. Weiter sind in der *Mechanik* alle für die Bemessung eines statischen Systems maßgebenden Belastungs-, Material- und Geometriegrößen in gewissen Grenzen unscharf. Dieser Umstand fordert dazu heraus, Methoden der Wahrscheinlichkeitsrechnung anzuwenden. Die im Bauwesen erkennbare Hinwendung zur Stochastik wird aber noch durch andere Umstände gefördert. So handelt es sich im *Baubetrieb* bei Kosten, Preisen, Zeitvorgaben, Leistungen von Baumaschinen usw. um Größen, denen sich ein fester Wert gewöhnlich nicht definitiv zuschreiben lässt. Schließlich werden auch bei der *Grundstücksbewertung* in zunehmendem Maße Methoden der Wahrscheinlichkeitsrechnung und mathematischen Statistik eingesetzt. Das Vordringen der Stochastik wird durch die heute verfügbaren leitungsfähigen Rechner begünstigt. Da es aber auch wirtschaftliche Gründe hat, kann man von einer bestimmenden Tendenz sprechen, die die Beschäftigung mit diesem Gegenstand rechtfertigt.

8.1.2 Zufallsversuche

Begriff

Bei einem technischen Versuch geht es gewöhnlich darum, aus einer Menge von Untersuchungsobjekten bestimmte Elemente auszuwählen und ihre Eigenschaften zu messen. Um aussagekräftige Resultate zu erhalten, muss die Messung in der Regel mehrmals wiederholt werden. Dabei sind die äußeren Bedingungen gewissenhaft einzuhalten. Erfahrungsgemäß gelingt das nur unvollkommen: Es gibt Einflüsse, die sich der Kontrolle des Experimentators entziehen und regellose Verfälschungen der Ergebnisse hervorrufen. Zur begrifflichen Fassung dieses Umstandes dient die

Definition 8.1: *Zufallsversuch*
Ein Versuch, dessen Ergebnis im Rahmen verschiedener Möglichkeiten ungewiss ist und der sich zumindest gedanklich unter gleichen Bedingungen beliebig oft wiederholen lässt, heißt *Zufallsversuch.* ♦

Da es nicht möglich ist, einen Zufallsversuch so zu beeinflussen, dass ein gewünschtes Ergebnis mit Sicherheit eintritt, besteht erst bei oftmaliger Wiederholung die Aussicht darauf, die zugrunde liegende Gesetzmäßigkeit aufzudecken.

Beispiel 8.1: *Geschwindigkeitsmessung*
Die allgemeine Verwaltungsvorschrift zur Straßenverkehrsordnung empfiehlt, bei einer Geschwindigkeitsbeschränkung die zulässige Höchstgeschwindigkeit so festzulegen, dass der ausgeschilderte Wert mit der Geschwindigkeit übereinstimmt, die 85% der Kraftfahrer von sich aus nicht überschreiten. Soll also eine Gefahrenstelle durch eine Geschwindigkeitsbeschränkung sicherer gemacht werde, muss vorher die Geschwindigkeit vieler Kraftfahrzeuge gemessen werden. Das zu tun heißt aber, einen Zufallsversuch durchzuführen. Denn: Vorab kann nichts genaues darüber gesagt werden, welchen Wert von V die Messung liefern wird. Damit ist die Eigenschaft a) der Begriffsbestimmung erfüllt. Aber auch b) ist gegeben, weil sich die Messung oft wiederholen lässt. ♦

Beispiel 8.2: *Kreuzen eines niveaugleichen Bahnüberganges*
Ein Student nähert sich mit seinem Fahrzeug auf dem Weg zur Hochschule einem beschrankten Bahnübergang. Noch eine Kurve, dann liegt er vor ihm. Da er vor der Kurve nicht sieht, ob

die Schranken geschlossen sind, führt er einen Zufallsversuch aus. Grundmenge ist dabei die Gesamtheit aller Fahrzeuge, die in einer bestimmten Zeit den fraglichen Streckenabschnitt passieren. Auch der Ausgang dieses Versuchs lässt sich durch eine geeignet gewählte Größe quantitativ beschreiben. Bei Versuchsteilnehmern, die sehr in Eile sind, kommt die Wartezeit T vor der Schranke in Betracht. Sie nimmt den Wert $T = 0$ bei geöffneter Schranke und irgendeinen Wert $T > 0$ bei geschlossener Schranke an. ♦

Beispiel 8.3: *Güteprüfung von Beton*
Wird auf einer Baustelle Beton verarbeitet, so sieht die DIN-Vorschrift 1045 eine laufende Güteprüfung vor. Dazu dienen Probewürfel mit einer Kantenlänge von 200 *mm*. Sie werden auf der Baustelle hergestellt und wie der beim Bau verwendete Beton nachbehandelt. Im Hochbau müssen je Geschoss beim Verarbeiten von Beton BI *drei* Probewürfel angefertigt werden. Werden die Würfel nach den vorgeschriebenen 28 Tagen einer Druckprüfung unterworfen, so versagt ein Würfel, wenn die Druckfestigkeit einen vorgegebenen Wert nicht erreicht. Bei der Auswertung kommt es auf die Zahl X der nicht qualitätsgerechten Würfel an. ♦

8.2 Zufallsereignisse und Zufallsgrößen

8.2.1 Begriffsbestimmung

Einführung

Wie jeder andere Versuch, wird auch ein Zufallsversuch mit einem Ergebnis abgeschlossen. Bei der Klärung der scheinbar selbstverständlichen Frage, was man unter einem solchen Ergebnis zu verstehen hat, darf man sich allerdings nicht allein auf die Intuition stützen. Die Begriffswelt der Stochastik unterscheidet sich in in vielerlei Hinsicht grundlegend von den geläufigen Vorstellungen des Alltags. Weil sich das auch beim Begriff „Ergebnis eines Zufallsversuchs" zeigt, ist eine genaue begriffliche Festlegung erforderlich. Sie muss einen hinreichend allgemeinen Rahmen dafür bieten, die für Zufallsversuche kennzeichnenden Variabilität der Ergebnisse zu erfassen. Eine solche Begriffsbildung soll nachfolgend schrittweise erarbeitet und mit einem präzisen Inhalt versehen werden. Der Ausgangspunkt der Überlegung ist die noch sehr vage Aussage, dass man ein Ergebnis eines Zufallsversuchs *Zufallsereignis* nennt. Da das Resultat eines Zufallsversuches im Rahmen verschiedener Möglichkeiten ungewiss ist, entsprechen jedem Versuch mehrere Zufallsereignisse.

Beispiel 8.4: *Geschwindigkeitsmessung*
Ein Fahrzeug nähert sich einer Geschwindigkeits-Messstelle. Seine Geschwindigkeit wird festgestellt. Das Ergebnis ist $V = 65.6\ kmh^{-1}$. Beim nächsten Fahrzeug wird der Wert $V = 76.8\ kmh^{-1}$ gemessen usw. Neben diesen unmittelbar beobachtbaren und sich gegenseitig ausschließenden Ereignissen gibt es aber noch viele andere, die ebenfalls mit dem Versuch zusammenhängen. Wird die Geschwindigkeitsmessung von der Polizei an einem Streckenabschnitt durchgeführt, bei dem eine Beschränkung auf $50\ kmh^{-1}$ angeordnet ist, kann das Ergebnis $V > 50\ kmh^{-1}$ von erheblicher Bedeutung sein. Allerdings lässt es sich auf sehr unterschiedliche Weise realisieren. Der eine Fahrer war mit $55\ kmh^{-1}$ unterwegs. Als Geschwindigkeit eines anderen wurde dagegen $86.5\ kmh^{-1}$ festgestellt.

Also: Das Ergebnis $V > 50\ kmh^{-1}$ ist komplex. Es gibt sehr viele (sieht man von der endlichen Genauigkeit des Messverfahrens ab sogar unendlich viele) einfache Ereignisse, deren Eintreten das Ereignis $V > 50\ kmh^{-1}$ nach sich zieht. ◆

Beispiel 8.5: *Die Korngröße bei Beton-Zuschlägen*
Die für die Fertigung von Beton benötigten Zuschläge wie Kies und Sand sind ein Haufwerk, das aus Körnern unterschiedlichen Durchmessers D zusammengesetzt ist. Wer ein beliebiges Korn in der Absicht herausgreift, D festzustellen, führt einen Zufallsversuch aus. Das Ereignis könnte z.B. sein $D = 25.6\ mm$ oder $D = 5.3\ mm$ usw. Nun ist gut bekannt, dass ein Zuschlag gemischtkörnig sein muss. Ein günstiges Verhältnis der Korngrößen zueinander liegt vor, wenn die kleinen Korngrößen in solcher Menge vorhanden sind, dass sie die Hohlräume zwischen den größeren ausfüllen. Daher interessieren bei der Qualitätsbeurteilung eines Zuschlages auch solche Ereignisse wie $D \le 4\ mm$ oder $16 \le D \le 32\ mm$. Diese Ereignisse lassen sich auf die unterschiedlichste Art und Weise verwirklichen und sind daher zusammengesetzt. ◆

Zufallsereignisse und Elementarereignisse

Die in den Beispielen 8.4, 8.5 vorgenommene Unterscheidung zwischen zwei Ereignis-*Typen* ist grundlegend wichtig. Sie muss daher auch in der Bezeichnung zum Ausdruck kommen. Die sich gegenseitig ausschließenden und bei Durchführung des Zufallsversuchs unmittelbar beobachtbaren Zufallsereignisse heißen *Elementarereignisse*. Alle anderen Ereignisse, zu deren Eintreten mehrere Elementarereignisse beitragen, nennt man *Zufallsereignisse*.

Definition 8.2: *Raum der Elementarereignisse und Ereignisfeld*
Die Gesamtheit der Elementarereignisse ω bildet den *Raum* Ω der Elementarereignisse, die Gesamtheit der Zufallsereignisse das *Ereignisfeld* E des Zufallsversuchs. ◆

Im gegenwärtigen Stadium der Überlegung sollte man Ω als eine abstrakte Menge auffassen, über deren Elemente weiter nichts bekannt ist, als dass sie die Elementarereignisse eines bestimmten Zufallsversuchs sind. Was die Elemente konkret bedeuten, ist für die logische Entwicklung der Wahrscheinlichkeitsrechnung nicht erheblich. Weiter unten wird sich dessen ungeachtet eine anschauliche Deutung von Ω und seinen Elementen ergeben. Hier sei nur noch bemerkt, dass es durchaus im Interesse der Anwendung liegt, wenn die Wahrscheinlichkeitsrechnung von den konkreten Verhältnissen vollkommen abstrahiert. Nur die strikte Beschränkung auf eine allen zufälligen Erscheinungen gemeinsame Grundsubstanz ermöglicht die außerordentlich vielfältigen praktischen Anwendung der Wahrscheinlichkeitsrechnung.

Beispiel 8.6: *Raum der Elementarereignisse bei einer Güteprüfung von Beton*
Werden die Probewürfel (vgl. Beispiel 8.3) in qualitätsgerechte (G) und in den Anforderungen nicht genügende (V) eingeteilt, dann umfasst Ω bei $n = 3$ Würfeln die folgenden Elementarereignisse

$$\omega_1 = (G,G,G)$$
$$\omega_2 = (G,G,V) \quad \omega_3 = (G,V,G) \quad \omega_4 = (V,G,G)$$
$$\omega_5 = (G,V,V) \quad \omega_6 = (V,G,V) \quad \omega_7 = (V,V,G)$$
$$\omega_8 = (V,V,V)$$

Dabei beziehen sich die Angaben (G oder V) auf dem ersten Platz des Symbols $(\cdots,\cdots,\cdots)$ auf den ersten, am zweiten Platz auf den zweiten und am dritten Platz auf den dritten Würfel. Das

Zufallsereignis E: „ein Beton erfüllt die Festigkeitsanforderungen, wenn höchstens ein Würfel den geforderten Wert nicht erreicht", kann dann in der Form

$$Z = \{\omega_1, \omega_2, \omega_3, \omega_4\}$$

dargestellt werden. Es handelt sich um eine Teilmenge von Ω. ◆

Beispiel 8.7: *Raum der Elementarereignisse beim Zufallsversuch Korngröße*
Setzt man eine obere Grenze d_{max} für die Korngröße von Zuschlägen fest, sie liegt üblicherweise bei 63 *mm*, dann kann das Intervall $0 < D \leq d_{max}$ als Raum der Elementarereignisse betrachtet werden. ◆

8.2.2 Das Rechnen mit Zufallsereignissen

Ein mengentheoretischer Zugang zum Begriff des Zufallsereignis

Den Status mathematischer Objekte erlangen zufällige Ereignisse erst dann, wenn es gelingt, Rechenoperationen zu erklären. Dies soll jetzt in Angriff genommen werden. Dazu sei ein Zufallsversuch mit dem Raum Ω seiner Elementarereignisse und ein mit dem Versuch zusammenhängendes Ereignis $A \in \mathsf{E}$ gegeben. Dann lässt sich (s. Beispiele 8.4 und 8.5) aus Ω die Menge jener Elementarereignisse ω aussondern, die zum Eintreten von A führen. Da sich so jedes Ereignis A durch eine gewisse Menge von Elementarereignissen beschreiben lässt, kann es mit einer *Teilmenge* von Ω identifiziert werden. Auf diese Weise kann der neuartige Begriff des Zufallsereignis mengentheoretisch gedeutet und in eine bereits bekannte mathematischen Disziplin eingeordnet werden. Die Elementarereignisse erweisen sich als Elemente der Menge Ω. Die Zufallsereignisse dagegen sind Teilmengen von Ω. Elementarereignisse und Zufallsereignisse unterscheiden sich also nicht grundsätzlich. Vielmehr sind Elementarereignisse einelementige Zufallsereignisse und das Ereignisfeld E stellt die Menge aller Teilmengen von Ω dar, die in einem sinnvollen Zusammenhang mit dem Versuch stehen. Diese Interpretation ist von großer Bedeutung. Sie eröffnet die Möglichkeit, mit Zufallsereignissen so wie mit Mengen zu rechnen. Außerdem lassen sich die Operationen mit Ereignissen an ebenen Punktmengen veranschaulichen. Nachfolgend sollen einige Grundbegriffe der Mengenlehre in der Bezeichnungsweise zusammengestellt werden, die in der Wahrscheinlichkeitsrechnung üblich ist.

Zwei spezielle Ereignisse

Definition 8.3: *Sicheres Ereignis*
Ein Zufallsereignis heißt *sicher*, wenn es bei jeder Wiederholung eines bestimmten Versuchs eintritt. ◆

Da es demnach alle Elementarereignisse umfasst, ist es mit dem Raum Ω identisch und wird gewöhnlich auch mit dem Symbol Ω bezeichnet. Einer intuitiven, an alltäglichen Erfahrungen angelehnten Vorstellung von Zufallsversuchen, dürfte es schwer fallen, das sichere Ereignis als Zufallsereignis zu akzeptieren. Dessen ungeachtet spielt es eine wichtige Rolle beim Rechnen mit Zufallsereignissen und gehört zum Ereignisfeld E des Versuches. Das gilt auch für die

Definition 8.4: *Unmögliches Ereignis*
Man nennt ein Ereignis *unmöglich*, wenn es bei keiner Wiederholung eines bestimmten Versuchs eintreten kann. Als Symbol wird $\varnothing$ benutzt. ◆

Die Summe und das Produkt von Zufallsereignissen

Definition 8.5: *Summe von Ereignissen*
Als *Summe (Vereinigung)* zweier Ereignisse A,B eines Ereignisfeldes E ($A,B \in \mathsf{E}$) bezeichnet man dasjenige Ereignis $A \cup B$, das genau dann eintritt, wenn mindestens eines der Ereignisse A und B stattfindet. ◆

Gesprochen und gelesen wird $A \cup B$ gewöhnlich als A und B.

Definition 8.6: *Produkt von Ereignissen*
Unter dem *Produkt (Durchschnitt)* $A \cap B$ zweier Ereignisse $A,B \in \mathsf{E}$ versteht man ein Ereignis, das genau dann eintritt, wenn sowohl A als auch B stattfindet. ◆

Gesprochen wird $A \cap B$ als A oder B. Die beiden Operationen mit Zufallsereignissen sind kommutativ

$$A \cup B = B \cup A , \quad A \cap B = B \cap A$$

und assoziativ

$$(A \cup B) \cup C = A \cup (B \cup C) \stackrel{\cdot}{=} (A \cup C) \cup B$$

(eine analoge Beziehung gilt auch beim Produkt). Ferner gilt das distributive Gesetz

$$A \cap (B \cup C) = (A \cap B) \cup (A \cap C) .$$

Demnach haben die hier eingeführten Operationen mit Zufallsereignissen Eigenschaften, die auch von der Addition und der Multiplikation reeller Zahlen bekannt sind. Dessen ungeachtet unterscheidet sie sich qualitativ von der gewöhnlichen Addition und Multiplikation. Beispielsweise gilt $E \cup E = E$ und $E \cap E = E$.

Erste Hinweise auf die Bedeutung solcher Ereignisse wie Ω und $\varnothing$ für das Rechnen mit Zufallsereignissen bieten neben solchen Aussagen wie

$$E \cap \Omega = E , \quad E \cup \varnothing = E , \quad E \cap \varnothing = \varnothing$$

auch die Einführung der folgenden Begriffe:
Zwei Ereignisse $E_1, E_2 \in \mathsf{E}$ heißen *disjunkt*, wenn sie sich gegenseitig ausschließen. Beim Eintreten von E_1 kann E_2 nicht stattfinden und umgekehrt. Es gilt daher $E_1 \cap E_2 = \varnothing$.
Tritt ein Ereignis $\overline{E} \in \mathsf{E}$ genau dann ein, wenn $E \in \mathsf{E}$ nicht stattfindet, dann nennt man $\overline{E}$ das zu E *komplementäre* Ereignis. Dieses Beziehung zwischen zwei Ereignissen lässt sich durch $\overline{E} \cup E = \Omega$, $\overline{E} \cap E = \varnothing$ ausdrücken. Komplementäre Ereignisse gehorchen den Formeln von DE MORGAN

$$\overline{A \cap B} = \overline{A} \cup \overline{B} , \quad \overline{A \cup B} = \overline{A} \cap \overline{B} . \tag{8.1}$$

Es ist nun möglich, den Begriff des Ereignisfeldes E genauer zu fassen. Gefordert wird, dass es mit je zwei Ereignissen E_1, E_2 auch die Ereignisse $E_1 \cup E_2$ und $E_1 \cap E_2$ sowie mit jedem E auch $\overline{E}$ enthält. Nutzt man die anschaulichen Eigenschaften ebener Punktmengen, so lassen sich die genannten Begriffe und Operation in nach dem englischen Logiker J.VENN (1834-1923) benannten VENN-Diagrammen veranschaulichen.

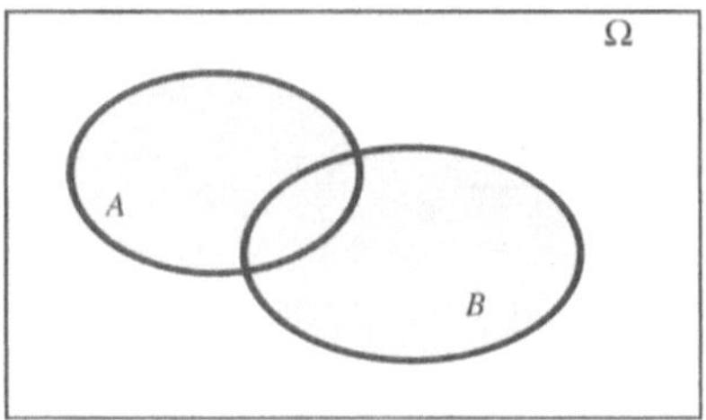

Bild 8.1 VENN-Diagramm der Summe

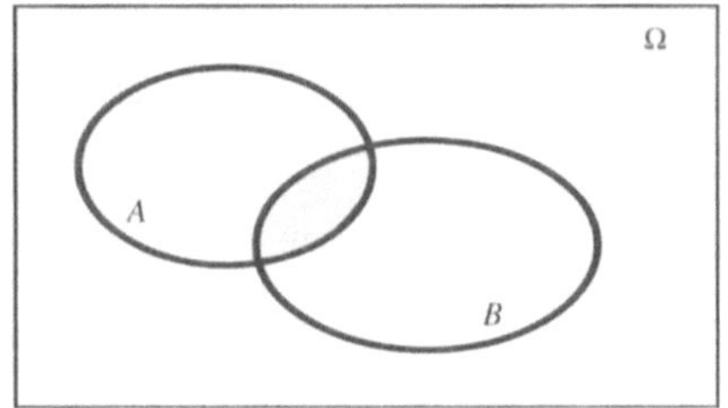

Bild 8.2 VENN-Diagramm des Produkts

Beispiele aus der Zuverlässigkeitstheorie

Eine wichtige Anwendung der Operationen mit Zufallsereignissen besteht in der Zuverlässigkeitstheorie technischer Systeme. Derartige Systeme umfassen gewöhnlich viele Elemente, deren einzelnes oder kombiniertes Versagen zum Ausfall des ganzen Systems führen kann. Im Bereich des Bauingenieurwesens handelt es sich dabei um Tragwerke, Verkehrssysteme, Gewässer mit schwankender Wasserführung, Wasserversorgungssysteme oder aber auch um Organisationsstrukturen, bei denen viele gut abgestimmte Einzelaktivitäten ineinander greifen müssen, um das angestrebte Ziel zu erreichen.

Beispiel 8.8: *Zuverlässigkeitstheoretisches Seriensystem*
Man spricht von einem *Seriensystem*, wenn der Ausfall eines beliebigen Elements das Versagen des Systems nach sich zieht. Bezeichnet E_i, $i = 1, \cdots, n$ das Ereignis, das i-te Element ist intakt, so ist die Funktionstüchtigkeit S eines Seriensystems genau dann gegeben, wenn gilt

$$S = E_1 \cap E_2 \cap \cdots \cap E_n = \bigcap_{i=1}^{n} E_i \; .$$

Bei Seriensystemen bestimmt das unzuverlässigste Element die Zuverlässigkeit des Systems. Als Beispiele aus dem Bereich des Bauingenieurwesens sind statisch bestimmte Tragwerke zu nennen. Bei einem statisch bestimmten Gelenkfachwerk versagt das System, wenn ein einziges Auflager oder ein einziger Stab ausfällt. ♦

Beispiel 8.9: *Zuverlässigkeitstheoretisches Parallelsystem*
Die Elemente eines Systems sind parallel geschaltet, wenn das Systems erst nach dem Ausfall aller Elemente versagt. Wird das Ereignis „das i-te Element ist intakt" wieder mit E_i, $i = 1, 2, \cdots, n$ bezeichnet, so lässt sich der Zusammenhang zwischen den E_i und dem Ereignis S „das System funktioniert" durch

$$S = E_1 \cup E_2 \cup \cdots \cup E_n = \bigcup_{i=1}^{n} E_i$$

ausdrücken. Eine derartige Schaltung liegt z.B. vor, wenn die Wasserversorgung eines Stadtviertels durch zwei unabhängige Einspeisungen sichergestellt wird, von denen jede für sich den Bedarf decken kann und die unabhängig voneinander sind (d.h. nicht aus einem gemeinsamen Grund versagen können). ♦

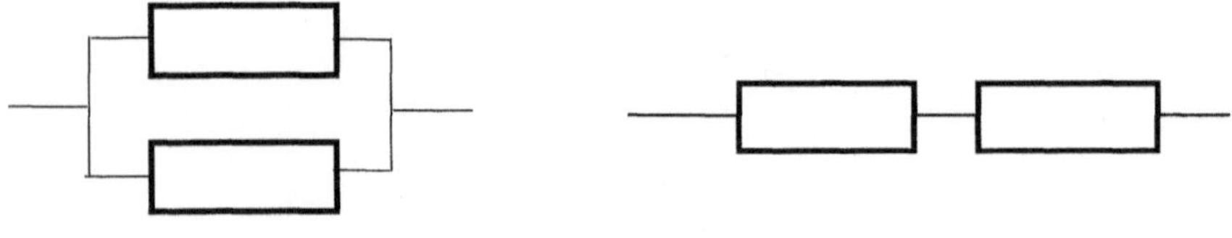

Bild 8.3 Parallelsystem   **Bild 8.4** Seriensystem

8.2.3 Zufallsgrößen

Einführung

Wie die Beispiele 8.1 bis 8.3 zeigen, lassen sich die quantitativen Merkmale eines Zufallsversuchs durch Größen fassen, die insofern vom Zufall abhängen, als sie in Abhängigkeit vom Versuchsausgang Zahlenwerte annehmen. Dabei bieten sich diese Größen gewöhnlich von selbst an. Man denke z.B. an den Zufallsversuch Geschwindigkeitsmessung. Hier ist die maßgebende Größe ganz selbstverständlich die Geschwindigkeit V des Fahrzeuges. In anderen Fällen ist es durch Vereinbarung möglich, den Ausgang eines Zufallsversuchs als Zahlenwert auszudrücken. Beim Versuch „Güteprüfung von Beton" könnte es sich um eine Größe X handeln, deren Werte die Zahl der nicht qualitätsgerechten Würfel angibt. Auf diese Weise gelangt man zum Begriff der Zufallsgröße, der in der Wahrscheinlichkeitsrechnung und ihren Anwendungen von zentraler Bedeutung ist.

Definition 8.7: *Zufallsgröße*
Als (reelle) *Zufallsgröße* bezeichnet man eine Abbildung X, die bei einem bestimmten Zufallsversuch in Abhängigkeit vom Elementarereignis $\omega \in \Omega$ die reelle Zahl $x = X(\omega)$ als Wert annimmt. ♦

Zwischen der Zufallsgröße X als Abbildung $X : \Omega \to R$ und dem von ihr bei einem Zufallsversuch angenommenen Zahlenwert x muss sorgfältig unterschieden werden. Letzterer heißt *Realisierung* der Zufallsgröße. Entsprechend der Tatsache, dass der Ausgang eines Zufallsversuche bei jeder Wiederholung ungewiss ist, besitzt eine Zufallsgröße mehrere Realisierungen. Wie die Erfahrung zeigt (man stelle dazu die Beispiele 2 und 3 gegenüber), müssen zwei Arten von Zufallsgrößen unterschieden werden. Bei einer *stetigen* Zufallsgröße bilden die möglichen Realisierungen ein Intervall. Eine *diskrete* Zufallsgröße besitzt dagegen höchstens abzählbar viele Realisierungen. Diskrete Zufallsgrößen treten häufig im Zusammenhang mit Versuchen auf, bei denen das Resultat durch Abzählen festgestellt wird.

Beispiel 8.10: *Diskrete Zufallsgröße*
Führt man beim Zufallsversuches des Beispiels 8.6 eine Zufallsgröße X ein, deren Realisierungen die Zahl der jeweils untauglichen Probewürfel bedeuten, so gilt $X(\omega_2) = X(\omega_3) = X(\omega_4) = 1$; $X(\omega_5) = X(\omega_6) = X(\omega_7) = 2$ und $X(\omega_8) = 3$. Es handelt sich um eine diskrete Zufallsgröße. ♦

Die reelle Achse als Raum der Elementarereignisse

Bei Zufallsversuchen in der Technik lässt sich jeder der einander ausschließenden Versuchsausgänge, d.h. jedes Elementarereignis, durch einen Zahlenwert kennzeichnen. Die Theorie trägt dieser Erfahrungstatsache durch den Begriff der Zufallsgröße Rechnung. Er ermöglicht eine anschauliche und unmittelbar einleuchtende Deutung solcher Begriffe wie Raum der Elementarereignisse und Ereignisfeld. Bisher waren die Elementarereignisse Elemente einer abstrakten Menge. Nun können sie als reelle Zahlen aufgefasst werden. Und zwar deshalb, weil die Zufallsgröße X jedem $\omega \in \Omega$ ein $X(\omega) = x \in R$ zuordnet. So entspricht jedem ω ein x und es ist möglich, die reelle Achse R oder eine Teilmenge von R als Raum der Elementarereignisse zu verwenden. Irgendein Ereignis, das mehrere Elementarereignisse umfasst, ist dann eine Teilmenge von R. Das Ereignisfeld E wird von allen im Zusammenhang mit dem betrachteten Versuch sinnvollen Teilmengen von R gebildet. In diesem Sinn werden die Begriffe nachfolgend verwendet. Allerdings werden die bisher benutzten Symbole Ω und E beibehalten.

Beispiel 8.11: *Raum der Elementarereignisse und Ereignisfeld*
Ist im Beispiel 8.2 die Wartezeit vor der geschlossenen Schranke für den Ausgang des Zufallsversuchs maßgebend, so wird der Raum Ω der Elementarereignisse durch die Menge aller nichtnegativen reellen Zahlen gebildet. Es gilt

$$\Omega = \{t \mid t \in R, t \geq 0\}$$

In der Tat sind auch sehr große Wartezeiten möglich. Z.B. dann, wenn sich auf dem Übergang ein Unfall ereignet hat. Als Ereignisse kommen in Betracht: $E_1 = \{T \leq 2\}$ (wenn der Aufenthalt höchstens 2 Minuten dauert), $E_2 = \{2 \leq T < 2{,}6\}$, $E_3 = \{T > 8\}$ usw. Diese und sehr viele andere auf ähnliche Weise konstruierbaren Ereignisse bilden die Elemente des Ereignisfeldes E. Es handelt sich um Teilmengen der Menge der nichtnegativen reellen Zahlen. ♦

Weiterführende Bemerkungen

Für Aussagen über den Ausgang eines Zufallsversuchs dient ein mathematisches Modell des Versuchs als quantitative Grundlage. Nachfolgend sollen erste Vorstellungen über das Wesen eines derartigen Modells entwickelt werden. Dabei wird sich eine erheblich Differenz zu mathematischen Modellen von Vorgängen ergeben, in denen der Zufall keine entscheidende Rolle spielt. Hier stellt das mathematische Modell bekanntlich einen Formelapparat dar, mit dem das Versuchsergebnis vorausberechnet werden kann. Nun sind bei Zufallsversuchen Vorhersagen darüber, welchen Wert eine Zufallsgröße genau annehmen wird, grundsätzlich nicht möglich. Es liegt vielmehr in der Natur der Sache, dass die Ergebnisse mehr oder weniger voneinander abweichen und eine Streuung besitzen. Also müssen mathematische Modelle von Zufallsversuchen eine völlig andere Beschaffenheit haben. Da die Menge Ω der Elementarereignisse und das Ereignisfeld E einen Zufallsversuch kennzeichnen, ist abzusehen, dass diese Größen zu den Grundbestandteilen seines mathematischen Modells zählen werden.

Wie sich nach diesen Bemerkungen in groben Umrissen abzeichnet, stellen mathematische Modelle von Zufallsversuche eine eigene Qualität dar. Dennoch haben sie ungeachtet prinzipieller Unterschiede einiges mit den Modellen von Versuchen gemeinsam, in denen der Zufall keine entscheidende Rolle spielt. Gewöhnlich enthalten Letztere nämlich gewisse Parameter, die nicht aus der Theorie folgen, sondern empirisch bestimmt werden müssen. Beim mathematischen Modell des freien Falls ist das die Erdbeschleunigung. Auch die Modelle von Zufallsversuchen besitzen eine empirische Basis. In ihnen treten Parameter auf, die experimentell bestimmt werden müssen. Die dafür erforderlichen Hilfsmittel liefert die *beschreibende Statistik*.

8.2.4 Übungsaufgaben

8.1: Zufallsereignisse lassen sich durch ebene Punktmengen veranschaulichen. Man überzeuge sich auf diese Weise davon, dass die folgenden Aussagen richtig sind:

a) Aus $Z = Z_1 \cup Z_2$ folgt $\overline{Z} = \overline{Z}_1 \cap \overline{Z}_2$.

b) Aus $Z = Z_1 \cap Z_2$ folgt $\overline{Z} = \overline{Z}_1 \cup \overline{Z}_2$.

8.2: Eine Anlage bestehe aus den Elementen E_i , $i = 1,2,3$. Das Zufallsereignis Z_i tritt ein, wenn E_i intakt ist. Die Funktionsfähigkeit der Anlage (Ereignis S) ist dann gegeben, wenn E_3 und mindestens eines der beiden anderen Elemente arbeiten. Man drücke S durch die Ereignisse Z_i aus.

8.3: Um eine große Wasserleitung auch dann noch abstellen zu können, wenn ein Schieber defekt ist, werden zwei Schieber hintereinander eingebaut.

a) Man gebe die zuverlässigkeitstheoretische Schaltung des Systems an.

b) Man drücke das Ereignis S „das System funktioniert" durch die Ereignisse S_i "der i-te Schieber ist intakt" aus.

8.4: Eine Staustufe reguliert die Wasserführung eines Flusses. Sie besitzt Wehrtore, die bei Hochwasser geöffnet werden können. Legt man die Bemessungshochwassermenge zugrunde, so versagt die Anlage, wenn sich eines von vier Toren nicht öffnen lässt.

a) Man stelle den Zusammenhang zwischen dem Ereignis S „das Wehr funktioniert" und den Ereignisse E_i "das i-te Tor lässt sich öffnen", $i = 1, \cdots, 4$ her.

b) Man stelle mit Hilfe der MORGANschen Formeln das Ereignis $\overline{S}$ durch die Ereignisse $\overline{E}_i$ dar. Welche Bedeutung besitzt $\overline{S}$?

8.3 Beschreibende Statistik

8.3.1 Einführung

Weil unkontrolliert streuende Ergebnisse das hervorstehendste Merkmal aller Zufallsversuche sind, verteilen sich die Realisierungen (Messwerte) immer über ein gewisses Intervall der reellen Achse. Damit entsteht die Frage, wie sich diese *Verteilung* quantitativ fassen lässt. Wie bei jedem anderen Versuch auch, müssen dazu Beobachten und Messen eine verlässliche empirische Grundlage schaffen. Da sich aber die Gesetzmässigkeiten, denen auch Zufallsversuche unterliegen, erst bei vielfacher Wiederholung erkennen lassen, ist das empirische Material gewöhnlich sehr umfangreich und damit unübersichtlich. Als Teilgebiet der mathematischen Statistik befasst sich die *beschreibende* Statistik mit dem Aufbereiten vorliegender Daten. Es geht vor allem darum, die Verteilung der Messwerte auf graphischem Wege zu veranschaulichen und in einigen wenigen Zahlenwerten zu verdichten. Diese dienen dann zur Konkretisierung des jeweiligen mathematischen Modells und als Grundlage für quantitative Aussagen über Zufallsversuche, die mit Methoden der *beurteilenden* Statistik gewonnen werden. Einige der zur Aufarbeitung von Messergebnissen gebräuchlichen Verfahren und ihre Umsetzung auf dem Rechner werden nachfolgend behandelt. Ausgewählte Verfahren der beurteilenden Statistik werden im Abschnitt 8.8 angesprochen.

8.3.2 Urliste und Verteilungstafeln

Die Urliste

Beispiel 8.12: *Güteprüfung von Beton*
Die für die Güteprüfung von Beton maßgebende DIN 1045 legt die Zahl n der zu untersuchenden Probewürfel fest. Sie hängt von der Menge des eingesetzten Materials ab. Beim Beton B II sind sechs Probewürfel für (höchstens) $500\,m^3$ Beton vorgeschrieben. Gemessen wird die Druckfestigkeit D des Werkstoffs. Wurden auf einer Baustelle $3000\,m^3$ verarbeitet, so sind $n = 36$ Würfel zu prüfen. Die *Messwerte* d_i, $i = 1, \cdots, n$, es handelt sich um Realisierungen der Zufallsgröße D, werden in einem Messprotokoll in der Reihenfolge ihres Auftretens festgehalten. Dieses Protokoll nennt man in der beschreibenden Statistik *Urliste* oder *konkrete Stichprobe* (Tabelle 8.1). ♦

Tabelle 8.1 Messwerte der Druckfestigkeit in Nmm^{-2}

41	44	36	41	37	40	38	39	40
46	41	36	35	43	41	40	45	38
40	39	36	40	39	42	39	41	45
39	36	41	49	39	47	38	43	41

Auswerten kleiner Urlisten: Die primäre Verteilungstafel

Bei kleinen Urlisten führt das *Ordnen nach der Größe* zum Ziel. Dazu ermittelt man den größten ($x_{\max}$) und den kleinsten ($x_{\min}$) Messwert der Urliste und ordnet dazwischen die Messwerte nach ihrer Größe an. Es entsteht die *Variationsreihe*. Als erste Kenngröße der Verteilung ergibt sich die *Variationsbreite* $R = x_{\max} - x_{\min}$. Im Beispiel folgt $R = 12N/mm^2$.

Die *primäre Verteilungstafel* geht aus der Variationsreihe hervor. Sie ist aussagekräftiger als diese und entsteht auf folgende Weise: Zunächst werden alle m Zahlen, die sich zwischen $x_{\min}$ und $x_{\max}$ einordnen lassen, in die erste Spalte einer Tabelle eintragen. Für die Abstufung der Eintragungen ist die Messgenauigkeit ausschlaggebend. Ob die jeweilige Zahl als Messwert in der Urliste enthalten ist, spielt dagegen keine Rolle. Dann wird in der zweiten Spalte über eine Strichliste feststellt, wie oft ein Messwert in der Urliste enthalten ist (*absolute Häufigkeit h_i*). Gewöhnlich wird die Liste noch durch Spalten für die *relative Häufigkeit*

$$r_i = \frac{h_i}{n} \tag{8.2}$$

und für die *relative Summenhäufigkeit*

$$s_i = \sum_{k=1}^{i} r_k, \quad i = 1, 2, \cdots, m \tag{8.3}$$

ergänzt. Auf diese Weise geht die Urliste in die *primäre Verteilungstafel* (Tabelle 8.2) über.

Die empirische Verteilung

Bei der durch schrittweises Aufsummieren der Häufigkeiten r_i entstehenden relativen *Summen-Häufigkeit* s_i handelt es sich um eine Größe, deren Verallgemeinerung zur Verteilungsfunktion, also zu einem zentralen Begriff der Wahrscheinlichkeitsrechnung führt. Die Tabelle 8.2 soll zu entsprechenden Aussagen über die Zufallsgröße D genutzt werden und erste Hinweise auf das Wesen einer Verteilungsfunktion geben. Betrachtet man dazu das aus zwei Elementarereignissen zusammengesetzte Ereignis

$$E_2 = \{D < 37\} = \{D = 35\} \cup \{D = 36\},$$

so gilt für seine relative Häufigkeit

$$r_n(E_2) = r_n(D < 37) = r_n(D = 35) + r_n(D = 36) = s_2 = 0{,}1389.$$

Entsprechend ergibt sich für

$$E_6 = \{D < 40\} = \bigcup_{i=35}^{39} \{D = i\}.$$

die relative Häufigkeit $r_n(E_6) = s_5 = 0{,}4445$. Aus der Summenhäufigkeit lassen sich noch andere Aussagen über D gewinnen. Interessiert z.B. die relative Häufigkeit des Ereignisses

$$E = \{36 \le D < 39\} = \{D = 36\} \cup \{D = 37\} \cup \{D = 38\},$$

so ergibt sich $r_n(E) = s_4 - s_1 = 0{,}2223$.

Tabelle 8.2 Die primäre Verteilungstafel

d_i	abs. Häufigkeit h_i	rel. Häufigkeit r_i	Summen-Häufigkeit s_i
35	1	0,0278	0,0278
36	4	0,1111	0,1389
37	1	0,0278	0,1667
38	3	0,0833	0,2501
39	7	0,1944	0,4445
40	5	0,1389	0,5834
41	7	0,1944	0,7778
42	1	0,0278	0,8056
43	2	0,0555	0,8611
44	1	0,0278	0,8889
45	2	0,0555	0,9444
46	1	0,0278	0,9721
47	1	0,0278	1,0000

Wie diese Beispiele zeigen, lassen sich wesentliche Fragen, die die Zufallsgröße D und ihre statistische Verteilung betreffen, mit Hilfe der Summenhäufigkeit s_i beantworten. Diese zentrale Stellung wird hervorgehoben durch die

Definition 8.8: *Empirische Verteilung*
Ist X eine Zufallsgröße und x irgendeine reelle Zahl, so nennt man die Summe s_i der relativen Häufigkeiten $r_n(X = x_i)$ über alle Werte x_i von X, die kleiner sind als x, die empirische Verteilung von X. ♦

Auswerten großer Urlisten: Die sekundäre Verteilungstafel

Beispiel 8.13: *Vorbereitung einer Geschwindigkeitsbeschränkung*
Um die Einführung einer Geschwindigkeitsbeschränkung vorzubereiten, werden an der Gefahrenstelle einer Bundesstraße die Geschwindigkeiten von Fahrzeugen gemessen. Die an $n = 80$ Fahrzeugen gemessenen Werte sind in Tabelle 8.3 zusammengestellt. ♦

Tabelle 8.3 Geschwindigkeitsmesswerte (in km/h)

67.7	50.4	58.4	41.6	45.2	55.7	30.1	51.8	45.9
55.7	71.2	49.9	57.6	62.5	50.5	77.3	75.9	49.8
51.5	64.2	58.5	57.9	64.4	38.6	67.3	54.4	40.5
48.1	50.8	53.4	40.6	59.9	50.5	50.8	56.6	71.2
38.0	42.0	38.4	46.3	54.7	76.0	43.4	55.6	67.1
59.7	55.6	62.2	73.4	44.8	51.1	51.4	60.6	49.6
46.6	72.0	60.6	40.8	59.5	62.3	52.6	46.5	52.8
52.5	55.3	51.8	54.3	68.6	55.6	69.3	42.9	70.0
61.9	69.5	46.7	37.6	49.4	37.8	73.2	41.8	

Bei so umfangreichen Urlisten ist es wenig wirksam und viel zu umständlich, die Daten über das Anordnen nach der Größe zu verdichten. Vielmehr ist es zweckmäßig, benachbarte Werte in *Klassen* zusammenzufassen. So entsteht die *sekundäre Verteilungstafel*. Weil Einzelwerte, die der gleichen Klasse angehören, nicht mehr unterschieden werden, ist dieses Vorgehen sehr wirksam. Um die Tafel aufzustellen, wird in einem *ersten Schritt* das Intervall zwischen x_{min} und x_{max} in k Teilintervalle (Klassen) zerlegt. Die natürliche Zahl k wird gewählt. Dabei ist die Zahl n der Messwerte zu beachten. Als bewährte Regel gilt grundsätzlich

$$6 \leq k \leq 20 \qquad (8.4a)$$

Welcher Wert in Abhängigkeit von n konkret in Frage kommt, wird mit der Abschätzung

$$k \leq 5 \log_{10} n \qquad (8.4b)$$

entschieden. Im *zweiten Schritt* wird die *Klassenbreite d* festgelegt. Wenn möglich sollte d für alle Klassen gleich groß sein. Auf diesen Fall beziehen sich die folgenden Ausführungen. Um sicherzustellen, dass sich alle Messwerte im Intervall $[x_{min}; x_{max}]$ in die Klassen einordnen lassen, muss der Durchmesser $k \cdot d$ der k Teilintervalle entsprechend $k \cdot d > R$ etwas größer sein als die Variationsbreite R der Urliste. Allerdings darf diese Maßregel nicht zu leeren Klassen jenseits von x_{max} führen. Dies legt d eine Beschränkung auf, die sich durch $k \cdot d < R + d$ ausdrücken lässt. Fasst man beide Ungleichungen zusammen, so entsteht

$$\frac{R}{k} < d < \frac{R}{k-1} \tag{8.5}$$

Im *dritten Schritt* sind dann die Klassengrenzen festzulegen. Um immer eindeutig entscheiden zu können, zu welcher Klasse ein bestimmter Messwert gehört, sollten die Klassengrenzen nach Möglichkeit nicht mit Messwerten zusammenfallen. Schließlich werden in einem *vierten Schritt* die Klassen in der ersten Spalte einer Liste aufgeschrieben und die Zahl h_i der Messwerte in der *i-ten* Klasse festgestellt. Werden daraus die absoluten und relativen Häufigkeiten sowie die Summenhäufigkeit berechnet und in besonderen Spalten festgehalten, so entsteht die *sekundäre Verteilungstafel.*

Beispiel 8.14: *Sekundäre Verteilungstafel zur Tabelle 8.3*
Bei den $n = 80$ Messwerten der Tabelle 8.3 sind $k = 8$ Klassen denkbar. Mit $v_{min} = 30.1$ und $v_{max} = 77.3$ ergibt sich $R = 47.2$. Als Abschätzung für d folgt $5.9 < d < 6.74$. Wird $d = 5.97$ zugrunde gelegt, so gilt $k \cdot d = 47.76$ und es ist gewährleistet, dass a) alle Messwerte erfasst werden und b) abgesehen von v_{min} kein Messwert mit einer Klassengrenze identisch ist. Tabelle 8.4 zeigt die sekundäre Verteilungstafel. ♦

Tabelle 8.4 Sekundäre Verteilungstafel

Klassen	Klassenmitte u_i	abs. Häufigkeit h_i	rel. Häufigkeit r_i	Summenhäufigkeit s_i
$30.10 \leq v_i < 36.07$	33.09	1	0.0125	0.0125
$36.07 \leq v_i < 42.04$	39.06	11	0.1375	0.1500
$42.04 \leq v_i < 48.01$	45.03	9	0.1125	0.2625
$48.01 \leq v_i < 53.98$	51.00	19	0.2375	0.5000
$53.98 \leq v_i < 59.95$	56.97	18	0.2250	0.7250
$59.95 \leq v_i < 65.92$	62.94	8	0.1000	0.8250
$65.92 \leq v_i < 71.89$	68.91	9	0.1125	0.9375
$71.89 \leq v_i < 77.86$	74.88	5	0.0625	1.0000

Eine Bemerkung zur Siebanalyse

Zur Herstellung eines Betons wird ein Zuschlag benötigt. Gewöhnlich verwendet man dazu auf natürlichem Wege entstandene Haufwerke von Kies- und Sandkörnern unterschiedlichsten Durchmessers. Da die Güte des Betons in erheblichem Maße vom Zuschlag und insbesondere von seiner Korngrößenverteilung abhängt, müssen die Anteile des Zuschlaggemisches, die auf bestimmte Durchmesserbereiche entfallen, bestimmt werden. Es ist klar, dass man nicht alle Körner einer Probe (Masse $m \approx 5kg$) einzeln untersuchen kann. Vielmehr wird ein Verfahren benutzt, das sofort eine sekundäre Verteilungstafel liefert. Zu dieser sog. *Siebanalyse* dient ein Satz von Sieben abgestufter Lochweite, die sich übereinander stapeln lassen. Oben befindet sich das Sieb mit der größten, unten dasjenige mit der kleinsten Lochweite. Wird das getrocknete Korngemisch auf das obere Sieb geschüttet, fallen beim Rütteln der Siebe nur die feinsten Bestandteile durch alle Siebe. Die Gröberen werden, je nach ihrem Durchmesser, in weiter oben liegenden Sieben zurückgehalten. Auf diese Weise wird das Haufwerk in Anteile fraktioniert. Speziell bleibt auf dem i-ten Sieb S_i mit der Lochweite d_i derjenige Anteil zurück, der das darüber liegende Sieb S_{i-1} mit der Lochweite $d_{i-1} > d_i$ noch passieren konnte. Der Korndurchmesser D dieser Fraktion liegt im Intervall $d_i < D \leq d_{i-1}$. Die Gesamtheit der Fraktionen bildet eine sekundäre Verteilungstafel, deren graphische Veranschaulichung *Sieblinie* heißt.

Beispiel 8.15: *Siebanalyse*
Ein Zuschlag, dessen Kornbereich erfahrungsgemäß höchstens bis 16 *mm* reicht, wird einer Siebanalyse unterzogen und dabei in acht Durchmesserfraktionen zerlegt. Die Ergebnisse sind in Tabelle 8.5 zusammengestellt. Körner mit einem Durchmesser $d < 1$ *mm* machen demnach 31.9 Prozent des Zuschlags aus. ♦

Tabelle 8.5 Ergebnis einer Siebanalyse

Sieb	Lochdurchmesser (in *mm*)	Durchmesser der zurückgehaltenen Fraktion (in *mm*)	Rückstand (Massen-Prozent)	Durchgang (Massen-Prozent)
		$0 < d < 0.125$	8.6	0.0
1	0.125	$0.125 \leq d < 0.25$	11.9	8.6
2	0.250	$0.25 \leq d < 0.5$	11.4	20.5
3	0.500	$0.5 \leq d < 1$	10.2	31.9
4	1.000	$1 \leq d < 2$	14.0	42.1
5	2.000	$2 \leq d < 4$	19.9	56.1
6	4.000	$4 \leq d \leq 8$	24.0	76.0
7	8.000	$8 \leq d < 16$	0.0	100

Graphische Veranschaulichung von Verteilungen

Die Verteilungstafeln bieten die Möglichkeit, Verteilungen graphisch zu veranschaulichen. Bei einer primären Verteilungstafel kommt ein Stabdiagramm nach Bild 8.5 in Frage. Bei sekundären Verteilungstafeln benutzt man gewöhnlich Histogramme (Bild 8.6). Im Abschnitt 8.3.4 wird erläutert, wie man ein Histogramm mit dem Rechner erstellen kann.

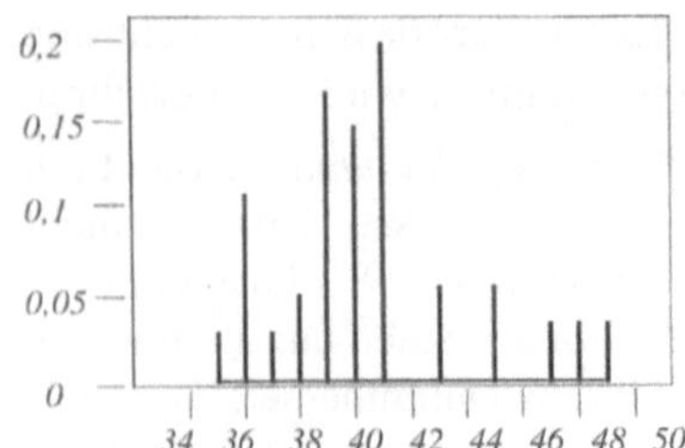

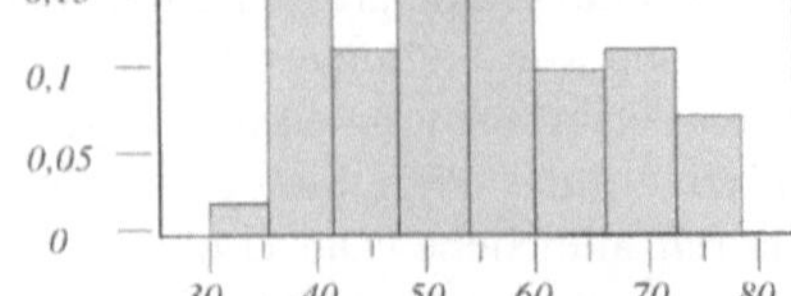

Bild 8.5 Stabdiagramm zur Tabelle 8.2   **Bild 8.6** Histogramm zur Tabelle 8.4

8.3.3 Statistische Maßzahlen bei einem messbaren Merkmal

Das arithmetische Mittel

Eine weiterführende Aufgabe beim Auswerten von Urlisten bzw. Verteilungstafeln besteht darin, bestimmte Eigenschaften der empirischen Verteilung einer Zufallsgröße über geeignet definierte Maßzahlen auszudrücken. Bei der Suche nach derartigen Zahlen kann man sich von der intuitiven Vorstellung leiten lassen, eine Verteilung sei eine Ansammlung von Zahlen, die sich in bestimmter Weise auf der reellen Achse anordnen. Dies legt den Gedanken nahe, sich an der Mechanik und den dort vorkommenden Verteilungen zu orientieren. Wird nämlich, wie im Bauwesen allgemein üblich, ein Balken auf seine Längsausdehnung reduziert und als Linie idealisiert, kann man ihn als Ansammlung von Massenpunkten auffassen, die sich in bestimmter Weise auf ein Intervall der reellen Achse verteilen. In der Mechanik ist es seit langem üblich, solche Massenverteilungen durch Kenngrößen zu beschreiben. Besonders wichtig ist der Schwerpunkt der Verteilung, um den herum sich die anderen Punkte gruppieren. Eine analoge Größe wird auch zur Beschreibung von Verteilungen in der Wahrscheinlichkeitsrechnung benutzt. Sie heißt dort *arithmetisches Mittel*.

Definition 8.9: *Arithmetisches Mittel*
Als arithmetisches Mittel einer Urliste von n Messwerten bezeichnet man die Größe

$$\bar{x} = \frac{1}{n}\sum_{i=1}^{n} x_i \; . \; \blacklozenge \qquad\qquad (8.6a)$$

Erfahrungsgemäß führt eine Wiederholung der Messreihe auch bei sorgfältiger Ausführung zu einem anderen, geringfügig verschiedenen Mittelwert. Der jeweilige Wert ist daher die Realisierung einer Zufallsgröße. Diese Interpretation des arithmetischen Mittels ist für die Auswertung von Versuchsreihen mit Hilfsmitteln der Stochastik von grundlegender Bedeutung.
Nach der Gleichung (8.6a) lässt sich $\bar{x}$ unmittelbar aus den Daten einer Urliste berechnen. Allerdings ist der numerische Aufwand erheblich. Mit den bereits zur primären bzw. sekundären Verteilungstafel aufbereiteten Daten kommt man schneller zum Ziel. Bei einer sekundären Verteilungstafel, die aus k Klassen besteht, gilt näherungsweise

$$\bar{x} \approx \frac{1}{n}\sum_{i=1}^{k} u_i h_i \; . \qquad\qquad (8.6b)$$

Im Vergleich zur Urliste ist die Zahl der Summanden wesentlich geringer. Vor dem Aufkommen schneller Rechner war das ein großer Vorteil der Verteilungstafeln. Heute, wo es nicht mehr in erster Linie um das Reduzieren des numerischen Aufwands geht, ist diese Funktion der Verteilungstafeln in den Hintergrund getreten. Dennoch haben sie ihre Bedeutung behalten. Wie ihr Name schon sagt, sind sie hervorragend dazu geeignet, eine anschauliche Vorstellung von der *Verteilung* der Messwerte zu liefern. Damit ermöglichen sie ein intuitives Verständnis jenes Begriffes, der in der Wahrscheinlichkeitsrechnung die zentrale Rolle spielt.

Schwerpunkt- und Minimaleigenschaft des arithmetischen Mittels

In der Stochastik vertritt, wie weiter unten dargelegt wird, das arithmetische Mittel die Gesamtheit der Daten einer Urliste. Eine derartig repräsentative Aufgabe kann eine einzige Größe nur dann übernehmen, wenn sie besondere Merkmale dazu prädestinieren. Zwei in dieser Hinsicht besonders wichtige Eigenschaften des arithmetischen Mittels sollen nachfolgend angesprochen werden. Als erste interessiert die *Schwerpunkteigenschaft*. Sie findet ihren Ausdruck im

Satz 8.1: Die algebraische Summe der Abweichungen aller Werte einer Urliste von ihrem arithmetischen Mittel ist gleich Null.

Beweis: Betrachtet werden die Abweichungen $x_i - \bar{x}$ der Messwerte vom Mittelwert in ihrer Gesamtheit, also die Größe

$$S = \sum_{i=1}^{n} (x_i - \bar{x}) \,.$$

Eine Umformung liefert

$$S = \sum_{i=1}^{n} x_i - \sum_{i=1}^{n} \bar{x} \,.$$

Für die erste Summe ergibt sich aus der Definition des arithmetischen Mittels $n \cdot \bar{x}$. Die zweite Summe mit den n konstanten Summanden hat ebenfalls den Wert $n \cdot \bar{x}$. Daher gilt $S = 0$. ◆

Um die im Satz 8.1 angedeutete Analogie zwischen arithmetischem Mittel und Schwerpunkt genauer aufzuzeigen, wird ein idealisierter Körper K betrachtet, der aus n entlang der x-Achse angeordneten Massenpunkten $M_1, \cdots, M_n$ besteht. Masselose Stangen verbinden die an den Stellen $x_0, x_1, \cdots, x_n$ angeordneten Punkte starr miteinander. Sie besitzen alle die gleiche Masse m. Der Anfang von K befindet sich im Punkt x_0, sein Ende im Punkt x_n. Nun sei x_S jene Stelle, an der man K unterstützen muss, damit er sich im Gleichgewicht befindet. Links von x_S mögen sich $M_1, \cdots, M_l$, rechts $M_{l+1}, \cdots, M_n$ befinden. Ein Gleichgewicht liegt dann vor, wenn sich die Drehmomente der Gewichtskräfte gemäß

$$mg(x_S - x_0) + mg(x_S - x_1) + \cdots + mg(x_S - x_l) =$$
$$mg(x_{l+1} - x_S) + mg(x_{l+2} - x_S) + \cdots + mg(x_n - x_S)$$

kompensieren. Auflösen nach der Schwerpunktkoordinate x_S liefert die Gleichung

$$x_S = \frac{1}{n} \sum_{i=1}^{n} x_i \,.$$

Weil sie in ihrer mathematischen Struktur mit der Definitionsgleichung des arithmetischen Mittels $\bar{x}$ übereinstimmt, kann man $\bar{x}$ als *Schwerpunkt der Verteilung* auffassen.
Die zweite Grundeigenschaft des arithmetischen Mittels ist seine *Minimaleigenschaft*.

Satz 8.2: Das arithmetische Mittel $\bar{x}$ einer Messreihe ist dadurch ausgezeichnet, dass die Summe der quadratischen Abweichungen zwischen den Messwerten x_i und der reellen Zahl x für $x = \bar{x}$ minimal wird.

Beweis: Zum Beweis betrachtet man die Größe

$$Q(x) = \sum_{i=1}^{n} (x_i - x)^2 \,,$$

deren wesentlicher Bestandteil die quadratischen Abstände der Messwerte x_i von einer beliebigen reellen Zahl x sind. Da x zunächst nicht festgelegt wird, ist Q eine Funktion von x. Aus der notwendigen Bedingung $\frac{dQ}{dx} = -2\sum_{i}(x_i - x) = 0$ für die Existenz eines Extremums folgt

$$x_e = \frac{1}{n}\sum_{i=1}^{n} x_i = \bar{x}.$$

Wegen $Q''(x_e) = 2n > 0$ nimmt die Funktion $Q(x)$ für $x_e = \bar{x}$ ein Minimum an. ◆

Ist also eine bestimmte Zufallsgröße X mehrfach gemessen worden und soll aus der Messreihe $x_1, \cdots, x_n$ ein Wert ermittelt werden, der die Gesamtheit der Ergebnisse repräsentativ vertritt (schätzt), so bietet sich $\bar{x}$ im Sinne der Sätze 8.1 und 8.2 als beste Schätzung an. Danach liegt das arithmetische Mittel im Schwerpunkt der Verteilung und ist so beschaffen, dass seine Abweichung von den einzelnen Werten insgesamt minimal ist. Diese Eigenschaften machen das Wesen des arithmetischen Mittels aus und sichern ihm eine zentrale Stellung in der Stochastik und ihren Anwendungen.

Mittlere quadratische Abweichung und Streuung

Durch die Mittelwertbildung wird das Spektrum der Messwerte zu einem einzigen Wert komprimiert. Dies bringt den Vorteil großer Prägnanz und Übersichtlichkeit mit sich. Dem stehen jedoch auch Nachteile gegenüber. So gehen beim Übergang zum Mittelwert Information darüber verloren, wie sich die Messwerte um den Mittelwert gruppieren. Beispielsweise besitzen die beiden Messreihen $x_{11} = 10$, $x_{12} = 15$, $x_{13} = 20$ und $x_{21} = 14.7$, $x_{22} = 15$, $x_{23} = 15.3$ den Mittelwert $\bar{x} = 15$. Dennoch besteht zwischen ihnen ein erheblicher Unterschied. Dazu stelle man sich vor, es handle sich um Messwerte von ein und derselben Größe X, die mit zwei verschiedenen Messverfahren gewonnen wurden. Es liegt dann auf der Hand, dass der Mittelwert allein das Ergebnis nicht ausreichend kennzeichnet. Vielmehr ist eine weitere Kenngröße erforderlich, die das Ausmaß der Streuung und damit die Güte des Messverfahrens quantifiziert. In diesem einfachen Beispiel kann die oben eingeführte Variationsbreite R als Maßzahl der Streuung dienen. Bei größeren Urlisten wäre sie allerdings zu grob und würde, da nur die beiden Extreme berücksichtigt werden, zu viele Feinheiten der Verteilung unbeachtet lassen. Eine sachgerechtere Beschreibung des Phänomens der Streuung in einer Urliste gelingt mit einer Maßzahl, die alle Messwerte berücksichtigt und *Streuung* (*Stichprobenstreuung*) heißt.

Definition 8.10: *Streuung*

Als *Streuung* der n Messwerten $x_1, \cdots, x_n$ bezeichnet man die Größe $s^2 = \frac{1}{n-1}\sum_{i=1}^{n}(x_i - \bar{x})^2$. Die Wurzel $s \geq 0$ heißt *Standardabweichung*. ◆

Beispiel 8.16: *Statistische Maßzahlen des Beispiels 8.13*
Aus der Urliste ergibt sich durch direkte Anwendung der Definitionsgleichungen:

$$\bar{x} = \frac{1}{80} \sum_{i=1}^{80} x_i = 54.5 kmh^{-1}, \qquad s^2 = \frac{1}{79} \sum_{i=1}^{80} (x_i - \bar{x})^2 = 109.29 km^2 h^{-2}.$$

Geht man dagegen von der sekundären Verteilungstafel aus, so gelangt man zu

$$\bar{x} = \frac{1}{80} \sum_{i=1}^{8} u_i \cdot h_i = \frac{1}{80}(33.09 \cdot 1 + 39.06 \cdot 11 + \cdots + 74.88 \cdot 5) = \frac{4360.59}{80} = 54.51 kmh^{-1},$$

$$s^2 = \frac{1}{79} \sum_{i=1}^{8} (u_i - \bar{x})^2 h_i = \frac{1}{79}\left[(33.09 - 54.51)^2 \cdot 1 + \cdots + (74.88 - 54.51)^2 \cdot 5\right] = 110.71 km^2 h^{-2} \;\blacklozenge$$

8.3.4 Beschreibende Statistik mit Maple

Einführung

Maple enthält ein Statistik-Paket mit vielen Befehlen zur Ausführung der in Statistik und Wahrscheinlichkeitsrechnung üblichen Auswerte- und Berechnungsverfahren. Es muss über den Befehl `with(stats)` aktiviert werden. Wegen seines großen Umfangs ist das `stats`-Paket in Unterpakete gegliedert. Beispielsweise stellt das Unterpaket `describe` die zur Berechnung der statistischen Kennzahlen von Urlisten erforderlichen Befehle bereit, wenn es zuvor mit `with(describe)` aufgerufen wurde. Eine systematische Behandlung aller Möglichkeiten, die das `stats`-Paket bietet, ist hier nicht möglich. Erläutert werden soll vor allem, wie der Rechner das Auswerten großer Urlisten erleichtern kann. Neben dem Anfertigen einer Variationsreihe wird gezeigt, wie primäre und sekundäre Verteilungstafeln mit dem Rechner aufgestellt werden können. Auch die graphische Veranschaulichung wird angesprochen. Zu beachten ist, dass die Daten bei Maple *grundsätzlich* als *Maple-Liste* verarbeitet werden. Weiterführende Angaben findet man in [1].

Die Berechnung von arithmetischem Mittel und Streuung

Die unten angegebene Befehlsfolge liefert die beiden Kennzahlen der Urliste *UR1* aus Tabelle 8.1, die als Maple-Liste einzugeben ist. Dazu muss die Folge der Messwerte in *eckige* Klammern gesetzt werden. Der Befehl `mean(UR1)` liefert das arithmetische Mittel, wobei der vorgeschaltete `evalf`-Befehl die Ausgabe als Dezimalbruch veranlasst. Der `variance`-Befehl führt zur Streuung. Zu beachten ist, dass es sich nicht um die Größe nach Definition 8.10 handelt. Statt durch *n-1* wird bei Maple durch *n* dividiert. Daher ist die angegebene Umrechnung von *S* auf die Streuung *s2* erforderlich. Um Platz zu sparen, sind in der Vorlage nicht alle Daten eingetragen. Außerdem ist die lineare Abfolge der Befehle in zwei nebeneinander gesetzte Teile gegliedert.

```
> with(stats):                    > xm:=evalf(mean(UR1));
> with(describe):                        xm:=40.13888889
> UR1:= [41.44,36,...,38,43,41]:  > S:=evalf(variance(UR1)):
     Kontrolle auf Vollständigkeit > s2:=N/(N-1)*S;
> N:=count(UR1);                         s2:=8.46587317
          N:=36
```

Variationsreihe und primäre Verteilungstafel

Die nachstehende Befehlsfolge ordnet die Daten einer Urliste nach der Größe und erstellt eine Variationsreihe. Dazu muss auch das `transform`-Unterpaket in Anspruch genommen werden. Ausgewertet werden die Daten der Tabelle 8.1. Der Kürze halber werden stellvertretend nur einige wenige Daten in die Maple-Liste *UR1* eingetragen.

```
> with(stats):

> with(transform):

> with(describe):

  UR1:=[41,44,36,...  ,43,41]:
> N:=count(UR1);
                      N:=36
```

Übergang zur Variationsreihe

```
> VAR:=statsort(UR);

           VAR:=[35,36,...,46,47]
```

Berechnung der Spannweite

```
> R:=VAR[N]-VAR[1];

                    R:=12
```

Aus der als Liste vorliegenden Variationsreihe VAR gehen alle Informationen hervor, die zum Aufstellen der primären Verteilungstafel erforderlich sind. Allerdings muss der Nutzer selbst abzählen, wie oft ein bestimmter Wert in der Variationsreihe enthalten ist.

Sekundäre Verteilungstafel

Dem Übergang von der Urliste UR zur sekundären Verteilungstafel wird nachfolgend an Hand der Tabelle 8.3 erläutert. Beim Auswerten der Ergebnisse ist zu beachten, dass in der von Maple erstellten sekundären Verteilungstafel SVER (bzw. SVERR) die Klassen nicht in der natürlichen Reihenfolge vorliegen.

```
> with(stats):

> with(describe):

> with(transform):
```

Eingabe der Urliste als Maple-Liste

```
> UR:=[67.7,50.4,58.4, ... ,37.8,73.2,41.8]:

> N:=count(UR);
              N:=80
```

Eingabe der Klassen

```
> KL:=[30.1..36.07,36.07..42.04, ... , 65.92..71.89,71.89..77.86]:
```

Herstellen der sekundären Verteilungstafel (absolute Häufigkeit)

```
> SVER:=tallyinto(UR,KL);

     SVER:=[Weight(48.01..53.98,19),... ,Weight(36.07..42.04,11)]
```

Herstellen der sekundären Verteilungstafel (relative Häufigkeit)

```
> SVERR:=scaleweight[1/N](SVER);

     SVERR:=[Weight(48.01..53.98,19/80),...,Weight(53.98..59.95,9/40)]
```

Ansonsten werden nach dem Schlüsselwort Weight jeweils die Klassengrenzen und die absolute (SVER) bzw. relative Häufigkeit (SVERR)der in ihr enthaltenen Messwerte angegeben.

Graphische Veranschaulichung empirischer Verteilungen

Zur Veranschaulichung der empirischen Verteilung einer Urliste, die viele Daten enthält und über eine sekundäre Verteilungstafel erschlossen werden sollte, eignet sich ein *Histogramm*. Der Rechner liefert es, wenn die Zeilen `HIS:= histogram(SVERR):` und `display(HIS);` in obiger Befehlsfolge ergänzt werden. Das Ergebnis zeigt Bild 8.6.

8.3.5 Übungsaufgaben

8.5: Im laufenden Jahr wurden in einer Gemeinde bisher 12 Verkäufe von untereinander vergleichbaren Einfamilienreihenhaus-Grundstücken registriert. Dabei wurden die in Tabelle 8.6 angegebenen Kaufpreise erzielt.

a) Man berechne das arithmetische Mittel und die Streuung.

b) Wie eine Nachprüfung ergab, handelt es sich bei P_9 um einen Preis, der unter Familienangehörigen vereinbart wurde. Da durch persönliche Umstände beeinflusste Preise nach der gängigen Praxis bei der Ermittlung des Kaufpreisniveaus nicht berücksichtigt werden sollten, ist P_9 auszusondern.

Welche Daten ergeben sich aus der reduzierten Tabelle?
Um wieviel Prozent werden die Ergebnisse durch den „Ausreißer" P_9 verfälscht?

Tabelle 8.6 Grundstückspreise (in *EUR*)

106.000	115.000	97.500	100.000	97.500	110.000
108.500	113.000	55.000	100.000	87.500	122.500

8.6: Bei einer Brückenabsteckung kommt es darauf an, den Winkel φ zwischen der Nordrichtung und einer durch zwei Punkte festgelegten Geraden genau einzuhalten. Er wurde daher zur Kontrolle mehrmals gemessen (Tabelle 8.7). Man berechne die statistischen Maßzahlen der Messreihe.

Tabelle 8.7 Richtungswinkel (in *gon*)

61.3876	61.3866	61.3869	61.3872	61.3868	61.3871	61.3863	61.3875

8.4 Die Wahrscheinlichkeit

8.4.1 Die relative Häufigkeit

Einführung

Die Festlegung der Elementarereignisse und die Ermittlung des Ereignisfeldes stellt einen ersten und wichtigen Schritt zur Formulierung des mathematischen Modells eines Zufallsversuchs dar. Sind die beiden Größen vorgegeben, so ist bekannt, welche Ereignisse überhaupt erwartet werden können. Ω und E kommen daher als wesentliche *Bestandteile* des Modells in Betracht. Allerdings ist das in diesen Größen niedergelegte Wissen über einen Zufallsversuch noch unvollständig. Von großem Interesse sind auch Angaben darüber, wie häufig mit dem

Auftreten bestimmter Ereignisse zu rechnen ist oder welche Streuung die Messergebnisse besitzen. Um solche Fragen beantworten zu können, müssen die bisher vorliegenden Bestandteile des Modells durch die Wahrscheinlichkeit als *dritten* Bestandteil ergänzt werden. Es handelt sich dabei um einen mathematischen Begriff, der aus dem Alltag geläufig ist und mit dem sich eine intuitive Vorstellung verbindet. Für die Verwendung in der Mathematik reicht das alles aber nicht aus. Hier kommt es darauf an, den Begriff so genau festzulegen, dass er mit Rechengesetzen erfassbar wird. Dieser Weg soll nachfolgend beschritten werden.

Die relative Häufigkeit und einige ihrer Eigenschaften

Vorläufig soll die Wahrscheinlichkeit als Maß der Sicherheit gelten, mit der im Ergebnis eines Zufallsversuchs ein bestimmtes Ereignis $A \in \mathsf{E}$ eintritt. Eine Vorstellung vom Wert dieser Maßzahl kann man sich verschaffen, wenn der Versuch sehr oft unter den gleichen Bedingungen ausgeführt und dabei beobachtet wird, wie oft A auftritt. Ist das in einer Serie von n Versuchen $h(A)$-mal der Fall, dann vermittelt die relative Häufigkeit nach Gl. (8.2) eine Vorstellung davon, wie oft mit dem Auftreten von A zu rechnen ist. Die relative Häufigkeit besitzt die folgenden Eigenschaften:

a) Die relative Häufigkeit des beliebigen Ereignisses $A \in \mathsf{E}$ ist eine reelle Zahl $0 \le r(A) \le 1$.

b) Die relative Häufigkeit des sicheren Ereignisses Ω ist $h(\Omega) = 1$.

c) Weniger offensichtlich ist eine Aussage über die relative Häufigkeit der Summe zweier disjunkter Ereignisse $A, B \in \mathsf{E}$. Sind A, B in einer Serie von n Versuchen mit den absoluten Häufigkeiten $h(A)$ bzw. $h(B)$ beobachtet worden, so ist das Ereignis $A \cup B$ wegen $A \cap B = \varnothing$ genau $(h(A) + h(B))$-mal aufgetreten. Für seine relative Häufigkeit gilt

$$r_n(A \cup B) = \frac{h(A) + h(B)}{n} = \frac{h(A)}{n} + \frac{h(B)}{n} = r_n(A) + r_n(B).$$

Dieses Gesetz kann auf ein System von n disjunkten Ereignissen erweitert werden. Dann gilt

$$r_n\left(\bigcup_{i=1}^{n} A_i \right) = \sum_{i=1}^{n} r_n(A_i), \quad A_i \cap A_j = \varnothing. \tag{8.7}$$

Damit ist die relative Häufigkeit einer (wahrscheinlichkeitstheoretischen) Summe zweier Ereignisse $A, B \in \mathsf{E}$ gleich der (algebraischen) Summe ihrer relativen Häufigkeiten. Zusammen mit einer weiteren Eigenschaft, die nachfolgend angesprochen werden soll, bilden die Punkte a) - c) den Ausgangspunkt für die exakte Formulierung des Wahrscheinlichkeitsbegriffs.

Relative Häufigkeit und Wahrscheinlichkeit

Die bisherigen Ausführungen zur relativen Häufigkeit gehen von der Vorstellung aus, dass eine bereits durchgeführte Versuchsserie nachträglich ausgewertet wird. In diesem Fall steht die relative Häufigkeit des Ereignisses A fest. Steht jedoch die Untersuchung erst bevor, kann selbstverständlich nicht mit Bestimmtheit vorhergesagt werden, wie oft A auftreten wird. Die relative Häufigkeit ist daher ebenfalls eine Zufallsgröße, die erst beim Ausführen des Versuchs einen Zahlenwert annimmt. Dies bedeutet, dass sich bei jeder Wiederholung der Versuchsserie auch bei strikter Einhaltung der Versuchsbedingungen eine andere Häufigkeit einstellen kann. Erfahrungsgemäß sind die von Serie zu Serie eintretenden Schwankungen der relativen Häufigkeit groß, wenn der Serien-Umfang n klein ist. Für wachsende n treten jedoch die Fluktuationen zurück. Die relative Häufigkeit des Ereignisses A *stabilisiert* sich in der Nähe einer Konstanten P, von der sie in der Mehrzahl der Serien nur unwesentlich abweicht. Diese Konstante nennt man *statistische Wahrscheinlichkeit* des Ereignisses A. Sie wird mit $P(A)$ symbolisiert und kann durch die aus einer großen Versuchsserie ermittelte relative Häufigkeit $r_n(A)$ approximiert werden. Selbstverständlich kann die entscheidende Frage nach der Stabilität der relativen Häufigkeit nur durch Beobachtung beantwortet werden. Daher kann nur einem solchen Ereignis A eine Wahrscheinlichkeit zugeschrieben werden, wenn sich der Versuch unter unveränderlichen Versuchsbedingungen prinzipiell unbegrenzt oft wiederholen lässt.

Nach einem grundlegenden Gesetz der Stochastik (Gesetz der großen Zahl) ist die Wahrscheinlichkeit in einem gewissen Sinn ein Grenzwert der relativen Häufigkeit. Es handelt sich aber nicht um einen Grenzwert im Sinne der Analysis, sondern um einen neuartigen Grenzwertbegriff, auf den hier nur hingewiesen werden kann.

Beispiel 8.17: *Stabilität der relativen Häufigkeit*
Beim Verhältnis der Zahl der Knabengeburten zu allen Geburten ist die Stabilität der relativen Häufigkeit schon seit langem bekannt. So geben alte chinesische Quellen den Wert 0.5 an. Er wurde durch spätere Untersuchungen bestätigt. So gelangte der französische Mathematiker P.S. Laplace (1749-1827) an Hand von Bevölkerungsstatistiken aus Berlin, London und Petersburg zu einem Wert von $22/43$. ◆

Beispiel 8.18: *Stabilität der relativen Häufigkeit*
Die Erscheinung wurde auch beim Werfen einer Münze eingehend untersucht. Bedeutet Z das Ereignis „Zahl oben", so gibt Tabelle 8.8 die darüber bekannten Resultate an. ◆

Tabelle 8.8 Zum Zufallsversuch Werfen einer Münze

Experimentator	Anzahl n der Würfe	absolute Häufigkeit von Z	relative Häufigkeit $h_n(Z)$
Comte de Buffon (1707-1788)	4040	2048	0,5080
K. Pearson (1875-1936)	12000	6019	0,5016
K. Pearson	24000	12012	0,5005

8.4.2 Die axiomatische Definition der Wahrscheinlichkeit

Einführung

Die statistische Definition eignet sich hervorragend dazu, den Wahrscheinlichkeitsbegriff zu veranschaulichen. Insofern trägt sie vor allem beschreibenden Charakter und kann noch nicht als endgültig gelten. Beim Streben nach einer mathematisch formalisierten und exakten Begriffsbestimmung geht man jedoch gewöhnlich von den Eigenschaften der relativen Häufigkeit aus und bildet ihnen die grundlegenden Gesetze nach, die auch für die Wahrscheinlichkeit axiomatisch gefordert werden. Bei diesem Vorgehen erscheint die Wahrscheinlichkeit als Abstraktion der empirisch fassbaren relativen Häufigkeit.

Die axiomatische Definition der Wahrscheinlichkeit

Als grundlegende Annahme wird in der Wahrscheinlichkeitstheorie vorausgesetzt, dass jedem Ereignis $A \in$ E des Ereignisfeldes eines Zufallsversuches eine reelle Zahl $P(A)$ als seine Wahrscheinlichkeit zugeordnet werden kann. In Anlehnung an die von der relativen Häufigkeit bekannten Eigenschaften wird dabei gefordert, dass $P(A)$ den von A.N. KOLMOGOROV (1903-1987) im Jahr 1933 angegebenen Axiomen der Wahrscheinlichkeitsrechnung genügt.

Axiom 8.1: Jedem Ereignis $A \in$ E wird eine Zahl $P(A)$ mit $0 \le P(A) \le 1$ zugeordnet. Die Größe $P(A)$ heißt Wahrscheinlichkeit des Ereignisses A.

Axiom 8.2: Die Wahrscheinlichkeit des sicheren Ereignisses ist gleich eins: $P(\Omega) = 1$.

Axiom 8.3: Wenn die Ereignisse $A_i \in$ E, $i = 1,2,\cdots,n$ paarweise disjunkt sind, so ist

$$P(\bigcup_{i=1}^{n} A_i) = \sum_{i=1}^{n} P(A_i).$$

Erste Rechenregeln für Wahrscheinlichkeiten

Zunächst folgt wegen $\Omega \cup \varnothing = \Omega$ und $\Omega \cap \varnothing = \varnothing$ aus den Axiomen 2 und 3 $P(\varnothing) = 0$. Die Wahrscheinlichkeit des unmöglichen Ereignisses ist also gleich Null. Häufig benötigt wird auch ein Zusammenhang zwischen der Wahrscheinlichkeit eines Ereignisses A und seines komplementären Ereignisses $\overline{A}$.

Satz 8.3: Für ein beliebiges Ereignis $A \in$ E und das zu ihm komplementäre Ereignis $\overline{A}$ gilt

$$P(A) + P(\overline{A}) = 1. \tag{8.8}$$

Beweis: Weil diese Ereignisse durch $A \cap \overline{A} = \varnothing$ und $A \cup \overline{A} = \Omega$ gekennzeichnet werden, sind die Voraussetzungen des Axiom 3 erfüllt. Daher gilt $P(A \cup \overline{A}) = P(A) + P(\overline{A}) = P(\Omega) = 1$. ♦

Zu den wichtigen Rechenregeln für Wahrscheinlichkeiten zählt der auch *Additionssatz*. Er macht eine Aussage über die Summe der Ereignisse $A, B \in$ E, die sich im Gegensatz zu Axiom 3 nicht ausschließen. In diesem Fall gilt

Satz 8.4: Sind $A, B \in$ E zwei Ereignisse, die sich nicht notwendig ausschließen, so gilt

$$P(A \cup B) = P(A) + P(B) - P(A \cap B). \tag{8.9}$$

Die Wahrscheinlichkeit als Maß

Die Wahrscheinlichkeit besitzt Merkmale, die sie in eine Beziehung zur Masse eines Körpers setzen. Auf diese Analogie soll hingewiesen werden. Dazu wird ein Körper K betrachtet und als Punktmenge, d.h. als Gesamtheit gewisser molekularer oder atomarer Bestandteile aufgefasst, die sich in einer bestimmten Weise angeordnet haben. Einer derartigen Punktmenge K lässt sich eine Masse $m(K)$ als Kenngröße zuordnen. Nun kann K gedanklich in Teilkörper K_i, $i = 1,\cdots,n$ zerlegt bzw. gemäß

$$K = K_1 \cup K_2 \cup \cdots \cup K_n = \bigcup_{i=1}^{n} K_i$$

aus Teilkörpern zusammensetzt werden. Auch die K_i besitzen eine Masse $m(K_i)$. Falls die K_i keine gemeinsamen Punkte besitzen, setzt sich die Masse von K additiv aus den Massen der K_i zusammen:

$$m(K) = m(K_1) + m(K_2) + \cdots + m(K_n) = \sum_{i=1}^{n} m(K_i).$$

Damit gilt für Massen eine Beziehung, die völlig analog zum Axiom 8.3 ist. Auch im Hinblick auf die bereits früher erörterte Wesensgleichheit von Schwerpunkt und arithmetischem Mittel (vgl. Abschnitt 8.3.3) darf vermutet werden, dass die Übereinstimmung grundlegender Beziehungen aus Mechanik und Stochastik nicht zufällig ist. In der Tat besteht die tiefere Ursache für die Verwandtschaft der Begriffe darin, dass sowohl die Masse als auch die Wahrscheinlichkeit Abbildungen sind, die Teilmengen einer Grundmenge positive reelle Zahl zuordnen. Solche Abbildungen μ, die jeder Teilmenge M_i aus einem System von Teilmengen einer Menge M eine reelle Zahl $0 \le \mu(M_i) < \infty$ zuordnen, nennt man ein *Maß*. Die Wahrscheinlichkeit ist ein normiertes Maß. Hier gilt $0 \le P(A) \le 1$.

8.4.3 Bedingtheit und Unabhängigkeit von Ereignissen

Einführung

Die für einen Zufallsversuch maßgebenden Gesetzmäßigkeiten treten erst nach vielen Wiederholungen zu Tage. Um eine verlässliche empirische Basis für die Analyse eines Zufallsgeschehens zu schaffen, sind daher große Versuchsreihen erforderlich. Dabei kommt es darauf an, die Gesamtheit der Versuchsbedingungen bei jeder Wiederholung sorgfältig einzuhalten. Jede Abweichung wirkt sich aus und beeinflusst die Wahrscheinlichkeit, mit der ein bestimmtes Ereignis A zu erwarten ist. In diesem Sinne hängen Wahrscheinlichkeiten immer von den Bedingungen ab, unter denen der Versuch durchgeführt wird. Dieser Umstand soll nun genauer untersucht werden. Um überschaubare Verhältnisse zu erhalten, wird angenommen, dass zum bisherigen Komplex von Bedingungen genau eine hinzukommt. Neue Einsichten sind vor allem dann zu erwarten, wenn diese zusätzliche Bedingung ein Ereignis B ist, das ebenfalls zum Ereignisfeld E des Zufallsversuchs gehört. In diesem Spezialfall entsteht die Frage, wie gewisse Ereignisse zusammenhängen. Sie wurde bisher noch nicht erörtert, obwohl die alltägliche Erfahrung vermuten lässt, dass derartige Abhängigkeiten bestehen. So kann gelegentlich beobachtet werden, wie ein Ereignis ein anderes ausschließt bzw. nach sich zieht. Nicht umsonst sagt man: Ein Unglück kommt selten allein. Ein Beispiel soll in den Sachverhalt einführen.

Beispiel 8.19: *Abhängigkeit von Ereignissen*
Im Zuge der Evaluation der Lehre wird eine größere Gruppe G ($n = 250$) von Studenten gebeten, die Lehrveranstaltungen im Fach Mathematik zu beurteilen. Die Auswertung der Fragebögen ergibt, dass $n_z = h(Z) = 72$ Studenten zu einem positiven Urteil gelangen. Die relative Häufigkeit des Ereignisses Z „ Die Lehrveranstaltung im Fach Mathematik sind zufriedenstellend" ist dann $r_n(Z) = h(Z)/n = 0.288$. Nun lässt sich G in Teilmengen zerlegen. Ist W ($h(W) = 100$) die Menge der weiblichen und M ($h(M) = 150$) die Menge der männlichen Studenten, gilt $G = W \cup M$. Nach einer derartigen Zerlegung kann die relative Häufigkeit von Z erneut bestimmt werden. Allerdings besteht nun die Möglichkeit zu differenzieren. Z.B. lässt

sich die Häufigkeit von Z unter den Studentinnen feststellen. Im Sinne der obigen Einführung kommt damit zum Komplex der Bedingungen, unter denen der Versuch zunächst durchgeführt worden ist, als zusätzliche Bedingung W hinzu. Es sei bekannt, dass für die Zahl der mit den Lehrveranstaltungen zufriedenener Studentinnen gilt $h(Z \cap W) = 23$. Die relative Häufigkeit ist dann $h(W \cap Z)/h(W) = 0.23$. Wie zu erwarten war, unterscheidet sich dieser Wert von den zunächst ermittelten relativen Häufigkeiten. Dies macht es erforderlich, für die zweite, die man *bedingte relative Häufigkeit* nennt, das besondere Symbol $r(Z|W)$ (gesprochen und gelesen: relative Häufigkeit von Z unter der Bedingung W) einzuführen. Es gilt

$$r_n(Z|W) = \frac{h(W \cap Z)}{h(W)} = \frac{\frac{h(W \cap Z)}{n}}{\frac{h(W)}{n}} = \frac{r_n(W \cap Z)}{r_n(W)} . \tag{8.10}$$

Das Wesen der bedingten relativen Häufigkeit besteht damit darin, dass sie denjenigen Bruchteil der Fälle angibt, in denen das Ereignis Z unter der Bedingung stattfindet, dass W eingetreten ist. ♦

Die bedingte Wahrscheinlichkeit

Wie jede andere relative Häufigkeit, stellt auch die bedingte relative Häufigkeit $r_n(A|B)$ für großes n eine Näherung für eine Wahrscheinlichkeit dar. Es ist die *bedingte* Wahrscheinlichkeit $P(A|B)$ eines Ereignisses A unter der Bedingung B. Man definiert in Anlehnung an Gl. (8.10).

Definition 8.11: *Bedingte Wahrscheinlichkeit*
Wird gedanklich zum Komplex der Bedingungen unter denen ein Zufallsversuch mit dem Ereignisfeld E stattfindet, noch die Bedingung „das Ereignis $B \in \mathsf{E}$ ist eingetreten" hinzugefügt, so wird

$$P(A|B) = \frac{P(A \cap B)}{P(B)} , \quad P(B) > 0 \tag{8.11a}$$

die *bedingte Wahrscheinlichkeit* des Ereignisses A unter der Bedingung B genannt. ♦

Wird die Definitionsgleichung in der Form

$$P(A \cap B) = P(A|B) \cdot P(B) \tag{8.11b}$$

geschrieben, so heißt sie *Multiplikationsregel* für Wahrscheinlicheiten.

Die bedingte Wahrscheinlichkeit besitzt alle Eigenschaften der gewöhnlichen Wahrscheinlichkeiten. Sie genügt den KOLMOGOROVschen Axiomen. Wenn die Ereignisse A, B disjunkt sind, so folgt wegen $A \cap B = \varnothing$ und $P(A \cap B) = 0$ für $P(A|B) = 0$. Ist A die Summe zweier disjunkter Ereignisse $A_1, A_2 \in \mathsf{E}$, d.h. $A = A_1 \cup A_2$, $A_1 \cap A_2 = \varnothing$, so gilt auch für die bedingte Wahrscheinlichkeit das Axiom 3 in der Gestalt

$$P(A|B) = P(A_1 \cup A_2|B) = P(A_1|B) + P(A_2|B) .$$

Nach Einführung der bedingten Wahrscheinlichkeit sind künftig zwei Wahrscheinlicheiten eines Ereignisses A zu unterscheiden. Nämlich seine bedingte Wahrscheinlichkeit $P(A|B)$ und seine Wahrscheinlichkeit $P(A)$ schlechthin, die zur Unterscheidung die *totale* Wahrscheinlichkeit von A genannt wird. Zwischen diesen Wahrscheinlichkeiten besteht ein Zusammenhang, der durch die *Formel der totalen Wahrscheinlichkeit* ausgedrückt wird.

Satz 8.5: *Formel der totalen Wahrscheinlichkeit*
Die zufälligen Ereignisse $A_i \in \mathsf{E}$, $i = 1, \cdots, n$ mögen eine eine disjunkte Zerlegung des sicheren Ereignisses Ω bilden (d.h. es soll gelten $A_i \cap A_j = \varnothing$ für $i \neq j$, $\bigcup_{i=1}^{n} A_i = \Omega$ sowie $P(A_i) > 0$).
Ist B irgendein Zufallsereignis aus E, dann gilt

$$P(B) = \sum_{i=1}^{n} P(B|A_i) \cdot P(A_i) . \blacklozenge \tag{8.12}$$

Beispiel 8.20: *Kornverteilung eines Betonzuschlages*
Die Kornverteilung eines Zuschlages beeinflusst die Güte eines Betons so erheblich, dass eine vorgeschriebene Verteilung auf der Baustelle genau eingehalten werden muss. Allerdings besitzen die natürlich vorkommenden Zuschlagstoffe (Lieferkörnungen) fast nie die für den vorgesehenen Verwendungszweck ideale Kornverteilung. Diese muss daher gewöhnlich aus verschiedenen Lieferkörnungen gemischt werden. Als ein Qualitätsmerkmal B einer bestimmten Mischung soll der Anteil der Körner mit einem Durchmesser D im Intervall $d_1 \leq D < d_2$ gelten, wobei d_1, d_2 vorgegeben sind. Der Zuschlag soll aus den drei Lieferkörnungen A_1, A_2, A_3 zusammengesetzt werden, von denen durch Siebanalysen bekannt ist, dass sie den qualitätsbestimmenden Durchmesserbereich B mit den Wahrscheinlichkeiten

$$P(B|A_1) = 0.35 , \quad P(B|A_2) = 0.22 , \quad P(B|A_3) = 0.13$$

enthalten. Das angestrebte Gemisch soll zu 40% aus A_1, zu 30% aus A_2 und zu 30% aus A_3 bestehen. Mit welchem Anteil ist der interessierende Körnungsbereich in der Mischung enthalten (bzw. wie groß ist die Wahrscheinlichkeit, dass der Durchmesser eines aus der Mischung beliebig herausgeriffenen Korn der Bedingung $d_1 \leq D < d_2$ genügt)? Nach dem Satz 8.5 gilt

$$P(B) = P(B|A_1) \cdot P(A_1) + P(B|A_2) \cdot P(A_2) + P(B|A_3) \cdot P(A_3) = 0.245 . \blacklozenge$$

Unabhängigkeit von Ereignissen

Ein wichtiger Sonderfall liegt vor, wenn die totale und die bedingte Wahrscheinlichkeit eines Ereignisses gleich groß sind. Er führt zur

Definition 8.12: *Stochastische Unabhängigkeit*
Zwei Ereignisse A, B des Ereignisfeldes E eines Zufallsversuchs heißen unabhängig, wenn $P(B|A) = P(B)$ gilt. $\blacklozenge$

In diesem Fall nimmt die Multiplikationsregel (8.11b) die Gestalt

$$P(A \cap B) = P(A) \cdot P(B) \tag{8.13}$$

an.

Beispiele 8.21: *Versagenswahrscheinlichkeit eines Fachwerks*

Das statisch bestimmte Gelenkfachwerk nach Bild 8.7 besteht aus den Elementen $E_1, \cdots, E_9$. Dabei handelt es sich um die Stäbe $E_1, \cdots, E_7$ und die Auflager E_8, E_9. Die Versagenswahrscheinlichkeiten der Stäbe seien $P_f(E_i) = 6 \cdot 10^{-6}$ und die der Auflager $P_f(E_8) =$

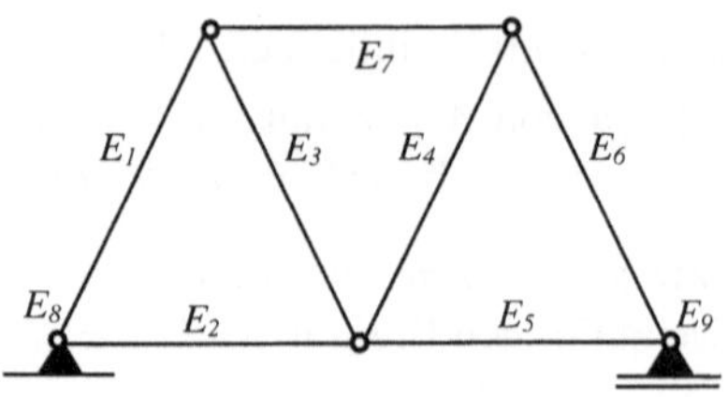

Bild 8.7 Fachwerk als Seriensystem

$5 \cdot 10^{-5}$ bzw. $P_f(E_9) = 3 \cdot 10^{-4}$. Man berechne die Versagenswahrscheinlichkeit des Systems.

Tragwerke dieser Art sind *Seriensysteme* (vgl. Beispiel 8.8). Sie versagen, wenn mindestens ein Element ausfällt bzw. sie sind intakt, wenn alle Elemente funktionstüchtig sind. Um die Anwendung des Additionssatzes zu vermeiden, wird zunächst die Wahrscheinlichkeit des Ereignisses S „das System ist intakt" ermittelt. Bedeutet S_i das Ereignis „das i-te Element E_i ist intakt", so gilt bei Unabhängigkeit der Elemente

$$P(S) = \prod_{i=1}^{9} P(S_i) = \prod_{i=1}^{9} \left(1 - P_f(E_i)\right) \approx 1 - \sum_{i=1}^{9} P_f(E_i).$$

Als Versagenswahrscheinlichkeit des Systems folgt daraus

$$P_f = 1 - P(S) = 1 - \prod_{i=1}^{9} \left(1 - P_f(E_i)\right) \approx \sum_{i=1}^{9} P_f(E_i). \tag{8.14}$$

Das Einsetzen liefert als Versagenswahrscheinlichkeit des Systems $P_f = 3.92 \cdot 10^{-4}$. Wie man sich überzeugen kann, besitzt die angegebene Näherung bei den kleinen Versagenswahrscheinlichkeiten der Elemente eine hohe Genauigkeit. ♦

8.5 Die Wahrscheinlichkeitsverteilung einer Zufallsgröße

8.5.1 Die Verteilungsfunktion

Einführung und Begriffsbestimmung

Mit den KOLMOGOROVschen Axiomen kann jedem Ereignis A, das zum Ereignisfeld E eines Zufallsversuches gehört, eine Wahrscheinlichkeit $P(A)$ zugeordnet werden. Daher fasst das Tripel (Ω, E, P) jene Größen zusammen, die Vorhersagen über den Ausgang von Zufallsversuchen gestatten. Man kann es als *das* mathematische Modell eines Zufallsversuchs auffassen. Allerdings steht die Wahrscheinlichkeit noch in einem engen Zusammenhang zur relativen Häufigkeit und ist bislang nur als empirische Größe fassbar. Die Vorausberechnung der Wahrscheinlichkeit auf der Grundlage von Formeln ist dagegen noch nicht möglich. Um diesen Mangel zu beheben, muss der Fundus der bisher verfügbaren Hilfsmittel durch die *Verteilungsfunktion* ergänzt werden. Eine derartige Funktion bezieht sich auf eine Zufallsgröße X, die zur zahlenmäßigen Beschreibung eines Zufallsversuches dient. Sie liefert die Wahrscheinlichkeit dafür, dass X einen Wert in einer vorgegebenen Zahlenmenge annimmt. Allgemein gilt

Definition 8.13: *Verteilungsfunktion einer Zufallsgröße*
Die durch die Gleichung

$$F_X(x) = P(X < x) \qquad\qquad (8.15)$$

definierte Funktion heißt *Verteilungsfunktion* der Zufallsgröße X. ♦

Liegt die Verteilungsfunktion einer Zufallsgröße X vor, so erhält man lediglich durch Einsetzen eines passend gewählten Arguments x die Wahrscheinlichkeit dafür, dass X beim Ausführen des entsprechenden Versuchs einen unterhalb x gelegenen Wert annimmt. Solange die konkrete Gestalt der jeweiligen Verteilungsfunktion nicht bekannt ist, kann diese Operation natürlich nicht ausgeführt werden. Wenn jedoch – weiter unten wird beschrieben, wie das zu geschehen hat – dem betrachteten Zufallsversuch eine ganz bestimmteVerteilungsfunktion zugeordnet werden kann, so sind auch quantitative Aussagen über die statistischen Eigenschaften der Zufallsgröße möglich. Die Verteilungsfunktion ist daher für die Wahrscheinlichkeitsrechnung und ihre Anwendungen von *zentraler* Bedeutung.

Ihrem Wesen als Wahrscheinlichkeit entsprechend, sind die grundlegenden *Eigenschaften* einer Verteilungsfunktion durch die KOLMOGOROVschen Axiome gegeben. Darüber hinaus sind Verteilungsfunktionen monoton nichtfallend, d.h. aus $x_1 < x_2$ folgt

$$F_X(x_1) \le F_X(x_2)$$

und es gilt

$$\lim_{x \to \infty} F_X(x) = 1, \quad \lim_{x \to -\infty} F_X(x) = 0 .$$

Beispiel 8.22: *Wartezeit vor einer geschlossenen Schranke*
Beim Beispiel 8.2, auf das jetzt zurückgegriffen werden soll, bedeutet die Zufallsgröße T die Wartezeit an einer geschlossenen Schranke. Dann ist $P(T < 80)$ einerseits die Wahrscheinlichkeit, dass ein Straßenfahrzeug weniger als $80\,s$ warten muss. Andererseits handelt es sich nach Definition 8.14 um den Wert $F_T(80)$ der Verteilungsfunktion von T an der Stelle $t = 80s$. Es ist bemerkenswert, dass eine Verteilungsfunktion $F_T(t)$ auch ohne Kenntnis ihrer konkreten Gestalt wichtige qualitative Schlussfolgerungen gestattet. Dies soll nachfolgend an zwei Aufgaben gezeigt werden. Bei der *Ersten* interessiert die Wahrscheinlichkeit $P(T \ge t)$. Um sie anzugeben, werden die Ereignisse $A = \{T < t\}$ und $B = \{T \ge t\}$ betrachtet. Sie sind komplementär: Es gilt $A \cup B = \Omega$, $A \cap B = \emptyset$. Daher liefert Axiom 3

$$P(A \cup B) = P(A) + P(B) = P(T < t) + P(T \ge t) = 1 .$$

Die Wahrscheinlichkeit des Ereignisses B lässt sich daher gemäß

$$P(T \ge t) = 1 - P(T < t) = 1 - F_T(t)$$

durch die Verteilungsfunktion ausdrücken. Bei der *zweiten* Aufgabe interessiert die Wahrscheinlichkeit des Ereignisses $C = \{t_u \le T < t_o\}$. Werden, einer ähnlichen Überlegung folgend, noch die Ereignisse $A = \{T < t_u\}$ und $B = \{T \ge t_o\}$ eingeführt, so sind A, B, C paarweise disjunkt und es gilt $A \cup B \cup C = \Omega$. Axiom 3 liefert wieder

$$P(A \cup B \cup C) = P(A) + P(B) + P(C) = 1 .$$

Daraus folgt

$$P(t_u \le T < t_o) = 1 - P(T < t_u) - P(T \ge t_o) = 1 - F_T(t_u) - \big(1 - F_T(t_o)\big) = F_T(t_o) - F_T(t_u) .$$

Damit lässt sich auch die Wahrscheinlichkeit dafür, dass die Wartezeit T an der Schranke zwischen t_u und t_o gelegen ist, prinzipiell mit Hilfe der Verteilungsfunktion ermitteln. ◆

Allgemein gilt der

Satz 8.6: Die Wahrscheinlichkeit dafür, dass eine nach $F_X(x)$ verteilte Zufallsgröße X einen Wert im Intervall $[x_1; x_2)$ annimmt, ist

$$P(x_1 \leq X < x_2) = F_X(x_2) - F_X(x_1). \quad ◆$$

(8.16)

Empirische und theoretische Verteilung

Eine erste Vorstellung über die Verteilung einer Zufallsgröße kann man sich durch eine Messreihe verschaffen. Die Versuchserie liefert Messwerte (Realisierungen) einer Zufallsgröße X, die in einer Urliste zusammengefasst werden. Gewöhnlich enthält die Liste viele Messwerte. Zur Auswertung ist dann eine Verdichtung der Daten erforderlich. Je nach Umfang der Versuchsserie entsteht dabei eine primäre oder eine sekundäre Verteilungstafel (s. Abschnitt 8.3.2). Mit ihrere Hilfe kann die relative Häufigkeit bestimmter Messwerte festgestellt und die relative Summenhäufigkeit berechnet werden. Diese empirisch gewonnenene Größe, kommt der Idee der Verteilung nahe und wird daher auch *empirische Verteilung* der Zufallsgröße genannt. Erfahrungsgemäß besitzt jede empirische Verteilung eine gewisse Variabilität. Jede Wiederholung der Messreihe führt zu einer etwas anderen empirischen Verteilung. Da aber die relative Häufigkeit die Eigenschaft der Stabilität besitzt, approximiert auch die empirische Verteilung für eine hinreichend große Zahl von Messwerten die Wahrscheinlichkeitsverteilung einer Zufallsgröße. Letztere wird dann die theoretische Verteilung der Zufallsgröße genannt und durch die Verteilungsfunktion beschrieben.

8.5.2 Zur Darstellung von Verteilungsfunktionen

Diskrete Zufallsgrößen

Bei den für die Anwendungen besonders wichtigen diskreten bzw. stetigen Zufallsgrößen sind genauere Angaben zur allgemeinen Darstellung der jeweiligen Verteilungsfunktion möglich. Bei den *diskreten* Zufallsgrößen wird die Menge Ω der Elementarereignisse durch die Realisierungen $x_1, x_2, \cdots$ der Zufallsgröße gebildet. Es kann sich dabei um endlich viele oder abzählbar unendlich viele Werte handeln. Beschränkt man sich auf den ersten Fall, gilt $\Omega = \{x_1, \ x_2, \cdots, x_n\}$. Kennzeichnend sind ferner die Wahrscheinlichkeiten $p_i = P(X = x_i)$, mit denen die Realisierungen von X auftreten. Sind die Elemente von Ω der Größe nach geordnet, so setzt sich das Zufallsereignis $E = \{X < x\}$ gemäß

$$E = \{X = x_1\} \cup \{X = x_2\} \cup \cdots \cup \{X = x_k\}$$

aus denjenigen Elementarereignissen zusammen, für die $x_i < x$, $i = 1, 2, \cdots, k$ ist. Die Elementarereignisse sind disjunkt. Daher liefert Axiom 8.3

$$P(E) = P(X < x) = F_X(x) = P(X = x_1) + \cdots P(X = x_k) = \sum_{i=1}^{k} p_i \ , \ x_i < x \ ,$$

(8.17)

wobei die Summation über alle i zu erstrecken ist, für die $x_i < x$ ist. Die Verteilungsfunktion einer diskreten Zufallsgröße lässt sich also durch die Summe über Einzelwahrscheinlichkeiten darstellen. Da mit wachsendem x weitere positive Summanden hinzukommen, ist die Verteilungsfunktion in der Tat monoton nichtfallend.

Stetige Zufallsgrößen

Bei einer stetigen Zufallsgröße X, die jeden beliebigen Wert innerhalb eines Intervalls annehmen kann, bilden die Realisierungen eine überabzählbare Menge. Damit sind Besonderheiten verbunden, die einen deutlichen Unterschied zwischen diskreten und stetigen Zufallsgrößen ausmachen. So ist es bei Letzteren nicht mehr möglich, alle Realisierungen aufzuschreiben. Auch die Aussage, die stetige Zufallsgröße X habe bei einem Zufallsexperiment den ganz bestimmten Wert $X = x$ angenommen, ist problematisch. Denn sie setzt ein Messverfahren voraus, mit dem sich x von den unendlich vielen unmittelbar benachbarten Realisierungen mit extremer Schärfe abgrenzen lässt. Da aber Messungen stets eine beschränkte Genauigkeit besitzen, kann praktisch nicht festgestellt werden, ob das Ereignis $X = x$ überhaupt eingetreten ist. Man muss sich daher bei stetigen Zufallsgrößen von vornherein darauf beschränken, die Wahrscheinlichkeit anzugeben, mit der ihr Wert in ein bestimmtes, wenn auch sehr kleines, Intervall $[x_i; x_i + \Delta x_i)$ fällt. Nach Satz 8.6 gilt

$$P(x_i \le X < x_i + \Delta x_i) = F_X(x_i + \Delta x_i) - F_X(x_i) \approx F_X'(x_i)\Delta x_i, \qquad (8.18)$$

wobei die vorgenommene Näherung auf der Approximation des Funktionswertzuwachses durch das Differential beruht. Die Gl. (8.18) bildet die Grundlage für die Behandlung eines Intervalls $[a;b)$ großer Länge. Dazu fügt man zwischen $a = x_0$ und $b = x_n$ die Teilpunkte $x_1, x_2, \cdots, x_{n-1}$ ein und zerlegt das Intervall in elementefremde Teilintervalle $[x_{i-1}, x_i)$ der Länge $\Delta x_i = x_i - x_{i-1}$. Im Sinne der Mengenlehre gilt dann

$$[a;b) = [x_0; x_1) \cup [x_1; x_2) \cup \cdots [x_{n-2}, x_{n-1}) \cup [x_{n-1}, x_n).$$

Tritt das Ereignis E_i ein, wenn die Zufallsgröße X einen Wert im i-ten Intervall $[x_{i-1}, x_i)$ annimmt, dann lässt sich das Ereignis $E = \{a \le x < b\}$ als wahrscheinlichkeitstheoretische Summe der disjunkten Ereignisse E_i darstellen:

$$E = E_1 \cup E_2 \cup \cdots \cup E_n.$$

Mit dem Axiom 8.3 folgt daraus

$$P(a \le X < b) = P(a \le X < x_1) + \cdots + P(x_{n-1} \le X < b) =$$

$$\sum_{i=1}^{n} P(x_{i-1} \le X < x_i) \approx \sum_{i=1}^{n} F_X'(x_i)\Delta x_i$$

Verfeinert man die Zerlegung des Intervalls, so geht die rechts stehende Integralsumme für $n \to \infty$ in ein bestimmtes Integral über (vgl. dazu Abschnitt 6.3.1) und es gilt

$$P(a \le X < b) = \int_a^b F_X'(x)dx. \qquad (8.19)$$

Wie diese Überlegung deutlich macht, spielt bei der Behandlung stetiger Zufallsgrößen neben der Verteilungsfunktion $F_X(x)$ noch ihre Ableitung $F_X'(x)$ eine Rolle. Dies führt zur

Definition 8.14: *Wahrscheinlichkeitsdichte*
Die bei einer stetigen Zufallsgröße X mit der Verteilungsfunktion F_X existierende Ableitung
$f_X(x) = F'_X(x)$ heißt *Wahrscheinlichkeitsdichte (Verteilungsdichte)* von X. ♦

Die Wahrscheinlichkeitsdichte, von der man sich gewöhnlich vorstellt, dass sie für alle $x \in R$ definiert ist, besitzt die Eigenschaften

$$\text{a) } f_X(x) \geq 0, \qquad \text{b) } \int_{-\infty}^{\infty} f(x)dx = 1 . \tag{8.20}$$

Außerdem ist F_X eine Stammfunktion von f_X. Zwischen den beiden Funktionen besteht daher die grundlegend wichtige Beziehung

$$F_X(x) = \int_{-\infty}^{x} f_X(\xi)d\xi . \tag{8.21}$$

Beispiel 8.23: *Verteilungsfunktion der Augenzahl beim Würfelspiel*
Das Würfelspiel ist ein Zufallsversuch, bei dem Ω aus 6 Elementarereignissen besteht. Die Augenzahl A kann die Werte $a_1 = 1,...,$ $a_6 = 6$ annehmen. Beim idealen Würfel besitzen alle Elementarereignisse die gleiche Wahrscheinlichkeit $p_i = P(A = a_i) = \frac{1}{6}$. Die Verteilungsfunktion von A ergibt sich aus Gl. (8.18). Zunächst gilt $F_A(1) = P(A < 1) = 0$, weil eine Augenzahl kleiner als 1 nicht auftreten kann. Betrachtet man $F_A(2) = P(A < 2)$, so existiert nur $a_1 = 1$ als unterhalb 2 gelege-

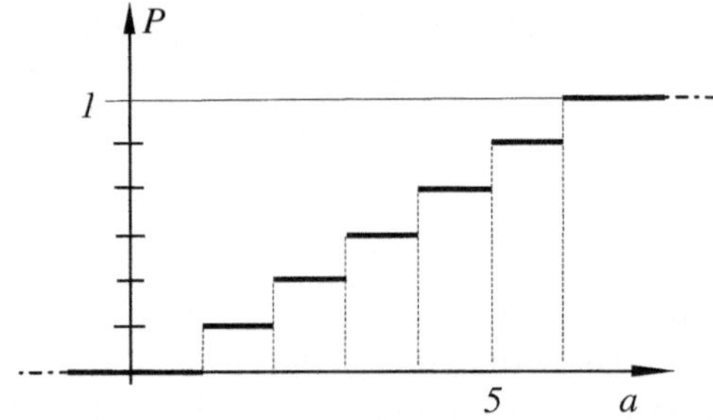

Bild 8.8: Verteilungsfunktion des Würfelspiels

nen Realisierung von A. Daher gilt $F_A(2) = \frac{1}{6}$. Diesen Wert besitzt $F_A(x)$ auch für alle x aus dem Intervall $1 < x \leq 2$. Denn selbst wenn x nur geringfügig größer ist als eins, ist a_1 kleiner. Wird diese Überlegung fortgestzt, interessiert als nächstes $F_A(2 + \varepsilon)$, $\varepsilon > 0$. Unterhalb $2 + \varepsilon$ befinden sich die Realisierungen a_1, a_2. Daher gilt

$$F_A(2 + \varepsilon) = P(A < 2 + \varepsilon) =$$

$$P(\{A = a_1\} \cup \{A = a_2\}) = p_1 + p_2 = \frac{2}{6} .$$

An diesem Wert ändert sich für ein wachsendes ε nichts, so lange $\varepsilon < 1$ ist. Wird jedoch die Stelle $x = 3$ überschritten, so tritt eine neue Situation ein. Unterhalb von $3 + \varepsilon$, $0 < \varepsilon < 1$ liegen nämlich drei Realisierungen von A. Man erhält $F_A(3 + \varepsilon) = \frac{3}{6}$ für $0 < \varepsilon < 1$. Usw. ♦

Beispiel 8.24: *Die Exponentialverteilung als Lebensdauer-Verteilung*
Als Lebensdauer T eines technischen Gerätes bezeichnet man die Zeit, die von der Inbetriebnahme bis zum Ausfall vergeht. T ist eine stetige Zufallsgröße, von der häufig angenommen wird, dass sie einer *Exponentialverteilung* unterliegt. Sie besitzt dann die Dichte

$f_T(x) = \lambda e^{-\lambda t}$, $t \geq 0$ mit der *Ausfallrate* λ. Das Gerät wird in bestimmten Abständen zur Inspektion stillgelegt und gewartet. Die nächste Inspektion ist zum Zeitpunkt t_I vorgesehen. Wie groß ist die Wahrscheinlichkeit, dass es zuvor durch einen Defekt ausfällt? Zur Beantwortung dieser Frage muss die Wahrscheinlichkeit des Ereignisses $E = \{T < t_I\}$, d.h. die *Verteilungsfunktion* von T berechnet werden. Auf der Grundlage von Gl. (8.21) liefert eine Integration

$$F_T(t_I) = \int_0^{t_I} f_T(\tau)d\tau = \lambda \int_0^{t_I} e^{-\lambda\tau}d\tau = -e^{-\lambda\tau}\Big|_0^{t_I} = 1 - e^{-\lambda t_I} \ . \ \blacklozenge$$

8.5.3 Momente von Verteilungsfunktionen

Einführung

Die Exponentialverteilung (s. Beispiel 8.24) wird in der Zuverlässigkeitstheorie häufig angewandt, weil sie einerseits das Ausfallverhalten vieler technischer Objekte unterschiedlichster Art erfahrungsgemäß zutreffend beschreibt und andererseits die mathematische Behandlung von Zuverlässigkeitsproblemen erleichtert. Den unterschiedlichsten Geräten, es kann sich z.B. um einen Zyklon-Staubabscheider, ein Getriebe, eine Betonförderpumpe und vieles andere mehr handeln, ist damit ein bestimmter Verteilungstyp gemeinsam. Die zweifellos vorhandenen individuellen Merkmale der Objekte kommen bei der Festlegung des Verteilungstyps nicht zur Geltung. Sie werden erst berücksichtigt, wenn die Ausfallrate λ als Zahlenwert interessiert. Damit ist der Wert von λ jenes Merkmal, welches ein ganz bestimmtes technisches Objekt, das unter ganz bestimmten Bedingungen betrieben wird, kennzeichnet. Die Ausfallrate muss experimentell bestimmt werden. Was hier am einfachen Beispiel der Exponentialverteilung festgestellt wurde, gilt in ähnlicher Weise auch für andere Verteilungsfunktionen. Auch sie stellen im Grunde genommen nur einen Verteilungstyp als allgemeinen Rahmen dar, von dem erfahrungsgemäß bekannt ist, dass er eine bestimmte Klasse von Zufallsversuchen umschreibt. Die Anpassung an die Gegebenheiten des konkreten Versuchs erfolgt über einen oder mehrere Parameter, die mit Hilfsmitteln der beschreibenden Statistik empirisch bestimmt werden müssen. Bei Zufallsgrößen und ihren Wahrscheinlichkeitsverteilungen wird der Zusammenhang zwischen der Theorie und ihrer experimentellen Basis über die Momente einer Zufallsgröße hergestellt. Sie dienen dazu, die fraglichen Parameter einer Verteilung zu bestimmen. Darüber hinaus werden die Momente auch benutzt, um Verteilungen von Zufallsgrößen durch einen Satz von Zahlen grob zu charakterisieren. Nachfolgend sollen die besonders wichtigen Momente *Erwartungswert* und *Varianz* einer Zufallsgröße eingeführt werden. Wegen ihrer Bedeutung für den konstruktiven Ingenieurbau werden außerdem die *Quantile* angesprochen.

Der Erwartungswert

Beim Würfelspiel treten alle Realisierungen der diskreten Zufallsgröße Augenzahl mit der gleichen Wahrscheinlichkeit auf. Dies ist allerdings ein einfacher Ausnahmefall. Bei den meisten Zufallsversuchen unterscheiden sich die Wahrscheinlichkeiten. Dann bildet sich ein Zentrum der Verteilung heraus, in dessen Umgebung sich solche Werte massieren, die mit großer Wahrscheinlichkeit auftreten. So entsteht die Frage nach der Lage dieses Zentrums. Sie wird mit Hilfe des *Erwartungswertes* beantwortet. Um diese Größe einzuführen, soll eine *diskrete* Zufallsgröße X betrachtet werden, die endlich viele Realisierungen $x_1, x_2, \cdots, x_k$ besitzt. X wird n-mal gemessen. Beim Auswerten des Messprotokolls mit Methoden der beschreibenden Statistik (vgl. 8.2.2) wird festgestellt, dass der Wert x_i unter den Messwerten n_i-mal enthalten ist, $i = 1, 2, \cdots, k$. Als arithmetisches Mittel der Messreihe folgt daher

$$\bar{x} = \frac{1}{n} \sum_{i=1}^{k} x_i \cdot n_i = \sum_{i=1}^{k} x_i \cdot \frac{n_i}{n} = \sum_{i=1}^{k} x_i \cdot r_n(x_i) .$$

Nun besitzt die relative Häufigkeit $r_n(x_i)$ eines Messwertes x_i die Eigenschaft der Stabilität und strebt für wachsendes n in gewisser Weise der Wahrscheinlichkeit $P(X = x_i) = p_i$ zu. Dabei geht die Zufallsgröße arithmetisches Mittel in den Erwartungswert über. Es gilt

Definition 8.15a: *Erwartungswert einer diskreten Zufallsgröße*
Ist X eine diskrete Zufallsgröße, die die Werte x_i, $i = 1, 2, \cdots, k$ mit der Wahrscheinlichkeit $p_i = P(X = x_i)$ annimmt, so ist der Erwartungswert von X gegeben durch

$$\mu = \mathrm{E}\, X = \sum_{i=1}^{k} x_i \cdot p_i . \; \blacklozenge \qquad\qquad (8.22a)$$

Rein algebraisch gesehen stimmt die Struktur von Erwartungswert und arithmetischen Mittel überein. Daher lassen sich beide Größen als Schwerpunkt deuten. Und zwar für die in einer Verteilungstafel niedergelegte empirische Verteilung (arithmetisches Mittel) sowie für die Wahrscheinlichkeitsverteilung als theoretischer Verteilung (Erwartungswert). Dessen ungeachtet besteht zwischen den beiden Größen ein tiefgreifender Unterschied. Das arithmetische Mittel nimmt als Realisierung einer Zufallsgröße bei jeder Wiederholung der Messreihe einen anderen Wert an. Der Erwartungswert dagegen liegt fest. Er ist eine nichtzufällige Größe. Der Erwartungswert einer stetigen Zufallsgröße ergibt sich nach

Definition 8.15b: *Erwartungswert einer stetigen Zufallsgröße*
Der Erwartungswert einer stetigen Zufallsgröße X mit der Dichte $f_X(x)$ ist

$$\mu = \mathrm{E}X = \int\limits_{-\infty}^{\infty} x f_X(x)\,dx . \; \blacklozenge \qquad\qquad (8.22b)$$

Voraussetzung ist die Existenz des uneigentlichen Integrals. Einige grundlegende *Eigenschaften* des Erwartungswertes lassen sich unmittelbar an den Definitionsgleichungen ablesen:
a) Für den Erwartungswert der Konstanten c gilt $\mathrm{E}c = c$.
b) Der Erwartungswert einer Zufallsgröße $Y = c \cdot X$ ist $\mathrm{E}Y = c\mathrm{E}X$.
c) Der Erwartungswert einer linearen Funktion $Y = c_1 X + c_2$ ist gegeben durch

$$\mathrm{E}Y = c_1 \mathrm{E}X + c_2.$$

Die Varianz einer Zufallsgröße

Wegen seiner Schwerpunkteigenschaft kennzeichnet der Erwartungswert die Lage der Wahrscheinlichkeitsverteilung einer Zufallsgröße X. Zu seiner Berechnung wird das diskrete oder kontinuierliche Spektrum der Realisierungen von X in Analogie zum arithmetischen Mittel einer Messreihe zu einem einzigen Wert verdichtet. Alle Informationen über die Verteilung der Realisierungen um den Erwartungswert gehen dabei verloren. Um dieses Defizit auszugleichen, greift man auf die Varianz zurück.

Definition 8.16: *Varianz einer Zufallsgröße*
Die *Varianz* einer (diskreten oder stetigen) Zufallsgröße ist gegeben durch

$$\sigma^2 = E(X\text{-}E\,X)^2 . \blacklozenge \qquad\qquad (8.23)$$

σ^2 wird auch als Streuung oder Dispersison bezeichnet. Als weiteres Symbol ist $\sigma^2 = D^2X$ gebräuchlich. Die (positive) Quadratwurzel aus der Varianz heißt *Standardabweichung*. Als wichtige Eigenschaft der Varianz soll hervorgehoben werden: Die Varianz einer Zufallsgröße $Y = cX$ ist $D^2Y = c^2 D^2 X$.

Beispiel 8.25: *Erwartungswert beim Würfelspiel*
Beim Würfeln werden alle Realisierungen $a_i = i$, $i = 1,\cdots,6$ der Augenzahl A mit der Wahrscheinlichkeit $P(A = a_i) = p_i = \frac{1}{6}$ angenommen. Als Erwartungswert folgt $E\,A = \frac{1}{6}\sum_i i = 3.5$.

Für die Varianz ergibt sich $E\,(A - E\,A)^2 = E(\,A - 3.5)^2 = \sum_i (a_i - 3.5)^2\, p_i = \frac{17{,}5}{6}$. Weil der Erwartungswert keine beim Würfeln mögliche Augenzahl darstellt, liegt seine Deutung nicht auf der Hand. Sie gelingt jedoch, wenn man die Augenzahlen vieler Würfe addiert. So ist bei $n = 100$ Würfen eine Summe von etwa $n \cdot EA = 350$ zu erwarten. $\blacklozenge$

Beispiel 8.26: *Erwartungswert einer exponentialverteilten Lebensdauer*
Die Lebensdauer T genüge einer Exponentialverteilung (vgl. Beispiel 8.24) mit der Ausfallrate λ . Der Erwartungswert von T ist dann

$$ET = \lambda \int_0^\infty t e^{-\lambda t}\, dt = t e^{-\lambda t}\Big|_0^\infty - \frac{1}{\lambda} e^{-\lambda t}\Big|_0^\infty$$

Beim ersten Summanden liefert das formale Einsetzen einen unbestimmten Ausdruck der Art $\infty \cdot 0$. Mit der L´HOSPITALschen Regel (vgl. 5.3.4) lässt sich sein Wert ermitteln. Er ist Null. Daher trägt der erste Summand nichts zum Erwartungswert bei und es folgt

$$E\,T = \frac{1}{\lambda} .$$

Für die Varianz ergibt sich

$$E\,(T - E\,T)^2 = \lambda \int_0^\infty \left(t - \frac{1}{\lambda}\right)^2 e^{-\lambda t}\, dt = -\lambda \left(\frac{t^2}{\lambda} e^{-\lambda t} + \frac{1}{\lambda^3} e^{-\lambda t}\right)\Bigg|_0^\infty = \frac{1}{\lambda^2} .$$

Quantile

Im Bauingenieurwesen sind die Belastungen von Tragwerken, man denke etwa an Wind- und Schneelasten, häufig naturbedingt. Sie stellen Zufallsgrößen dar, die sich einer exakten Kontrolle entziehen. Um dennoch die erforderliche Tragwerkssicherheit zu gewährleisten, werden beim Bemessen statischer Systeme Grenzlasten zugrunde gelegt, die erfahrungsgemäß außerordentlich selten, d.h. nur mit einer sehr geringen Wahrscheinlichkeit überschritten werden. Zur quantitativen Fassung dieser Vorstellung werden die Quantile benötigt. Sie sind festgelegt durch die

Definition 8.17: *Quantil der Ordnung p*

Ist X eine stetige Zufallsgröße mit der Verteilungsfunktion $F_X(x)$, so ist x_p das *Quantil* der *Ordnung p*, wenn gilt $F_X(x_p) = P(X < x_p) = p, 0 < p < 1$. ♦

Empirische und theoretische Momente

Ebenso wie der empirischen Verteilung (Definition 8.8) die Wahrscheinlichkeitsverteilung (Definition 8.13) als theoretische Entsprechung gegenübergestellt werden kann, entsprechen den *empirischen* statistischen Maßzahlen Stichprobenmittel $\bar{x}$ und Stichprobenstreuung s^2 die *theoretischen* Maßzahlen Erwartungswert EX und Varianz σ^2. Generell stimmen empirische und theoretische Maßzahlen einer Zufallsgröße (letztere nennt man zusammenfassend auch Momente der Zufallsgröße) in formaler Hinsicht insofern überein, als eine bestimmte empirischen Größe nach dem gleichen Gesetz wie das theoretische Gegenstück gebildet wird, wenn man als Verteilung die empirische Verteilungsfunktion benutzt. Die Übereinstimmung geht aber weiter. So sind die empirischen Maßzahlen einer Stichprobe Näherungen (Schätzungen) der entsprechenden theoretischen Momente. Insbesondere lässt sich Erwartungswert und Varianz einer Zufallsgröße näherungsweise gemäß

$$\bar{x} \approx EX, \quad s^2 \approx \sigma^2 \tag{8.24}$$

aus einer Messungen herleiten. Diese Schätzung der theoretischen durch die entsprechenden empirischen Maßzahlen ist für die Stochastik und ihre Anwendungen von großer Bedeutung. Sie ist ein wichtiger Baustein des empirischen Fundaments dieser Disziplin.

8.5.4 Übungsaufgaben

8.7: Zur Überwachung einer automatisierten Produktionsanlage werden in bestimmten Abständen Erzeugnisse entnommen und untersucht. Werden dabei unzulässig große Abweichungen von den Sollwerten festgestellt, so wird die Produktion unterbrochen und die Maschine neu eingerichtet. Die Tabelle 8.9 enthält Aufzeichnungen über die jeweilige Zeitdauer einer Periode eines ungestörten Betriebs. Man berechne die Ausfallrate λ unter der Voraussetzung, dass die Zeit T eine exponentialverteilte Zufallsgröße ist. *Lösung:* $\lambda = 0{,}056h^{-1}$.

8.8: Die Lebensdauer T eines technischen Objektes genügt einer Exponentialverteilung mit dem Parameter $\lambda = 0.056h^{-1}$. Man berechne:
a) Die Wahrscheinlichkeit, dass die Lebensdauer $25h$ nicht überschreitet.
b) Die Wahrscheinlichkeit, dass das Gerät nach 30 Betriebsstunden noch nicht ausgefallen ist.
c) Den Erwartungswert von T. *Lösung:* a) 0.75, b) 0.18, c) 17.9h.

Tabelle 8.9 Betriebsdauer (in h)

3.97	7.51	0.44	0.83	2.70	9.85	9.10	115.67
10.76	5.54	25.95	25.94	26.88	33.95	10.62	25.33
12.68	0.20	12.03	3.98	16.19	7.27	2.18	53.58
4.25	17.96	27.23	56.17	2.14	0.73		

8.9: Zur Beschreibung des Ausfallverhaltens technischer Objekte eignet sich als Lebensdauer-
verteilung auch die WEIBULLverteilung, deren Verteilungsfunktion

$$F_T(t) = 1 - e^{-\lambda t^\alpha} \, , \ t > 0 \tag{8.25}$$

die Parameter α, λ besitzt.
a) Für welchen Wert von α folgt aus (8.25) als Spezialfall die Exponentialverteilung?
b) Wie lautet die Dichtefunktion der WEIBULLverteilung?

8.6 Einige praktisch wichtige Verteilungsfunktionen

8.6.1 Binomial- und POISSONverteilung

Einführung

Obwohl die Verteilungsfunktion einen zentralen Bestandteil des mathematischen Modell eines
Zufallsversuchs darstellt, ist gewöhnlich ihr Typus nicht genau bekannt. Der Praktiker ist in
solchen Fällen darauf angewiesen, eine Annahme zu treffen. Dabei stützt er sich auf die Erfahrung und kann bei Bedarf seine Hypothese durch den Vergleich mit der empirischen Verteilung überprüfen. Allerdings ist die Prüfung einer Hypothese über die Verteilung einer Zufallsgröße eine Aufgabe der mathematischen Statistik, die erhebliche theoretische Ansprüche stellt.
Zieht man alle diese Umstände in Betracht, so sind solche Zufallsversuche von besonderem
Interesse, denen aufgrund allgemeiner Überlegungen ein bestimmter Verteilungstyp zugeordnet werden kann. Allerdings ist es nur bei wenigen Zufallsversuchen möglich, die Verwendung
einer bestimmten Verteilungsfunktion theoretisch zu rechtfertigen. Die häufig angewandte
Binomialverteilung gehört zur Klasse dieser Verteilungen. Ihr liegt ein Zufallsversuch zugrunde, den man *BERNOULLIsches Versuchsschema* nennt.

Das BERNOULLIsche Versuchsschema

Das nach JACOB BERNOULLI (1654-1705) benannte Versuchsschema baut auf einem Zufallsversuch auf, der durch eine diskrete Zufallsgröße Z beschrieben wird. Sie nimmt nur zwei
Realisierungen $Z = z_1$ und $Z = z_2$ mit den Wahrscheinlichkeiten $p = P(Z = z_1)$ und
$q = P(Z = z_2)$ an. Es gilt

$$p + q = 1 \, .$$

Dieser Versuch wird nun n-mal wiederholt. Dabei wird die absolute Häufigkeit k des Ereignisses $Z = z_1$ festgestellt. Diese Häufigkeit steht nicht fest. Man muss vielmehr damit rechnen,
dass sie von Versuchsserie zu Versuchsserie einen anderen Wert annimmt. Anders ausgedrückt: Auch die Versuchsserie ist ein Zufallsversuch, dessen Ausgang durch die diskrete
Zufallsgröße X beschrieben wird. Ihre Realisierung k gibt an, wie oft das Ereignis $Z = z_1$ bei n
Versuchen auftritt. Eine derartige Serie von endlich vielen *unabhängigen* Wiederholungen
eines Versuches, der nur zwei Ergebnisse besitzt, nennt man *Bernoullisches Versuchsschema*.
Die Situation ist einfach genug, um die Wahrscheinlichkeit $P(X = k)$ des Ereignisses $X = k$
angeben zu können. Unter der Voraussetzung, dass die Wahrscheinlichkeit des Ereignisses
$Z = z_1$ bei jeder Wiederholung konstant ist, gilt

$$p_k = P(X = k) = \binom{n}{k} p^k q^{n-k} , \quad q = 1 - p \tag{8.26}$$

Diese Gleichung liefert die *Einzelwahrscheinlichkeit* der Binomialverteilung. Die Verteilungsfunktion selbst ergibt sich daraus nach Gl. (8.17). Sie wird hier nicht angegeben, weil die Gl. (8.26) in den Anwendungen im Vordergrund steht. Erwartungswert und Varianz einer binomialverteilten Zufallsgröße sind

$$\mathrm{E}\,X = np , \; \mathrm{D}^2 X = np(1 - p) . \tag{8.27}$$

Schätzung des Parameters der Binomialverteilung

Die Binomialverteilung enthält als Parameter die Wahrscheinlichkeit p des Einzelversuchs. In einfachen Fällen ist sein Wert a priori bekannt. Häufig muss er jedoch aus experimentellen Daten bestimmt werden. Ist bekannt, dass das Ereignis $Z = z_1$ in der Serie von n Versuchen n_z -mal eingetreten ist, so gilt näherungsweise

$$p \approx \frac{n_z}{n}$$

Da sich dieser Wert bei der Wiederholung des Experiments niemals exakt reproduzieren lässt, handelt es sich um eine Schätzung im Sinne der mathematischen Statistik, die ebenfalls mit einer gewissen Unsicherheit belastet ist.

Beispiel 8.27: *Eine Anwendung der Binomialverteilung (nach [2])*
Eine Staustufe soll den Wasserstand eines Flusses regulieren. Bei Bedarf können *unabhängig* voneinander Tore geöffnet werden, um das Wasser rascher abfließen zu lassen. Wie Berechnungen zeigen, reichen $n = 4$ Tore gerade aus, um die Wassermenge des Bemessungshochwassers abzuführen.
Man berechne die Versagenswahrscheinlichkeit P_f der Staustufe wenn sie a) $n_1 = 4$ und b) $n_2 = 5$ baugleiche Tore erhält. Die Versagenswahrscheinlichkeit eines Tores sei $p = 0.05$.

a) Ist X die Zahl der defekten Tore, so ist die Sicherheit der Staustufe für $X \geq 1$ nicht mehr gegeben. Es gilt

$$\{X \geq 1\} \cup \{X = 0\} = \Omega .$$

Daher ergibt sich für die Versagenswahrscheinlichkeit

$$P_f = P(X \geq 1) = 1 - P(X = 0) = 1 - \binom{n_1}{0} p^0 q^4 = 1 - (1 - p)^4 = 0.185 .$$

b) Wird zur Sicherheit noch ein weiteres Tor vorgesehen, versagt die Stufstufe erst für $X \geq 2$. Wegen

$$\{X \geq 2\} \cup \{X = 1\} \cup \{X = 0\} = \Omega$$

folgt mit Hilfe des Additionssatzes für disjunkte Ereignisse (Axiom 3)

$$P_f = 1 - P(X = 1) - P(X = 0) = 1 - \binom{n_2}{0} p^0 q^5 - \binom{n_1}{0} p^1 q^4 = 0.022 .$$

Der Bau eines fünften Tores vermindert also das Risiko beträchtlich. ◆

Die POISSONverteilung

Die Anwendung der Binomialverteilung ist besonders dann mühsam, wenn n groß ist. Dies ist eine gewisse Komplikation. Sie kann jedoch mit Hilfe eines Rechners überwunden werden. Prinzipielle Schwierigkeiten entstehen dagegen dann, wenn der Umfang n einer Versuchsserie nicht bekannt ist. Besteht der Zufallsversuch beispielsweise darin, den Verkehrsstrom einer Straße durch eine Eisenbahnschranke kurzzeitig zu unterbrechen und die Zahl X der Fahrzeuge zu zählen, die warten müssen, tritt dieses Problem auf. Zwar liegt ein BERNOULLIsches Versuchsschema vor, man kann aber die Binomialverteilung nicht anwenden, weil sich die Zahl der Versuchsteilnehmer nicht beziffern lässt. Handelt es sich um die Bewohner des Landkreises durch den die Straße führt? Oder muss man auch die Bürger zweier Städte hinzu zählen, die die Straße verbindet? Solchen schwer entscheidbaren Fragen kann man unter bestimmten Bedingungen mit Hilfe der *POISSONverteilung* ausweichen. Die von S.D. POISSON (1781-1840) angegebene Verteilung folgt aus der Binomialverteilung, wenn $n \to \infty$ und $p \to 0$ streben, und zwar so, dass $n \cdot p$ den Grenzwert $\lambda > 0$ besitzt. Dann gilt

$$P(X = k) = \frac{\lambda^k}{k!} e^{-\lambda} . \tag{8.28}$$

In diesem Fall sagt man, dass die diskrete Zufallsgröße X einer POISSONverteilung mit dem Parameter λ unterliegt. Erwartungswert und Varianz der POISSONverteilung sind

$$\mathrm{E}\, X = \lambda \;,\; \mathrm{D}^2 X = \lambda . \tag{8.29}$$

Auf dieser Grundlage kann man den Parameter λ als Mittelwert schätzen. Bei dem als Beispiel angesprochenen Zufallsversuch „Unterbrechung eines Verkehrsstroms" ist es üblich, λ aus der Verkehrsstärke γ zu berechnen. Beträgt sie z.B. $\gamma = 240$ *Fahrzeuge / h* und wird die Schranke $\Delta t = 2\,\mathrm{min}$ geschlossen, so sind von der Sperrung im Mittel $\lambda = \gamma \cdot \Delta t = 8$ Fahrzeuge betroffen. Offensichtlich sind damit Wahrscheinlichkeitsaussagen über die Ergebnisse eines BERNOULLIschen Versuchsschema mit Hilfe einer Größe möglich, die sich empirisch leichter fassen lässt als die Zahl n der Versuche.

8.6.2 Die Normalverteilung

Einführung

Auf der *Normalverteilung* (oder GAUSSschen Verteilung) beruht das in Naturwissenschaft und Technik wohl am häufigsten angewandte Modell eines Zufallsversuchs. Die Verteilung zählt zu jenen Verteilungen, bei denen sich die Zuordnung zu einem bestimmten Versuch theoretisch rechtfertigen lässt. Ihre herausragende Rolle beruht auf den zentralen Grenzwertsätze der Wahrscheinlichkeitsrechnung. Danach kann unter hinreichend allgemeinen, in den Anwendungen sehr häufig erfüllten Voraussetzungen, die Verteilungen von Summen einer großen Anzahl unabhängiger Zufallgrößen durch eine Normalverteilung angenähert werden. Ein typisches Beispiele hierfür sind Messungenauigkeiten, die erfahrungsgemäß aus der Überlagerung einer Vielzahl von Einflüssen resultieren.

Die Verteilungsfunktion und ihre Dichte

Eine stetige Zufallsgröße X heißt normalverteilt mit den Parametern μ und $\sigma > 0$ (Symbol $X \in N(\mu; \sigma)$), wenn sie die Dichtefunktion

$$f_X(x) = \frac{1}{\sqrt{2\pi}\cdot\sigma}\, e^{-\frac{(x-\mu)^2}{2\sigma^2}} \ , \quad -\infty < x < \infty \tag{8.30}$$

besitzt. Als Verteilungsfunktion folgt daraus

$$F_X(x) = \frac{1}{\sqrt{2\pi}\cdot\sigma} \int\limits_{-\infty}^{x} e^{-\frac{(u-\mu)^2}{2\sigma^2}}\, du \ . \tag{8.31}$$

Da der Definitionsbereich von $f_X(x)$ die Menge aller reellen Zahlen ist, variiert X von $-\infty$ bis $+\infty$. Physikalische Größen besitzen dagegen zumeist eine natürliche untere bzw. obere Grenze (oder beide zusammen). Diese Diskrepanz zwischen der realen physikalischen Größe G und ihrem mathematischen Modell X führt jedoch gewöhnlich nicht zu Schwierigkeiten. In aller Regel ist der Schwerpunkt der Verteilung von X so weit von den Grenzen der Größe G entfernt, dass außerhalb liegende Werte von X praktisch nicht auftreten. Die Verwendung der Normalverteilung ist also in solchen Fällen gerechtfertigt, wenn die Varianz der Zufallsgröße klein ist. Dann sind die Fehler vernachlässigbar klein.

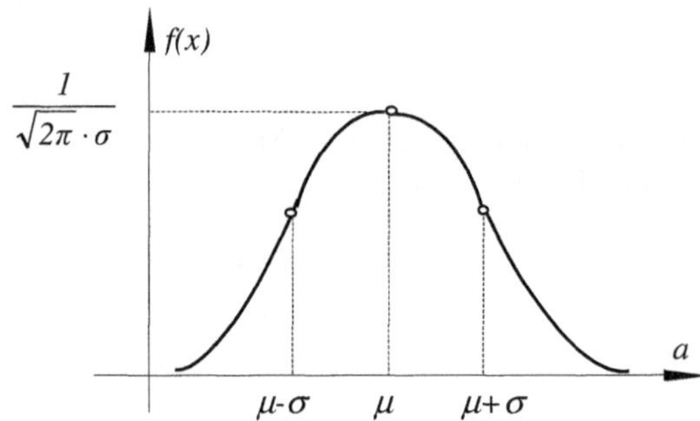

Bild 8.9 Dichtefunktion der Normalverteilung

Einige Grundeigenschaften der Normalverteilung

Die Dichtefunktion stellt eine symmetrische Funktion dar, die wegen ihrer charakteristischen Gestalt auch *GAUSSsche Glockenkurve* heißt. Sie erreicht ihr Maximum in Punkt $x = \mu$ mit dem Funktionswert $\frac{1}{\sqrt{2\pi}\cdot\sigma}$ und nähert sich mit wachsendem $|x-\mu|$ asymptotisch der x-Achse. Außerdem existieren zwei Wendepunkte bei $x = \mu + \sigma$ und $x = \mu - \sigma$. Somit kennzeichnet μ die Lage und σ die Form der Dichtefunktion. Für wachsendes σ nimmt die Höhe des Maximums ab und die Wendepunkte entfernen sich von μ. Insgesamt wird der Funktionsverlauf breiter und flacher (Bild 8.9). Der folgende Satz gibt Auskunft über die wahrscheinlichkeitstheoretische Bedeutung der Parameter.

Satz 8.7: Ist X eine mit den Parametern μ und $\sigma > 0$ normalverteilte Zufallsgröße, dann gilt

$$EX = \mu \ , \ D^2 X = \sigma^2 . \ \blacklozenge \tag{8.32}$$

In vielen Anwendungen sind die Parameter μ, σ nicht bekannt und müssen aus empirischen Daten geschätzt werden. Liegen Mittelwert $\bar{x}$ und Streuung s^2 einer Urliste vor, so gilt $\mu \approx \bar{x}$ und $\sigma^2 \approx s^2$.

Die Standardisierung der Normalverteilung

Das Integral (8.31) ist nicht geschlossen auswertbar. Die Verteilungsfunktion einer normalverteilten Zufallsgröße kann daher grundsätzlich nur näherungweise bestimmt werden. Um den damit verbunden numerischen Aufwand zu vermeiden, sind auch heute noch Tafeln gebräuchlich [3], [4]. Nun hängt die Dichtefunktion und damit auch die Wahrscheinlichkeitsverteilung von den Parametern μ, σ ab, die für die jeweilige Aufgabenstellung spezifisch sind. So scheint es, als seien viele Tafeln für eine große Zahl der unterschiedlichsten Parameterkombinationen erforderlich. Weil sich die Normalverteilung *standardisieren* lässt, reicht aber tatsächlich eine einzige Tafel aus. Für Aussagen über eine Zufallsgröße X, die mit den beliebigen Parameter μ, σ normalverteilt ist, wird nur die Verteilung mit den Parametern $\mu = 0$ und $\sigma = 1$ benötig. Dies zeigt

Satz 8.8: Unterliegt X einer Normalverteilung mit den Parametern μ und σ, dann ist die (standardisierte) Zufallsgröße

$$Z = \frac{X - \mu}{\sigma} \qquad (8.33)$$

normalverteilt mit den Parametern $\mu = 0$ und $\sigma = 1$. ◆

Der standardisierten Normalverteilung kommt eine herausragende Bedeutung zu. Um sie auch äußerlich kenntlich zu machen, wird die Verteilungsfunktion mit $\Phi(z)$ und die Dichtefunktion mit $\varphi(z)$ bezeichnet. Es gilt

$$\varphi(z) = \frac{1}{\sqrt{2\pi}} e^{-\frac{z^2}{2}} \;, \; \Phi(z) = \int\limits_{-\infty}^{z} \varphi(t)dt = \frac{1}{\sqrt{2\pi}} \int\limits_{-\infty}^{z} e^{-\frac{t^2}{2}} dt \qquad (8.34)$$

Die Dichtefunktion ist gemäß

$$\varphi(z) = \varphi(-z) \qquad (8.35)$$

symmetrisch zur Ordinate und nimmt ihren Maximalwert $\frac{1}{\sqrt{2\pi}}$ im Ursprung an. Die Verteilungsfunktion hat dort den Wert $\Phi(0) = 0{,}5$. Aus der Symmetrie von φ ergibt sich außerdem

$$\Phi(-z) = 1 - \Phi(z) . \qquad (8.36)$$

Wegen dieser Beziehungen reicht es aus, sowohl $\varphi(z)$ als auch $\Phi(z)$ nur für Argumente $z \geq 0$ zu vertafeln. In der Literatur und in Rechnerprogrammen treten im Zusammenhang mit der Normalverteilung neben der Verteilungsfunktion $\Phi(z)$ noch andere Funktionen auf. Um Verwechslungen vorzubeugen soll auf zwei derartige Funktionen, nämlich die Funktion Φ_0 und die *Fehlerfunktion Erf(z)* (*Error function*), hingewiesen werden.

$$\Phi_0(z) = \frac{1}{\sqrt{2\pi}} \int\limits_{0}^{z} e^{-\frac{t^2}{2}} dt \;, \; Erf(z) = \frac{2}{\sqrt{\pi}} \int\limits_{0}^{z} e^{-t^2} dt \qquad (8.37)$$

Während der Zusammenhang zwischen $\Phi(z)$ und $\Phi_0(z)$ auf der Hand liegt, besteht zwischen $Erf(z)$ und $\Phi(z)$ die Beziehung

$$\Phi(z) = \frac{1}{2}\left(Erf\left(\frac{2}{\sqrt{2}}\right) + 1 \right).$$

Beispiel 8.28: *Standardisierung einer normalverteilten Zufallsgröße*
Die Geschwindigkeit V eines Fahrzeugs sei normalverteilt. Auf der Grundlage von Tabelle 8.3 ist die Wahrscheinlichkeit $P(45 < V < 55)$ dafür zu berechnen, dass die Geschwindigkeit einen Wert im Intervall $(45,55)$ annimmt. Wer zur Lösung der Aufgabe auf die Gl. (8.16) zurückgreift, erhält für die fragliche Wahrscheinlichkeit sehr schnell

$$P(45 < V < 55) = F_V(55) - F_V(45).$$

Dann aber beginnen die Schwierigkeiten mit der Berechnung der Verteilungsfunktion. Sollen sie mit Hilfe einer Tafel überwunden werden, ist zu bedenken, dass diese nur für die standardisierte Normalverteilung verfügbar ist (Parameter $\mu = 0$ und $\sigma = 1$). Daher ist der eingeschlagene Lösungsweg zwar im Prinzip richtig, er führt aber so nicht zum Ergebnis. Man muss vielmehr von Anfang an nach Satz 8.8 von V zu einer standardisierten Zufallsgröße Z übergehen: Zunächst ist mit $45 < V < 55$ auch $45 - \mu < V - \mu < 55 - \mu$. Weil ferner wegen $\sigma > 0$ auch

$$\frac{45-\mu}{\sigma} < \frac{V-\mu}{\sigma} < \frac{55-\mu}{\sigma}$$

gilt, erscheint Z in der Rechnung. Man erhält nämlich auf diesem Wege

$$P(45 < V < 55) = P\left(\frac{45-\mu}{\sigma} < Z < \frac{55-\mu}{\sigma} \right).$$

Wird darauf Gl. (8.16) angewandt, so lässt sich die Wahrscheinlichkeit erneut als Differenz

$$P(45 < V < 55) = \Phi\left(\frac{55-\mu}{\sigma} \right) - \Phi\left(\frac{45-\mu}{\sigma} \right)$$

von Verteilungsfunktionswerten darstellen. Da nun der Übergang zur standardisierten Normalverteilung vollzogen ist, können die erforderlichen Werte aus einer Tafel entnommen werden. Mit den aus Beispiel 8.16 bekannten Schätzwerten $\mu = 54.5 kmh^{-1}$ und $\sigma = 10.45 kmh^{-1}$ folgt

$$P(45 < V < 55) = \Phi(0.0478) - \Phi(-0.9091) = \Phi(0.0478) + \Phi(0.9091) - 1 = 0.337$$

Stabilität der Normalverteilung

Eine für die Anwendung wichtige Eigenschaft der Normalverteilung besteht darin, dass die Summe normalverteilter Zufallsgrößen wieder eine normalverteilte Zufallsgröße ist. Die Addition (und Subtraktion) normalverteilter Zufallsgrößen führt nicht aus der Menge der normalverteilten Zufallsgrößen heraus. Es gilt der

Satz 8.9: Sind X_1, X_2 zwei unabhängige, mit den Parametern μ_1, σ_1 und μ_2, σ_2 normalverteilte Zufallsgrößen, so ist auch die Zufallsgröße $Y = X_1 + X_2$ normalverteilt und zwar mit den Parametern

$$\mu_Y = \mu_1 + \mu_2, \ \sigma_Y = \sigma_1^2 + \sigma_2^2 . \ \blacklozenge \tag{8.38}$$

In naheliegender Weise spricht man in diesem Zusammenhang davon, dass die Normalverteilung einen *stabilen Verteilungstypus* darstellt.

Beispiel 8.29: *Tragfähigkeit eines Rammpfahls (nach [2])*
Die Tragfähigkeit T eines Rammpfahls setzt sich additiv aus der Mantelreibung R und dem Spitzenwiderstand S zusammen. Es handle sich in beiden Fällen um normalverteilte Zufallsgrößen mit den Parametern $\mu_R = 250kN$, $\sigma_R = 28.8kN$ bzw. $\mu_S = 500kN$, $\sigma_S = 142kN$.

a) Man ermittle die Parameter der Verteilung von T.
b) Wie groß ist die Wahrscheinlichkeit, dass ein Pfahl die Mindesttragfähigkeit von $500kN$ unterschreitet?
c) Mit welcher Wahrscheinlichkeit erreichen unter zehn Pfählen höchstens drei nicht die Tragfähigkeit von $500kN$?

a) Nach Satz 8.9 gilt $\mu_T = \mu_R + \mu_S = 750kN$ und $\sigma_T = \sqrt{\sigma_R^2 + \sigma_S^2} = 144.9kN$.

b) Durch Standardisierung der normalverteilten Zufallsgröße T erhält man

$$P(T < 500) = P\left(\frac{T - \mu_T}{\sigma_T} < \frac{500 - 750}{144.9}\right) = P(Z < -1.725) = \Phi(-1.725) = 0.0423.$$

c) Ist X die Zahl der Pfähle mit zu geringer Tragfähigkeit, so lässt sich das Ereignis $\{X \le 3\}$ auf folgende Weise durch Elementarereignisse darstellen

$$\{X \le 3\} = \{X = 0\} \cup \{X = 1\} \cup \{X = 2\} \cup \{X = 3\}.$$

Nach dem Additionssatz für disjunkte Ereignisse gilt

$$P(X \le 3) = P(X = 0) + P(X = 1) + P(X = 2) + P(X = 3).$$

Diese Wahrscheinlichkeiten lassen sich mit $p = 0.0423$ und $n = 10$ aus der Binomialverteilung berechnen. Es folgt $P(X \le 3) = 0.999$.

8.6.3 Aufgaben

8.10: Ein Betrieb verarbeitet ein flüssiges Zwischenprodukt. Der dafür vorgesehene Lagertank wird wöchentlich einmal beschickt. Die in dieser Zeit verbrauchte Menge V ist eine stetige Zufallsgröße, die einer Verteilung mit der Dichtefunktion

$$f_V(v) = av(1 - v), \ 0 \le v \le 1m^3, \ f_V(v) = 0 \text{ sonst}$$

genügt.
a) Man berechne den Wert der Konstanten a.
b) Wie groß muss der Tank sein, damit die Wahrscheinlichkeit, dass der Vorrat in einer bestimmten Woche erschöpft wird, nur 10% beträgt?
c) Man berechne die Wahrscheinlichkeit dafür, dass der Tank bis zur nächsten Beschickung höchstens bis zur Hälfte geleert wird.
d) Man berechne den Erwartungswert von V.

8.11: Die Lebensdauer T eines Gerätes ist eine stetige Zufallsgröße, die einer Verteilung mit der Dichtefunktion

$$f_T(t) = \lambda e^{-\lambda t}, \ 0 \le t < \infty$$

genügt. Die Ausfallrate hat den Wert $\lambda = 5 \cdot 10^{-3} h^{-1}$.

a) Man berechne die Wahrscheinlichkeit dafür, dass T den Wert $t = 200h$ nicht übersteigt.

b) Wie groß ist die Wahrscheinlichkeit, dass das das Gerät nach 250 Betriebsstunden noch nicht ausgefallen ist.

c) Man berechne den Erwartungswert von T.

8.12: Die Überwachung der Konzentration C eines Schadstoffes im Abwasser eines Betriebes ergab bei 40% der Proben einen Wert von mehr als 0,05%. Nur 10% der Proben weisen weniger als 0,03% auf. Man berechne daraus den Erwartungswert und die Varianz von C unter der Voraussetzung, dass eine Normalverteilung vorliegt.

8.13: Die Anwendung der Binomialverteilung lässt sich mit Hilfe einer Rekursionsformel erleichtern, mit der sich gemäß

$$P(X = k + 1) = P(X = k)\frac{n-k}{k+1}\frac{p}{q}$$

die Wahrscheinlichkeit $P(X = k + 1)$ aus der bereits bekannten Wahrscheinlichkeit $P(X = k)$ berechnen lässt. Bei der Poissonverteilung gilt entsprechend

$$P(X = k + 1) = P(X = k)\frac{\lambda}{k+1}.$$

Man leite diese Formeln her.

8.14: Eine Zufallsgröße heißt logarithmisch normalverteilt, mit den Parametern μ und σ, wenn $X = \ln Y$ normalverteilt ist mit $EX = \mu$ und $D^2 X = \sigma^2$. Man ermittle

a) die Verteilungsfunktion F_Y,

b) die Wahrscheinlichkeitsdichte f_Y von Y.

8.15: Man bestimme die Dichtefunktion der Zufallsgröße $Y = aX + b$ wenn X

a) normalverteilt ist mit den Parametern μ, σ,

b) exponentialverteilt mit dem Parameter λ ist. Dabei seien a, b reelle Zahlen mit $b \neq 0$.

8.7 Wahrscheinlichkeitsrechnung mit Maple

8.7.1 Zur Behandlung der Normalverteilung

Einführung

Im Statistik-Paket von Maple sind Hilfsmittel der Wahrscheinlichkeitsrechnung in einem Umfang zusammengestellt, der zur Behandlung von Grundaufgaben der angewandten Wahrscheinlichkeitsrechnung ausreicht. Neben zahlreichen anderen stetigen Wahrscheinlichkeitsverteilungen steht auch die Normalverteilung und ihre Umkehrfunktion zur Verfügung. Wie man diesen Fundus erschließt, soll am Beispiel dieser Verteilung beschrieben werden.

Die Werte von Verteilungs- und Dichtefunktion

Nach dem Aktivieren des Statistik-Pakets mit dem Befehl `with(stats)` kann man auf die implementierte Verteilungsfunktion zugreifen. Dies geschieht über einen Befehl mit der Syntax: `statevalf[Option1,Option2,[Parameter]]`. Als *Option* 1 fungiert die Buchstabenfolge `cdf`, wenn die Verteilungsfunktion und `icdf` wenn die Umkehrung interessiert. Über die *Option* 2 wird mit Hilfe eines Schlüsselwortes der Verteilungstyp festgelegt. Bei der Normalverteilung ist `normald` einzutragen. Schließlich folgen die gewünschten Parameter μ und σ der Normalverteilung. Sie erscheinen, durch ein Komma getrennt, in der eckigen Klammer. Auf die Angabe der Parameter kann verzichtet werden, wenn die standardisierte Normalverteilung benötigt wird. Dies ist unten bei der Dichtefunktion der Fall. Wie die Beispiele zeigen, liefert Maple auch die Verteilungsfunktion für negative Argumente.

Mit dem gleichen Befehl kann auch die *Dichtefunktion* erschlossen werden. Der einzige Unterschied besteht bei der Option 1. Hier ist `pdf` einzutragen.

```
Die Verteilungsfunktion                      Die Dichtefunktion
> with(stats)                                > with(stats)
> NV:=statevalf[cdf,normald[0,2]];           > DNV:=statevalf[pdf,normald]:
> NV(2.8);                                    > DNV(0);
                        .8777                                       .3989422803
> NV(-1);
                        .13968
> INV:=statevalf[icd,normald[0,2]];
> INV(0.13968);
                       -.99999
```

Graphische Darstellungen

Zur graphischen Darstellung von Dichte- und Verteilungsfunktion der Normalverteilung wird noch der `plot`-Befehl benötigt. Er steht nach dem Start von Maple sofort zur Verfügung und lässt sich durch zahlreiche Optionen spezifizieren. Will man jedoch, was z.B. angebracht ist, wenn die Parameterabhängigkeit der Verteilungsfunktion veranschaulicht werden soll, über den Befehl `display` mehrere Kurvenverläufe in ein Bild zeichnen, muss das `plots`-Paket aktiviert werden. Das folgende Beispiel bietet einen kleinen Einblick in die Vielfalt von Möglichkeiten. Dargestellt wird die Verteilungsfunktion für verschiedene Werte der Parameter. Dabei werden die Kurven durch Strichstärke und Farbe unterschieden. Die vom `display`-Befehl erzeugte Graphik wird aus Platzgründen nicht gezeigt.

```
> with(plots):
> with(stats):
> p1:=plot(statevalf[cdf,normald[0,1]],-4..4,colour=red,thickness=2):
> p2:=plot(statevalf[cdf,normald[2,3]],-4..4, colour=blue):
> display([p1,p2]);
```

Zur Darstellung der Dichtefunktion ist statt `cdf` die Option `pdf` einzutragen.

8.7.2 Binomial- und Poissonverteilung

Auf die Binomial- bzw. Poissonverteilung wird mit einem Befehl zugegriffen, dessen formaler Aufbau dem der Normalverteilung entspricht: `statevalf[Option1,Option2 [Parameter]]`. Über die Option 1 wird festgelegt, ob die Wahrscheinlichkeitsfunktion (`pf`) oder die

Verteilungsfunktion (dcdf) berechnet werden soll. Über die Option 2 wird der Verteilungstyp spezifiziert. binomiald führt auf die Binomial-, poisson auf die POISSONverteilung. In eckigen Klammern sind die bzw. der Parameter anzugeben. Die folgenden Beispiele zeigen die Handhabung des Befehls. Zunächst wird die Wahrscheinlichkeitsfunktion $P(X = 3)$ für eine mit $n = 1000$ und $p = 0.001$ binomialverteilte Zufallsgröße bestimmt. Zum Vergleich wird diese Wahrscheinlichkeit auch für die Poissonverteilung ermittelt (Parameter $\lambda = n \cdot p = 1$). Das weitere Beispiel bezieht sich dann auf die Verteilungsfunktion $P(X \leq k)$. Man beachte das $\leq$-Zeichen. Außerdem muss k eine ohne Dezimalpunkt geschriebene natürliche Zahl sein.

```
> with(stats):
> BV1:=statevalf[pf,binomiald[1000,0.001]]:
> BV1(3);
                              .06128250939
> PV1:=statevalf[pf,poisson[1]]:
> PV1(3);
                              .06131324021
> BV2:=statevalf[dcdf,binomiald[10,0.1]]:
> BV2(2);
                              .9298091736
```

8.8 Grundbegriffe der beurteilenden Statistik

8.8.1 Grundgesamtheit und Stichprobe

Einführung

Zur präzisen Beschreibung eines Zufallsversuchs dient in der Stochastik ein mathematisches Modell, zu dessen Bestandteilen das Ereignisfeld E und die Wahrscheinlichkeit P zählen. Gewöhnlich lassen sich die Ergebnisse des Versuchs durch eine Zufallsgröße X beschreiben. Dann führt deren Verteilungsfunktion $F_X(x)$ zur Wahrscheinlichkeit $P(E)$ eines Ereignisses $E \in$ E. Wahrscheinlichkeitsaussagen über den Ausgang von Zufallsversuche setzen damit die Kenntnis der Verteilungsfunktion voraus. Dessen ungeachtet ist nur in wenigen Fällen aufgrund theoretischer Überlegungen bekannt, welcher Familie von Verteilungen eine bestimmte Zufallsgröße entspricht. Zumeist ist man auf Annahmen angewiesen und es entsteht die Aufgabe, das mathematische Modell der Realität optimal anzugleichen. Aber selbst im einfachsten Fall, wenn der Verteilungstypus vorab bekannt ist, sind immer noch die Parameter der Verteilungsfunktion geeignet festzulegen. Dazu müssen Messwerte zusammengetragen und mit Methoden der beschreibenden Statistik aufbereitet werden. So entsteht die empirische Grundlage für weiterführenden Methoden der beurteilenden Statistik, mit denen Aussagen über Erwartungswert EX und Varianz $D^2 X$ einer Zufallsgröße X, die Parameter ihrer (bekannten) Verteilungsfunktion oder gar den Typus ihrer (unbekannten) Verteilungsfunktion möglich sind. Nachfolgend sollen einige Grundlagen der beurteilenden Statistik zusammengestellt werden.

Grundgesamtheit und Stichproben

Zur Güteprüfung von Beton sieht die DIN-Vorschrift 1045 die Herstellung von Probewürfeln vor (vgl. Beispiel 8.3), deren Druckfestigkeit D nach entsprechender Behandlung gemessen wird. Es versteht sich von selbst, dass in die Prüfung nicht der gesamte auf der Baustelle eingesetzte Beton einbezogen werden kann. Vielmehr ist man auf die Untersuchung einer Teilmenge angewiesen. Dieser in der Praxis häufig anzutreffende Umstand wird mit den Begriffen *Grundgesamtheit* und *Stichprobe* umschrieben. Als Grundgesamtheit bezeichnet man eine Menge gleichartiger Objekte oder Individuen, deren gemeinsames Merkmal X interessiert. Eine zur Messung von X aus der Grundgesamtheit herausgegriffene Teilmenge von Elementen heißt Stichprobe. Um diesen einfachen Sachverhalt in das Begriffssystem der Stochastik einzuordnen, halte man sich vor Augen, dass jedem Element der Grundgesamtheit ein ganz bestimmter Wert der Zufallsgröße X entspricht. Daher kann die Grundgesamtheit etwas allgemeiner auch als die Menge aller möglichen Realisierungen von X aufgefasst werden. Weil es sich aber bei dieser Menge gerade um die Grundmenge Ω des mathematischen Modells eines Zufallsversuchs handelt, wird die Grundgesamtheit im Sinne der Wahrscheinlichkeitsrechnung durch Ω verkörpert. Die Stichprobe S ist dann eine Teilmenge von Ω.

Definition 8.18: *Grundgesamtheit und Stichprobe*
Ist (Ω,E,P) das mathematische Modell eines Zufallsversuchs, so wird Ω in der mathematischen Statistik als *Grundgesamtheit* bezeichnet. Eine endliche nichtleere Teilmenge $S \subset \Omega$, $S \in$ E heißt *konkrete Stichprobe*. Besteht S aus n Realisierungen von X, so handelt es sich um eine Stichprobe vom *Umfang n*. ♦

Die Urlisten der beschreibenden Statistik sind Stichproben in diesem Sinn. Die wichtigste Aufgabe der mathematischen Statistik ist es, an Hand einer konkreten Stichprobe Aussagen über die Grundgesamtheit zu machen. Wie alle Schlüsse vom Besonderen auf das Allgemeine sind auch derartige Aussagen mit Unwägbarkeiten verbunden. Der Grund liegt auf der Hand: Jede Probe, die einer Grundgesamtheit entnommen wird und eine konkrete Stichprobe $(x_1, \cdots, x_n)$ liefert, ist zufällig zusammengesetzt. Daher entsteht ein anderer Datensatz, wenn die Probe wiederholt wird. Als Konsequenz muss eine konkrete Stichproben als Realisierung einer allgemeineren Zufallsgröße aufgefasst werden. Ein neuer Begriff gestattet es, diese Erfahrungstatsache in den weiteren Überlegungen zu berücksichtigen. Er wird festgelegt durch die

Definition 8.19: *Mathematische Stichprobe*
Als *mathematische* Stichprobe bezeichnet man die zufällige Beobachtungsgröße $X_{(n)} = (X_1, X_2, \cdots, X_n)$, die sich aus den unabhängigen und identisch verteilten Zufallsgrößen X_i zusammensetzt. Dabei ist die Verteilungsfunktion der X_i die des zu untersuchenden Merkmals X der Grundgesamtheit. Die konkrete Stichprobe ist eine Realisierung der mathematischen Stichprobe. ♦

Stichprobenfunktionen

Das Grundanliegen der beschreibenden Statistik ist es, aus einer Urliste, d.h. aus einer konkreten Stichprobe statistische Maßzahlen zu gewinnen. Besonders wichtig sind das arithmetische Mittel $\bar{x}$ und die Streuung s^2. Die oben begründete Notwendigkeit, zwischen konkreter und mathematischer Stichprobe zu unterscheiden, wirft ein anderes Licht auf diese Größen und gestattet eine neuartige Interpretation. Jede konkrete Stichprobe ist nämlich eine Realisierung der mathematische Stichprobe. Daher sind auch die statistischen Maßzahlen Realisierungen von Zufallsgrößen. Man nennt sie *Stichprobenfunktionen*. Ein besonders wichtiges Beispiel ist

$$\bar{X} = \frac{1}{n}\sum_{i=1}^{n} X_i \ . \tag{8.39}$$

Wie jede andere Zufallsgröße besitzt auch die Stichprobenfunktion $\bar{X}$ eine Verteilungsfunktion. Diese hängt von der Verteilung des Merkmals X der Grundgesamtheit ab. Es gilt

Satz 8.10: Ist das Merkmal X der Grundgesamtheit verteilt nach $N(\mu;\sigma^2)$, so ist die Stichprobenfunktion $\bar{X}$ verteilt nach $N(\mu;\frac{\sigma^2}{n})$. ♦

Die entsprechende standardisierte Zufallsgröße ist dann gegeben durch

$$\bar{Z} = \frac{\bar{X} - \mu}{\sigma}\sqrt{n} \ . \tag{8.40}$$

8.8.2 Punktschätzungen

Einführung

Allgemein dienen statistische Schätzmethoden dem Ziel, Informationen über das stochastische Modell eines Zufallsversuchs zu erlangen. Im einfachsten Fall geht es dabei um Aussagen über solche statistischen Parameter von X wie den Erwartungswert EX und die Varianz D^2X. Diese Größen verdienen deshalb besonderes Interesse, weil sie zu den Kenngrößen der Verteilungsfunktion von X führen. Als Grundlage zur Bestimmung der Parameter dienen in der Statistik konkrete Stichproben. Weil es sich dabei um Realisierungen der allgemeineren Zufallsgröße mathematische Stichprobe handelt, sind alle aus konkreten Stichproben gezogenen Schlussfolgerungen mit einer gewissen Unsicherheit belastet. Man muss sich also grundsätzlich auf Näherungsaussagen beschränken und spricht von der *Schätzung* der Parameter. In erster Linie ist dabei an die Bestimmung ihrer Zahlenwerte zu denken. Da dann aus der Stichprobe eine einzige reelle Zahl, also ein Punkt der reellen Achse gewonnen wird, handelt es sich um eine *Punktschätzung*. Grundlage von Punktschätzungen sind geeignete Stichprobenfunktionen.

Eine Punktschätzung für den unbekannten Erwartungswert

Unter sehr allgemeinen Voraussetzungen, gefordert werden muss nur, dass der Erwartungswert $\mu = EX$ existiert, liefert die Stichprobenfunktion (8.39) eine Punktschätzung für μ . In der praktischen Umsetzung wird als Schätzwert von μ das arithmetisches Mittel

$$\mu \approx \frac{1}{n} \sum_{i=1}^{n} x_i$$

einer konkreten Stichprobe $(x_1, x_2, \cdots, x_n)$ benutzt. Insofern bleibt es beim bisherigen Vorgehen. Die konzeptionelle Unterscheidung von mathematischer und konkreter Stichprobe ermöglicht jedoch weiterführende Aussagen. Als Zufallsgröße besitzt nämlich $\overline{X}$ selbst eine Verteilung mit den statistischen Parametern $\mathrm{E}\,\overline{X}$ und $\mathrm{D}^2\,\overline{X}$. Wie man zeigen kann, stimmen die Erwartungswerte von X und von $\overline{X}$ gemäß

$$\mathrm{E}X = \mathrm{E}\,\overline{X} = \mu \tag{8.41a}$$

überein und für $n \to \infty$ gilt

$$\mathrm{D}^2\,\overline{X} \to 0. \tag{8.41b}$$

Eine Punktschätzung mit der Eigenschaft (8.41) heißt *erwartungstreu*. Auf dieser Eigenschaft beruht die zentrale Bedeutung des arithmetischen Mittels.

Eine Punktschätzung für die unbekannte Varianz

Bei unbekanntem Erwartungswert liefert die Stichprobenfunktion

$$S^2 = \frac{1}{n-1} \sum_{i=1}^{n} (X_i - \overline{X})^2 \tag{8.42}$$

eine erwartungstreue Punktschätzung der Varianz von X. An dieser Stelle kann auch die Division durch n-1 gerechtfertigt werden. Sie sichert die Erwartungstreue der Schätzung.

8.8.3 Konfidenzschätzungen

Einführung

Punktschätzungen sind grundsätzlich nicht exakt. Während die Größen μ und σ^2 unbekannte aber feste Werte besitzen, sind $\overline{x}, s^2$ nichts anderes als spezielle Realisierungen der Stichprobenfunktionen $\overline{X}$ und S^2. Sie nehmen bei jeder Stichprobe einen anderen Wert an und sind daher jeweils bekannt aber nicht fest. Es ist von großem praktischen Interesse, eine Vorstellung über die Genauigkeit von Punktschätzungen zu erlangen. Dazu bietet sich die Konfidenzschätzung an. Ansatzweise ist deren Grundidee bereits von der Fehlerrechnung bekannt (s. 5.3.1). Dort wird für eine zu bestimmende Größe ϑ nicht ein einzelner Wert sondern ein Intervall möglicher Werte ermittelt. Als Genauigkeitsmaß dient dann der Durchmesser des Intervalls. Mit den Hilfsmittel der Wahrscheinlichkeitsrechnung kann dieses Konzept in qualitativer und quantitativer Hinsicht vervollkommnet werden. Dabei stützt man sich auf die

Definition 8.20: *Konfidenzintervall (Vertrauensintervall)*
Als *Konfidenzintervall* zum *Konfidenzniveau* $\kappa = 1 - \alpha$ wird ein Intervall mit den *Konfidenzgrenzen* Θ_u, Θ_o bezeichnet, das den unbekannten Parameter ϑ mit der Wahrscheinlichkeit $P(\Theta_u < \vartheta < \Theta_o) = \kappa$ überdeckt. ♦

Das Konfidenzniveau κ heißt auch *statistische Sicherheit*. Es wird vorgegeben. Übliche Annahmen sind $\kappa = 0{,}90$ oder $\kappa = 0{,}95$. Die Größe α nennt man *Irrtumswahrscheinlichkeit*. Die Konfidenzgrenzen sind Zufallsgrößen, deren Realisierungen für ein vorgegebenes Konfidenzniveau aus einer Stichprobe ermittelt werden.

Das Konfidenzintervall für den Erwartungswert einer normalverteilten Zufallsgröße bei bekannter Varianz

Die aus $\overline{X}$ abgeleitete Zufallsgröße $\overline{Z}$ nach Gl. (8.40) besitzt eine Standard-Normalverteilung. Dieser Umstand wird zur Umformung von

$$P(-z < \overline{Z} < z) = \kappa = 1 - \alpha \tag{8.43}$$

benutzt. Setzt man $\overline{Z}$ nach Gl. (8.40) ein und löst nach μ auf, so folgt

$$P\left(-z < \frac{\overline{X}-\mu}{\sigma}\sqrt{n} < z\right) = P\left(-z\frac{\sigma}{\sqrt{n}} < \overline{X} - \mu < z\frac{\sigma}{\sqrt{n}}\right) = P\left(-z\frac{\sigma}{\sqrt{n}} - \overline{X} < -\mu < -\overline{X} + z\frac{\sigma}{\sqrt{n}}\right).$$

Demnach besitzt das Konfidenzintervall für μ die noch von z abhängigen Grenzen

$$\overline{X} - z\frac{\sigma}{\sqrt{n}} < \mu < \overline{X} + z\frac{\sigma}{\sqrt{n}}. \tag{8.44}$$

Der Wert von z wird mit Hilfe von Gl. (8.43) festgelegt. Eine Umformung führt über

$$P(-z < \overline{Z} < z) = \Phi(z) - \Phi(-z) = \Phi(z) - \big(1 - \Phi(z)\big) = 2\Phi(z) - 1 = 1 - \alpha$$

schließlich auf

$$\Phi(z) = 1 - \frac{\alpha}{2}.$$

Daher ist z nach Definition 8.17 das Quantil $z_{1-\frac{\alpha}{2}}$ der Ordung $1 - \frac{\alpha}{2}$.

Beispiel 8.30: *Konfidenzintervall bei der Geschwindigkeitsmessung*
Aus den in Tabelle 8.3 niedergelegten Daten soll das Konfidenzintervall des Erwartungswertes EV der Geschwindigkeit V unter der Annahme berechnet werden, dass V einer Normalverteilung unterliegt. Die statistische Sicherheit sei $\kappa = 0.95$.

Nachdem aus der Urliste die statistischen Maßzahlen $\overline{v} = 54.5\ kmh^{-1}$, $s = 10.5\ kmh^{-1}$ ermittelt worden sind (s. Beispiel 8.16), wird in einer Tabelle (z.B. [4]) das Quantil nachgeschlagen. Es gilt $\alpha = 0.05$. Daher benötigt man das Quantil der Ordung $1 - \frac{\alpha}{2} = 0.975$. Es hat den Wert $z_{0.975} = 1.96$. Mit $n = 80$ ergeben sich die Konfidenzgrenzen zu

$$\Theta_u = \overline{v} - z_{0.975}\frac{s}{\sqrt{n}} = 54.5 - 2.3 = 52.2\ kmh^{-1}, \quad \Theta_o = 56.8\ kmh^{-1}.$$

Damit überdeckt das Intervall $(52.2, 56.8)$ den unbekannten Erwartungswert der Geschwindigkeit mit einer Wahrscheinlichkeit von 95%. Der Durchmesser $d = \Theta_o - \Theta_u = 4.6\ kmh^{-1}$ des Konfidenzintervalls ist ein Maß für die Genauigkeit der Schätzung von EV. Offensichtlich kann die Genauigkeit durch eine größere Zahl n von Messwerten erhöht werden. ♦

Ein Hinweis auf die Studentverteilung

In den Grenzen des Konfidenzintervalls tritt die Varianz der Zufallsgröße X auf. Mit diesem Umstand ist ein Problem verbunden, auf das hingewiesen werden soll. Die Rechnung geht von der Annahme aus, σ sei gegeben. In Wahrheit ist σ dagegen ein theoretischer Parameter, dessen Wert nicht bekannt ist. Um diese Diskrepanz zu überbrücken, wird in der statistischen Praxis σ durch die Punktschätzung s ersetzt. Da aber der aus einer Stichprobe ermittelte Wert von s die Realisierung der Zufallsgröße S nach Gl. (8.42) ist, muss die Rechnung genau genommen nicht von Gl. (8.40), sondern von

$$T = \frac{\overline{X}-\mu}{S}\sqrt{n}$$

ausgehen. Diese neue Zufallsgröße besitzt eine eigene Verteilungsfunktion (die sog. *Student*-Verteilung), von der bekannt ist, dass sie für $n \to \infty$ gegen die Standard-Normalverteilung $N(0;1)$ konvergiert. Die auf der Normalverteilung beruhenden Konfidenzgrenzen von μ sind daher nur dann gerechtfertigt, wenn der Stichprobenumfang n groß ist. Anzustreben ist $n \geq 40$. Bei Messreihen kleineren Umfangs bleiben die Gleichungen (8.44) für die Grenzen des Konfidenzintervalls im Prinzip gültig. An die Stelle der Quantile $z_{1-\frac{\alpha}{2}}$ der Normalverteilung müssen jedoch die Quantile $t_{1-\frac{\alpha}{2}}$ der Studentverteilung gesetzt werden. Auf diesen Umstand kann hier nur hingewiesen werden. Weitergehende Ausführungen zur Studentverteilung finden sich in [4], [5], [6].

8.9 Ausgewählte Anwendungen

8.9.1 Extremwertverteilungen

Einführung

Ein wichtiges Anliegen des konstruktiven Ingenieurbaus ist es, Bauwerke so zu errichten, dass sie mit hoher Wahrscheinlichkeit wechselnden Beanspruchungen standhalten. So muss etwa die Kanalisation in einem Wohngebiet nicht nur der regulären Belastung durch die Haushalte, sondern auch noch den Wassermassen eines Starkregens gewachsen sein. Auch für die Sicherheit tragender Baukonstruktionen ist die Belastung q durch äußere Kräfte maßgebend. Letztere sind gewöhnlich nicht genau bekannt. Man muss vielmehr davon ausgehen, dass im Laufe der Nutzung des Bauwerks unkontrollierbare zeitliche Veränderungen auftreten. Der konstruierende Ingenieur hat es daher nicht mit einer Belastung q, sondern mit einer Folge $q_1, q_2, \cdots, q_n$ von Belastungen zu tun. Um in einer solchen Situation der Unsicherheit dennoch eine hohe Zuverlässigkeit zu erreichen, werden der Bemessung eines Bauwerks die ungünstigsten Bedingungen zugrunde gelegt. Man geht von Belastungen aus, die erfahrungsgemäß nur sehr selten überschritten werden und nimmt bei der Festigkeit kleinstmögliche Werte an. Vor diesem Hintergrund wird verständlich, dass für die Zuverlässigkeit tragender Baukonstruktionen und verwandter Probleme das Verteilungsgesetz des größten bzw. kleinsten Wertes einer Messreihe von Interesse ist. Derartige Verteilungsgesetze heißen *Extremwertverteilungen*.

Das mathematische Modell

Die Herleitung einer Extremwertverteilung soll am Beispiel der Maximalwerte erläutert werden. Dazu sei eine Zufallsgröße X mehrmals gemessen worden. Der Größtwert

$$g_n = \max(x_1, x_2, \cdots, x_n) \tag{8.45a}$$

muss sich mindestens einmal unter den so gewonnenen Realisierungen $x_1, x_2, \cdots, x_n$ befinden. In der Regel liefert eine Wiederholung der Messreihe ein anderes g_n. Vom Standpunkt der Wahrscheinlichkeitsrechnung sind die Größtwerte daher ebenfalls Realisierungen einer Zufallsgröße G_n. Ihr Verteilungsgesetz ist die hier interessierende Extremwertverteilung. Sie wird mit Hilfe der Modellvorstellung ermittelt, es seien n identisch verteilte unabhängige Zufallsgrößen X_i, $i = 1, \cdots, n$ mit der Verteilungsfunktion $F_X(x)$, der sog. Grundverteilung, gegeben. Die gesuchte Extremwertverteilung ergibt sich dann als Verteilungsfunktion der Zufallsgröße

$$G_n = \max(X_1, X_2, \cdots, X_n). \tag{8.45b}$$

Ist x eine vorgegebene reelle Zahl, so kann das Ereignis $\{G_n < x\}$ nur dann eintreten, wenn auch alle $X_i < x$ sind. Es gilt also

$$\{G_n < x\} = \{X_1 < x\} \cap \{X_2 < x\} \cap \cdots \cap \{X_n < x\}.$$

Wegen der Unabhängigkeit folgt nach dem Multiplikationssatz (8.13)

$$P(G < x) = P(X_1 < x) P(X_2 < x) \cdots P(X_n < x).$$

Weil die Wahrscheinlichkeiten definitionsgemäß die Verteilungsfunktion der jeweiligen Zufallsgröße darstellen und überdies die Verteilung der X_i identisch sind, ergibt sich schließlich als Verteilung F_G und Dichtefunktion f_G der Maximalwerte

$$F_G(x) = \left[F_X(x)\right]^n \;,\; f_G(x) = \frac{dF_X}{dx} = n\left[F_X(x)\right]^{n-1} f_X(x). \tag{8.46}$$

Asymptotische Extremwertverteilungen

Gewöhnlich ist der Umfang n der Messreihe groß. In diesem Fall ist die Benutzung der Formel umständlich. Für die Anwendung ist daher der Umstand von Bedeutung, dass der Grenzfall $n \to \infty$ zu einfachen Verhältnissen führt. Für die Verteilung F_G der Größtwerte ist nämlich vor allem jener Bereich der Grundverteilung F_X maßgebend, der sehr großen x entspricht. Es ist daher zu erwarten, dass Grundverteilungen, die sich in ihrem Verlauf für großes x nur wenig unterscheiden, für $n \to \infty$ derselben asymptotischen Extremwertverteilung zustreben. In der Tat lässt sich nachweisen: Falls die Grundverteilung für $x \to \infty$ mindestens so schnell wie die Exponentialverteilung (Beispiel 8.24) gegen 1 konvergiert, dann ergibt sich als asymptotische Extremwertverteilung die *doppelte Exponentialverteilung (Gumbelverteilung)* [7]. Für die Größtwerte gilt

$$F_G(x) = e^{-e^{-a(x-u)}} \;,\; f_G(x) = ae^{-a(x-u)-e^{a(x-u)}} \;,\; -\infty < x < \infty \tag{8.47}$$

Die Gumbelverteilung ist von besonderer Bedeutung weil ihr auch die Größtwerte normalverteilter Zufallsgrößen unterliegen.

Die Gumbelverteilung wird über ihre Parameter $a > 0$ und u an den jeweiligen Anwendungsfall angepasst. Dabei wird der Zusammenhang mit dem Experiment über den Erwartungswert und die Varianz hergestellt. Es gilt

$$\mathrm{E}\,G = u + \frac{0.577216}{a}, \quad \sigma^2 = \frac{\pi^2}{6a^2}. \tag{8.48}$$

Beispiel 8.31: *Versagenswahrscheinlichkeit bei Schneelast*
Beim in das Kapitel 8 einführende Beispiel der Schneelast soll zur Lösung eine Gumbelverteilung benutzt werden. Aus den Werten von μ und σ ergibt sich

$$u = 0.1695 kNm^{-2}, \quad a = 4.4226 m^2 kN^{-1}.$$

Damit folgt als Versagenswahrscheinlichkeit des Bauwerks

$$P_f = P(G \geq 0.75) = 1 - P(G < 0.75) = 1 - F_G(0.75) = 1 - 0.926 = 0.074.$$

Diese Wahrscheinlichkeit liegt um einige Größenordnungen über dem Wert, der bei Bauwerken akzeptiert werden kann. Daher schließt sich die Frage an, für welche Schneelast ausgelegt werden muss, wenn die Versagenswahrscheinlichkeit $P_f = 6 \cdot 10^{-6}$ betragen soll. Dazu muss die Gleichung

$$P_f = 1 - P(G < x) = 1 - e^{-e^{-a(x-u)}}$$

mit den gegebenen Werten für a und u nach x aufgelöst werden. Das liefert

$$x = u - \frac{1}{a}\ln\!\left(-\ln\!\left(1 - P_f\right)\right) \approx u - \frac{1}{a}\ln(P_f) = 2.89 kNm^{-2},$$

wobei über eine TAYLORentwicklung (s. Abschn. 5.3.2) $\ln(1 - P_f)$ näherungsweise durch $-P_f$ ersetzt worden ist. ♦

8.9.2 Zur Schätzung von Grundstückswerten

Bei Gutachten zu Grundstückswerten gehört es inzwischen zur guten Praxis, Aussagen über den Verkehrswert eines Grundstückes mit Methoden der mathematischen Statistik abzusichern und durch Kennzahlen transparent zu machen. Bei der Wertermittlung muss der Sachverständige vor allem darauf bedacht sein, nur solche Daten wie Kaufpreise, Mieten und Bewirtschaftungskosten zu berücksichtigen, die, wie es der Verordnungsgeber fordert, nicht durch ungewöhnliche oder persönliche Verhältnisse beeinflusst sind. Dies gilt insbesondere für die Preise. Ein wichtiges Anliegen ist es also, solche Kaufpreise zu identifizieren und vom Vergleich auszunehmen, die aufgrund besonderer Umstände nicht repräsentativ für den gewöhnlichen Geschäftsverkehr sind. Nachfolgend wird an einem Beispiel gezeigt, wie zur Lösung dieser Aufgabe Methoden der mathematischen Statistik genutzt werden können.

Beispiel 8.32: *Ein Ausschlussverfahren auf der Grundlage von Konfidenzintervallen*
Die Kaufpreissammlung einer Gemeinde umfasst in einem bestimmten Jahr $n = 10$ Preise von untereinander völlig vergleichbaren Einfamilienhaus-Grundstücken (Tabelle 8.10). Man ermittle das Konfidenzintervall des Erwartungswertes des Kaufpreises für eine statistische Sicherheit von $\kappa = 0.9$ und stelle fest, ob die Liste Preise enthält, die außerhalb des Intervalls liegen.

Als statistische Maßzahlen des Kaufpreises K liefert die Stichprobe

$$\overline{k} = 86.9 \ EUR/m^2, \ s = 7.46 \ EUR/m^2.$$

Da der Stichprobenumfang klein ist, müssen zur Berechnung der Konfidenzgrenzen die Quantile der Studentverteilung benutzt werden. Eine Tabelle liefert für die Irrtumswahrscheinlichkeit $\alpha = 0.1$ bei $m = 9$ Freiheitsgraden $t_{m;1-\frac{\alpha}{2}} = t_{9,0.95} = t = 1.83$ [4]. Daraus folgen die Grenzen des Konfidenzintervalls zu

$$\Theta_u = \overline{k} - t\frac{s}{\sqrt{n}} = 82.6, \ \Theta_o = \overline{k} + t\frac{s}{\sqrt{n}} = 91.2.$$

Die Preise k_5, k_8 und k_{10} liegen außerhalb des Konfidenzintervalls. Sie kommen als „Ausreißer" in Betracht, bei deren Zustandekommen besondere Umstände mitgewirkt haben könnten. Falls weitergehende Untersuchungen diese Vermutung erhärten, sind sie nach der üblichen Praxis beim Preisvergleich nicht zu berücksichtigen. ♦

Tabelle 8.10 Kaufpreise in EUR/m^2

84	90	88	91	81	83	91	100
89	72						

8.9.3 Über stochastische Methoden zur Analyse von Verkehrsstömen

Die Poissonverteilung als Ankunftverteilung

Bei einer Verkehrszählung wird die Zahl X_t der Fahrzeuge festgestellt, die in einer bestimmten Zeitspanne $I = [t_0, t_0 + t)$ den Beobachtungspunkt passieren. Betrachtet man die Ankunft eines Fahrzeuges an der Messstelle als Zufallsereignis, so handelt es sich beim Versuch „Verkehrszählung" etwas allgemeiner um eine Folge zufälliger Ereignisse, die in der Reihenfolge ihres Eintreffens registriert werden. Man spricht in diesem Zusammenhang auch von einem *Ereignisstrom*. Neben der Zufallsgröße X_t ist auch der zeitliche Abstand T zweier Ereignisse von Interesse. Aussagen über die Verteilungen dieser Zufallsgrößen bilden daher eine Grundlage zur Auswertung des Versuchs. Zunächst soll X_t unter der Annahme untersucht werden, dass der Ereignisstrom *homogen* ist. In diesem Fall hängen die Verteilungen nur von der Länge t von I ab. Dagegen spielt der Zeitpunkt t_0, an dem die Beobachtung beginnt, keine Rolle. Außerdem wird eine Unabhängigkeit der Ereignisse vorausgesetzt. Ein Verkehrsstrom muss dazu ohne gegenseitige Beeinflussung der Fahrzeuge ungestört fließen und die Anzahl der in verschiedenen Zeitintervallen registrierten Fahrzeuge sind unabhängig voneinander.

Um die Verteilung von X_t zu ermitteln, wird das Beobachtungsintervall I gedanklich in n Teilintervalle der Länge Δt zerlegt, $t = n \cdot \Delta t$. Dabei soll Δt so klein sein, dass in jedem Teilintervall entweder kein Ereignis ($Z = 0$) oder genau ein Ereignis ($Z = 1$) eintritt. Auf diese Weise erweist sich der Zufallsversuch als eine spezielle Ausprägung des BERNOULLIschen Versuchsschema, bei dem ein Zufallsversuch mit Zweipunktverteilung n-mal ausgeführt wird (vgl. 8.6.1). Als Verteilung für die Zahl X_t der Ereignisse im Intervall I fungiert damit im Prinzip eine Binomialverteilung

$$P(X_t = k) = \binom{n}{k} p^k (1-p)^{n-k}, \quad p = P(Z = 1),$$

deren Anwendung allerdings auf die Schwierigkeit stößt, dass die Zahl n nicht genau bekannt ist (bei der Verkehrszählung ist das die Gesamtzahl der Fahrzeuge, die sich auf der betrachteten Straße bewegen). Weil bei der POISSONverteilung dieses Problem nicht auftritt, ist deren Verwendung angeraten. Formal geschieht der Übergang zur POISSONverteilung durch den Grenzübergang $n \to \infty$ bei $n \cdot p \to \lambda$. Das ist immer möglich, weil man sich Δt als beliebig klein vorstellen darf. Als *Ankunftsverteilung* folgt dann

$$P(X_t = k) = \frac{\lambda^k}{k!} e^{-\lambda}$$

mit dem zunächst unbekannten Parameter λ. Dessen Deutung knüpft an die Gleichung $EX = \lambda$ an. Mit ihr lässt sich λ in eine Beziehung zur *Verkehrstärke* γ setzen. Das ist die Zahl der Fahrzeuge, die pro Zeiteinheit im Mittel die Messstelle passieren (s. Abschn. 8.6.1). Im Sinne einer Punktschätzung gilt also

$$\lambda \approx \gamma \cdot t.$$

Damit erhält die Verteilung für die Zahl X_t der Ankünfte in der Zeit t die Form

$$P(X_t = k) = \frac{(\gamma \cdot t)^k}{k!} e^{-\gamma \cdot t}. \tag{8.49}$$

Weil damit X_t einer POISSONverteilung mit dem Parameter $\gamma \cdot t$ genügt, spricht man auch von einem POISSONschen Ereignisstrom.

Beispiel 8.33: *Stauraum an einer Ampelkreuzung*
An einer Ampelkreuzung ist für die Linksabbieger eine Fahrspur reserviert, auf der sich bei Rot maximal $m = 5$ Fahrzeuge (Fz) aufstellen können. Aus einer Voruntersuchung ist bekannt, dass zu einer bestimmten Zeit $\gamma = 55\,Fz/h$ nach links abbiegen. Wie groß ist die Wahrscheinlichkeit, dass sich bis zum erneuten Grünzeitbeginn nach $t_g = 63s$ a) genau 5, b) nicht mehr als 5 Fahrzeuge ansammeln?

a) Aus der Verkehrsstärke γ ergibt sich als Parameter der POISSONverteilung $\lambda = \gamma \cdot t_g = 0.9625h^{-1}$. Daraus folgt $P(X = 5) = \frac{\lambda^5}{5!} e^{-\lambda} = 2.63 \cdot 10^{-3}$.

b) Für die Wahrscheinlichkeit $P(X \le 5)$ ergibt sich mit dem angegebenen Wert von λ

$$P(X \le 5) = \sum_{i=0}^{5} P(X = i) = 0.999.$$

Die umständliche Berechnung der Summanden lässt sich mit dem Maple-Befehl `poisson` abkürzen (vgl. Abschnitt 8.7.2). ♦

Die Exponentialverteilung als Abstandsverteilung

Nun interessiert die Verteilung der Wartezeit T. Im betrachteten Ereignisstrom sei zum Zeitpunkt t_0 ein Ereignis eingetreten. Bis zum nächsten Ereignis vergeht die Wartezeit T. Es handelt sich um eine Zufallsgröße, deren Verteilung für einen POISSONschen Ereignisstrom hergleitet werden soll. Zunächst ergibt sich aus Gl. (8.49) für die Wahrscheinlichkeit, dass im Intervall $I = [t_0, t_0 + t)$ kein Ereignis eintritt, also X_t die Realisierung 0 besitzt,

$$P(X_t = 0) = e^{-\gamma \cdot t} .$$

Tritt aber in I kein Ereignis ein, so liegt die Wartezeit bis zum nächsten Ereignis oberhalb t. Es gilt also

$$P(X_t = 0) = P(T \geq t) = e^{-\gamma \cdot t} .$$

Daraus ergibt sich als Verteilungsfunktion von T die Exponentialverteilung

$$F_T(t) = 1 - e^{-\gamma \cdot t} , \tag{8.50}$$

deren Parameter die Verkehrstärke γ ist.

Beispiel 8.34: *Kreuzen zweier Verkehrsströme*
An einer Kreuzung treffen die Verkehrsströme A, B ungeregelt aufeinander. So können die Fahrzeuge des Nebenstroms B die Kreuzung nur dann überqueren, wenn sich ein ausreichend großer Abstand zwischen zwei A-Fahrzeugen bietet. Zur gefahrlosen Überquerung müssen einem B-Fahrzeug mindestens $t_1 = 5.5s$ und höchstens $t_2 = 9s$ gewährt werden. Steht dagegen ein Zeitfenster von $t_2 = 9s$ bis $t_3 = 13.5s$ zur Verfügung, können zwei B-Fahrzeuge A durchqueren. Unter den Voraussetzungen, dass sich die Fahrzeuge von A nur in einer Richtung bewegen und einen POISSONschen Strom darstellen, sollen die Wahrscheinlichkeiten dafür berechnet werden, dass a) ein B-Fahrzeug, b) zwei B-Fahrzeuge A passieren können. DieVerkehrstärke des A-Stromes sei $\gamma_A = 350 \, Fs/h$.

a) Es gilt $P(5.5 \leq T < 9) = P(T < 9) - P(T < 5.5) = 1 - e^{-\gamma_A \cdot t_2} - \left(1 - e^{-\gamma_A \cdot t_1}\right) = 0.1689$. Auf analoge Weise ergibt sich bei b) $P(t_2 \leq T < t_3) = 0.1477$. ♦

8.9.4 Übungaufgaben

8.16: Die für die Bemessung eines Tragwerks anzusetzende Streckenlast q setzt sich additiv aus der Eigenlast q_E und einer Verkehrslast q_V zusammen. Nach DIN 18800 werden die Teilsicherheitsfaktoren $\lambda_E = 1.35$ und $\lambda_V = 1.5$ in Rechnung gesetzt. Es ergibt sich also

$$q = \lambda_E q_E + \lambda_V q_V .$$

Sowohl q_E als auch q_V seien normalverteilte Zufallsgrößen. Es gelte $q_E \in N(0.66, 0.05)$ und $q_V \in N(33.8, 4.1)$ (Zahlenangaben in kN/m).
a) Man begründe, dass q einer Normalverteilung unterliegt.
b) Man ermittle die statistischen Kennzahlen für die Zufallsgrößen $Q_E = \lambda_E q_E$, $Q_V = \lambda_V q_V$.
Hinweis: Dabei beachte man die Eigenschaften von Erwartungswert und Dispersion.
c) Man bestimme die statistischen Kennzahlen von q.

8.17: Ein bestimmter Beton kann maximal einer Druckspannung $d_m = 25 kNm^{-2}$ ausgesetzt werden. Von der durch die äußeren Belastung hervorgerufenen Druckspannung D sei bekannt, dass sie mit den Kenngrößen $\mu_D = 16 kNm^{-2}$, $\sigma_D = 2.5 kNm^{-2}$ normalverteilt ist.

a) Wie groß ist die Versagenswahrscheinlichkeit $P_f = P(D \geq d_m)$?

b) Welche Druckfestigkeit d_m müsste der Beton erhalten, wenn P_f bei unveränderten Belastungskennwerten den Wert $P_f = 4 \cdot 10^{-6}$ erreichen soll?

Lösung: a) $P_f = 1.6 \cdot 10^{-4}$, b) $d_m = 28.3 kNm^{-2}$.

8.18: Ein Tragelement versagt, wenn die von der äußeren Belastung hervorgerufene Beanspruchung S den Bauteilwiderstand R übersteigt und daher die Differenz $D = R - S < 0$ ausfällt. Gewöhnlich ist S die von der Belastung in einem kritischen Querschnitt erzeugte Spannung und R diejenige Spannung, die das Bauteil dort ertragen kann ohne Schaden zu nehmen. Man berechne die Versagenswahrscheinlichkeit unter der Annahme, dass R und S normalverteilte Zufallsgrößen sind. Und zwar: $R \in N(25.0, 1.3)$ und $S \in N(14.0, 2.5)$. *Hinweis:* Man beachte die Ausführungen über die Stabilität der Normalverteilung im Abschnitt 8.6.2. *Lösung:* $P_f = P(D < 0) = 4.7 \cdot 10^{-5}$.

8.19: Im Beispiel 8.30 wurde als Maß für die Genauigkeit der Konfidenzschätzung des Erwartungswertes einer Geschwindigkeit der Durchmesser $d = \Theta_o - \Theta_u$ des Konfidenzintervalls benutzt. Wie groß muss die Zahl n der Messergebnisse gewählt werden, wenn bei sonst unveränderten statistischen Maßzahlen der im Beispiel erreichte Wert $d = 4.6 \ kmh^{-1}$ auf $d = 3.0 \ kmh^{-1}$ reduziert werden soll?

8.20: Ein niveaugleicher Bahnübergang wird in der Zeit zwischen 16.00 und 18.00 Uhr durchschnittlich von $\gamma = 150 \ Fz/h$ überquert. Man bestimme die Wahrscheinlichkeit, dass während der jeweils für 90 s geschlossenen Schranken
a) kein Fahrzeug,
b) genau ein Fahrzeug,
c) genau zwei Fahrzeuge,
d) mehr als drei Fahrzeuge,
e) weniger als sechs Fahrzeuge eintreffen.

Literaturverzeichnis

Literatur zu Kapitel 1:

[1] Schäfer, W., Georgi, K., Trippler, G.: Mathematik-Vorkurs; Teubner Verlag, Stuttgart-Leipzig 1997

[2] Wangerin, G.: Bauaufnahme, Grundlagen, Methoden, Darstellung; Friedr.Vieweg & Sohn , 1999

[3] Witte, B., Schmidt, H.: Vermessungskunde und Grundlagen der Statistik für das Bauwesen; Wittwer 1995

Literatur zu Kapitel 2:

[1] Krätzig, W. B.: Tragwerke 2, Theorie und Berechnungsmethoden statisch unbestimmter Stabtragwerke; 2. Auflage, Springer-Verlag 1990

[2] Papula, L.: Mathematik für Ingenieure und Naturwissenschaftler, Bd. 2 Vieweg, 1998

[3] Zurmühl, R., Falk, S.: Matrizen und ihre Anwendungen 1; 6. Auflage 1992, Springer-Verlag Berlin, Heidelberg, NewYork

[4] Dankert, H, Dankert, J.: Technische Mechanik; Teubner 1994

Literatur zu Kapitel 3:

[1] Andrié, M., Meier, P.: Lineare Algebra und Geometrie für Ingenieure, VDI-Verlag, Düsseldorf 1996

[2] Papula, L.: Mathematik für Ingenieure und Naturwissenschaftler, Bd. 1, Friedr. Vieweg & Sohn Verlagsgesellschaft Braunschweig Wiesbaden 1998

Literatur zu Kapitel 4:

[1] Papula, L.: Mathematik für Ingenieure und Naturwissenschaftler, Bd. 1, Friedr. Vieweg & Sohn Verlagsgesellschaft Braunschweig Wiesbaden 1998

[2] Engeln-Müllges, G., Schäfer, W., Trippler, G.: Kompaktkurs Ingenieurmathematik, Fachbuchverlag, Leipzig 1999

[3] Becker, J., Dreyer, H.-J., Haacke, W., Nabert, R.: Numerische Mathematik für Ingenieure, Teubner Verlag, Stuttgart 1985

[4] Brauch, W., Dreyer, H.-J., Haacke, W.: Mathematik für Ingenieure, Teubner Verlag, Stuttgart 1995

Literatur zu Kapitel 5:

[1] Papula, L.: Mathematik für Ingenieure und Naturwissenschaftler, Bd. 1, Friedr. Vieweg & Sohn Verlagsgesellschaft Braunschweig Wiesbaden 1998

[2] Engeln-Müllges, G., Schäfer, W., Trippler, G.: Kompaktkurs Ingenieurmathematik, Fachbuchverlag, Leipzig 1999

[3] Becker, J., Dreyer, H.-J., Haacke, W., Nabert, R.: Numerische Mathematik für Ingenieure, [1] Teubner Verlag, Stuttgart 1985

[4] Brauch, W., Dreyer, H.-J., Haacke, W.: Mathematik für Ingenieure, Teubner Verlag, Stuttgart 1995

Literatur zu Kapitel 6:

[1]   Bartsch H.-J.: Taschenbuch mathematischer Formeln; 14. Auflage, Fachbuchverlag
       Leipzig 1991
[2]   Papula, L.: Mathematik für Ingenieure und Naturwissenschaftler, Band 2;
       Friedr. Vieweg & Sohn Verlagsgesellschaft Braunschweig Wiesbaden 1998, 8.Auflage
[3]   Maeß, G.: Vorlesungen über numerische Mathematik II; Akademie-Verlag, Berlin 1988

Literatur zu Kapitel 7:

[1]   Papula, L.: Mathematik für Ingenieure und Naturwissenschaftler, Bd. 2,
       Friedr. Vieweg & Sohn Verlagsgesellschaft Braunschweig Wiesbaden 1998
[2]   Engeln-Müllges, G., Schäfer, W., Trippler, G.: Kompaktkurs Ingenieurmathematik,
       Fachbuchverlag, Leipzig 1999
[3]   Becker, J., Dreyer, H.-J., Haacke, W., Nabert, R.: Numerische Mathematik für
       Ingenieure, Teubner Verlag, Stuttgart 1985
[4]   Collatz, L.: Differentialgleichungen, Teubner Verlag, Stuttgart 1990

Literatur zu Kapitel 8:

[1]   Heinrich, E, Janetzko, D.: Das Maple Arbeitsbuch; Friedr. Vieweg & Sohn
       Verlagsgesellschaft, Braunschweig/Wiesbaden 1995
[2]   Plate, E.J.: Statistik und angewandte Wahrscheinlichkeitslehre für Bauingenieure; Ernst
       & Sohn, Berlin 1993
[3]   Bosch : Formelsammlung Statistik; Oldenbourg 1987
[4]   Müller, P.H., Neumann, P., Storm, R.: Tafeln der mathematischen Statistik;
       Fachbuchverlag Leipzig, 1973
[5]   Papula, L.: Mathematik für Ingenieure und Naturwissenschaftler, Bd. 3;
       Friedr. Vieweg & Sohn Verlagsgesellschaft, 1994
[6]   Krengel, U.: Einführung in die Wahrscheinlichkeitstheorie und Statistik;
       Fried. Vieweg & Sohn Verlagsgesellschaft, 1991
[7]   Spaethe, G.: Die Sicherheit tragender Baukonstruktionen; 2. Auflage, Springer-Verlag
       Wien New York 1992

Sachwortverzeichnis

Weitere Titel aus dem Programm

Horst Werkle
Finite Elemente in der Baustatik
Statik und Dynamik der Stab- und
Flächentragwerke
2., überarb. u. erw. Aufl. 2001.
X, 435 S. mit 208 Abb. Br. € 24,90
ISBN 3-528-18882-0

Erwin Piechatzek,
Eva-Maria Kaufmann
Formeln und Tabellen Stahlbau
Nach DIN 18800 (1990)
2., verb. Aufl. 2001. X, 294 S. mit
53 Abb., 146 Tab. (Viewegs Fachbücher
der Technik) Br. € 24,90
ISBN 3-528-12557-8

Konrad Kuntsche
Geotechnik
Erkunden - Untersuchen
- Berechnen – Messen
2000. X, 338 S. mit 181 Abb.,
2 farb. Abb., 96 Tab., CD-ROM.
(Viewegs Fachbücher der Technik)
Br. € 26,00
ISBN 3-528-07712-3

Peter Greiner, Peter E. Mayer,
Karlhaus Stark
**Baubetriebslehre -
Projektmanagement**
2000. X, 289 S. mit 135 Abb.
(Viewegs Fachbücher der Technik)
Br. € 24,90
ISBN 3-528-07706-9

Peter Bindseil
Massivbau
Bemessung im Stahlbetonbau
2., überarb. Aufl. 2000. XIV, 515 S.
mit 291 Abb., 22 Tab.
(Viewegs Fachbücher der Technik)
Br. € 29,90
ISBN 3-528-18813-8

Reinhold Fritsch, Hartmut Pasternak
Stahlbau
Grundlagen und Tragwerke
Stahlbau Grundlagen und Tragwerke
1999. XII, 448 S. mit 348 Abb.,
37 Tab. (Viewegs Fachbücher der
Technik) Br. € 27,00
ISBN 3-528-03853-5

Abraham-Lincoln-Straße 46
65189 Wiesbaden
Fax 0611.7878-400
www.vieweg.de

Stand 1.11.2001
Änderungen vorbehalten.
Erhältlich im Buchhandel oder im Verlag.

Weitere Titel aus dem Programm

Christian Petersen

Dynamik der Baukonstruktionen

1996. XXVI, 1272 S. Geb. € 106,00
ISBN 3-528-08123-6

„Insgesamt ein preiswertes, empfehlenswertes Buch: ein 'Soll' für die Hochschule, ein 'Muss' für die Praxis. "   Stahlbau, Nr. 12/98

Christian Petersen

Statik und Stabilität der Baukonstruktionen

Elasto- und plasto-statische Berechnungsverfahren druckbeanspruchter Tragwerke: Nachweisformen gegen Knicken, Kippen, Beulen
2., durchges. Aufl. 1982. XVI, 960 S. mit 932 Abb., 189 Tab. Geb.
€ 99,00
ISBN 3-528-18663-1

Christian Petersen

Stahlbau

Grundlagen der Berechnung und baulichen Ausbildung
von Stahlbauten
3., überarb. u. erw. Aufl. 1993. XXII, 1451 S. Geb. € 106,00
ISBN 3-528-28837-X